Hochschultext

Irmfried Hartmann

Lineare Systeme

Grundlagen der Systemdynamik und Regelungstechnik

Springer-Verlag
Berlin Heidelberg GmbH

Dr.-Ing. I. HARTMANN
o. Professor an der Technischen Universität Berlin
Institut für Regelungstechnik

Mit 70 Abbildungen

ISBN 978-3-540-07758-9
DOI 10.1007/978-3-642-66398-7

ISBN 978-3-642-66398-7 (eBook)

Library of Congress Cataloging in Publication Data
Hartmann, Irmfried, 1932-
Lineare Systeme. (Hochschultext) Bibliography: p. Includes index.
1. Automatic control. 2. Control theory. I. Title. TJ213.H343 629.8'312 76-16053

Vorwort

Das vorliegende Buch stellt den Inhalt einer 6-stündigen Lehrveranstaltung "Lineare Systeme" dar, die ich jeweils im Wintersemester an der Technischen Universität Berlin hauptsächlich für Studenten der Elektrotechnik nach dem Vordiplom abhalte. Diese Vorlesung vermittelt zusammen mit einer 6-stündigen Lehrveranstaltung "Regelungstechnik" gleichzeitig einen Teil der Grundlagen, die für weiterführende Lehrveranstaltungen auf dem Gebiet der Regelungstechnik und Systemdynamik vom Institut für Regelungstechnik angeboten werden.
Das Buch ist einmal für Studenten der Ingenieurwissenschaften, der Mathematisch-Naturwissenschaften und Entwicklungsingenieuren mit den Schwerpunkten Regelungstechnik, Systemdynamik oder Automatisierung gedacht und zum anderen als Nachschlagewerk für Wissenschaftler, die mit den Kenntnissen dieses systemtheoretischen Gebietes arbeiten.

In dem Buch wurde das Ziel verfolgt, die Eigenschaften der linearen Systeme mit konzentrierten Parametern sowohl am Zustandsmodell als auch am Eingangs-Ausgangsmodell (Übertragungsfunktion) zu behandeln. Dabei wurde eine möglichst geschlossene und exakte Darstellung der linearen Systeme von der Modellbildung über die Systemeigenschaften und Realisierungen bis zur Synthese von kontinuierlichen Einfachregelkreisen einschließlich der Optimierung angestrebt. Wesentlicher Wert wurde auf die grundlegenden Zusammenhänge zwischen linearen dynamischen Systemen und den linearen Abbildungen sowie zwischen Zustandsraum und Laplace-Bereich gelegt.

Der Stoff des Buches ist in sieben Kapiteln gegliedert. Das zweite Kapitel gibt eine Einführung in die Modellbildung anhand von zahlreichen Beispielen, eine exakte Definition des dynamischen Systems, eine Rechtfertigung mit der Beschäftigung von linearen Systemen und verschiedene Systemdarstellungen in kontinuierlicher und diskreter Form. Das dritte Kapitel soll den Leser mit den mathematischen Grundlagen vertraut machen, die in den weiteren Kapiteln benötigt werden. Im vierten und fünften Kapitel werden die Steuerbarkeit, Beobachtbarkeit, Stabilität und Realisierung bei linearen kontinuierlichen und diskreten Systemen soweit sinnvoll parallel behandelt. Die beiden letzten Kapitel beschäftigen sich im wesentlichen mit dem Entwurf von Zustandsreglern und dynamischen Beobachtern (reduziert) bei linearen kontinuierlichen Einfachregelkreisen. Hierbei werden das Führungs- und Störverhalten nach Vorgabe einer Stabilitätsgüte sowie die Optimierung nach dem quadratischen Gütekriterium untersucht.

Der Verfasser dankt seinen Mitarbeitern Herrn Dipl.-Ing.D.Pollehn, Herrn Orth und Herrn Kramer für die Durchrechnung einiger Beispiele. Frau R.Häde danke ich für die sorgfältige Niederschrift meines Manuskripts und Fräulein M.Thieke für das Anfertigen der Bilder.
Mein Dank gilt ferner dem Springer-Verlag für die Herausgabe des Bandes und für die angenehme Zusammenarbeit.

Berlin, März 1976 I.Hartmann

Inhaltsverzeichnis

Wichtige Symbole

Allgemeine Symbole

Symbol	Bedeutung
$\mathbb{R}$	Menge der reellen Zahlen
$\bigwedge_{a \in \mathbb{R}}$	Für alle a aus $\mathbb{R}$ gilt
$\bigvee_{a \in \mathbb{R}}$	Es gibt ein a aus $\mathbb{R}$
$\mathbb{R}^{\nu}$	ν-dimensionaler Vektorraum
$C^{\nu}(t_o,t_1)$	Funktionenraum der stetigen ν-dimensionalen Vektorfunktionen
$\underline{u}(\cdot) \in C^{\nu}(t_o,t_1)$	Die Vektorfunktion $\underline{u}(\cdot)$ ist ein Element aus $C^{\nu}(t_o,t_1)$
$\underline{u}(t) \in \mathbb{R}^{\nu}$	Der Wert der Vektorfunktion $\underline{u}(\cdot)$ ist ein Element aus dem $\mathbb{R}^{\nu}$
L	Abstrakte Abbildung
$\underline{L}$	Matrix-Darstellung der abstrakten Abbildung L
$r(\underline{W})$	Rang der Matrix $\underline{W}$

Systemtheoretische Symbole

Symbol	Bedeutung
$\mathbb{R}^n$	Zustandsraum, $\underline{x}(t) \in \mathbb{R}^n$ Zustandsgröße
$\mathbb{R}^r$	Wertebereich der Eingangsfunktionen $\underline{u}(\cdot)$
$\mathbb{R}^p$	Wertebereich der Ausgangsfunktionen $\underline{y}(\cdot)$
$\underline{B}$, $\underline{b}$:	$\mathbb{R}^r \rightarrow \mathbb{R}^n$ Eingangsmatrizen des kontinuierlichen Systems
$\underline{h}$, $\underline{H}$:	$\mathbb{R}^r \rightarrow \mathbb{R}^n$ Eingangsmatrizen des diskreten Systems
$\underline{A}$:	$\mathbb{R}^n \rightarrow \mathbb{R}^n$ Systemmatrix des kontinuierlichen Systems
$\underline{\phi}$:	$\mathbb{R}^n \rightarrow \mathbb{R}^n$ Systemmatrix des diskreten Systems oder Transitionsmatrix von $\underline{A}$
$\underline{c}$, $\underline{C}$:	$\mathbb{R}^n \rightarrow \mathbb{R}^p$ Ausgangsmatrix

$\underline{\phi}(s) = (\underline{E}s - \underline{A})^{-1}$ Laplace-transformierte Transitionsmatrix

$G(s) = \underline{C}\ \underline{\phi}(s)\underline{B}$ Übertragungsfunktion (Matrix) der Strecke

$\Delta_n(s), \Delta_B(s), \Delta_R(s)$ charakteristische Polynome der Strecke, des Beobachters und des Regelkreises.

$\underline{W}_n$, $\underline{M}_n$ Zeitinvariante Steuerbarkeits- und Beobachtbarkeitsmatrix

$\underline{w}(t)$, $\underline{w}_n\sigma(t)$, $W(s)$ Führungsgrößen des Regelkreises im Zeit- bzw. Laplace-Bereich

$z(t)$, $Z(s)$ Störgrößen des Regelkreises im Zeit- bzw. Laplace-Bereich.

Vorsicht vor Verwechslungen

Im Kapitel 6 wurde verwendet:

$\underline{E}$ Einheitsmatrix und

$\underline{E}(s)$, $\underline{e}(t)$ als Beobachtungsfehler

$\Delta_B(s)$ im Abschnitt 6.3.1 als Polynom n-ter Ordnung und sonst (n-p)-ter Ordnung

$\underline{k}$, $\underline{K}$ Parameter des Zustandsreglers

$(\underline{\bar{k}}'_p, \underline{\bar{k}}'_{n-p}) = \underline{k}' \begin{bmatrix} \underline{C} \\ \underline{Q} \end{bmatrix}^{-1}$ transformierte Parameter des Zustandsreglers.

1. Einleitung

Gegenstand der Systemtheorie ist die Ermittlung von Modellen realer Prozesse, die Entwicklung von Modellen, mit denen Prozesse gesteuert oder geregelt werden, und die Untersuchung der Eigenschaften dieser Modelle mit mathematischen Methoden.

Modelle sind Bilder realer Prozesse und müssen die wesentlichen Eigenschaften der Prozesse darstellen. Interessierende Eigenschaften, die Prozesse vom Standpunkt der Systemtheorie charakterisieren, sind

Beeinflußbarkeit und Beobachtbarkeit
Störempfindlichkeit
Stabilitäts- und optimales Verhalten

der Prozeßgrößen. Je nach Art des Prozesses können diese Eigenschaften deterministisch oder stochastisch beschrieben werden.

Beispiele für Prozesse sind:

Vorgänge in elektrischen Netzwerken,
elektrischen Maschinen und Walzenstraßen;
Erzeugung von chemischen Produkten in der Verfahrenstechnik;
Nachrichtenübertragung;
Kreislauf beim Menschen;
Produktionsablauf von Produkten in einem Betrieb.

Verschiedene technische, biologische oder ökonomische Vorgänge, die sich durch das gleiche mathematische Modell beschreiben lassen, werden in der Systemtheorie nicht unterschieden. Es sei jedoch darauf hingewiesen, daß die Anwendung systemtheoretischer Methoden immer die Kenntnis der Gesetzmäßigkeiten und Problemstellungen des jeweiligen Fachgebietes erfordern, wenn Einsichten in die Zusammenhänge der zu betrachtenden Vorgänge gewonnen werden sollen.

Allgemein liegen den Untersuchungen in der Systemtheorie die folgenden Aufgabenstellungen zugrunde:

1. Die Beschreibung des realen Prozesses durch mathematische Beziehungen aufgrund von bekannten Gesetzmäßigkeiten oder durch Messung seiner erfaßbaren Ausgangs- und Eingangsgrößen (Datenerfassung). Aufstellung eines mathematischen Modells, Zustands- (Signal-) und Parameteridentifizierung.

2. Die Ermittlung der Eigenschaften des mathematischen Modells, um eine genäherte Aussage über das (dynamische und stationäre sowie stochastische) Verhalten der Größen zu bekommen, die den realen Prozeß bestimmen. Analyse des mathematischen Modells, in Näherung auch des realen Prozesses.

3. Die Abänderung oder Erweiterung des mathematischen Modells, um eine vorgegebene Genauigkeit, Zuverlässigkeit, dynamisches Verhalten oder eine Anpassung der Prozeßstruktur an das Signal- bzw. Störspektrum zu erreichen, Synthese und Optimierung. Hieraus resultieren Hinweise zur Verbesserung und Entwurfsvorschriften für die Steuerung oder Regelung des Prozesses.

4. Die sich aus der Synthese häufig ergebende Aufgabe der Ermittlung eines Steuer- oder Regleralgorithmus. Der Algorithmus muß ausführbar sein und konvergieren.

In diesem Sinne ist die Systemtheorie ein Grundlagenfach, das bisher weitgehend von den Ingenieurwissenschaften geprägt wurde und Verbindungen zu sowie Zusammenhänge in anderen Wissenschaftsgebieten aufzeigen kann, deren Gesetzmäßigkeiten sich mathematisch fassen lassen.

Eine wesentliche Aufgabe der Systemtheorie liegt in der Abwägung, ob ein komplizierteres mathematisches Modell gegenüber einem einfacheren Modell zu genaueren Aussagen über den realen Prozeß kommt. Hieraus ergeben sich die Grenzen dieser Theorie, die ihre Motivation aus der Behandlung von praktischen Problemen erhält.

Der Wert der Systemtheorie hängt davon ab, in welchem Maße die Ergebnisse aus dieser Theorie in biologischen, technischen oder organisatorischen Systemen umsetzbar und verwertbar sind. Die Umsetzbarkeit einer Erkenntnis reicht nicht aus, da durch das Zusammenwirken der realen Objekte untereinander zusätzliche Randbedingungen erfüllt werden müssen, um eine Erkenntnis verwertbar zu machen.

2. Systemdarstellungen

Physikalische Prozesse lassen sich aufgrund von Naturgesetzen durch Gleichungen beschreiben, die als eine Darstellung (Modell) des Prozesses aufzufassen sind. Einem Prozeß können aus den folgenden Gründen verschiedene Modelle zugeordnet sein:

a) Die Verfeinerung des Prozeßmodells durch Hinzunahme von weiteren Beziehungen verbessert die Genauigkeit der Beschreibung.

b) Die Approximation der Prozeß-Gleichungen führt häufig erst zu einem auswertbaren Modell.

c) Der Übergang zu anderen Einflußgrößen des Prozesses verändert das Modell.

d) Durch Eliminierung der physikalischen Größen, die einer Messung nicht zugänglich sind, ergibt sich eine reduzierte Darstellung.

e) Die Transformation der physikalischen Größen (Prozeßgrößen) in ein anderes Bezugssystem (Koordinatensystem) führt zu einer anderen Darstellung.

In diesem Kapitel werden Modelle von Prozessen aus verschiedenen physikalischen Gebieten aufgestellt und wesentliche Begriffe, die im Zusammenhang mit der Systemdarstellung stehen, erläutert und definiert.

2.1 Erläuterungen zum Begriff "System"

Der Begriff "System" hat in der Umgangssprache unterschiedliche Bedeutung. Eine systemtheoretische Definition dieses Begriffs findet der Leser im Abschnitt 2.3.

Systeme, deren physikalische, chemische oder technische Eigenschaften sich mit mathematischen Methoden untersuchen lassen, sind nach Festlegung von Eingangs- und Ausgangsgrößen z.B.

Elektrische Netzwerke
Elektrische Maschinen
Kreisel, Flugbewegungen
Chemische Reaktoren und Kernreaktoren
Empfänger und Sender von Nachrichten
Neuronen in einem Nervennetz.

In diesen Beispielen lassen sich entsprechend einer Aufgabenstellung Größen angeben, die das System beeinflussen und daher Eingangsgrößen genannt werden. Größen, die gemessen werden, um auf Änderungen im System oder an den Eingängen schließen zu können, heißen Ausgangsgrößen.

Prägt man einer Gleichstrommaschine einen Erregerstrom auf und legt eine Ankerspannung an, so "antwortet" dieses System mit einer Drehzahl. Die Gleichstrommaschine hat in diesem Fall die Eingangsgrößen

Erregerstrom
Ankerspannung

und die Ausgangsgrößen

Drehzahl
Drehwinkel.

Die Festlegung, welche Größen zum Eingang und Ausgang gehören, hängt von der Aufgabenstellung und dem vorliegenden Prozeß ab.

Der Erregerstrom in einer Gleichstrommaschine könnte intern durch die Ankerspannung erzeugt werden, wodurch die Eingriffsmöglichkeiten auf das System sich verringern. Am folgenden Beispiel wird gezeigt, daß die Festlegung der Ein- und Ausgangsgrößen nicht selbstverständlich ist.

Beispiel 1: Die Systemgleichungen des Netzwerkes im Bild 1

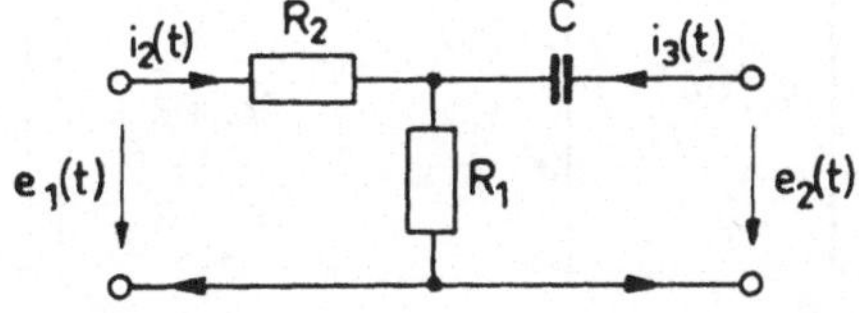

Bild 1: Elektrisches RC-Netzwerk

sind für die beiden Fälle aufzustellen, daß

a) $e_1(t)$, $e_2(t)$ Eingangsgrößen und

$i_2(t)$, $i_3(t)$ Ausgangsgrößen

oder

b) $e_1(t)$, $i_3(t)$ Eingangsgrößen und

$i_2(t)$, $e_2(t)$ Ausgangsgrößen

sind.

Da im Fall a) die Klemmenspannungen und im Fall b) eine Klemmenspannung sowie ein Klemmenstrom beliebig vorgebbar sind, handelt es sich hier um zwei verschiedene Systeme, obwohl diesen dasselbe Netzwerk zugrunde liegt.
Die Anwendung der Kirchhoffschen Gesetze und der Zusammenhang zwischen dem Strom und der Spannung $u_c(t)$ am Kondensator liefern uns die Gleichungen

$$\left.\begin{aligned} i_2(t)R_2 + \left[i_2(t) + i_3(t)\right]R_1 &= e_1(t) \\ u_c(t) + \left[i_2(t) + i_3(t)\right]R_1 &= e_2(t) \end{aligned}\right\} \text{Kirchhoffsches Gesetz} \qquad (1)$$

$$i_3(t) = C\,\frac{d\,u_c(t)}{dt} \quad \text{Zusammenhang am Kondensator.} \qquad (2)$$

Bei einer Vektordarstellung der Ausgangsgrößen in Abhängigkeit von den Eingangsgrößen und der Kondensatorspannung $u_c(t)$ folgt aus den Beziehungen (1) im

Fall (a):

$$\begin{bmatrix} i_2(t) \\ i_3(t) \end{bmatrix} = \begin{bmatrix} \frac{1}{R_2} \\ -\frac{R_1+R_2}{R_1\,R_2} \end{bmatrix} u_c(t) + \begin{bmatrix} \frac{1}{R_2} & -\frac{1}{R_2} \\ -\frac{1}{R_2} & \frac{R_1+R_2}{R_1 \cdot R_2} \end{bmatrix} \begin{bmatrix} e_1(t) \\ e_2(t) \end{bmatrix} \qquad (3)$$

Die Kondensatorspannung $u_c(t)$ genügt einer linearen Differentialgleichung unter dem Einfluß der Eingangsgrößen. Nach Einsetzen der zweiten Komponentengleichung von (3) in die Beziehung (2) gilt:

$$C \frac{R_1 R_2}{R_1+R_2} \dot{u}_c(t) + u_c(t) = e_2(t) - \frac{R_1}{R_1+R_2} e_1(t) \qquad (4)$$

Der zeitliche Verlauf der Größe $u_c(t)$ bestimmt die gespeicherte Energie des Netzwerkes nach Bild 1.

Fall (b):

$$\begin{bmatrix} i_2(t) \\ \\ e_2(t) \end{bmatrix} = \begin{bmatrix} 0 \\ \\ 1 \end{bmatrix} u_c(t) + \begin{bmatrix} \frac{1}{R_1+R_2} & \frac{-R_1}{R_1+R_2} \\ \frac{R_1}{R_1+R_2} & \frac{R_1 \cdot R_2}{R_1+R_2} \end{bmatrix} \begin{bmatrix} e_1(t) \\ \\ i_3(t) \end{bmatrix} \qquad (5)$$

Die Größe $u_c(t)$ genügt in diesem Fall der Differentialgleichung

$$C \dot{u}_c(t) = i_3(t) \; ; \quad u_c(0) = u_{co} \qquad (6)$$

Der zeitliche Verlauf von $u_c(t)$ ist in den Fällen (a) und (b) bei gleichem Anfangswert $u_c(0)$ eine Funktion der entsprechenden Eingangsgrößen und daher in den Gleichungen (4) und (6) verschieden. Die Systemdarstellung (3) und (4) unterscheidet sich somit von (5) und (6) und läßt sich nicht durch eine konstante lineare Transformation auf den Fall (b) zurückführen.

Anhand der Systemdarstellung des Falles (a) im Beispiel 1 sei die Bedeutung der Systemgrößen erläutert.
Die Werte der Ausgangsgrößen hängen ab:

1. Von der Spannung am Kondensator zum Zeitpunkt t_o - u_{co}^2 ist ein Maß für die vorhandene Energie zum Zeitpunkt t_o.
   $u_c(t_o)$ heißt Anfangszustand.
2. Von der Lösung $u_c(t)$ der Differentialgleichung (4), der Zustandsgröße.
   Durch die Differentialgleichung (4) werden die Veränderungen im Energiespeicher des Netzwerkes, dem Konden-

sator , beschrieben.

3. von den angelegten Eingangsgrößen.

Zwischen dem Eingang und Ausgang eines Systems liegen im allgemeinen noch weitere Energiespeicher, Zustandsgrößen, die einer zeitlichen Änderung auch ohne Einwirkung von Eingangsgrößen unterliegen. In unserem Beispiel würden die Ausgangsgrößen betragsmäßig exponentiell abnehmen, wenn zum Zeitpunkt $t_o = 0$ die Kondensatorspannung von Null verschieden ist und $e_1(t) = e_2(t) = 0$, kurzgeschlossen , für alle $t \geq 0$ gilt.

Zwischen den systemtheoretischen Größen bestehen die folgenden Zusammenhänge

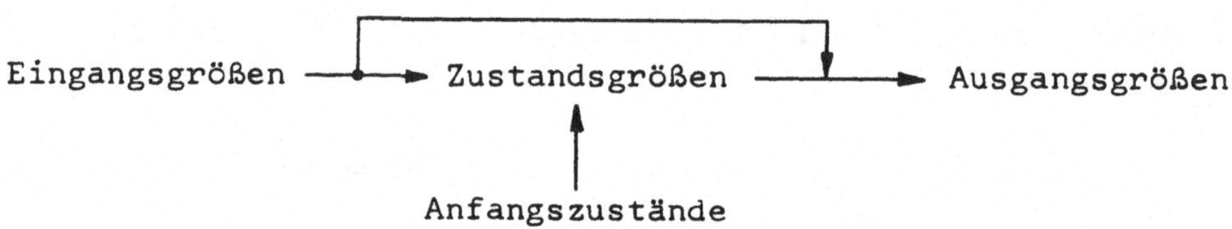

Symbolisch läßt sich ein System mit r Eingangsgrößen, p Ausgangsgrößen und n Anfangszuständen entsprechend Bild 2 darstellen.

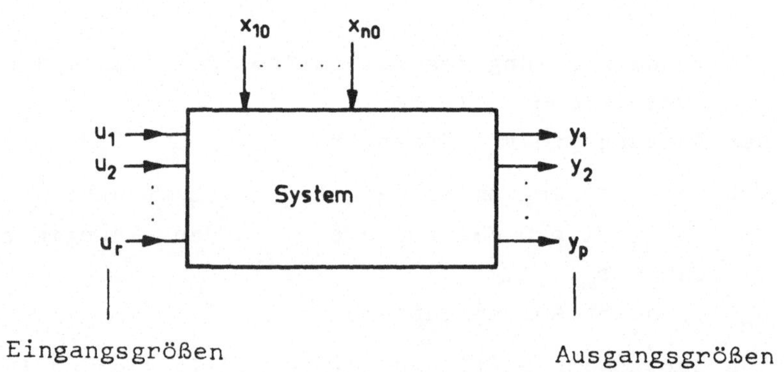

Bild 2: Symbolische Systemdarstellung

Das folgende Beispiel dient zur Verdeutlichung einiger Zusammenhänge.

Beispiel 2: Es ist das Verhalten des Netzwerkes nach Bild 3

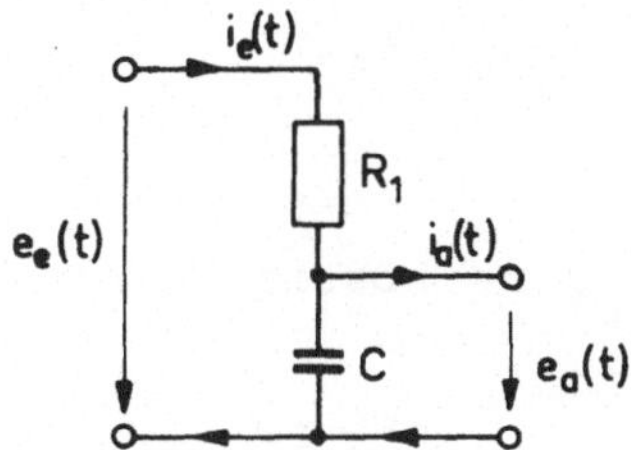

Bild 3: Elektrisches Netzwerk 1.Ordnung

zu untersuchen, wenn $u(t) := e_e(t)$ als Eingangsgröße und $y(t) := i_e(t)$ als Ausgangsgröße gewählt wird.

Die Anwendung der Kirchhoffschen Gesetze führt mit $x(t) := e_a(t)$ als Zustandsgröße auf die Gleichungen:

$$\begin{aligned} y(t) &= C\,\dot{x}(t) + i_a(t) \\ u(t) &= R_1 y(t) + x(t). \end{aligned} \tag{7}$$

Setzt man $i_a(t) \equiv 0$ und zerlegt entsprechend der Systemdarstellung im Beispiel 1 die Beziehungen (7) in eine Zustands- und Ausgangsgleichung, so ist

$$\dot{x}(t) = -\frac{1}{R_1 C}\,x(t) + \frac{1}{R_1 C}\,u(t)\,; \quad x(t_o) = x_o \tag{8}$$

die Zustandsgleichung und

$$y(t) = -\frac{1}{R_1}\,x(t) + \frac{1}{R_1}\,u(t) \tag{9}$$

die Ausgangsgleichung.

Die Lösung der linearen Differentialgleichung (8) setzt sich additiv aus zwei Termen zusammen. Die homogene Differentialgleichung

$$\dot{\phi}(t,t_o) = -\frac{1}{R_1C}\,\phi(t,t_o)$$

hat die Lösung

$$\phi(t,t_o) = e^{-(t-t_o)/R_1C}$$

mit $\phi(t_o,t_o) = 1$. Die homogene Lösung der Differentialgleichung (8) lautet mit $x_o := x(t_o)$:

$$x_H(t) = \phi(t,t_o)x_o .$$

Die allgemeine Lösung von (8) ergibt sich unter Beachtung von

$$\phi(t_o,t)\phi(t,t_o) = e^{-(t_o-t)/R_1C}\;e^{-(t-t_o)/R_1C} = 1$$

aus

$$\begin{aligned}\frac{d}{dt}\big(\phi(t_o,t)x(t)\big) &= \dot{\phi}(t_o,t)x(t) + \phi(t_o,t)\dot{x}(t)\\ &= \frac{1}{R_1C}\,\phi(t_o,t)x(t) - \frac{1}{R_1C}\,\phi(t_o,t)x(t) +\\ &\quad + \frac{1}{R_1C}\,\phi(t_o,t)u(t) .\end{aligned}$$

Die Integration über das Zeitintervall $[t_o,t]$ liefert

$$\phi(t_o,t)x(t) - \phi(t_o,t_o)x_o = \frac{1}{R_1C}\int_{t_o}^{t}\phi(t_o,\tau)u(\tau)d\tau$$

und nach Multiplikation mit $\phi(t,t_o)$ ist

$$x(t) = \phi(t,t_o)x_o + \frac{1}{R_1C}\int_{t_o}^{t} \phi(t,\tau)u(\tau)d\tau \qquad (10)$$

die allgemeine Lösung von (8).

Es sei nun

$t_o = 0$; $x_o = -U_1$ Anfangszustand; $u(t) = U_1$ für $t \geq 0$

dann folgt aus (10) und (9):

$$\begin{aligned} x(t) &= U_1\left[1 - 2e^{-t/R_1C}\right] \\ y(t) &= 2\frac{U_1}{R_1}e^{-t/R_1C} \end{aligned} \qquad (11)$$

Die Antwort des Systems bei einer sprungartigen Änderung der Eingangsgröße zum Zeitpunkt $t_o = 0$ und einem Anfangszustand $x_o = -U_1$ ist dem Bild 4 zu entnehmen

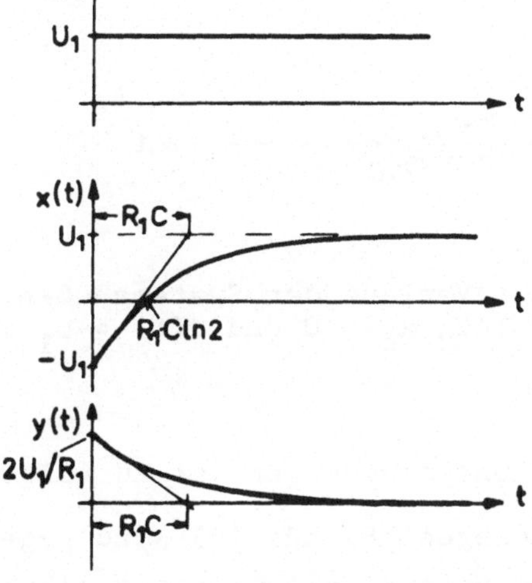

Bild 4: Zeitlicher Verlauf der Systemgrößen, wenn $x_o = -U_1$ und $u(t) = U_1$ ist.

Die Zustandsgröße verschwindet an der Stelle $t_1 = R_1C \ln 2$. Wählen wir jetzt

$$t_o = R_1C \ln 2 \; ; \; x_o = 0 \quad ; \quad u(t) = U_1 \text{ für } t \geq t_o$$

so ergeben sich für $t \geq t_o$ dieselben Lösungen (11). Im Bild 5 ist die Antwort des Systems auf eine um $R_1C \ln 2$ zeitverschobene Eingangsgröße und entsprechendem Anfangszustand gegenüber Bild 4 dargestellt.

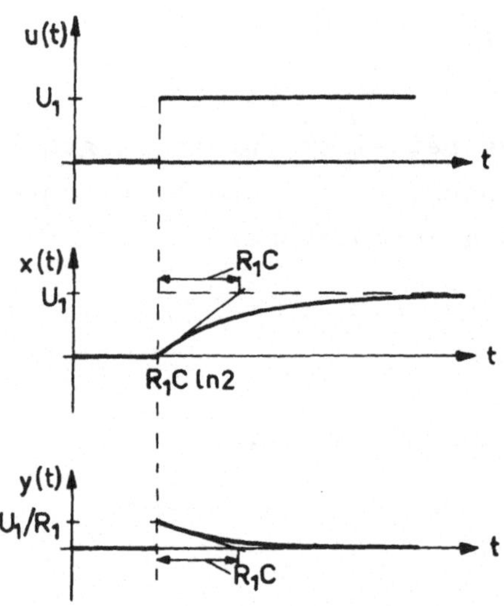

Bild 5: Zeitlicher Verlauf der Systemgrößen, wenn $t_o = R_1C \ln 2$, $x_o = 0$ und $u(t) = U_1$ ist.

Aus den Ergebnissen der Untersuchungen ist zu folgern:

1. Die Systemgleichungen (8) und (9) sind gegenüber einer Verschiebung des Anfangszeitpunktes t_o invariant.

2. Zur Berechnung des zeitlichen Verlaufs der Zustandsgrößen und der Ausgangsgrößen wird beim Vorliegen der Systemgleichungen der Anfangszeitpunkt, Anfangszustand und der Verlauf der Eingangsgrößen benötigt.

Beispiel 3: Gegeben sei das Netzwerk nach Bild 6

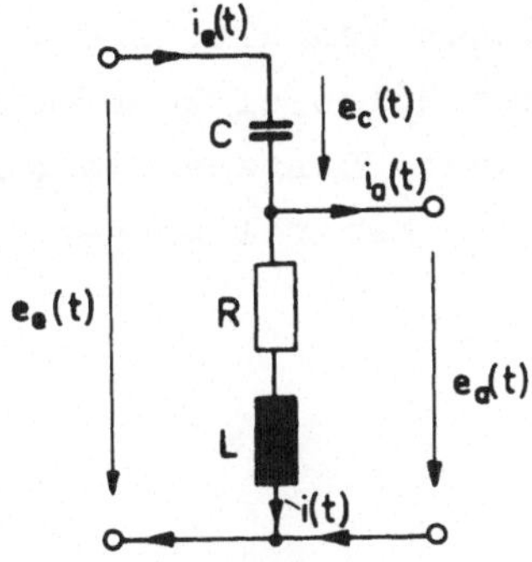

Bild 6: Elektrisches Netzwerk 2.Ordnung

mit den Eingangsgrößen

$$u_1(t) := e_e(t)$$
$$u_2(t) := i_a(t)$$

und den Ausgangsgrößen

$$y_1(t) := e_a(t)$$
$$y_2(t) := i_e(t)$$

Nach Anwendung der Kirchhoffschen Gesetze erhält man für die Zustandsgrößen $x_1(t) := e_c(t)$ und $x_2(t) := i(t)$ die Differentialgleichungen

$$\frac{d}{dt}\begin{bmatrix} x_1(t) \\ x_2(t) \end{bmatrix} = \begin{bmatrix} 0 & \frac{1}{C} \\ -\frac{1}{L} & -\frac{R}{L} \end{bmatrix}\begin{bmatrix} x_1(t) \\ x_2(t) \end{bmatrix} + \begin{bmatrix} 0 & \frac{1}{C} \\ \frac{1}{L} & 0 \end{bmatrix}\begin{bmatrix} u_1(t) \\ u_2(t) \end{bmatrix}$$

und für die Ausgangsgrößen die Beziehung

$$\begin{bmatrix} y_1(t) \\ y_2(t) \end{bmatrix} = \begin{bmatrix} -1 & 0 \\ 0 & 1 \end{bmatrix}\begin{bmatrix} x_1(t) \\ x_2(t) \end{bmatrix} + \begin{bmatrix} u_1(t) \\ u_2(t) \end{bmatrix}$$

Die zur Berechnung des zeitlichen Verhaltens der Zustands- und Ausgangsgrößen entsprechend dem Beispiel 2 erforderlichen Methoden lernt der Leser für lineare Differentialgleichungen höherer Ordnung ($n \geq 2$) im dritten Kapitel kennen.

2.2 Modellbildung

Das Aufstellen von brauchbaren Modellen und die Ermittlung der Parameter eines Prozesses gehören zu den wichtigsten Aufgaben der Systemtheorie, andernfalls wäre eine Wertung der Theorie im Hinblick eine Anwendung auf Probleme, die gelöst werden sollen, nicht möglich.

Die Zielsetzung dieses Buches, lineare Modellstrukturen methodisch zu untersuchen, erlaubt nur eine exemplarische Einführung in die Modellbildung.

Die Beschreibung der dynamischen Vorgänge in Systemen geht von den Erhaltungssätzen der Masse, Ladung, Energie und Impuls aus. Häufig werden diese auch Bilanzgleichungen genannt.

Die Eingangs-, Zustands- und Ausgangsgrößen hängen im allgemeinen nicht nur von der Zeit t, sondern auch vom Ortsvektor $\underline{w} \in \mathbb{R}^3$ ab, d.h. $u_\nu(t,\underline{w})$, $x_\nu(t,\underline{w})$ und $y_\nu(t,\underline{w})$. Die Zustandsgrößen sind dann Lösungen einer partiellen Differential- oder Differenzengleichung.

Als Beispiel sei die Steuerung der Erwärmung eines Stahlblockes (Bramme) in einem Ofen gewählt , Bild 7. Das Modell wird aus der Wärmeleitungsgleichung

$$\frac{\rho \cdot c_p}{\kappa} \dot{\vartheta}(t,\underline{w}) = \operatorname{div} \operatorname{grad} \vartheta(t,\underline{w}) \qquad (12)$$

abgeleitet. Hierbei sind

$\vartheta(t,\underline{w})$ die Temperatur in der Bramme im Ortspunkt $\underline{w}$ und zum Zeitpunkt t

ρ die mittlere Dichte der Bramme

c_p die spezifische Wärme der Bramme

κ das Wärmeleitvermögen der Bramme

$\lambda = \frac{\kappa}{\rho \cdot c_p} \left[\frac{cm^2}{s}\right]$ die Temperaturleitzahl.

Es sei nun $\vartheta(w_1,t)$ die senkrecht zur Bewegungsrichtung der Bramme gemittelte Temperatur. Es soll der Verlauf dieser mittleren Temperatur in Bewegungsrichtung der Bramme gesteuert werden.
Die Oberflächentemperaturen oberhalb und unterhalb des Stahlblockes seien $\vartheta_o(w_1,t)$ und $\vartheta_u(w_1,t)$.
Aus der Wärmeleitungsgleichung (12) läßt sich unter der Annahme, daß in w_2-Richtung eine parabolische Temperaturverteilung vorliegt, für die mittlere Temperatur in der Bramme die Beziehung

$$T_w \frac{d\vartheta(w_1,t)}{dt} + \vartheta(w_1,t) = \frac{1}{2}\left(\vartheta_o(w_1,t) + \vartheta_u(w_1,t)\right) \qquad (13)$$

herleiten. Hierbei setzt sich die Wärmezeitkonstante zusammen aus:

$$T_w = \frac{1}{\lambda} \frac{h^2}{12}$$

h ist die Brammendicke in w_2-Richtung. Die Temperaturleitzahl λ nimmt für Stahl 15 bei Temperaturen zwischen 800 °C und 1200 °C ungefähr den Wert von 0,06 cm^2/s an. Für h = 30 cm ergibt sich bei Stahl 15 mit den oben angegebenen Temperaturen eine Wärmezeitkonstante von

$$T_w = 1250 \text{ s} = 20{,}8 \text{ min} .$$

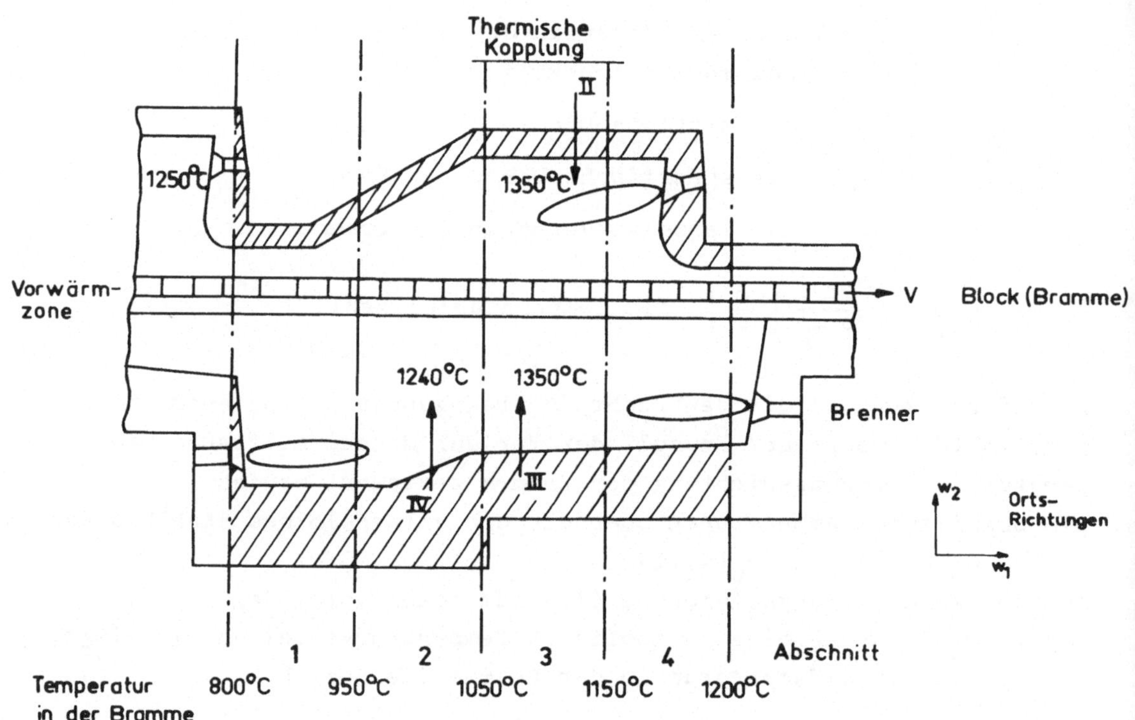

Bild 7: Querschnitt durch die Hauptwärmezone eines Erwärmungsofens.

Bei einer Diskretisierung von (13) bezüglich der Ortskoordinate wird

$$\Delta w := w_1^{(\nu+1)} - w_1^{(\nu)} \qquad \text{Schrittweite der Diskretisierung}$$

$$\vartheta_\nu(t) := \vartheta(w_1^{(\nu)},t) \qquad \text{Temperaturverlauf im Ortspunkt } w_1^{(\nu)}$$

$$u_\nu(t) := \frac{1}{2}\left[\vartheta_o(w_1^{(\nu)},t) + \vartheta_u(w_1^{(\nu)},t)\right] \qquad \text{Stellgröße}$$

$$\frac{d\,\vartheta(w_1,t)}{dt} = \left.\frac{\partial\vartheta}{\partial t}\right|_{w_1} + v \left.\frac{\partial\vartheta}{\partial w_1}\right|_t$$

gesetzt. Die einfachste Diskretisierung verwendet für die Näherung der Ortsableitung die Nachbarortspunkte, so daß sich die gewöhnliche Differentialgleichung

$$T_w\, \dot{\vartheta}_\nu(t) = -\vartheta_\nu(t) - \frac{T_w v}{2\Delta w}\left(\vartheta_{\nu+1}(t) - \vartheta_{\nu-1}(t)\right) + u_\nu(t)$$

im ν-ten Ortspunkt ergibt. Teilt man die Länge der Bramme in (n-1) Abschnitte Δw, so kann für n verschiedene Ortspunkte eine Differentialgleichung aufgestellt werden. Mit der Definition $x_\nu(t) := \vartheta_\nu(t);\ \nu = 1\ldots n,\ \vartheta_o(t) = \vartheta_{n+1}(t) \equiv 0$ und

$\alpha := \frac{v}{2\Delta w}$ ergibt sich als ein mögliches Modell für das Temperaturprofil der Bramme im Erwärmungsofen

$$\frac{d}{dt}\begin{bmatrix} x_1(t) \\ \vdots \\ x_n(t) \end{bmatrix} = \begin{bmatrix} -\frac{1}{T_w}, & -\alpha & & \underline{0} \\ \alpha & \ddots & \ddots & \\ & \ddots & \ddots & -\alpha \\ \underline{0} & & \alpha & ,-\frac{1}{T_w} \end{bmatrix}\begin{bmatrix} x_1(t) \\ \vdots \\ x_n(t) \end{bmatrix} + \frac{1}{T_w}\begin{bmatrix} u_1(t) \\ \vdots \\ u_n(t) \end{bmatrix} \tag{14}$$

Das gewonnene gewöhnliche Differentialgleichungssystem stellt in mehrfacher Hinsicht eine Näherung des Erwärmungsvorganges dar. Es wurden die folgenden Vereinfachungen gemacht:

1. Senkrecht zur Bewegung der Bramme liegt eine parabolische Temperaturverteilung vor

2. Eine Diskretisierung längs zur Bewegungsrichtung der Bramme im Abstand $\Delta w_1 = \frac{1}{n}$. Jedem diskreten Ortspunkt ist eine Zustandsgröße $\vartheta_\nu(t)$ zugeordnet.
3. Die Oberflächentemperaturen der Bramme in den diskreten Ortspunkten sind aus den Wärmebilanzgleichungen des Erwärmungsofens und der Bramme bestimmbar.

Die Diskretisierung bezüglich der Ortskoordinate kann mit verschiedenen Methoden, siehe Literaturstellen (3) bis (7) , durchgeführt werden und stellt keine einfache Aufgabe dar. Die Konvergenz zwischen den Lösungen des diskretisierten Modells , wie z.B. (14) , und der partiellen Differentialgleichung , wie z.B. (13), muß gewährleistet sein.
Die Anzahl der Zustandsgrößen wächst mit $\Delta w_1 \to o$ gegen unendlich. Da die Anzahl der unabhängigen Zustandsgrößen die Dimension des Raumes bestimmt, in dem sich das System beschreiben läßt, ist eine exakte Behandlung der Systeme mit verteilten Parametern nur in einem Raum mit unendlicher Dimension möglich.
Die Untersuchungen von Systemen mit konzentrierten Parametern, die in Räumen mit endlicher Dimension durchgeführt werden, sind einfacher und führen im linearen zeitinvarianten Fall , Koeffizienten sind konstant , zu globalen Aussagen.
Durch die Approximation der Systeme mit verteilten Parametern bietet sich für die Systeme in endlich dimensionalen Vektorräumen ein breites Anwendungsgebiet an.
Die Netzwerkdarstellung ist in vielen Fällen eine Verbindungsstufe zwischen dem Prozeß mit konzentrierten Parametern und dem Modell. Aus den elektrischen und mechanischen Netzwerkdarstellungen lassen sich nach Festlegung der Eingangs- und Ausgangsgrößen mit Hilfe der Gleichgewichtsbedingungen die Modelle für die dynamischen Vorgänge finden.
In der Elektrotechnik sind es die Kirchhoffschen Gesetze:

Knotenpunkt $\sum_\nu i_\nu(t) = 0$ für die Ströme

Maschen $\sum_\nu u_\nu(t) = 0$ für die Spannungen

In der Mechanik sind es die Gleichgewichtsbedingungen der Kräfte und der Drehmomente:

Translation	$\sum_{\nu} f_{\nu}(t) = 0$	für die Kräfte
Rotation	$\sum_{\nu} m_{\nu}(t) = 0$	für die Drehmomente

Beispiele von elektrischen Netzwerken wurden im vorangegangenen Abschnitt gegeben. In der Tabelle 1 sind die analogen Vorgänge der Elektrotechnik und Mechanik dargestellt.

Die folgenden Beispiele sind Modelle aus den Gebieten der Mechanik, Elektrotechnik und Verfahrenstechnik, wobei deren Verwendung weitgehend von der geforderten Genauigkeit in der jeweiligen Aufgabenstellung abhängt.

Beispiel 4: Eindimensionale Bewegung eines Körpers.

Es sei $x_1(t)$ die Lage des Körpers, dann baut sich das Modell im wesentlichen aus den Gleichungen

$\dot{x}_1(t) := x_2(t)$	Geschwindigkeit
$\dot{x}_2(t) := x_3(t)$	Beschleunigung
$\dot{x}_3(t) = -\alpha\, x_3(t) + u(t)$	Antriebsgleichung

auf. Die Eingangsgröße u(t) kann eine Störung oder gewollte Beeinflussung der Beschleunigungsänderung sein.

Tabelle 1: Analoge Grundgesetze in Elektrotechnik und Mechanik

elektrisch	mechanisch- Translation		mechanisch-Rotation	
Symbol im Wirkschaltbild und im Netzwerk	Wirkschaltbild-Symbol	Netzwerk-Symbol	Wirkschaltbild-Symbol	Netzwerk-Symbol
Kapazität	**Masse**		**Trägheitsmoment**	
i_C, u_1, C, u_2, u_C; $u_C = u_1 - u_2$	M, f_M, v_M	f_M, v_1, M, $v_2 = v_{Bezug}$, v_M; $v_M = v_1 - v_2$	ω_J, m_J, J	m_J, ω_1, J, $\omega_2 = \omega_{Bezug}$, ω_J; $\omega_J = \omega_1 - \omega_2$
$u_C(t) = u_C(t_0) + \int_{t_0}^{t} \frac{1}{C} i_C(\tau) d\tau$ oder $i_C = C \frac{du_C}{dt}$	$v_M(t) = v_M(t_0) + \int_{t_0}^{t} \frac{1}{M} f_M(\tau) d\tau$ oder $f_M = M \frac{dv_M}{dt}$	v_{Bezug} = Geschw. des Inertialsystems	$\omega_J(t) = \omega_J(t_0) + \int_{t_0}^{t} \frac{1}{J} m_J(\tau) d\tau$ oder $m_J = J \frac{d\omega_J}{dt}$	
Induktivität	**Feder**		**Torsionsfeder**	
i_L, u_1, L, u_2, u_L; $u_L = u_1 - u_2$	f_F, K, v_1, v_2	f_F, v_1, K, v_2, v_F; $v_F = v_1 - v_2$	ω_1, m_F, K, ω_2	m_F, ω_1, ω_2, ω_F; $\omega_F = \omega_1 - \omega_2$
$i_L(t) = i_L(t_0) + \int_{t_0}^{t} \frac{1}{L} u_L(\tau) d\tau$ oder $u_L = L \frac{di_L}{dt}$	$f_F(t) = f_F(t_0) + \int_{t_0}^{t} \frac{1}{K} v_F(\tau) d\tau$ oder $v_F = K \frac{df_F}{dt}$	$(x = Kf)$	$m_F(t) = m_F(t_0) + \int_{t_0}^{t} \frac{1}{K} \omega_F(\tau) d\tau$ oder $\omega_F = K \frac{dm_F}{dt}$	$(\varphi_F = K m_F)$
Widerstand	**Newton-Reibung (Dämpfer. "Verbraucher")**		**Newton-Reibung (Kupplung. "Verbraucher")**	
i_R, u_1, R, u_2, u_R; $G = R^{-1}$; $u_R = u_1 - u_2$	f, f_R, v_R, B; f_R, B, v_1, v_2	f_R, v_1, B, v_2, v_R; $v_R = v_1 - v_2$	m_R, ω_R, B; ω_1, m_R, B, ω_2	m_R, ω_1, ω_2, ω_R; $\omega_R = \omega_1 - \omega_2$
$u_R = R i_R$ oder $i_R = G u_R$	$v_R = \frac{1}{B} f_R$ oder $f_R = B v_R$		$\omega_R = \frac{1}{B} m_R$ oder $m_R = B \omega_R$	
1. Kirchhoffsches Gesetz $\sum_{\nu=1}^{n} i_\nu = 0$ 2. Kirchhoffsches Gesetz $\sum_{\nu=1}^{n} u_\nu = 0$	Knotenregel $\sum_{\nu=1}^{n} f_\nu = 0$ Maschenregel $\sum_{\nu=1}^{n} v_\nu = 0$		Knotenregel $\sum_{\nu=1}^{n} m_\nu = 0$ Maschenregel $\sum_{\nu=1}^{n} \omega_\nu = 0$	
C Kapazität [C] = F L Induktivität [L] = H G Leitwert [G] = Ω^{-1} u Spannung [u] = V i Strom [i] = A	M Masse [M] = kg K Dehnungskoeffizient der Feder [K] = $m N^{-1}$ B Reibungskoeffizient [B] = $N \cdot s \cdot m^{-1}$ v Geschwindigkeit [v] = $m s^{-1}$ f Kraft [f] = N		J Massenträgheitsmoment = Θ [J] = $kg \cdot m^2$ K Dehnungskoeffizient der Feder [K] = $m^{-1} N^{-1}$ B Reibungskoeffizient [B] = $N \cdot m \cdot s$ ω Winkelgeschwindigkeit [ω] = $rad \cdot s^{-1}$ m Drehmoment [m] = $N \cdot m$	

Läßt sich die Lage und die Geschwindigkeit des Körpers messen, so lauten die Systemgleichungen zusammenfassend:

$$\frac{d}{dt}\begin{bmatrix} x_1(t) \\ x_2(t) \\ x_3(t) \end{bmatrix} = \begin{bmatrix} 0 & 1 & 0 \\ 0 & 0 & 1 \\ 0 & 0 & -\alpha \end{bmatrix} \begin{bmatrix} x_1(t) \\ x_2(t) \\ x_3(t) \end{bmatrix} + \begin{bmatrix} 0 \\ 0 \\ 1 \end{bmatrix} u(t)$$

$$\begin{bmatrix} y_1(t) \\ y_2(t) \end{bmatrix} = \begin{bmatrix} 1 & 0 & 0 \\ 0 & 1 & 0 \end{bmatrix} \begin{bmatrix} x_1(t) \\ x_2(t) \\ x_3(t) \end{bmatrix} \qquad (15)$$

Dieses Modell ist als Gerüst für eine Vielzahl von Aufgaben verwendbar. Die Lagestrecken bei numerischen gesteuerten Werkzeugmaschinen, in Walzwerken bei der Walzenanstellung, bei rotierenden Sägen, in Stahlwerken bei der Steuerung von großen Konvertern, bei Aufzügen und Fördermaschinen sowie in Raumflugkörpern, Satelliten, Flugzeugen und Schiffen enthalten im wesentlichen diese Systemgleichungen. Bei der Ortung in der Radartechnik dient (15) als ein mögliches Zielverfolgungsmodell.

Beispiel 5: Elektromechanisches System [11].

Der Aufbau eines elektromechanischen Systems ist im Bild 8 dargestellt. In dem Ringspalt eines Permanentmagneten mit der magnetischen Induktion B kann in axialer Richtung eine Tauchspule schwingen. Mit der Spule ist ein mechanisches System der Masse m, der Federkonste k und der Dämpfung d gekoppelt. Ein Mikrofon, Lautsprecher oder Schütteltisch wären Beispiele eines elektromechanischen Systems.

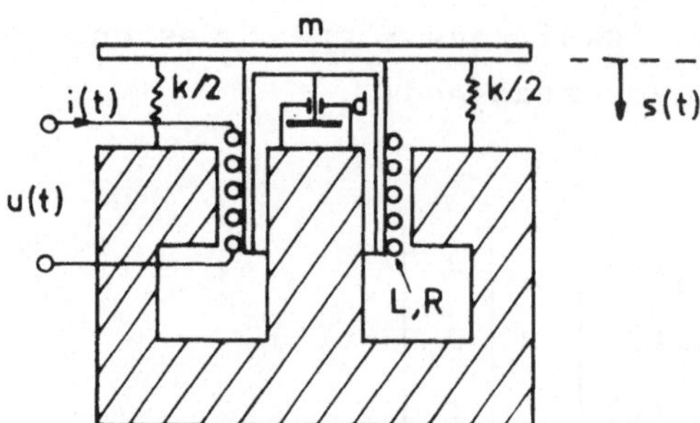

k Federkonstante
d Dämpfungskonstante
R Widerstand der Spule
L Induktivität der Spule

Bild 8: Schema eines Elektromechanischen Systems

Die Gleichung des mechanischen Teils ergibt sich aus der Gleichgewichtsbedingung der Kräfte, wobei durch den elektrischen Teil die Kraft Bli(t) erzeugt bzw. benötigt wird.

$$m\,\ddot{s}(t) + d\,\dot{s}(t) + k\,s(t) = Bli(t)$$

l ist die Länge des Leiters, der sich senkrecht zum Magnetfeld im Ringspalt befindet. Wenn der Radius der Spule r und w die Windungszahl ist, so gilt

$$l = 2\pi rw \,.$$

Im elektrischen Teil muß die Summe aller auftretenden Spannungen im Gleichgewicht sein. Dabei ist zu beachten, daß eine Bewegung des Leiters die Spannung

$$u_s(t) = B\,l\,\dot{s}(t)$$

induziert. Mit dem Spulenwiderstand R und der Induktivität L lautet die Maschengleichung:

$$L\,\frac{di(t)}{dt} + R\,i(t) + B\,l\,\dot{s}(t) = u(t)\,.$$

Die Spannung u(t) sei Eingangsgröße und die Lage der Masse y(t) := s(t) Ausgangsgröße. Die Zustandsgrößen sind durch die mechanischen und magnetischen Energiespeicher gegeben:

		Zustandsgröße
potentielle Energie	$\frac{1}{2} k s^2$	$x_1(t) := s(t)$
kinetische Energie	$\frac{1}{2} m \dot{s}^2$	$x_2(t) := \dot{s}(t)$
magnetische Energie	$\frac{1}{2} L i^2$	$x_3(t) := i(t)$

Durch Zusammenfassung der obigen Beziehungen erhalten wir nach Zerlegung der Differentialgleichung zweiter Ordnung in zwei erster Ordnung das Modell:

$$\frac{d}{dt}\begin{bmatrix} x_1(t) \\ x_2(t) \\ x_3(t) \end{bmatrix} = \begin{bmatrix} 0 & 1 & 0 \\ -\frac{k}{m} & -\frac{d}{m} & \frac{Bl}{m} \\ 0 & -\frac{Bl}{L} & -\frac{R}{L} \end{bmatrix}\begin{bmatrix} x_1(t) \\ x_2(t) \\ x_3(t) \end{bmatrix} + \begin{bmatrix} 0 \\ 0 \\ \frac{1}{L} \end{bmatrix} u(t)$$

$$y(t) = \begin{bmatrix} 1 & 0 & 0 \end{bmatrix} \begin{bmatrix} x_1(t) \\ x_2(t) \\ x_3(t) \end{bmatrix} \tag{16}$$

Das System (16) ist ein Beispiel für die Umsetzung elektrischer Schwingungen in mechanische. Im umgekehrten Fall muß die Lage s(t) als Eingangsgröße und die Spannung u(t) als Ausgangsgröße gewählt werden.

<u>Beispiel 6:</u> Ankergesteuerter Gleichstrommotor [8].

Ein weiteres elektromechanisches System ist der Gleichstrommotor, der z.B. in Lage- und Drehzahlregelkreisen eingesetzt wird. Im Bild 9 ist ein fremderregter Gleichstrommotor mit einem konstanten Erregerfluß ϕ_E dargestellt.

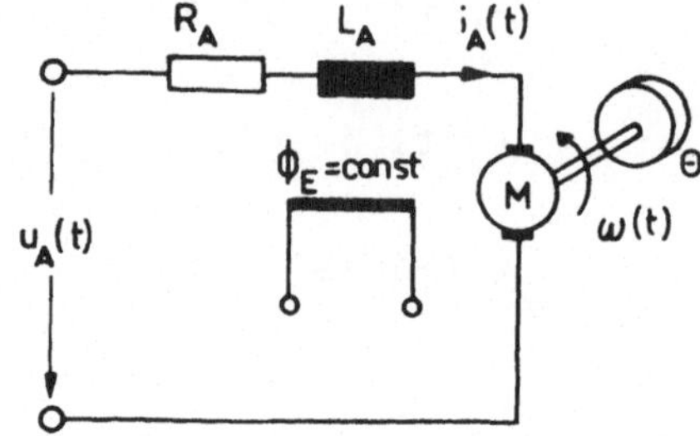

M_L Lastmoment

$M_r = k_3\omega(t)$ Reibungsmoment

Θ Trägheitsmoment

$\omega(t)$ Winkelgeschwindigkeit

Bild 9: Wirkschaltbild eines Gleichstrommotors

Der Motor erzeugt ein Drehmoment

$$M = k_2 \phi_E i_A(t)$$

und eine Spannung

$$u = k_1 \phi_E \omega(t) .$$

Die Gleichgewichtsbedingungen für die Spannungen und die Drehmomente lauten:

$$L_A \frac{di_A(t)}{dt} + R_A i_A(t) + k_1\phi_E\omega(t) = u_A(t)$$

$$\Theta \frac{d\omega(t)}{dt} + M_r + M_L = M$$

Es sei die Ankerspannung $u_A(t)$ die Eingangsgröße und die Winkelgeschwindigkeit die Ausgangsgröße $y(t) := \omega(t)$. Das System besitzt zwei Energiespeicher:

	Zustandsgröße
magnetische Energie $\frac{1}{2} L i_A^2$	$x_1(t) := i_A(t)$
kinetische Rotationsenergie $\frac{1}{2} \Theta\omega^2$	$x_2(t) := \omega(t)$

Die Zusammenfassung der obigen Beziehungen führt uns auf die Systemgleichungen:

$$\frac{d}{dt}\begin{bmatrix} x_1(t) \\ x_2(t) \end{bmatrix} = \begin{bmatrix} -\frac{R_A}{L_A} & -k_1\frac{\phi_E}{L_A} \\ \frac{k_2\phi_E}{\Theta} & -\frac{k_3}{\Theta} \end{bmatrix}\begin{bmatrix} x_1(t) \\ x_2(t) \end{bmatrix} + \begin{bmatrix} \frac{1}{L_A} \\ 0 \end{bmatrix} u(t) + \underbrace{\begin{bmatrix} 0 \\ -\frac{1}{\Theta} \end{bmatrix} M_L(t)}_{\text{Störung}}$$

$$y(t) = \begin{bmatrix} 0 & 1 \end{bmatrix}\begin{bmatrix} x_1(t) \\ x_2(t) \end{bmatrix} \tag{17}$$

Soll der Winkel $\varphi(t)$ an der Motorwelle geregelt werden - Lageregelstrecke, so ist das Modell (17) mindestens um die Zustandsgleichung $\dot{\varphi}(t) = \omega(t)$ zu erweitern und die Ausgangsbeziehung entsprechend zu ergänzen.

Beispiel 7: Phasenregelkreis (9).

Der prinzipielle Aufbau eines Phasenregelkreises (phaselocked-loop) geht aus dem Bild 10 hervor

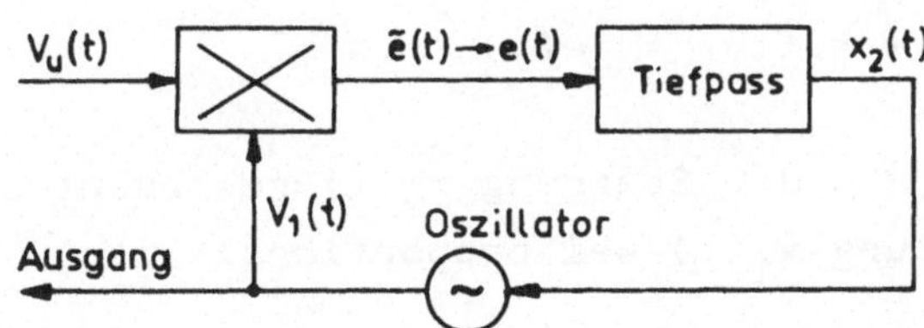

Bild 10: Aufbau eines Phasenregelkreises

Die Eingänge des Multiplizierers sind periodisch veränderliche

Spannungen mit der Frequenz ω. Es sei

$$V_u(t) = a_u \sin(\omega t + u(t))$$

die Eingangsspannung mit der Phase $u(t)$ und

$$V_1(t) = a_1 \cos(\omega t + x_1(t))$$

die Ausgangsspannung des Oszillators mit der Phase $x_1(t)$. Am Ausgang des Multiplizierers bildet sich das Produkt mit dem Verstärkungsfaktor a_d

$$\tilde{e}(t) = a_d V_u(t) V_1(t) = \frac{1}{2} a_d a_u a_1 \{\sin(u(t) - x_1(t)) + \\ + \sin(2\omega t + u(t) + x_1(t))\}$$

Eine Aufgabe des Tiefpasses ist es, den periodischen Anteil mit der Frequenz 2ω so stark zu dämpfen, daß dieser vernachlässigbar gegenüber dem Anteil mit der Phasendifferenz wird. Im weiteren geht daher nur der erste Term auf der rechten Seite in die Untersuchungen ein und es darf für kleine Phasendifferenzen geschrieben werden, $V := \frac{1}{2} a_d a_u a_1$:

$$e(t) = \frac{1}{2} a_d a_u a_1 \sin(u(t) - x_1(t)) \approx V(u(t) - x_1(t)).$$

Als Tiefpaß sei hier ein passives RC-Netzwerk erster Ordnung angesetzt, so daß mit $\frac{1}{RC} << 2\omega$ gilt:

$$RC\, \dot{x}_2(t) + x_2(t) = e(t)$$

Der Oszillator werde von der Spannung $x_2(t)$ gesteuert und die zeitliche Phasenänderung $\dot{x}_1(t)$ sei proportional $x_2(t)$.

$$\dot{x}_1(t) = \Delta\omega = V_o x_2(t)$$

Durch Zusammenfassung der letzten drei Gleichungen und unter Berücksichtigung, daß $x_1(t)$ Ausgangsgröße sein soll, ergeben sich die Systemgleichungen

$$\frac{d}{dt}\begin{bmatrix} x_1(t) \\ x_2(t) \end{bmatrix} = \begin{bmatrix} 0 & V_o \\ -\frac{V}{RC} & -\frac{1}{RC} \end{bmatrix}\begin{bmatrix} x_1(t) \\ x_2(t) \end{bmatrix} + \begin{bmatrix} 0 \\ \frac{V}{RC} \end{bmatrix} u(t)$$

$$y(t) = \begin{bmatrix} 1 \; , & 0 \end{bmatrix}\begin{bmatrix} x_1(t) \\ x_2(t) \end{bmatrix} \tag{18}$$

Die Anwendung des Phasenregelkreises liegt z.Z. hauptsächlich in der Nachrichtentechnik (9). Zum Beispiel bei der Stabilisierung von Oszillatoren mit hoher Genauigkeit, im Doppler-Filter, das in der Radartechnik zur Bestimmung der Radialgeschwindigkeit eines bewegten Körpers verwendet wird und bei Synchronisierungsaufgaben.

Beispiel 8: Thermisches System

Als Beispiel für ein thermisches System sei ein elektrisch beheizter Ofen nach Bild 11 gewählt. Bei diesem physikalischen Prozeß ist eine Gleichgewichtsbedingung für die Wärmeströme aufzustellen. Es wird angenommen, daß innerhalb der drei Medien Umgebung, Ofenwand und Ofeninneres keine Temperaturunterschiede sich bilden, d.h., daß im jeweiligen homogenen Medium die Temperaturgradienten vernachlässigbar sein müssen. Aufgrund dieser Annahme treten in unserem Modell nur gewöhnliche Differentialgleichungen auf.

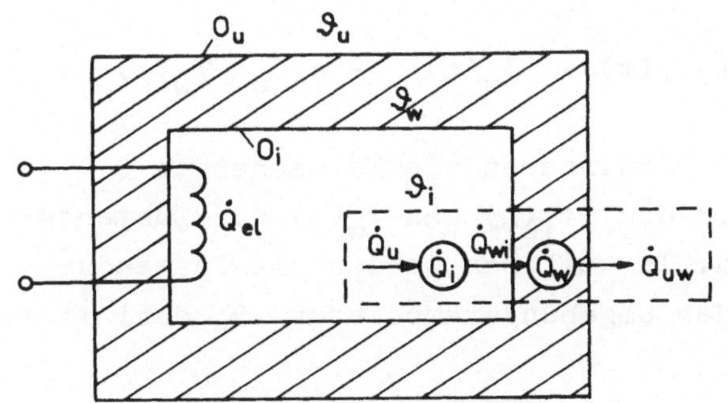

$\dot{Q}_{el}$ die durch die elektrische Beheizung erzeugte Wärmemenge je Zeiteinheit

c_i, c_w Wärmekapazitäten

α_i, α_u Wärmeübergangszahlen

Bild 11: Schema eines elektrisch beheizten Ofens

Die augenblickliche Wärmemenge ΔQ, die ein homogenes Medium mit der Temperatur ϑ_w und der Wärmekapazität c_w an eine Umgebung mit der Temperatur ϑ_u auf bzw. abgeben kann, beträgt

$$\Delta Q = c_w(\vartheta_u - \vartheta_w).$$

Der Wärmestrom $\dot{Q}$, die zeitliche Änderung der Wärmeenergie im Medium, ist durch

$$\dot{Q} = c_w \cdot \dot{\vartheta}_w$$

gegeben. Der Wärmestrom, der an der Oberfläche O zwischen zwei Medien hindurchtritt, wird durch

$$\alpha\, O\, \Delta\vartheta$$

beschrieben. α ist die Wärmeübergangszahl.
Die Differenz zwischen den zufließenden und abfließenden Wärmeströmen im jeweiligen homogenen Medium muß gleich der zeitlichen Änderung der Wärmenergie im Medium sein, Gleichgewichtsbedingung.

Die im Bild 11 zugeführte Wärmeenergie je Zeiteinheit $\dot{Q}_{el}(t)$, $\approx$ elektrische Leistung, erfolgt durch elektrische Beheizung im Ofeninneren.

Es gilt für das Innere des Ofens

$$c_i\, \dot{\vartheta}_i(t) = \dot{Q}_{el}(t) - \alpha_i\, O_i(\vartheta_i(t) - \vartheta_w(t))$$

und für die Ofenwand

$$c_w\, \dot{\vartheta}_w(t) = \alpha_i\, O_i(\vartheta_i(t) - \vartheta_w(t)) - \alpha_u O_u(\vartheta_w(t) - \vartheta_u).$$

Als Energiespeicher treten im Ofeninneren die Wärmeenergie Q_i und in der Ofenwand Q_w auf, so daß $\vartheta_i(t)$ und $\vartheta_w(t)$ die Zustandsgrößen in unserem Prozeß sind. Im weiteren werden die Zustandsgrößen als Abweichungen von der Umgebungstemperatur ϑ_u definiert, so daß gilt

$$x_1(t) := \vartheta_i(t) - \vartheta_u$$

$$x_2(t) := \vartheta_w(t) - \vartheta_u$$

Es sei nun als Eingangsgröße $u(t) := \dot{Q}_{el}(t)$ und als Ausgangsgröße $y(t) := x_2(t)$ festgelegt.
Unser Modell des elektrisch beheizten Ofens hat dann die Form

$$\frac{d}{dt}\begin{bmatrix} x_1(t) \\ x_2(t) \end{bmatrix} = \begin{bmatrix} -\frac{\alpha_i O_i}{c_i} & \frac{\alpha_i O_i}{c_i} \\ \frac{\alpha_i O_i}{c_w} & \frac{\alpha_i O_i + \alpha_u O_u}{c_w} \end{bmatrix} \begin{bmatrix} x_1(t) \\ x_2(t) \end{bmatrix} + \begin{bmatrix} \frac{1}{c_i} \\ 0 \end{bmatrix} u(t)$$

$$y(t) = \begin{bmatrix} 0 & 1 \end{bmatrix} \begin{bmatrix} x_1(t) \\ x_2(t) \end{bmatrix} \tag{19}$$

Beispiel 9: Idealer Rührkesselreaktor (12).

Es sei das Modell eines idealen kontinuierlichen Rührkesselreaktors gesucht, in dem in flüssiger homogener Phase eine exotherme Reaktion abläuft. Die schematische Darstellung des idealen Rührkesselreaktors ist dem Bild 12 zu entnehmen.

Als Voraussetzung soll gelten:

a) Das Reaktionsgemisch ist inkompressibel d.h. div $\underline{v} = 0$. Die spezifische Wärmekapazität $c_p\,\rho$ ist unabhängig vom umgesetzten Stoff.

b) Eine intensive Rührung des Reaktionsgemisches verhindert die Ausbildung örtlicher Temperatur- und Konzentrationsgradienten. Es besteht keine bevorzugte Strömungsrichtung, d.h. im Reaktor ist grad ϑ = grad c = $\underline{0}$, keine Diffusion und Wärmeleitung.

Aufgrund der Voraussetzungen genügen die Zustandsgrößen des Prozesses gewöhnlichen Differentialgleichungen. Eine Ortsabhängigkeit der Systemgrößen liegt nicht mehr vor.

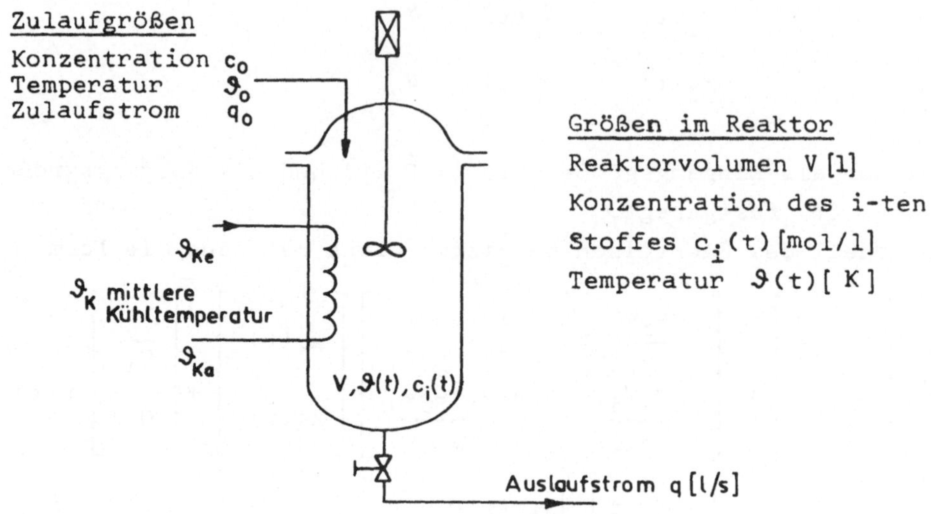

Bild 12: Schema eines Rührkesselreaktors

Es sind hier die Gleichgewichtsbedingungen für die Stoffmengen (Konzentration) und die Wärmeströme im Reaktor aufzustellen. Dabei soll die einfachste chemische Reaktion untersucht werden, die Umwandlung eines Stoffes S_1 in den Stoff S_2:

$$S_1[c_1(t)] \longrightarrow S_2[c_2(t)]$$

Durch diese Umwandlung ändern sich die Stoffmengen , d.h. die Konzentrationen , und die Temperatur im Reaktor, die von der Reaktionsgeschwindigkeit v_r des chemischen Prozesses abhängen. In unserem einfachen Fall ist die Bildungsgeschwindigkeit bei exothermer Reaktion

$$v_r(t) = k(\vartheta)\cdot c_1(t) \quad \left[\frac{\text{mol}}{\text{l}\cdot\text{s}}\right]$$

und

$$k(\vartheta) = k_o\, e^{-\frac{E}{R\cdot\vartheta(t)}} \quad .$$

Hierbei ist E die Aktivierungsenergie und R die allgemeine Gaskonstante.

Das Reaktionsvolumen V sei konstant, d.h. $q_o = q$. Die Bilanzgleichung für die Stoffmenge S_1 läßt sich aus dem folgenden Schema ablesen:

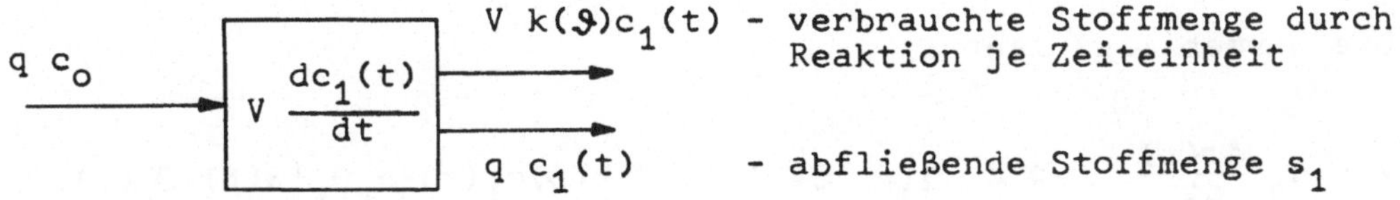

$q\,c_o$ → [$V \frac{dc_1(t)}{dt}$] → $V\,k(\vartheta)c_1(t)$ - verbrauchte Stoffmenge durch Reaktion je Zeiteinheit

→ $q\,c_1(t)$ - abfließende Stoffmenge s_1

$$V \frac{dc_1(t)}{dt} = q\,c_o - q\,c_1(t) - V\,k(\vartheta)\,c_1(t)$$

Für die Stoffmenge S_2 gilt:

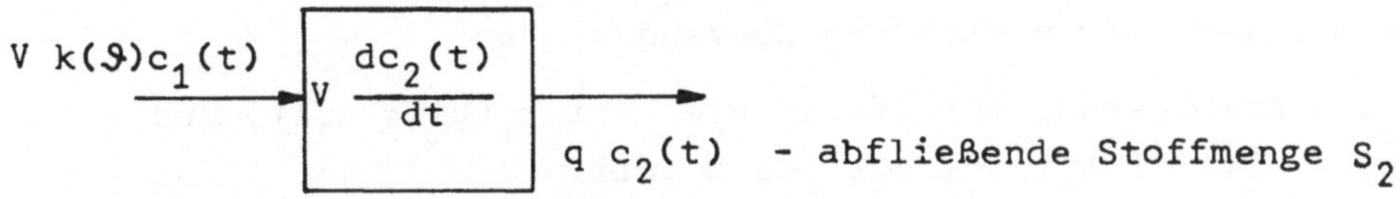

$V\,k(\vartheta)c_1(t)$ → [$V \frac{dc_2(t)}{dt}$] → $q\,c_2(t)$ - abfließende Stoffmenge S_2

$$V \frac{dc_2(t)}{dt} = V\,k(\vartheta)c_1(t) - q\,c_2(t)$$

In der Wärmebilanzgleichung sind zu berücksichtigen:

a) der abgeführte Wärmestrom durch das Kühlsystem

$$\alpha_k\,O_k\left(\vartheta(t) - \vartheta_k(t)\right)$$

α_k Wärmeübergangszahl, O_k die Wärmeaustauschfläche

b) der durch die Reaktion erzeugte Wärmestrom

$$\beta \cdot k(\vartheta)\;c_1(t)$$

c) der zu- und abfließende Wärmestrom durch die Strömung

$$\rho c_p\;\left(q\vartheta_o - q\,\vartheta(t)\right).$$

Somit ergibt sich das Schema:

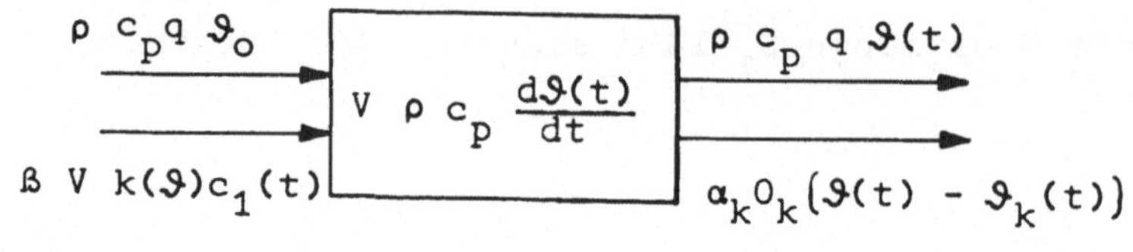

$\rho\ c_p q\ \vartheta_o$ → $\left[V\ \rho\ c_p \frac{d\vartheta(t)}{dt} \right]$ → $\rho\ c_p\ q\ \vartheta(t)$

$ß\ V\ k(\vartheta)c_1(t)$ → → $\alpha_k O_k(\vartheta(t) - \vartheta_k(t))$

Die Wärmebilanz lautet:

$$V\ \rho\ c_p \frac{d\vartheta(t)}{dt} = \rho\ c_p\ q(\vartheta_o - \vartheta(t)) + ß\ V\ k(\vartheta)c_1(t) - \alpha_k O_k(\vartheta(t) - \vartheta_k(t)).$$

Der Zustand des Reaktors wird im wesentlichen durch die Konzentration $c_1(t)$ und die Temperatur $\vartheta(t)$ beschrieben. Die Konzentration $c_2(t)$ beeinflußt bei unseren Annahmen die Stoffmenge S_1 nicht, so daß die Gleichung für $c_2(t)$ nicht unbedingt in das zu erstellende Modell einzubeziehen ist.
Als Eingangsgröße kommt $u(t) := \vartheta_k(t)$ infrage und die Ausgangsgrößen seien hier gleich den Zustandsgrößen.

Die Zusammenfassung der Beziehungen mit $x_1(t) = c_1(t)$ und $x_2(t) = \vartheta(t)$ führt uns auf das Modell:

$$\begin{aligned}
\dot{x}_1(t) &= \frac{q}{V}(c_o - x_1(t)) - k(x_2)x_1(t) \\
\dot{x}_2(t) &= \frac{q}{V}(\vartheta_o - x_2(t)) + \frac{ß}{\rho\ c_p} k(x_2)x_1(t) - \frac{\alpha_k O_k}{V\ \rho\ c_p}(x_2(t) - u(t)) \\
k(x_2) &= k_o\ e^{-\frac{E}{Rx_2(t)}}
\end{aligned} \tag{20}$$

$$\begin{bmatrix} y_1(t) \\ y_2(t) \end{bmatrix} = \begin{bmatrix} 1 & 0 \\ 0 & 1 \end{bmatrix} \begin{bmatrix} x_1(t) \\ x_2(t) \end{bmatrix}$$

Die Systemgleichungen (20) sind aufgrund der Beziehung für $k(x_2)$ nicht linear und unterscheiden sich daher wesentlich von den bisher hergeleiteten Modellen. Im Abschnitt 2.4 wird gezeigt, daß nichtlineare Modelle sich in einem Arbeitspunkt des Prozesses durch ein lineares System näherungsweise beschreiben lassen.

2.3 Definitionen

In diesem Abschnitt werden das "dynamische System" und die in dem Zusammenhang stehenden Begriffe definiert.
Die Eingangs-,Zustands-und Ausgangsfunktionen in einem System sind auf einer Zeitmenge definiert. Es werden die folgenden Zeitmengen verwendet:

Zeitintervall $I_\infty = \{t \mid t \varepsilon (t_o, +\infty)\}$

$$I = \{t \mid t \varepsilon (t_o, t_1)\} \subset I_\infty$$

diskrete Zeitmenge

$$I_d = \{t_\nu \mid \nu = 0, 1, \ldots\}$$

Zum weiteren Verständnis ist die sorgfältige Unterscheidung zwischen dem Wert einer Funktion $f(t)$ bzw. Vektorfunktion $\underline{f}(t)$ und der Funktion selbst $f(\cdot)$ bzw. $\underline{f}(\cdot)$ notwendig. Der gesamte Funktionsverlauf $f(\cdot)$, manchmal auch durch $f_{(t_o, t_1)}$ gekennzeichnet, wird als ein Element einer Menge aufgefaßt.

Beispiel: Der Ausdruck $f(t) = a\,t^2 + bt + c$ gibt den Wert der quadratischen Funktion an der Stelle t an und ist ein Element aus $\mathbb{R}$ - $f(t) \varepsilon \mathbb{R}$.
In der Schreibweise $f(\cdot) = a(\cdot)^2 + b(\cdot) + c$ ist die quadratische Funktion ein Element aus der Menge der reellen stetigen Funktionen $C(-\infty, +\infty) = \{f(\cdot) | f(\cdot): \mathbb{R} \to \mathbb{R}, \text{stetig}\}$, die einen linearen Raum bilden, siehe Kapitel 3.

Handelt es sich um Vektoren, so gilt die Symbolik:

$$\underline{f} = \begin{bmatrix} f_1 \\ \vdots \\ f_k \end{bmatrix} \varepsilon \mathbb{R}^k,$$ wenn der Vektor $\underline{f}$ von keiner

Variablen abhängt und

$$\underline{f}(t) = \begin{bmatrix} f_1(t) \\ \vdots \\ f_k(t) \end{bmatrix} \in \mathbb{R}^k, \text{ wenn die Funktion } \underline{f}(\cdot)$$

an der Stelle t einen k-dimensionalen Vektor im Vektorraum $\mathbb{R}^k$ darstellt.
Die Funktion $\underline{f}(\cdot)$ selbst ist Element des stetigen k dimensionalen Vektor-Funktionenraums, d.h.

$$\underline{f}(\cdot) \in C^k(t_o,t_1) = \{\underline{f}(\cdot) \mid \underline{f}(\cdot) : I \rightarrow \mathbb{R}^k, \text{ stetig}\},$$

hierbei kann $t_o = -\infty$ und $t_1 = +\infty$ werden.

Die Systemgrößen können in der folgenden Form auftreten:

Eingang

$\underline{u}$ bzw. $\underline{u}(t) \in \mathbb{R}^r$	Vektoreingangsfunktion zum Zeitpunkt t im r-dimensionalen Vektorraum.
$\underline{u}(\cdot)$ bzw. $\underline{u}_{(t_o,t_1)}$	Eingangsfunktion aus dem r-dimensionalen Vektor-Funktionenraum.
$U = \{\underline{u}(\cdot) \mid \underline{u}(\cdot) : I_\infty \text{ bzw. } I_d \rightarrow \mathbb{R}^r\}$	Menge der zugelassenen Eingangsfunktionen

Zustand

$\underline{x}$ bzw. $\underline{x}(t) \in \mathbb{R}^n$	Vektorzustandsfunktion zum Zeitpunkt t im n-dimensionalen Vektorraum , auch Zustandsgröße im Zustandsraum genannt.

Die Zustandsgröße $\underline{x}(t)$ wurde in den Beispielen aus dem Abschnitt 2.1 durch den Anfangszeitpunkt t_o, den Anfangszustand $\underline{x}_o := \underline{x}(t_o)$ und der Eingangsfunktion $\underline{u}(\cdot)$ über dem Intervall (t_o,t) bestimmt. Daher führt man die Zustandsfunktion in der Form

$$\underline{x}(\cdot) = \underline{\Psi}(\cdot, t_o, \underline{x}_o, \underline{u}(\cdot)) \in C^n(t_o,t) \tag{21}$$

ein und drückt häufig den Wert der Zustandsfunktion auch durch $\underline{\Psi}$ aus.

Ausgang

$\underline{y}$ bzw. $\underline{y}(t)$	Vektorausgangsfunktion zum Zeitpunkt t im p-dimensionalen Vektorraum
$\underline{y}(\cdot) \in C^p(t_o,t_1)$	Ausgangsfunktion aus dem p-dimensionalen Vektor-Funktionenraum.

In den Beispielen (1) und (2) war die Ausgangsgröße $\underline{y}(t)$ abhängig von der Zustandsgröße $\underline{x}(t)$ und der Eingangsgröße $\underline{u}(t)$, so daß sich die Ausgangsgröße auch durch

$$\underline{y}(t) = \underline{\gamma}(t, \underline{x}(t), \underline{u}(t)) \tag{22}$$

darstellen läßt. Als Funktion wird der Ausgang $\underline{y}(\cdot)$ seltener verwendet.
Der Systembegriff wird durch die folgenden Definitionen festgelegt:

Definition 1: Ein System heißt *dynamisch* , wenn der Zustand $\underline{x}(t_1)$ eindeutig durch den Anfangszustand $\underline{x}(t_o)$ und der Eingangsfunktion $\underline{u}(\cdot)$ über dem Zeitintervall (t_o,t_1) für alle $t_1 > t_o$ festgelegt ist.

Definition 2: Ein *dynamisches System* ist ein mathematisches Modell, Konzept , das den folgenden Bedingungen genügt:

a) Aus $\underline{u}_1(t) = \underline{u}_2(t)$ für alle $t \in (t_o,t_1)$ folgt

$$\underline{\Psi}(t_1,t_o,\underline{x}_o,\underline{u}_1(\cdot)) = \underline{\Psi}(t_1,t_o,\underline{x}_o,\underline{u}_2(\cdot))$$

(Kausalität)

b) $\underline{\Psi}(t_o,t_o,\underline{x}_o,\underline{u}(\cdot)) = \underline{x}_o$ (Konsistenz)

c) $\underline{\Psi}(t_2,t_o,\underline{x}_o,\underline{u}(\cdot)) = \underline{\Psi}(t_2,t_1\ \underline{\Psi}(t_1,t_o,\underline{x}_o.\underline{u}(\cdot)), \underline{u}(\cdot))$

(Halbgruppeneigenschaft)

d) $\underline{y}(\cdot) = \underline{\gamma}(\cdot,\underline{x}(\cdot),\underline{u}(\cdot))$ ist eine Abbildung in t, $\underline{x}$ und $\underline{u}$.

Bemerkung: Für die Systeme, die wir untersuchen, sind die Eigenschaften kausal und dynamisch synonym.
Das anschließende Beispiel soll den Begriff dynamisch erläutern.

Beispiel 4: Gegeben sei das System nach Bild 13 mit der Gleichung

$$\dot{x}(t) = u(t - T).$$

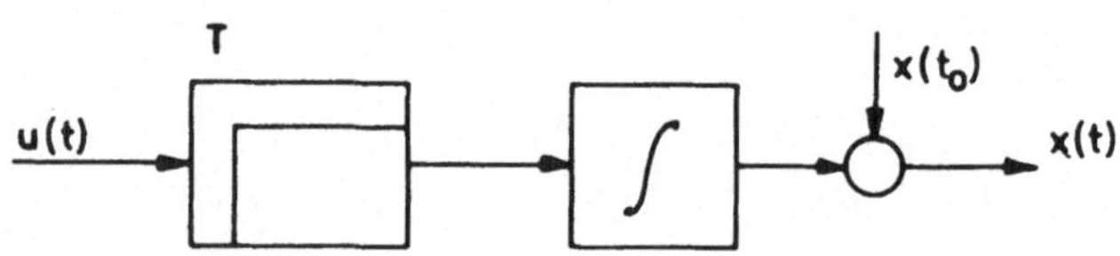

Bild 13: Dynamisches (T>0) und nichtdynamisches (T<0) System

Als Lösung erhält man

$$\begin{aligned} x(t) &= x(t_o) + \int_{t_o}^{t} u(\tau-T)d\tau \\ &= x(t_o) + \int_{t_o-T}^{t-T} u(\tau)d\tau \end{aligned}$$

Ist dieses System dynamisch ? Zunächst sei der Fall T<0 betrachtet.

Um einen Zustandswert $x(t_1)$ zu erhalten, ist die Kenntnis des Verlaufs der Eingangsfunktion über dem Intervall $[t_o + |T|,$ $t_1 + |T|)$erforderlich, also ein zukünftiger Zeitverlauf $- \quad t < t_1 + |T|$. Die Bedingung aus der Definition (1) ist nicht erfüllt, da durch den Verlauf der Eingangsfunktion bis zum Zeitpunkt t_1 der Wert von $x(t_1)$ nocht nicht festliegt.

Der Fall $T>0$ führt zu einem Totzeitverhalten. Der Verlauf der Eingangsfunktion, der um T verzögert ist, bestimmt den Zustand $x(t)$. Zu jedem t_1 lassen sich $t_o < t_1$ Zeitpunkte finden, so daß $x(t_1)$ durch den vergangenen Verlauf der Eingangsgröße $u(\cdot)$ eindeutig bestimmt ist. Das System ist in diesem Fall dynamisch.

Besteht unser mathematisches Modell aus endlich vielen skalaren gewöhnlichen Differential- oder Differenzengleichungen, so hat der zugehörige Zustandsvektor entsprechend endlich viele Komponenten. Im Gegensatz dazu hat der Zustandsvektor eines dynamischen Systems, das durch partielle Differential- oder Differenzengleichungen beschrieben wird, unendlich viele Komponenten. Die Lösungen solcher Gleichungen hängen vom Ort und der Zeit ab, und die Anzahl der Komponenten des Zustandsvektors $\underline{x}(t)$ setzt sich aus unendlich vielen Blöcken in Abhängigkeit vom Ort zusammen. Jeder Block gibt den Zustand des Systems in einem Ortspunkt an.

Definition 3: Ein dynamisches System heißt *endlich-dimensional*, wenn sein Zustandsvektor endlich viele Komponenten aufweist.

Unsere Beispiele aus den Abschnitten 2.1 und 2.2 sind demnach endlich-dimensionale dynamische Systeme.

Eine weitere Eigenschaft der Systeme ergibt sich aus den folgenden Betrachtungen. Sind Zustandsgrößen Spannungen an Kondensatoren oder Ströme in Induktivitäten, so erhält man diese aus einer Integration:

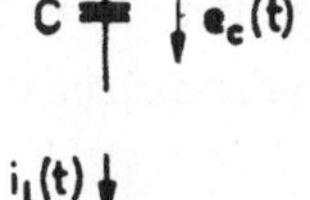

$$e_c(t) = \frac{1}{C} \int_{t_o}^{t} i_c(\tau)d\tau + e_c(t_o)$$

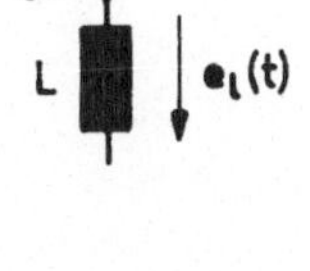

$$i_L(t) = \frac{1}{L} \int_{t_o}^{t} e_L(\tau)d\tau + i_L(t_o) \; .$$

Läßt man sprungartige Änderungen des Integranden als "schlimmsten Fall" zu, bleiben die so eingeführten Zustandsgrößen <u>stetig</u>, während die Ableitung "springt".

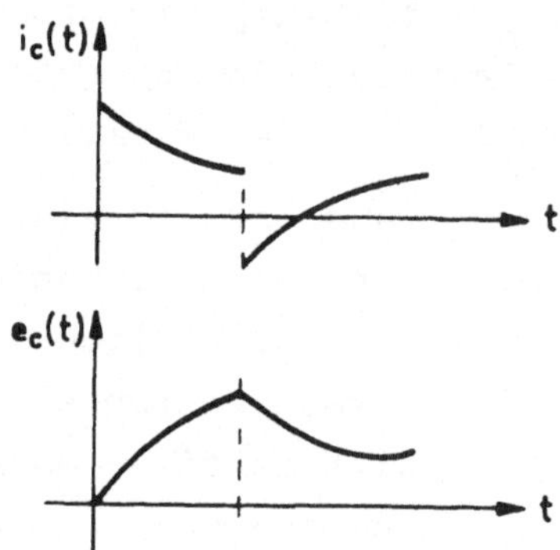

Bild 14: Zusammenhang zwischen Strom und Spannung am Kondensator

Daraus die

<u>Definition 4:</u> Ein dynamisches System heißt *glatt* (smooth), wenn die Zustandsfunktion $\underline{x}(\cdot)$ Gl.(21) und die Ausgangsfunktion $\underline{y}(\cdot)$ Gl.(22) stetig in der Zeit sind.

Hätte man etwa in Beispiel 3 anstelle von e_c und i als Zustandsgrößen e_c und e_a gewählt, hätte dies kein glattes System ergeben, wie eine einfache Betrachtung zeigt. Zur Zeit t_o seien $e_c(t_o)$, $i(t_o)$ gegeben und e_e möge sich sprungartig um den Wert E_e ändern, während $i_a(t) = 0$ für $t \geq t_o$ ist. Da der Spulenstrom i sich ebenso wie die Kondensatorspannung e_c nicht sprungartig ändert, muß e_a um den Wert E_e springen.

In den vorangegangenen Beispielen haben wir den Verlauf der Funktionen $\underline{u}(\cdot)$, $\underline{x}(\cdot)$ und $\underline{y}(\cdot)$ über ein Zeitintervall betrachtet.

Wollten wir die Aufgaben an einem Digitalrechner lösen, so wäre beispielsweise eine Berechnung von $\underline{y}(t)$ nur zu einer endlichen Anzahl von Zeitpunkten möglich. Es besteht damit eine Ungewißheit über den Verlauf von $\underline{y}(\cdot)$ zwischen zwei berechneten Zeitpunkten.
Bei der Verwendung eines Digitalrechners müßte somit für das zu untersuchende System ein anderer Typ eines dynamischen Systems zur Beschreibung herangezogen werden.
Aufgrund der verschiedenen Zeitmengen ergibt sich die

Definition 5: Ein dynamisches System heißt

a) *kontinuierlich* - in der Zeit -, wenn ein Zeitintervall $I \subset \mathbb{R}$ der Definitionsbereich der Funktionen $\underline{u}(\cdot)$, $\underline{x}(\cdot)$ und $\underline{y}(\cdot)$ ist.

b) *diskret* - in der Zeit -, wenn die diskrete Zeitmenge I_d der Definitionsbereich der Funktionen $\underline{u}(\cdot)$, $\underline{x}(\cdot)$ und $\underline{y}(\cdot)$ ist.

Bemerkung: Kontinuierliche dynamische Systeme sind z.B. durch gewöhnliche oder partielle Differentialgleichungen und diskrete dynamische Systeme durch gewöhnliche oder partielle Differenzengleichungen charakterisiert.

2.4 Linearisierung

Allgemein lassen sich die endlich dimensionalen kontinuierlichen dynamischen Systeme durch das Zustandsmodell

$$\begin{aligned} \dot{\underline{x}}(t) &= \underline{f}\left(t, \underline{x}(t), \underline{u}(t)\right) \\ \underline{y}(t) &= \underline{\gamma}\left(t, \underline{x}(t), \underline{u}(t)\right) \end{aligned} \tag{23}$$

darstellen. Hierbei können die rechten Seiten der $n+p$ Gleichungen in (23) im allgemeinen nichtlineare Funktionen in $1+n+r$ Variablen sein.

Das Zustandsmodell (20) aus Abschnitt 2.2 war nichtlinear, weil das Produkt von Zustandsgrößen auftrat. Würden in den Beispielen (1) bis (3) der ohmsche Widerstand vom Strom oder die Kapazität spannungsabhängig sein, so kämen in diesen Modellen ebenfalls Produkte von Zustands- bzw. Eingangsgrößen vor.

Reale Systeme mit einem "großen" Arbeitsbereich der Zustands- und Eingangsgrößen lassen sich nur durch nichtlineare mathematische Modelle beschreiben. In vielen Fällen führt jedoch eine Beschränkung auf einen "kleinen" Arbeitsbereich des realen Systems zu einem vereinfachten (linearen) Modell.
Welche vereinfachten dynamischen Systeme lassen sich nun zu dem Zustandsmodell (23) in einem hinreichend kleinen Arbeitsbereich finden ?
Nimmt man an, daß $(\underline{x}_s(t), \underline{y}_s(t))$ eine bekannte Lösung von (23) mit der zugehörigen Eingangsfunktion $\underline{u}_s(\cdot)$ und dem Anfangszustand $\underline{x}_{so} := \underline{x}_s(t_o)$ ist, dann läßt sich eine benachbarte Lösung mit dem

$$\text{Anfangszustand } \underline{x}(t_o) = \underline{x}_{so} + \underline{\Delta x}_o$$

und der

$$\text{Eingangsfunktion } \underline{u}(\cdot) = \underline{u}_s(\cdot) + \underline{\Delta u}(\cdot)$$

annähernd in der Form

$$\begin{aligned} \underline{x}(t) &= \underline{x}_s(t) + \underline{\Delta x}(t) \\ \underline{y}(t) &= \underline{y}_s(t) + \underline{\Delta y}(t) \end{aligned} \qquad (24)$$

angeben. Dabei sollen die Komponenten der Vektoren $\underline{\Delta x}_o$ und $\underline{\Delta u}(t)$ betragsmäßig hinreichend klein sein.
Diese Behauptung erhalten wir, wenn der Ansatz (24) in das Zustandsmodell (23) eingesetzt und dann die rechten Seiten nach Taylor in der Umgebung der Lösung $\underline{x}_s(t)$ mit der Eingangsgröße $\underline{u}_s(t)$ entwickelt werden:

$$\frac{d}{dt}\left(\underline{x}_s(t)+\underline{\Delta x}(t)\right) = \underline{f}\left(t,\underline{x}_s(t)+\underline{\Delta x}(t),\ \underline{u}_s(t)+\underline{\Delta u}(t)\right)$$

$$= \underbrace{\underline{f}\left(t,\underline{x}_s(t),\underline{u}_s(t)\right)}_{=\ \underline{\dot{x}}_s(t)} + \underline{A}(t)\underline{\Delta x}(t)+\underline{B}(t)\underline{\Delta u}(t)+ \text{Rest} \qquad (25)$$

$$\underline{y}_s(t)+\underline{\Delta y}(t) = \underline{\gamma}\left(t,\underline{x}_s(t)+\underline{\Delta x}(t),\underline{u}_s(t)+\underline{\Delta u}(t)\right)$$

$$= \underbrace{\underline{\gamma}\left(t,\underline{x}_s(t),\underline{u}_s(t)\right)}_{=\ \underline{y}_s(t)} + \underline{C}(t)\underline{\Delta x}(t)+\underline{D}(t)\underline{\Delta u}(t) + \text{Rest}$$

Die Elemente der i-ten Zeile und k-ten Spalte der Matrizen $\underline{A}(t)$, $\underline{B}(t)$, $\underline{C}(t)$ und $\underline{D}(t)$ sind durch die ersten partiellen Ableitungen der i^{ten} Zustandsgleichung bzw. Ausgangsgleichung nach der k^{ten} Zustandsgröße bzw. Eingangsgröße längs der Lösung $\underline{x}_s(t)$ bestimmt:

$$\underline{A}(t) := \left[\frac{\partial f_i(t,\underline{z},\underline{v})}{\partial z_k}\right]_{\substack{\underline{z}=\underline{x}_s(t)\\ \underline{v}=\underline{u}_s(t)}} \qquad \underline{z} \in \mathbb{R}^n,\ \underline{v} \in \mathbb{R}^r$$

$$\underline{B}(t) := \left[\frac{\partial f_i(t,\underline{z},\underline{v})}{\partial v_k}\right]_{\substack{\underline{z}=\underline{x}_s(t)\\ \underline{v}=\underline{u}_s(t)}}$$

$$\underline{C}(t) := \left[\frac{\partial \gamma_i(t,\underline{z},\underline{v})}{\partial z_k}\right]_{\substack{\underline{z}=\underline{x}_s(t)\\ \underline{v}=\underline{u}_s(t)}}$$

$$\underline{D}(t) := \left[\frac{\partial \gamma_i(t,\underline{z},\underline{v})}{\partial v_k}\right]_{\substack{\underline{z}=\underline{x}_s(t)\\ \underline{v}=\underline{u}_s(t)}}$$

Für die Abweichungen $\underline{\Delta x}(t)$ und $\underline{\Delta y}(t)$ erhält man aus der Taylorentwicklung (25) unter Vernachlässigung des Restes, Glieder höherer Ordnung , das vereinfachte dynamische Zustandsmodell

$$\begin{aligned} \frac{d}{dt}\left(\underline{\Delta x}(t)\right) &= \underline{A}(t)\,\underline{\Delta x}(t) + \underline{B}(t)\underline{\Delta u}(t) \\ \underline{\Delta y}(t) &= \underline{C}(t)\,\underline{\Delta x}(t) + \underline{D}(t)\underline{\Delta u}(t) \end{aligned} \tag{26}$$

mit den Anfangszuständen $\underline{\Delta x}_o$. Das Modell (26) wird als linearisiertes dynamisches System von (23) bezüglich einer bekannten Lösung $(\underline{x}_s(t), \underline{y}_s(t))$ mit der Eingangsgröße $\underline{u}_s(t)$ bezeichnet.

Beispiel 10: Gegeben sei das mathematische Modell

$$\frac{dx(t)}{dt} = - \sqrt{x(t)} + u(t) = f(x(t),u(t)),$$

das für

$$x(t) > 0 \qquad \text{und} \qquad t \geq t_o$$

ein dynamisches System darstellt.
Es sind um zwei verschiedene Lösungen die Linearisierung durchzuführen:

1. Linearisieren längs der Lösung

$$x_s(t) = (\sqrt{x_s(0)} - \tfrac{1}{2}\,t)^2$$

die sich ergibt, wenn die Eingangsgröße $u_s(t) \equiv 0$ und $t_o = 0$ gewählt werden.
Es gilt

$$\left[\frac{\partial f(z,v)}{\partial z}\right]_{\substack{z=x_s(t)\\ v=u_s(t)}} = - \frac{1}{2\sqrt{x_s(t)}} = - \frac{1}{2\sqrt{x_s(0)} - t}$$

$$\left[\frac{\partial f(z,v)}{\partial v}\right]_{\substack{z=x_s(t)\\ v=u_s(t)}} = 1 \ .$$

Damit lautet das linearisierte Modell

$$\frac{d\Delta x(t)}{dt} = - \frac{1}{2\sqrt{x_s(0) - t}} \Delta x(t) + \Delta u(t)$$

2. Linearisieren längs der Lösung

$$x_s(t) = U_s^2$$

die entsteht, wenn die Eingangsgröße $u_s(t) = U_s$ = konst. und $x_s(t) = U_s^2$ gesetzt werden.

Die Linearisierung führt auf das Modell:

$$\frac{d\Delta x(t)}{dt} = - \frac{1}{2U_s} \Delta x(t) + \Delta u(t) \;;\; \Delta x(t_o) = x(t_o) - x_s(t_o) = \Delta x_o \;.$$

Im ersten linearisierten System tritt die Zeit t explizit auf, während die Koeffizienten im zweiten Modell zeitunabhängig sind.

<u>Beispiel 11:</u> Es soll das Modell (20) des idealen Rührkesselreaktors um einen stationären Arbeitspunkt - $x_{1R} = c_R$ (Konzentration); $x_{2R} = \vartheta_R$ (Temperatur) - linearisiert werden.

Für einen stationären Arbeitspunkt mit $u_s(t) = 0$ gilt:

$$\left.\frac{dx_1(t)}{dt}\right|_{\substack{x_1 = c_R \\ x_2 = \vartheta_R}} = 0 \quad \text{und} \quad \left.\frac{dx_2(t)}{dt}\right|_{\substack{x_1 = c_R \\ x_2 = \vartheta_R}} = 0$$

Die Abweichungen vom Arbeitspunkt seien bezeichnet mit:

$$\Delta x_1(t) := x_1(t) - c_R \;;\; \Delta x_2(t) := x_2(t) - \vartheta_R$$

und das Modell (20) hat die Form

$$\dot{x}_1(t) = f_1[x_1(t), x_2(t)]$$
$$\dot{x}_2(t) = f_2[x_1(t), x_2(t), u(t)]$$

Die Linearisierung liefert die folgenden Koeffizienten - hier tritt die Eingangsgröße nur linear und additiv auf; weiterhin ist $u_s(t) \equiv 0$:

$$a_{11} := \left.\frac{\partial f_1}{\partial x_1}\right|_{\substack{x_1=c_R \\ x_2=\vartheta_R}} = -\left[\frac{q}{V} + k(\vartheta_R)\right]$$

$$a_{12} := \left.\frac{\partial f_1}{\partial x_2}\right|_{\substack{x_1=c_R \\ x_2=\vartheta_R}} = -\frac{E}{R\,\vartheta_R^{\,2}}\,c_R\,k(\vartheta_R) \qquad (27)$$

$$a_{21} := \left.\frac{\partial f_2}{\partial x_1}\right|_{\substack{x_1=c_R \\ x_2=\vartheta_R}} = \frac{\beta}{\rho\,c_p}\,k(\vartheta_R)$$

$$a_{22} := \left.\frac{\partial f_2}{\partial x_2}\right|_{\substack{x_1=c_R \\ x_2=\vartheta_R}} = \left[\frac{\beta}{\rho\,c_p}\,\frac{E}{R\vartheta_R^{\,2}}\,c_R\,k(\vartheta_R) - \frac{q}{V} - \frac{\alpha_k O_k}{V\,\rho\,c_p}\right]$$

$$b_2 := \left.\frac{\partial f_2}{\partial u}\right|_{\substack{x_1=c_R \\ x_2=\vartheta_R}} = \frac{\alpha_k O_k}{V\,\rho\,c_p}$$

Das linearisierte Zustandsmodell des idealen Rührkesselreaktors hat somit die Form:

$$\frac{d}{dt}\left[\underline{\Delta x}(t)\right] = \begin{bmatrix} a_{11}, & a_{12} \\ a_{21}, & a_{22} \end{bmatrix}\begin{bmatrix} \Delta x_1(t) \\ \Delta x_2(t) \end{bmatrix} + \begin{bmatrix} 0 \\ b_2 \end{bmatrix} u(t) \qquad (28)$$

Es ist in jedem einzelnen Fall der Gültigkeitsbereich dieser vereinfachten Modelle zu prüfen, andernfalls können keine gewonnenen Aussagen an diesen Modellen auf das reale System übertragen werden.

2.5 Lineare kontinuierliche Systeme

2.5.1 Allgemeine Betrachtungen

In den Abschnitten Modellbildung und Linearisierung traten hauptsächlich dynamische Systeme in der Form

$$\begin{aligned} \dot{\underline{x}}(t) &= \underline{A}(t)\underline{x}(t) + \underline{B}(t)\underline{u}(t) \quad ; \quad \underline{x}(t) \in \mathbb{R}^n \,,\ \underline{u}(t) \in \mathbb{R}^r \\ \underline{y}(t) &= \underline{C}(t)\underline{x}(t) + \underline{D}(t)\underline{u}(t) \quad ; \quad \underline{y}(t) \in \mathbb{R}^p \end{aligned} \tag{29}$$

auf. Diese Modelle sind kontinuierlich und der Zustand besteht aus endlich vielen Zustandsgrößen. Eine weitere Eigenschaft dieser Systeme ist die Linearität, die aus der Definition 6 folgt.
Die Matrizen $\underline{A}(t)$, $\underline{B}(t)$, $\underline{C}(t)$ und $\underline{D}(t)$ sollen im weiteren stetige Abbildungen auf Vektorräumen sein. Das bedeutet, daß die Elemente der Matrizen von der Zeit abhängen können und in t stetig sind.
Es findet häufig die folgende Symbolik Verwendung:

$$\begin{aligned} &\underline{A}(t) : \mathbb{R}^n \longrightarrow \mathbb{R}^n && \text{eine nxn-Systemmatrix} \\ &\underline{B}(t) : \mathbb{R}^r \longrightarrow \mathbb{R}^n && \text{eine nxr-Eingangsmatrix} \\ &\underline{C}(t) : \mathbb{R}^n \longrightarrow \mathbb{R}^p && \text{eine pxn-Ausgangsmatrix} \\ &\underline{D}(t) : \mathbb{R}^r \longrightarrow \mathbb{R}^p && \text{eine pxr-Durchgangsmatrix ,} \end{aligned} \tag{30}$$

Die linearen Systeme sind Untersuchungsgegenstand dieses Buches. Diese Eigenschaft wird festgelegt durch die

Definition 6: Ein dynamisches System habe für beliebiges t_o mit dem Anfangszustand $\underline{x}_{1o} \in \mathbb{R}^n$ und der Eingangsfunktion $\underline{u}_1(\cdot) \in U$ die Lösung $\{\underline{x}_1(t), \underline{y}_1(t)\}$. Entsprechend gehöre zu $\underline{x}_{2o} \in \mathbb{R}^n$ und $\underline{u}_2(\cdot) \in U$ die Lösung $\{\underline{x}_2(t), \underline{y}_2(t)\}$.
Folgt dann für alle $k_1, k_2 \in \mathbb{R}^1$ aus

$$\underline{x}(t_o) = k_1\,\underline{x}_{1o} + k_2\,\underline{x}_{2o}$$
$$\underline{u}(t) = k_1\,\underline{u}_1(t) + k_2\,\underline{u}_2(t)$$

die Lösung

$$\underline{x}(t) = k_1\,\underline{x}_1(t) + k_2\underline{x}_2(t)$$
$$\underline{y}(t) = k_1\,\underline{y}_1(t) + k_2\underline{y}_2(t)$$

des dynamischen Systems, so heißt es *linear*.

<u>Satz 1:</u> Das dynamische System (29) ist linear.

Beweis: Es seien $(\underline{x}_1(t), \underline{y}_1(t))$ und $(\underline{x}_2(t), \underline{y}_2(t))$ Lösungen des dynamischen Systems (29) mit den Anfangszuständen $\underline{x}_{o1} := \underline{x}_1(t_o)$ und $\underline{x}_{o2} := \underline{x}_2(t_o)$, dann gilt:

$$\begin{aligned} \dot{\underline{x}}_1(t) &= \underline{A}(t)\underline{x}_1(t) + \underline{B}(t)\underline{u}_1(t) \\ \underline{y}_1(t) &= \underline{C}(t)\underline{x}_1(t) + \underline{D}(t)\underline{u}_1(t) \end{aligned} \tag{31}$$

$$\begin{aligned} \dot{\underline{x}}_2(t) &= \underline{A}(t)\underline{x}_2(t) + \underline{B}(t)\underline{u}_2(t) \\ \underline{y}_2(t) &= \underline{C}(t)\underline{x}_2(t) + \underline{D}(t)\underline{u}_2(t) \; . \end{aligned} \tag{32}$$

Gesucht ist die Lösung $(\underline{x}(t), \underline{y}(t))$ desselben dynamischen Systems für beliebige Konstanten k_1, k_2 mit

$$\underline{x}(t_o) = k_1\,\underline{x}_{o1} + k_2\,\underline{x}_{o2}\;;\; \underline{u}(t) = k_1\,\underline{u}_1(t) + k_2\,\underline{u}_2(t) \quad (t \geq t_o).$$

Multipliziert man (31) mit k_1 und (32) mit k_2, so gilt:

$$\frac{d}{dt}\left(k_1\underline{x}_1(t)\right) = \underline{A}(t)\left(k_1\,\underline{x}_1(t)\right) + \underline{B}(t)\left(k_1\,\underline{u}_1(t)\right)$$
$$\left(k_1\underline{y}_1(t)\right) = \underline{C}(t)\left(k_1\,\underline{x}_1(t)\right) + \underline{D}(t)\left(k_1\,\underline{u}_1(t)\right)$$

$$\frac{d}{dt}\left[k_2\underline{x}_2(t)\right] = \underline{A}(t)\left[k_2\underline{x}_2(t)\right] + \underline{B}(t)\left[k_2\underline{u}_2(t)\right]$$

$$k_2\underline{y}_2(t) = \underline{C}(t)\left[k_2\underline{x}_2(t)\right] + \underline{D}(t)\left[k_2\underline{u}_2(t)\right] .$$

Die Addition der ersten und dritten Gleichung sowie der zweiten und vierten Gleichung ergibt:

$$\frac{d}{dt}\left[k_1\underline{x}_1(t)+k_2\underline{x}_2(t)\right] = \underline{A}(t)\left[k_1\underline{x}_1(t)+k_2\underline{x}_2(t)\right]+\underline{B}(t)\left[k_1\underline{u}_1(t)+k_2\underline{u}_2(t)\right]$$

$$k_1\underline{y}_1(t)+k_2\underline{y}_2(t) = \underline{C}(t)\left[k_1\underline{x}_1(t)+k_2\underline{x}_2(t)\right]+\underline{D}(t)\left[k_1\underline{u}_1(t)+k_2\underline{u}_2(t)\right] \tag{33}$$

Setzt man

$$\underline{u}(t) = k_1\underline{u}_1(t) + k_2\underline{u}_2(t)$$

$$\underline{x}(t) = k_1\underline{x}_1(t) + k_2\underline{x}_2(t)$$

$$\underline{y}(t) = k_1\underline{y}_1(t) + k_2\underline{y}_2(t)$$

in (33) ein, so ist $(\underline{x}(t), \underline{y}(t))$ mit dem Anfangszustand $\underline{x}(t_o) = k_1\underline{x}_{o1} + k_2\underline{x}_{o2}$ Lösung von

$$\frac{d}{dt}\,\underline{x}(t) = \underline{A}(t)\underline{x}(t) + \underline{B}(t)\underline{u}(t)$$

$$\underline{y}(t) = \underline{C}(t)\underline{x}(t) + \underline{D}(t)\underline{u}(t)$$

d.h. (29) ist nach Definition 6 ein lineares dynamisches System. Durch beliebige Linearkombinationen von Lösungen erhalten wir also neue Lösungen unseres dynamischen Systems (29), wenn die Anfangszustände und Eingangsfunktionen der zugehörigen Lösungen auch linear kombiniert werden.

Beispiel 12: Das dynamische System

$$\frac{dx(t)}{dt} = a\,x(t) + u(t)$$

$$y(t) = x(t) + 1$$

genügt in dieser Form nicht den Linearitätsbedingungen der

Definition 6. Aus

$$\frac{dx_1(t)}{dt} = a\ x_1(t) + u_1(t)$$

$$y_1(t) = x_1(t) + 1$$

und

$$\frac{dx_2(t)}{dt} = a\ x_2(t) + u_2(t)$$

$$y_2(t) = x_2(t) + 1$$

folgt zwar

$$\frac{d\left(k_1x_1(t)+k_2x_2(t)\right)}{dt} = a\left(k_1x_1(t)+k_2x_2(t)\right)+\left(k_1u_1(t)+k_2u_2(t)\right)$$

aber für die Ausgangsgleichung ist die Linearitätsbedingung verletzt:

$$\begin{aligned}\left(k_1y_1(t) + k_2y_2(t)\right) &= \left(k_1x_1(t) + k_2x_2(t)\right) + k_1 + k_2 \\ &\neq \left(k_1x_1(t) + k_2x_2(t)\right) + 1\end{aligned}$$

für <u>beliebiges</u> k_1, k_2 .

Durch die Verschiebungstransformation $y_1(t) := y(t)-1$ läßt es sich in ein lineares dynamisches System überführen.

<u>Beispiel 13:</u> Für das System aus Beispiel 2 soll der Verlauf der Ausgangsgrößen für den Fall berechnet werden, daß

$$u(t) = \begin{cases} U_1 & \text{für } 0 \leq t \leq R_1C \ln 2 \\ 2\ U_1 & \text{für } R_1C \ln 2 < t \end{cases} \qquad (34)$$

$$x(t_o) = e_a(t_o) = -\ U_1$$

ist.

Nimmt man von den beiden in Beispiel 2 gerechneten Fällen die Summe der Eingangsgrößen und der Anfangszustände, so erhält man gerade (34). Da das System aber linear ist, läßt sich damit der Verlauf der Zustands- und Ausgangsgrößen durch Addition der beiden Lösungen des Beispiels 2 bestimmen:

$$x(t) = \begin{cases} U_1\left[1 - 2e^{-t/R_1C}\right] & \text{für } 0 \le t \le R_1C \ln 2 \\ 2U_1\left[1 - 2e^{-t/R_1C}\right] & \text{für } t \ge R_1C \ln 2 \end{cases}$$

$$y(t) = \begin{cases} 2\,\frac{U_1}{R_1}\,e^{-t/R_1C} & \text{für } 0 \le t \le R_1C \ln 2 \\ 4\,\frac{U_1}{R_1}\,e^{-t/R_1C} & \text{für } t > R_1C \ln 2 \end{cases}$$

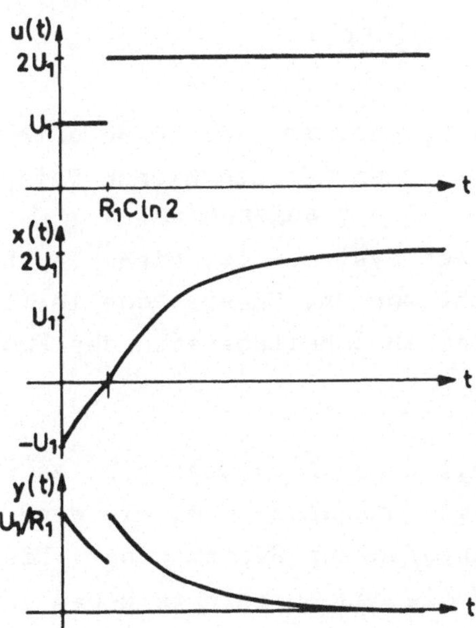

Bild 15: Verlauf der Eingangs- und Ausgangsfunktion aus Beispiel 2 mit den Bedingungen (34)

2.5.2 Zeitinvariante Systeme

Das lineare Zustandsmodell (29) nennt man auch ein zeitvariables System, wenn die dort auftretenden Matrizen von der Zeit abhängen. Sind alle Elemente der Matrizen $\underline{A}$, $\underline{B}$, $\underline{C}$ und $\underline{D}$ über dem betrachteten Zeitintervall zeitunabhängig, so wäre das dynamische System (29) gegenüber Zeitverschiebungen invariant. Hierzu die genaue

Definition 7: Ein dynamisches System heißt *zeitinvariant* , wenn die Zustandsfunktion und die Ausgangsfunktion gegenüber Zeitverschiebungen invariant bleibt, d.h. es muß für beliebiges τ, $t \in I_\infty$ mit $\underline{x}(t) = \Psi(t, t_o, \underline{x}_o, \underline{u}(\cdot))$

$\underline{x}_\tau(t) = \Psi(t+\tau, t_o+\tau, \underline{x}_o, \underline{u}(\cdot-\tau))$ gelten:

a) $\underline{x}(t) = \underline{x}_\tau(t)$

b) $\underline{y}(t) = \underline{Y}(\underline{x}(t), \underline{u}(t)) = \underline{y}_\tau(t)$

Unser Zustandsmodell (29) ist sicher in der Form

$$\begin{aligned} \dot{\underline{x}}(t) &= \underline{A}\,\underline{x}(t) + \underline{B}\,\underline{u}(t)\ ; \quad \underline{x}(t_o) = \underline{x}_o \\ \underline{y}(t) &= \underline{C}\,\underline{x}(t) + \underline{D}\,\underline{u}(t) \end{aligned} \tag{35}$$

zeitinvariant. Diese Aussage kann der Leser unter Verwendung der Definition 7 nachprüfen - siehe auch hierzu Beispiel 2.
Im weiteren sei o.E.d.A. $\underline{D} = \underline{0}$ angenommen.
Diese Klasse von linearen Systemen ist bisher am häufigsten und gründlichsten untersucht worden. Unsere Modelle (1) bis (8) sind mindestens in einem kleinen Arbeitsbereich des Prozesses vom Systemtyp (35).

Neben dem Zustandsmodell eines Prozesses gibt es noch die Darstellung in der Eingangs- Ausgangs-Form, die eine große Bedeutung bei den linearen zeitinvarianten Systemen hat. Die Methoden im Frequenzbereich und die des Wurzelorts gehen von der Eingangs-Ausgangs-Darstellung des Prozesses aus, siehe [13].

Es soll hier der Zusammenhang zwischen den beiden Beschreibungen gebracht und an einem System zweiter Ordnung verdeutlicht werden.

Die Anwendung der Laplace-Transformation auf das Zustandsmodell (35) ergibt , siehe Abschnitt 3.4.1:

$$s\underline{X}(s) - \underline{x}_o = \underline{A}\,\underline{X}(s) + \underline{B}\,\underline{U}(s)$$
$$\underline{Y}(s) = \underline{C}\,\underline{X}(s) .$$

Hieraus folgt mit $\underline{E}$ als Einheitsmatrix aus der ersten Gleichung

$$\underline{X}(s) = (\underline{E}s-\underline{A})^{-1}\underline{x}_o + (\underline{E}s-\underline{A})^{-1}\,\underline{B}\,\underline{U}(s) \qquad (36)$$

Die Übertragungsfunktion $\underline{G}(s)$ ist als Eingangs-Ausgangsbeziehung mit dem Anfangszustand $\underline{x}_o = \underline{0}$ definiert, so daß gilt

$$\underline{Y}(s) = \underline{C}\,\underline{X}(s) = \underline{C}(\underline{E}s-\underline{A})^{-1}\,\underline{B}\,\underline{U}(s)$$

und

$$\underline{G}(s) := \underline{C}(\underline{E}s-\underline{A})^{-1}\,\underline{B} \qquad (37)$$

Im dritten Kapitel werden die verschiedenen Möglichkeiten aufgezeichnet, die Inverse von $(\underline{E}s-\underline{A})$ allgemein zu bestimmen. Im einfachsten Fall mit einer Eingangsgröße und einer Ausgangsgröße (d.h. $r = p = 1$) besteht zwischen der Übertragungsfunktion und den Parametern eines Zustandsmodells zweiter Ordnung der folgende Zusammenhang: Es sei

$$\underline{A} = \begin{bmatrix} \alpha_{11} & \alpha_{12} \\ \alpha_{21} & \alpha_{22} \end{bmatrix} \quad \underline{B} = \begin{bmatrix} b_1 \\ b_2 \end{bmatrix} \quad \underline{C} = \begin{bmatrix} c_1 & c_2 \end{bmatrix}$$

dann ist das charakteristische Polynom von $\underline{A}$

$$\Delta_2(s) := \det\{\underline{E}s-\underline{A}\} = s^2-(\alpha_{11}+\alpha_{22})s + (\alpha_{11}\,\alpha_{22} - \alpha_{12}\,\alpha_{21})$$

und die Inverse von $(\underline{E}s-\underline{A})$ errechnet sich aus

$$(\underline{E}s-\underline{A})^{-1} = \frac{1}{\Delta_2(s)} \text{ adj}\{\underline{E}s-\underline{A}\} = \frac{1}{\Delta_2(s)} \begin{bmatrix} (s-\alpha_{22}) & \alpha_{12} \\ \alpha_{21} & (s-\alpha_{11}) \end{bmatrix}$$

Durch Einsetzen der rechten Seite dieses Ausdrucks in die Beziehung (37) erhält man die Übertragungsfunktion G(s) in Abhängigkeit von den Parametern des Zustandsmodells zweiter Ordnung:

$$G(s) = \frac{(c_1b_1+c_2b_2)s+b_1(\alpha_{21}c_2-\alpha_{22}c_1)+b_2(\alpha_{12}c_1-\alpha_{11}c_2)}{s^2-(\alpha_{11}+\alpha_{22})s + \alpha_{11}\alpha_{22}-\alpha_{12}\alpha_{21}} \tag{38}$$

Häufig treten Zustandsmodelle dieser Ordnung auf, bei denen die Parameter $c_2 = b_1 = 0$ (bzw. $b_2 = c_1 = 0$) sind. In diesem Fall geht (38) über in

$$G(s) = \frac{b_2\, c_1\, \alpha_{12}}{\Delta_2(s)} \quad \left(\text{bzw. } \frac{b_1c_2a_{21}}{\Delta_2(s)}\right) \tag{38a}$$

Als Übung sei dem Leser empfohlen, die Übertragungsfunktionen der Zustandsmodelle aus den Beispielen (1) bis (8) zu berechnen.

2.6 Lineare zeitdiskrete Systeme

Eine weitere wichtige Klasse stellen die linearen diskreten dynamischen Systeme dar. Diese benötigt man zur Beschreibung von Steuerungs-und Regelungssystemen dann, wenn digitale Bausteine , z.B. Abtaster und Halteglied oder Prozeßrechner , im realen System verwendet werden. Auch die Behandlung von kontinuierlichen Systemen auf dem Digitalrechner erfordert eine Umwandlung in ein diskretes mathematisches Modell.

An einem einfachen Beispiel sollen die diskreten Systeme eingeführt werden.

Das kontinuierliche System

$$\dot{x}(t) = -\alpha\, x(t) + \beta\, u(t)$$

mit dem Anfangszustand $x_o := x(t_o)$ hat die Lösung

$$x(t) = e^{-\alpha(t-t_o)}\, x_o + \beta \int_{t_o}^{t} e^{-\alpha(t-\tau)}\, u(\tau)d\tau \qquad (39)$$

Ist uns die Eingangsgröße u(t) nur zu den Zeitpunkten $t_o, t_1, \ldots$ bekannt , der Definitionsbereich von $u(\cdot)$ wäre dann I_d , und nehmen wir an, daß der Verlauf von $u(\cdot)$ zwischen den Zeitpunkten t_ν und $t_{\nu+1}$ $(\nu = 0,1,\ldots)$ konstant bleibt, dann läßt sich der Zustand

$$x_{\nu+1} := x(t_{\nu+1}) \text{ bei Kenntnis von } x_\nu := x(t_\nu) \text{ und } u_\nu := u(t_\nu)$$

aus (39) berechnen.

$$x_{\nu+1} = e^{-\alpha(t_{\nu+1}-t_\nu)}\, x_\nu + \beta \int_{t_\nu}^{t_{\nu+1}} e^{-\alpha(t_{\nu+1}-\tau)}\, d\tau\; u_\nu$$

Mit den Abkürzungen

$$\phi_\nu := e^{-\alpha(t_{\nu+1}-t_\nu)}$$

$$H_\nu := \beta \int_{t_\nu}^{t_{\nu+1}} e^{-\alpha(t_{\nu+1}-\tau)}\, d\tau$$

läßt sich der Zustand $x_{\nu+1}$ aus der Differenzengleichung

$$x_{\nu+1} = \phi_\nu\, x_\nu + H_\nu\, u_\nu \quad ; \quad x_o = x(t_o)$$

bestimmen.

Allgemein lassen sich die linearen zeitdiskreten dynamischen Systeme mit endlicher Dimension durch das Zustandsmodell - Bild 16 -

$$\begin{aligned} \underline{x}_{\nu+1} &= \underline{\Phi}_\nu \, \underline{x}_\nu + \underline{H}_\nu \, \underline{u}_\nu \; ; \quad \underline{x}_o := \underline{x}(t_o) \\ \underline{y}_\nu &= \underline{C}_\nu \, \underline{x}_\nu + \underline{D}_\nu \, \underline{u}_\nu \end{aligned} \tag{40}$$

mit $\underline{u}_\nu \in \mathbb{R}^r$, $\underline{x}_\nu \in \mathbb{R}^n$, $\underline{y}_\nu \in \mathbb{R}^p$ darstellen. Die Matrizen sind lineare Abbildungen auf den folgenden Vektorräumen:

$\underline{\Phi}_\nu$	: $\mathbb{R}^n \longrightarrow \mathbb{R}^n$	nxn-Matrix
$\underline{H}_\nu$	: $\mathbb{R}^r \longrightarrow \mathbb{R}^n$	nxr-Matrix
$\underline{C}_\nu$	: $\mathbb{R}^n \longrightarrow \mathbb{R}^p$	pxn-Matrix
$\underline{D}_\nu$	: $\mathbb{R}^r \longrightarrow \mathbb{R}^p$	pxr-Matrix

Die Elemente der Matrizen können sich in den Zeitpunkten t_ν ändern.

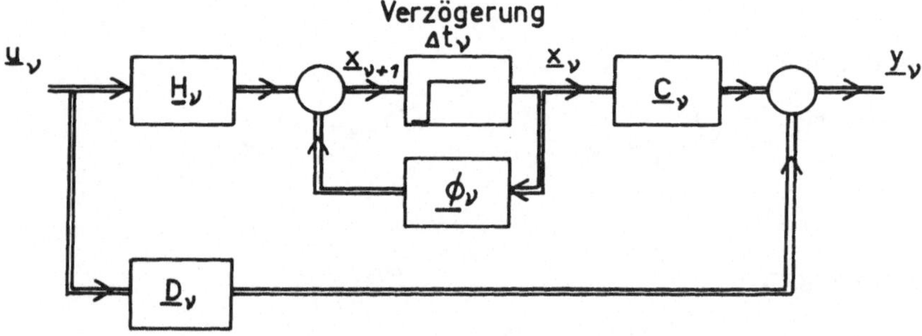

Bild 16: Lineares diskretes dynamisches System

Zeitinvariante diskrete Systeme

Hängen die Elemente der Matrizen in (40) nicht von der Zeit ab und haben die Abtastzeitpunkte den konstanten Abstand T (Abtastzeit), so geht (40) mit $t_{\nu+1}-t_\nu$ = T und $\underline{D} = \underline{0}$ über in das zeitinvariante System

$$\begin{aligned} \underline{x}_{\nu+1} &= \underline{\phi}(T)\underline{x}_\nu + \underline{H}(T)\underline{u}_\nu \quad ; \quad \underline{x}_o := \underline{x}(t_o) \\ \underline{y}_\nu &= \underline{C}\,\underline{x}_\nu \end{aligned} \tag{41}$$

Die Eingangs-Ausgangs-Beziehung dieses dynamischen Systems ergibt sich aus

$$\begin{aligned} \underline{x}_1 &= \underline{\phi}\,\underline{x}_o + \underline{H}\,\underline{u}_o \\ \underline{x}_2 &= \underline{\phi}\,\underline{x}_1 + \underline{H}\,\underline{u}_1 = \underline{\phi}^2\underline{x}_o + \underline{\phi}\,\underline{H}\,\underline{u}_o + \underline{H}\,\underline{u}_1 \\ &\vdots \\ \underline{x}_N &= \underline{\phi}^N\underline{x}_o + \underline{\phi}^{N-1}\underline{H}\underline{u}_o + \ldots + \underline{\phi}\,\underline{H}\,\underline{u}_{N-2} + \underline{H}\,\underline{u}_{N-1} \end{aligned}$$

Durch Einsetzen in die Ausgangsgleichung (41) mit $\underline{x}_o = \underline{0}$ erhält man die Eingangs-Ausgangs-Darstellung:

$$\underline{y}_N = \sum_{\nu=1}^{N} \underline{C}\,\underline{\phi}^{N-\nu}\underline{H}\,\underline{u}_{\nu-1} \, . \tag{42}$$

Die Folge

$$\{\underline{C}\,\underline{\phi}^{N-\nu}\,\underline{H}\}_{\nu=1}^{N}$$

wird Gewichtsfolge genannt.

Die allgemeinen Herleitungen des diskreten Systems (40) aus einem abgetasteten kontinuierlichen System sowie Beispiele lernen wir im dritten Kapitel kennen.

2.7 Normierung und Signalflußplan

Die physikalischen Größen setzen sich aus Zahlenwert und Einheit zusammen.

Dividiert man beide Seiten einer physikalischen Gleichung durch ihre Einheiten, so erhält man z.B. beim Ohmschen Gesetz U = I R die Zahlenwertgleichung

$$\frac{U}{1\ \text{Volt}} = \frac{I\ R}{1\ \text{Volt}} = \frac{I}{1\ \text{Ampere}} \cdot \frac{R}{1\ \text{Ohm}}$$

In diesem Sinne sind alle Gleichungen dieses Buches zu verstehen. Man könnte auch ein beliebiges Einheitensystem verwenden:

$$\frac{U}{V} = 1000\ \frac{I}{kA}\ \frac{R}{\Omega}$$

Wären z.B. im Beispiel 2 die Größen dimensionsbehaftet, so läßt sich das Zustandsmodell auch in der Form

$$\frac{d}{dt}\left[\frac{x_1(t)}{X_1}\right] = -\frac{1}{R_1C}\left[\frac{x_1(t)}{X_1}\right] + \frac{U_1}{R_1CX_1}\left[\frac{u_1(t)}{U_1}\right]; \quad \frac{x_1(t_o)}{X_1} = \frac{x_{1o}}{X_1} \qquad (43)$$

$$\left[\frac{y_2(t)}{Y_2}\right] = -\frac{X_1}{R_1Y_2}\left[\frac{x_1(t)}{X_1}\right] + \frac{U_1}{R_1Y_2}\left[\frac{u_1(t)}{U_1}\right] \qquad (44)$$

schreiben.

Haben X_1 die Dimension von $x_1(t)$
U_1 " " " $u_1(t)$
Y_2 " " " $y_2(t)$,

so ist (44) dimensionslos. In (43) haben jedoch beide Seiten die Dimension $(\text{Zeit})^{-1}$. Das kann vermieden werden, falls man

$$\tau = t/T$$

einführt und entsprechend für alle Größen schreibt:

$$\tilde{x}_1(\tau) := x_1(\tau \cdot T) = x_1(t)$$

Aus (43) entsteht die Gleichung

$$\frac{d}{d\tau}\left[\frac{\tilde{x}_1(\tau)}{X_1}\right] = -\frac{T}{R_1 C}\left[\frac{\tilde{x}_1(\tau)}{X_1}\right] + \frac{T\,U_1}{R_1 C X_1}\left[\frac{\tilde{u}_1(\tau)}{U_1}\right] ; \frac{x_1(t_o)}{X_1} = \frac{x_{1o}}{X_1} ,$$

die dimensionslos ist,wenn T die Dimension einer Zeit hat. Nach welchen Kriterien eine solche Normierung von Gleichungen durchzuführen ist, hängt vom Problem ab.

Signalflußpläne

Eine "Verfeinerung" der symbolischen Darstellung eines Systems, geben die Signalflußpläne, deren Elemente Blöcke und Wirkungslinien sind. Blöcke sind Systeme mit elementaren Eigenschaften und Wirkungslinien kennzeichnen die Zuordnung von Ein- und Ausgangsgrößen der Einzelsysteme.

Block	System	Bemerkung
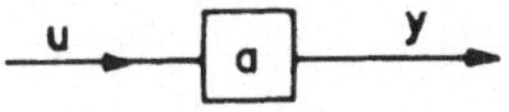 u → [a] → y	$y(t) = a(t)u(t)$	
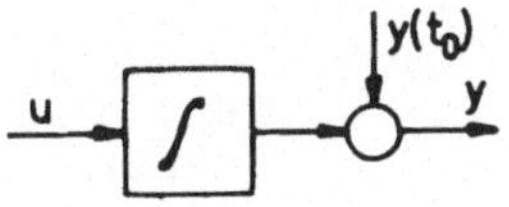 u → [∫] → ○ → y, $y(t_0)$	$y(t) = y(t_o) + \int_{t_o}^{t} u(\tau)d\tau$	
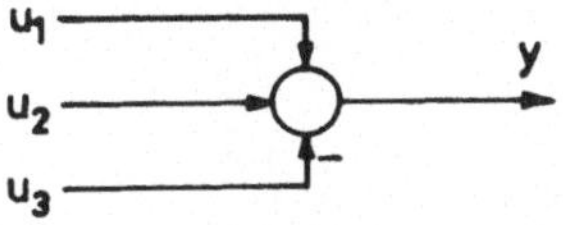 u_1, u_2, u_3 (−) → ○ → y	$y(t) = u_1(t)+u_2(t)-u_3(t)$	
 $\underline{u}$ ⇒ [$\underline{A}$] ⇒ $\underline{y}$	$\underline{y}(t) = \underline{A}(t)\underline{u}(t)$	$\underline{u}$: r-Vektor $\underline{y}$: p-Vektor $\underline{A}$: pxr-Matrix
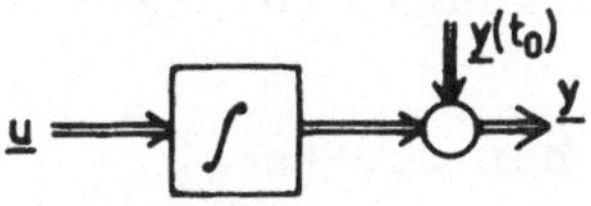 $\underline{u}$ ⇒ [∫] ⇒ ○ ⇒ $\underline{y}$, $\underline{y}(t_0)$	$\underline{y}(t) = \underline{y}(t_o) + \int_{t_o}^{t} \underline{u}(\tau)d\tau$	p = r
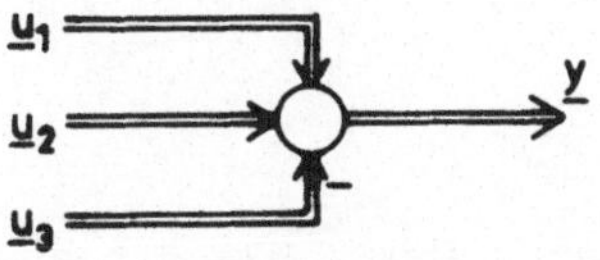 $\underline{u}_1$, $\underline{u}_2$, $\underline{u}_3$ (−) ⇒ ○ ⇒ $\underline{y}$	$\underline{y}(t) = \underline{u}_1(t) + \underline{u}_2(t)-\underline{u}_3(t)$	p = r

<u>Beispiel:</u> Es ist der Signalflußplan des dynamischen Systems aus Beispiel 2 darzustellen.

Die Zustandsgleichung (8) mit der zusätzlichen Eingangsgröße $u_2(t) := i_a(t)$ lautet

$$\dot{x}_1(t) = -\frac{1}{R_1 C} x_1(t) + \frac{1}{R_1 C} u_1(t) - \frac{1}{C} u_2(t) \; ; \; x_1(t_o) = x_{1o}$$

Durch Integration erhält man:

$$x_1(t) = x_1(t_o) + \int_{t_o}^{t} \{-\frac{1}{R_1 C} x_1(\tau) + \frac{1}{R_1 C} u_1(\tau) - \frac{1}{C} u_2(\tau)\} d\tau$$

Die Ausgangsbeziehung (9) mit der zusätzlichen Ausgangsgröße $y_2(t) := x_1(t)$ lautet

$$y_1(t) = -\frac{1}{R_1} x_1(t) + \frac{1}{R_1} u_1(t)$$

$$y_2(t) = x_1(t)$$

Daraus ergibt sich der Signalflußplan, Bild 17.

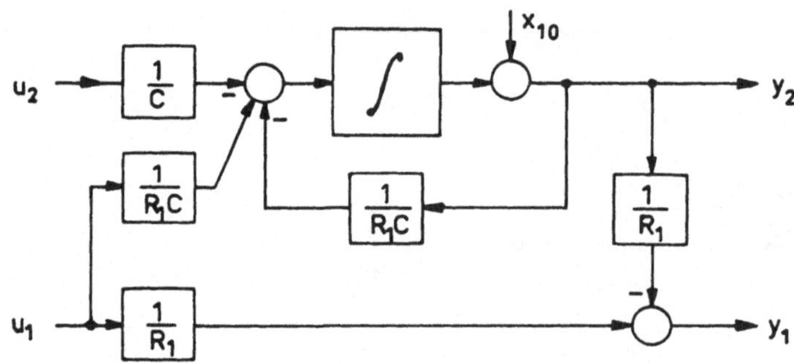

Bild 17: Signalflußplan des Beispiels 2

Die Pfeile an den Wirkungslinien deuten die Wirkungsrichtung an und diese ist nicht umkehrbar.

Die Bedeutung der Signalflußpläne werden klar bei der Betrachtung des nachfolgenden Abschnittes.

Ein weiteres Beispiel ist der Signalflußplan des zeitinvarianten Zustandsmodells

$$\underline{\dot{x}}(t) = \underline{A}\,\underline{x}(t) + \underline{B}\,\underline{u}(t); \quad \underline{x}(t_o) = \underline{x}_o$$
$$\underline{y}(t) = \underline{C}\,\underline{x}(t) \quad ,$$

der im Bild 18 wiedergegeben ist

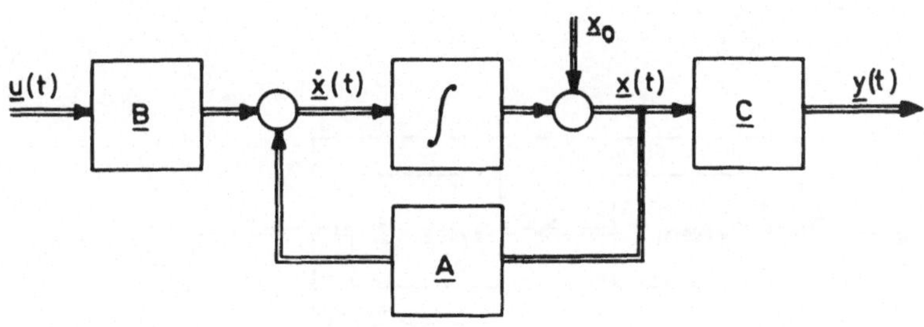

Bild 18: Signalflußplan des Zustandsmodells (35)

2.8 Zusammenschalten dynamischer Systeme

Betrachten wir die beiden linearen Zustandsmodelle, Bild 19, bei denen die Anfangszustände o.E.d.A. zu Null angenommen wurden.

$$\frac{d}{dt}\left[\underline{x}_1(t)\right] = \underline{A}_1(t)\,\underline{x}_1(t) + \underline{B}_1(t)\,\underline{u}_1(t)$$
$$\underline{y}_1(t) = \underline{C}_1(t)\,\underline{x}_1(t) + \underline{D}_1(t)\,\underline{u}_1(t) \qquad \text{System I}$$

(45)

$$\frac{d}{dt}\left[\underline{x}_2(t)\right] = \underline{A}_2(t)\,\underline{x}_2(t) + \underline{B}_2(t)\,\underline{u}_2(t)$$
$$\underline{y}_2(t) = \underline{C}_2(t)\,\underline{x}_2(t) + \underline{D}_2(t)\,\underline{u}_2(t) \qquad \text{System II}$$

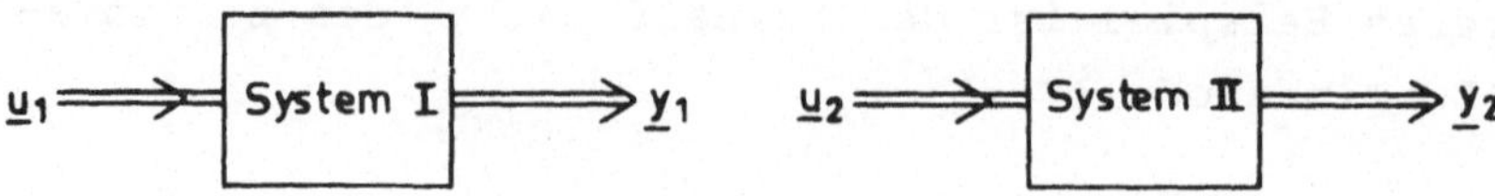

Bild 19: Signalflußpläne der Systeme I und II

so sind die drei Grundschaltungen denkbar:

1. Hintereinanderschaltung: $\underline{u}_2(t) = \underline{y}_1(t)$

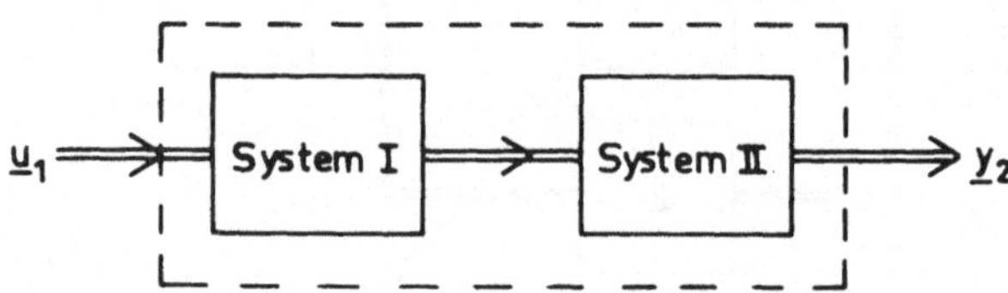

Bild 20: Hintereinanderschaltung von I und II

Das dynamische System nach Bild 20 ergibt sich durch Elimination von $\underline{u}_2(t)$ und $\underline{y}_1(t)$ in den Modellen (45):

$$
\begin{aligned}
\dot{\underline{x}}_1(t) &= \underline{A}_1(t)\underline{x}_1(t) &&+ \underline{B}_1(t)\underline{u}_1(t)\\
\dot{\underline{x}}_2(t) &= \underline{B}_2(t)\underline{C}_1(t)\underline{x}_1(t) + \underline{A}_2(t)\underline{x}_2(t) &&+ \underline{B}_2(t)\underline{D}_1(t)\underline{u}_1(t)\\
\underline{y}_2(t) &= \underline{D}_2(t)\underline{C}_1(t)\underline{x}_1(t) + \underline{C}_2(t)\underline{x}_2(t) &&+ \underline{D}_2(t)\underline{D}_1(t)\underline{u}_1(t)
\end{aligned}
$$

In der Übermatrizenform geschrieben, erhalten wir für die Hintereinanderschaltung:

$$\frac{d}{dt}\begin{bmatrix} x_1(t) \\ x_2(t) \end{bmatrix} = \begin{bmatrix} \underline{A}_1(t) & \underline{0} \\ \underline{B}_2(t)\underline{C}_1(t) & \underline{A}_2(t) \end{bmatrix} \begin{bmatrix} \underline{x}_1(t) \\ \underline{x}_2(t) \end{bmatrix} + \begin{bmatrix} \underline{B}_1(t) \\ \underline{B}_2(t)\underline{D}_1(t) \end{bmatrix} \underline{u}_1(t)$$

$$\underline{y}_2(t) = \left[\underline{D}_2(t)\underline{C}_1(t) \quad \underline{C}_2(t) \right] \begin{bmatrix} \underline{x}_1(t) \\ \underline{x}_2(t) \end{bmatrix} + \left[\underline{D}_2(t)\underline{D}_1(t) \right] \cdot \underline{u}_1(t)$$

2. Parallelschaltung: $\underline{u}_1(t) = \underline{u}_2(t) = \underline{u}(t)$

$$\underline{y}(t) = \underline{y}_1(t) + \underline{y}_2(t)$$

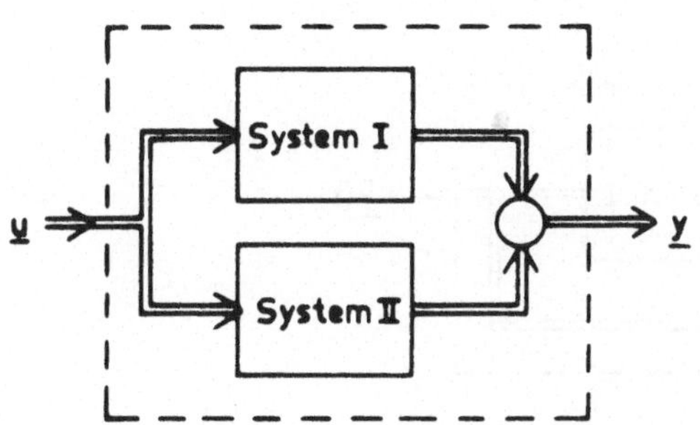

Bild 21: Parallelschaltung von I und II

Aus Bild 21 lesen wir ab:

$$\frac{d}{dt}\begin{bmatrix} x_1(t) \\ x_2(t) \end{bmatrix} = \begin{bmatrix} \underline{A}_1(t) & \underline{0} \\ \underline{0} & \underline{A}_2(t) \end{bmatrix} \begin{bmatrix} \underline{x}_1(t) \\ \underline{x}_2(t) \end{bmatrix} + \begin{bmatrix} \underline{B}_1(t) \\ \underline{B}_2(t) \end{bmatrix} \cdot \underline{u}(t)$$

$$\underline{y}(t) = \left[\underline{C}_1(t) \quad \underline{C}_2(t) \right] \begin{bmatrix} \underline{x}_1(t) \\ \underline{x}_2(t) \end{bmatrix} + \left[\underline{D}_1(t) + \underline{D}_2(t)\ \underline{u}(t) \right]$$

3. Gegenkoppelung eines Systems:

Setzen wir in das erste Modell von (45)

$$\underline{u}_1(t) = \underline{r}(t) - \underline{y}_1(t)$$

Mit der neuen Eingangsgröße $\underline{r}(t)$ und

$$\underline{D}_1(t) = \underline{0} \quad \text{für alle } t \in R_k \quad ,$$

entsteht das Zustandsmodell des Regelkreises (Bild 22).

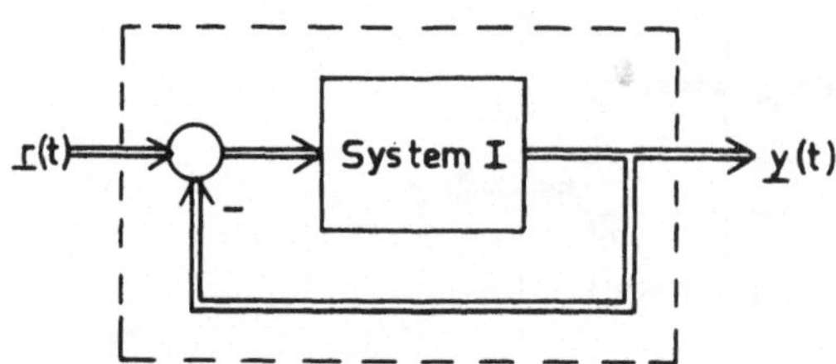

Bild 22: Regelkreisstruktur

$$\begin{aligned} \underline{\dot{x}}_1(t) &= \left[\underline{A}_1(t) - \underline{B}_1(t)\,\underline{C}_1(t)\right] \underline{x}_1(t) + \underline{B}_1(t)\underline{r}(t) \\ \underline{y}_1(t) &= \underline{C}_1(t)\underline{x}_1(t) \end{aligned} \tag{46}$$

Der zeitinvariante Fall dieser Systemstruktur wird im Kapitel 6 ausführlich behandelt und ist in der Systemtheorie Gegenstand vieler Untersuchungen.

Zu Kapitel 2 vgl.Literatur (1 - 13)

3. Lösungsmethoden

Das Kapitel vermittelt in knapper Form die erforderlichen mathematischen Grundlagen und die Methoden, die bei der Beweisführung und Lösung der Aufgaben in der linearen deterministischen Systemtheorie mit endlich-dimensionalen Vektorräumen Verwendung finden. Eine ausführliche Darstellung und Vertiefung des mathematischen Stoffes über endlichdimensionale Vektorräume, Eigenwertprobleme und Analysis kann der Leser den Lehrbüchern (14 bis 21) entnehmen.

3.1 Grundlegende Begriffe

Es sei X eine Menge, dann bedeutet $x \in X$, daß x ein Element der Menge X ist , x gehört zu X.

Beispiel: Die reellen Zahlen $\mathbb{R}$, komplexen Zahlen $\mathbb{C}$, ganzen Zahlen $\mathbb{Z}$, natürlichen Zahlen $\mathbb{N}$ und alle stetigen Funktionen über dem Zeitintervall (t_o,t_1) , $C(t_o,t_1)$, sind Beispiele für Mengen. Die Elemente der Menge $C(t_o,t_1)$ sind die Funktionsverläufe über dem Intervall (t_o,t_1).

Elemente einer Menge X können Eigenschaften E_1, E_2,... besitzen. Es existiert dann eine eindeutig bestimmte Teilmenge von X, die aus den Elementen $x \in X$ besteht, für die E(x) wahr ist, d.h. x hat die Eigenschaft E. Diese Teilmenge wird durch

$$\{x \in X \mid E(x)\} \subset X$$

dargestellt. Die Menge

$$\emptyset_x = \{x \in X \mid x \neq x\}$$

ist die leere Menge von X. $\emptyset_x$ enthält kein Element.

Beispiele für Mengenbildung:

a) Für das geschlossene Intervall $[t_o,t_1]$ gilt:

$$[t_o,t_1] = \{ t \in \mathbb{R} \mid t_o \leq t \leq t_1 \}$$

b) Für die Menge der natürlichen Zahlen zwischen 0 und 10 gilt:

$$\{\nu \in \mathbb{N} \mid \nu \leq 10 \}$$

c) Sind X und Y zwei gegebene Mengen, so heißt die Menge, die aus denjenigen Elementen von X besteht, die nicht zu Y gehören, Differenz.

$$X \setminus Y = \{x \in X \mid x \notin Y\}$$

Die Menge

$$X \cup Y = \{x \mid x \in X \text{ oder } x \in Y \}$$

heißt Vereinigung und die Menge

$$X \cap Y = \{x \mid x \in X \text{ und } x \in Y \}$$

heißt Durchschnitt.

Produkt von Mengen

Sind X,Y zwei Mengen, die nicht notwendig verschieden sein müssen, so läßt sich eine Menge X x Y bilden, deren Elemente die geordneten Paare (x,y) mit $x \in X$ und $y \in Y$ sind. Man bezeichnet

$$X \times Y = \{(x,y) \mid x \in X, y \in Y \}$$

als kartesisches Produkt. Die Aussage

$(x_1,y_1) = (x_2,y_2)$ ist äquivalent $x_1 = x_2$ und $y_1 = y_2$

Beispiel: Die Menge der komplexen Zahlen $\mathbb{C}$ ist das kartesische Produkt $\mathbb{R} \times \mathbb{R}$

$$\mathbb{C} = \mathbb{R}\times\mathbb{R} = \{(x,y) \mid x\in\mathbb{R} \text{ und } y\in\mathbb{R} \} .$$

Es sei darauf hingewiesen, daß $\mathbb{R}$ sowie $\mathbb{C}$ Strukturen tragen, die erst später erklärt werden und hier noch nicht benutzt wurden.

Definition 1: X,Y seien Mengen. Eine Teilmenge $R \subset X \times Y$ heißt eine *Relation* zwischen den Elementen von X und Y. Schreibweise $(x,y) \in R$ oder $x\, R\, y$.

Beispiel: Es sei

$$R = \{(x,y) | x \in \mathbb{R}, y \in \mathbb{R} \text{ und } x^2 + y^2 = 1\},$$

dann ist R eine Relation, da R eine Teilmenge von $\mathbb{R} \times \mathbb{R}$ ist. Die Zahlen x und y stehen aufgrund der Eigenschaft $x^2 + y^2 = 1$ in Relation.

Definition 2: X,Y seien Mengen. f heißt *Abbildungsvorschrift* von X nach Y, wenn

a) f eine Teilmenge von $X \times Y$ ist, d.h. Relation zwischen X und Y,

und

b) zu jedem $x \in X$ genau ein $y \in Y$ mit $(x,y) \in f$ existiert.

$f(\cdot) \equiv (f,X,Y)$ heißt *Abbildung* (Funktion) von X nach Y

Schreibweise: $f(\cdot) : X \rightarrow Y$

Bemerkung 1: Eine Abbildung $f(\cdot)$ setzt sich aus der Abbildungsvorschrift f, dem Definitionsbereich X und dem Bildbereich Y zusammen.

Beispiel: Die Menge aller reellen stetigen Abbildungen vom Intervall $[t_0,t_1]$ in $\mathbb{R}$ läßt sich durch

$$\text{Abb.}\{[t_0,t_1],\mathbb{R}\} = C[t_0,t_1] = \{f(\cdot) | f(\cdot):[t_0,t_1] \rightarrow \mathbb{R}, f(\cdot) \text{stetig}\}$$

darstellen.

Die Untersuchung der dynamischen Systeme erfolgt in diesem Buch in linearen Räumen bzw. Vektorräumen. Dieser wichtige Begriff wird festgelegt durch die

<u>Definition 3:</u> Eine Menge X von Elementen x,y,z... heißt ein reeller *linearer Raum*, wenn folgendes gilt:

a) Zu je zwei Elementen x und y aus X existiert ein Element $x + y \in X$, das als Summe von x und y bezeichnet wird.

b) zu jeder Zahl $\alpha \in \mathbb{R}$ und jedem Element $x \in X$ ist ein Element $\alpha x \in X$ definiert, das Produkt von x mit α genannt wird.

c) Für die Addition der Elemente von X und die Multiplikation der Elemente von X mit Zahlen gelten die Regeln:

a_1) $x + y = y + x$

a_2) $(x+y) + z = x + (y+z)$

a_3) Es gibt in X ein neutrales Element o mit der Eigenschaft $x + o = x$ für jedes $x \in X$.

a_4) Es gibt zu jedem $x \in X$ ein Element $-x \in X$ mit der Eigenschaft $x + (-x) = o$

b_1) $1\,x = x$

b_2) $\alpha(\beta x) = (\alpha\beta)x$

b_3) $(\alpha+\beta)x = \alpha x + \beta x$

b_4) $\alpha(x+y) = \alpha x + \alpha y$

<u>Bemerkung 2:</u> Wird in der Bedingung (b) der Definition 3 die Menge der reellen Zahlen $\mathbb{R}$ durch die komplexen Zahlen $\mathbb{C}$ ersetzt, so erhalten wir einen komplexen linearen Raum.

<u>Bemerkung 3:</u> Eine Teilmenge $M \subset X$ eines linearen Raumes X wird zu einem <u>Teilraum,</u> wenn

a) die Summe je zweier Elemente aus M wieder zu M gehört
b) das Produkt eines beliebigen Elements aus M mit einer beliebigen Zahl auch zu M gehört.

Beispiel 1: Es sei $\mathbb{R}^n = \underbrace{\mathbb{R} \times \mathbb{R} \times \ldots \times \mathbb{R}}_{n \text{ mal}}$ die Menge aller Elemente der Form

$$\underline{x} = \begin{bmatrix} x_1 \\ \vdots \\ x_n \end{bmatrix} \qquad \text{mit } x_\nu \in \mathbb{R} \qquad \nu = 1,\ldots n$$

Definiert man durch

$$\begin{bmatrix} x_1 \\ \vdots \\ x_n \end{bmatrix} + \begin{bmatrix} y_1 \\ \vdots \\ y_n \end{bmatrix} = \begin{bmatrix} x_1 + y_1 \\ \vdots \\ x_n + y_n \end{bmatrix}$$

und

$$\alpha \begin{bmatrix} x_1 \\ \vdots \\ x_n \end{bmatrix} = \begin{bmatrix} \alpha x_1 \\ \vdots \\ \alpha x_n \end{bmatrix}$$

eine Addition und eine Multiplikation mit den reellen Zahlen, so sind die Bedingungen in der Definition 3 erfüllt. $\mathbb{R}^n$ heißt dann auch ein reeller Vektorraum und die Elemente von $\mathbb{R}^n$ nennt man (Spalten)-Vektoren. Die Zahlen $x_1,\ldots,x_n$ im Spaltenvektor heißen Koordinaten des Vektors $\underline{x}$.
Schon im Kapitel 2.3 - Definitionen - lernten wir reelle lineare Vektorräume $\mathbb{R}^r$, $\mathbb{R}^n$ und $\mathbb{R}^p$ kennen. Die Werte unserer Eingangsfunktion $\underline{u}(t) \in \mathbb{R}^r$, Zustandsgröße $\underline{x}(t) \in \mathbb{R}^n$ und Ausgangsgröße $\underline{y}(t) \in \mathbb{R}^p$ sind Vektoren in den entsprechenden Vektorräumen.

Beispiel 2: Es sei P_n die Menge aller Polynome

$$p(s) = a_n s^n + a_{n-1} s^{n-1} + \ldots + a_1 s + a_o$$

mit reellen Koeffizienten $a_\nu \in \mathbb{R}$, deren Grad höchstens n ist. P_n wird zu einem reellen linearen Raum, wenn man in bekannter Weise die Addition und Multiplikation mit einer reellen Zahl definiert.

Beispiel 3: Es sei M eine nichtleere Menge und X ein reeller Vektorraum. In der Menge aller Abbildungen $F := \text{Abb.}\{M,X\}$ sei die Summe $f(\cdot) + g(\cdot)$ mit $f(\cdot), g(\cdot) \in F$ durch

$$(f + g)(t) = f(t) + g(t)$$

für jedes $t \in M$ und das Produkt $\alpha f(\cdot)$ mit $\alpha \in \mathbb{R}$ mittels

$$(\alpha f)(t) = \alpha f(t)$$

für jedes $t \in M$ erklärt.
Dadurch erfüllen die Elemente von F alle Bedingungen der Definition 3. Man bezeichnet F dann auch als einen reellen linearen Funktionenraum.

Lineare Abhängigkeit und Unabhängigkeit

Es seien $x^{(1)},\ldots,x^{(k)}$ Elemente eines linearen Raums, dann nennt man die Summe

$$\alpha_1 x^{(1)} + \alpha_2 x^{(2)} + \ldots + \alpha_k x^{(k)} \qquad \alpha_\nu \in \mathbb{R}$$

eine Linearkombination.

Definition 4: Die Elemente $x^{(1)},\ldots x^{(k)}$ eines linearen Raums X heißen *linearunabhängig*, wenn aus der Beziehung

$$\alpha_1 x^{(1)} + \alpha_2 x^{(2)} + \ldots + \alpha_k x^{(k)} = 0 \in X$$

folgt, daß die Zahlen $\alpha_1 = \alpha_2 = \ldots = \alpha_k = 0$ sind.

Anderenfalls sind die Elemente *linearabhängig*.
Ein linearer Raum heißt von *endlicher Dimension*, wenn es in ihm höchstens endlich viele linearunabhängige Elemente gibt. Anderenfalls heißt der Raum *unendlichdimensional*.

Bemerkung 4: In einem Raum der endlichen Dimension n werden jeweils n linearunabhängige Vektoren (Elemente) als Basis bezeichnet.

<u>Beispiel 4:</u> Der lineare Raum $\mathbb{R}^n$ aus dem Beispiel 1 ist n-dimensional. Die Einheitsvektoren

$$\underline{e}_1 := \begin{bmatrix} 1 \\ 0 \\ \vdots \\ 0 \end{bmatrix}, \quad \underline{e}_2 = \begin{bmatrix} 0 \\ 1 \\ 0 \\ \vdots \\ 0 \end{bmatrix} \quad \dots \quad \underline{e}_n = \begin{bmatrix} 0 \\ \vdots \\ 0 \\ 1 \end{bmatrix}$$

bilden im $\mathbb{R}^n$ eine Basis, denn es gilt:

$$\alpha_1\underline{e}_1 + \dots + \alpha_n\underline{e}_n = \begin{bmatrix} \alpha_1 \\ \vdots \\ \alpha_n \end{bmatrix} \stackrel{!}{=} \underline{0} \leftrightarrow \alpha_1 = \alpha_2 = \dots = \alpha_n = 0 .$$

Andererseits gibt es keinen weiteren Vektor, der mit allen Vektoren $\underline{e}_1, \dots \underline{e}_n$ zusammen linearunabhängig ist.

Im $\mathbb{R}^2$ läßt sich das Beispiel 4 und die Definition 4 geometrisch deuten. Jeder Vektor aus dem $\mathbb{R}^2$

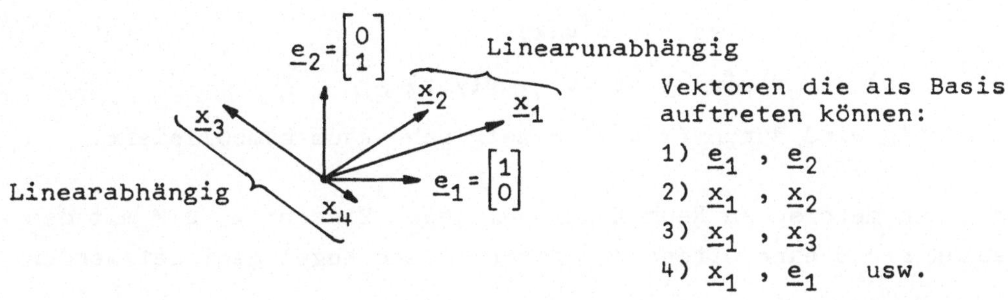

Bild 1: Linearabhängige und Linearunabhängige Vektoren

läßt sich durch eine jeweils vorgegebene Basis als Linearkombination der Basisvektoren eindeutig darstellen. Entsprechendes gilt für jeden linearen Raum.

Beispiel 5: Im Funktionenraum des Beispiels 3 gibt es unendlich viele linearunabhängige Elemente, z.B.

$$1 \; , \; t \; , \; t^2 , \; \ldots \; t^\nu \qquad \nu = 0,1,\ldots$$

denn $t^{\nu+1}$ läßt sich für beliebiges $t \in M$ nicht durch eine Linearkombination

$$\alpha_o 1 + \alpha_1 t + \ldots + \alpha_\nu t^\nu$$

darstellen. Der Funktionenraum ist daher von unendlicher Dimension.

Um die Elemente einer Menge vergleichen zu können, erklärt man einen Abstand zwischen je zwei Elementen oder ordnet jedem Element eine Zahl zu (Norm eines Elements). In einem dynamischen System entsteht die Frage, ob sich der Zustand einem vorgegebenen Zustand in Abhängigkeit von der Zeit nähert oder von diesem sich entfernt.

Definition 5: Eine Menge X mit den Elementen $x,y,z,\ldots$ heißt *metrischer Raum* , wenn je zwei Elementen x und y eine nichtnegative Zahl $\rho(x,y)$ zugeordnet ist , $\rho\colon X x X \to \mathbb{R}^+$, und die folgenden Bedingungen gelten:

a) $\rho(x,y) = 0$ genau dann, wenn $x = y$ ist

b) $\rho(x,y) = \rho(y,x)$

c) $\rho(x,z) \leq \rho(x,y) + \rho(y,z)$

Häufig wird durch (X,ρ) der metrische Raum symbolisiert.

In einem metrischen Raum X kann um jedes Element $x_o \in X$ mit dem Radius $r > 0$ eine offene und geschlossene Kugel gebildet werden.

$$K(x_o,r) := \{x \in X \mid \rho(x,x_o) < r\} \qquad \text{offene Kugel}$$

$$\overline{K}(x_o,r) := \{x \in X \mid \rho(x,x_o) \leq r\} \qquad \text{geschlossene Kugel}$$

<u>Beispiel 6:</u> In einem reellen linearen Vektorraum $\mathbb{R}^n$, siehe Beispiel 1, sei die Abbildung

$$\rho_2(\underline{x},\underline{y}) = \sqrt{(x_1-y_1)^2 + \ldots + (x_n-y_n)^2} \in \mathbb{R}^+$$

definiert. Diese Abbildung erfüllt alle Bedingungen der Definition 5, wie leicht nachzuprüfen ist. Der so definierte Abstand $\rho_2(\underline{x},\underline{y})$ wird euklidisch genannt.
Weitere Abstandsfunktionen, die eine Metrik im $\mathbb{R}^n$ festlegen, sind:

a) $$\rho_p(\underline{x},\underline{y}) = \left[\sum_{\nu=1}^{n} |x_\nu - y_\nu|^p \right]^{\frac{1}{p}} \qquad 1 \leq p < \infty$$

b) $$\rho_\infty(\underline{x},\underline{y}) = \max_{\nu=1\ldots n} |x_\nu - y_\nu|$$

<u>Beispiel 7:</u> Die Menge aller reellen stetigen Funktionen über dem Zeitintervall (t_o,t_1) mit einem Bildbereich im $\mathbb{R}^1$ bilden den linearen Raum $C(t_o,t_1)$, siehe auch Beispiel 3. Durch Einführung einer der folgenden Abstandsfunktionen

a) $$\rho_p(f(\cdot),g(\cdot)) = \left[\int_{t_o}^{t_1} | f(t) - g(t)|^p \, dt \right]^{\frac{1}{p}} \qquad 1 \leq p < \infty$$

b) $$\rho_\infty(f(\cdot),g(\cdot)) = \sup_{t \in (t_o,t_1)} | f(t) - g(t)|$$

erhält der Funktionenraum $C(t_o,t_1)$ eine Metrik. Der Leser prüfe diese Aussage nach.

Eine weitere Möglichkeit einer Bewertung der Elemente eines linearen Raums ergibt sich aus der

<u>Definition 6:</u> Ein linearer Raum X heißt *normiert*, wenn eine Abbildung von X in die Menge $\mathbb{R}$ erklärt ist, $\| \ \| : X \to \mathbb{R}$, und die folgenden Bedingungen erfüllt sind:

a) $||x|| \geq 0$ für jedes $x \in X$

b) $||x|| = 0$ genau dann, wenn $x = 0 \in X$

c) $||\alpha x|| = |\alpha|\ ||x||$ für jedes $x \in X$ und $\alpha \in \mathbb{R}$

d) $||x + y|| \leq ||x|| + ||y||$ für alle $x,y \in X$.

Für jede Norm $x \to ||x||$ auf einem linearen Raum ist

$$\rho(x,y) := ||x - y||$$

eine Abstandsfunktion. Daher folgt aus den Beispielen 6 und 7 durch entsprechende Modifikation eine Norm.

Auf dem $\mathbb{R}^n$ lassen sich die Normen

a) $$||\underline{x}||_p = \left[\sum_{\nu=1}^{n} |x_\nu|^p\right]^{\frac{1}{p}} \qquad 1 \leq p < \infty$$

b) $$||\underline{x}||_\infty = \max_{\nu=1...n} |x_\nu|$$

erklären.

Auf dem linearen Raum $C(t_o,t_1)$ sind die Normdefinitionen

a) $$||x(\cdot)||_p = \left[\int_{t_o}^{t_1} |x(t)|^p dt\right]^{\frac{1}{p}} \qquad 1 \leq p < \infty$$

b) $$||x(\cdot)||_\infty = \sup_{t \in (t_o,t_1)} |x(t)|$$

möglich.

Häufig führt man auf einem linearen Raum X das innere Produkt (Skalarprodukt) ein, das je zwei Elementen eine reelle oder komplexe Zahl zuordnet, die ein Maß für die gegenseitige Projektion ist.

<u>Definition 7:</u> Das *innere Produkt* auf einem reellen linearen Raum X ist als Abbildung

$$\langle\ ,\ \rangle : X x X \to \mathbb{R}$$

mit den folgenden Eigenschaften erklärt:

a) $\langle x,y\rangle = \langle y,x\rangle$ für jedes $x,y \varepsilon X$

b) $\langle x,x\rangle \geq 0$ und $\langle x,x\rangle = 0 \leftrightarrow x = 0 \varepsilon X$

c) $\langle x,\alpha y + \beta z\rangle = \alpha\langle x,y\rangle + \beta \langle x,z\rangle$
mit $x,y,z \varepsilon X$ und $\alpha, \beta \varepsilon \mathbb{R}$

Beispiel 8: Auf dem $\mathbb{R}^n$ sei die Abbildung

$$\langle \underline{x},\underline{y}\rangle = \sum_{\nu=1}^{n} x_\nu y_\nu \varepsilon \mathbb{R} \qquad \underline{x},\underline{y} \varepsilon \mathbb{R}^n$$

definiert - bezüglich der Vektoren $\underline{x}$ und $\underline{y}$ siehe Beispiel 1. Die so erklärte Abbildung ist ein inneres Produkt, da diese alle Bedingungen der Definition 7 erfüllt.
Z.B. sei für den $\mathbb{R}^2$

$$\underline{x} = \begin{bmatrix} 1 \\ 2 \end{bmatrix} \qquad \text{und} \quad \underline{y} = \begin{bmatrix} 4 \\ 5 \end{bmatrix}$$

dann ist

$$\langle \underline{x},\underline{y}\rangle = 1 \cdot 4 + 2 \cdot 5 = 14 .$$

Eine andere Schreibweise für das innere Produkt im $\mathbb{R}^n$ ist $\underline{x}'\underline{y}$, wobei $\underline{x}'$ bedeutet, daß der Spaltenvektor

$$\underline{x} = \begin{bmatrix} x_1 \\ \vdots \\ x_n \end{bmatrix}$$ durch Transponierung in einen Zeilenvektor

$\underline{x}' = \begin{bmatrix} x_1 & \dots & x_n \end{bmatrix}$ übergeht, so daß

$$\underline{x}'\underline{y} = \begin{bmatrix} x_1 \dots & x_n \end{bmatrix} \begin{bmatrix} y_1 \\ \vdots \\ y_n \end{bmatrix} = x_1y_1 + \dots + x_ny_n$$

gilt.

Die geometrische Interpretation des inneren Produktes auf dem $\mathbb{R}^n$ entnimmt man dem Bild 2

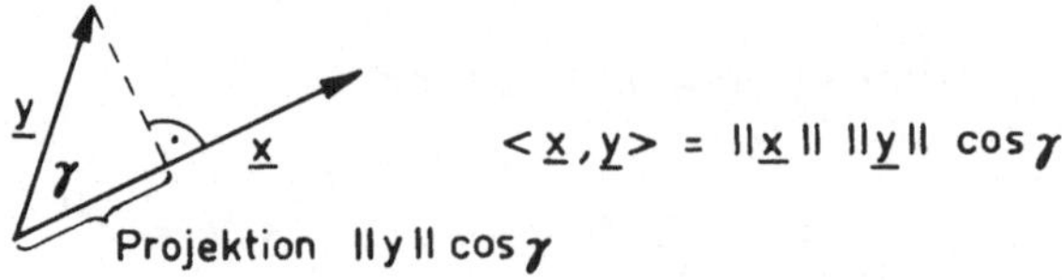

Bild 2: Darstellung des inneren Produktes

Ist $\langle \underline{x},\underline{y}\rangle = 0$ und $\underline{x} \neq \underline{0}$, $\underline{y} \neq \underline{0}$, so stehen die beiden Vektoren aufeinander senkrecht.

Beispiel 9: Gegeben sei die Menge aller stetigen n-komponentigen Vektorfunktionen $\underline{x}(\cdot)$ über dem Intervall (t_o,t_1).

$$\underline{x}(\cdot) = \begin{bmatrix} x_1(\cdot) \\ \vdots \\ x_n(\cdot) \end{bmatrix} \in C^n\,(t_o,t_1)$$

Diese Menge $C^n(t_o,t_1)$ bildet einen linearen Raum - vergleiche Beispiel 3.

In diesem linearen Raum läßt sich auch ein inneres Produkt definieren, und zwar

$$\langle \underline{x}(\cdot), \underline{y}(\cdot)\rangle_{C^n} := \int_{t_o}^{t_1} \langle \underline{x}(t),\underline{y}(t)\rangle_{\mathbb{R}^n}\, dt$$

mit $\underline{x}(\cdot)$, $\underline{y}(\cdot) \in C^n(t_o,t_1)$. Der Index an den inneren Produkten gibt an, in welchem Raum diese definiert sind.

Es sei

$$\underline{x}(t) = \begin{bmatrix} \sin t \\ t^2 \end{bmatrix} \quad \text{und } \underline{y}(t) = \begin{bmatrix} \cos t \\ t \end{bmatrix}$$

für $t \in [0,\pi]$ gegeben. Dann folgt $\underline{x}(\cdot), y(\cdot) \in C^2[0,\pi]$ und

$$<\underline{x}(\cdot),\underline{y}(\cdot)> = \int_0^{\pi} \{\sin t \cos t + t^3\} dt = \frac{1}{4}\pi^4$$

In jedem linearen Raum mit einem inneren Produkt gilt die <u>Cauchy-Schwarzsche Ungleichung</u>

$$|<x,y>|^2 \leq <x,x><y,y> .$$

Denn für $y \neq 0$ folgt sie aus

$$<x,x> - 2\alpha <x,y> + \alpha^2 <y,y> = <x-\alpha y, x-\alpha y> \geq 0 ,$$

wenn $\alpha = \frac{<x,y>}{<y,y>}$ gesetzt wird. Für $y = 0$ ist die Ungleichung offenbar erfüllt.

3.2 Lineare Abbildungen und Matrizen

Die linearen dynamischen Systeme lassen sich auf lineare Abbildungen zurückführen, die auf linearen Räumen erklärt sind. Die Eigenschaften der Systeme, die für die Anwendung wichtig erscheinen, setzen sich aus den Eigenschaften der zugehörigen linearen Abbildungen zusammen.
Das Auffinden allgemeiner Systemeigenschaften, die Zusammenhänge zwischen System und Abbildung und die Verdeutlichung von Systemstrukturen durch geeignete Darstellungen, die auch Abbildungen sind, ist ein Aufgabengebiet der Systemtheorie.

<u>Definition 8:</u> Es seien X,Y lineare Räume, dann heißt die Abbildung $L : X \to Y$ *linear*, wenn für beliebige $\underline{x}_1, \underline{x}_2 \in X$ und $\alpha, \beta \in \mathbb{R}$ die Beziehung

$$L(\alpha\underline{x}_1 + \beta\underline{x}_2) = \alpha L(\underline{x}_1) + \beta L(\underline{x}_2) \in Y$$

gilt.

3.2.1 Begriff der Matrix

Um mit Abbildungen rechnen zu können, ermittelt man eine Darstellung der Abbildung. Zu diesem Zweck gehen wir von einer Basis des linearen Raums aus.

Es sei $X = \mathbb{R}^n$ mit der Basis $\underline{d}_1, \ldots, \underline{d}_n$ und $Y = \mathbb{R}^m$ mit der Basis $\underline{g}_1, \ldots \underline{g}_m$ - siehe hierzu Definition 4 und Beispiel 4. Vektoren $\underline{y}$, $\underline{v}_\mu \in \mathbb{R}^m$ und $\underline{x} \in \mathbb{R}^n$ lassen sich eindeutig durch die Linearkombination ihrer Basen darstellen:

$$\begin{aligned} \underline{y} &= y_1\underline{g}_1 + \ldots + y_m\underline{g}_m \in \mathbb{R}^m \\ \underline{v}_\mu &= \alpha_{1\mu}\underline{g}_1 + \ldots + \alpha_{m\mu}\underline{g}_m \in \mathbb{R}^m \qquad \mu = 1\ldots n \qquad (1) \\ \underline{x} &= x_1\underline{d}_1 + \ldots + x_n\underline{d}_n \in \mathbb{R}^n , \end{aligned}$$

wobei die y_ν, $\alpha_{\mu\nu}$ und $x_\nu \in \mathbb{R}$ die Koordinaten der jeweiligen Vektoren sind. Die lineare Abbildung L bilde nun $\underline{x}$ in $\underline{y}$ und $\underline{d}_\mu$ in $\underline{v}_\mu$ ab, dann gilt:

$$\begin{aligned} \underline{y} = L(\underline{x}) &= L\left(\sum_{\mu=1}^{n} x_\mu \underline{d}_\mu\right) = \sum_{\mu=1}^{n} x_\mu L(\underline{d}_\mu) = \sum_{\mu=1}^{n} x_\mu \underline{v}_\mu \\ &= \sum_{\nu=1}^{m} \sum_{\mu=1}^{n} x_\mu \alpha_{\nu\mu} \underline{g}_\nu . \qquad (2) \end{aligned}$$

Andererseits besitzt $\underline{y}$ die Darstellung

$$\underline{y} = \sum_{\nu=1}^{m} y_\nu \underline{g}_\nu \qquad (3)$$

Ein Koeffizientenvergleich der beiden Beziehungen (2) und (3) liefert uns einen Zusammenhang zwischen den Koordinaten der Vektoren $\underline{x}$ und $\underline{y} = L(\underline{x})$:

$$y_\nu = \sum_{\mu=1}^{n} \alpha_{\nu\mu} x_\mu \qquad \nu = 1\ldots m \qquad (4)$$

Die Koeffizienten $\alpha_{\nu\mu}$ legen eine Darstellung der linearen Abbildung L fest. Die Gesamtheit aller $\alpha_{\nu\mu}$($\nu = 1\ldots m$; $\mu = 1\ldots n$)wird <u>Matrix</u> genannt. Diese hängt jedoch von der Wahl der Basen im $\mathbb{R}^n$ und $\mathbb{R}^m$ ab, denn in dem Ausdruck (2) wurde die Gleichung (1) für $\underline{v}_\mu$

eingesetzt. Zu einer Abbildung L gehört zu den jeweiligen Basen im $\mathbb{R}^n$ und $\mathbb{R}^m$ eine Darstellung (Matrix).
Es ist üblich, die m Gleichungen von (4) nach dem folgenden Schema anzuordnen:

$$\begin{bmatrix} y_1 \\ \vdots \\ y_m \end{bmatrix} = \underbrace{\begin{bmatrix} \alpha_{11}, & \cdots & \alpha_{1n} \\ \vdots & & \vdots \\ \alpha_{m1}, & \cdots & \alpha_{mn} \end{bmatrix}}_{\text{Matrix}} \begin{bmatrix} x_1 \\ \vdots \\ x_n \end{bmatrix} \qquad (5)$$

oder kürzer

$$\underline{y} = \underline{A}\,\underline{x}$$

Die Matrix $\underline{A}$ setzt sich aus m Zeilen und n Spalten zusammen, daher auch als mxn Matrix bezeichnet. Aufgrund der Anordnung der Gleichung (5) ist in Verbindung mit (4) die Multiplikation einer Matrix mit einem Vektor festgelegt.

3.2.2 Rechnen mit Matrizen

Es seien $\alpha_{\nu\mu}$, $\beta_{\nu\mu}$ und $\gamma_{\nu\mu}$ die Elemente der Matrizen $\underline{A}$, $\underline{B}$ und $\underline{C}$.
Die Summe $\underline{C}$ zweier (m,n)-Matrizen $\underline{A}$ und $\underline{B}$

$$\underline{C} = \underline{A} + \underline{B}$$

entsteht aus der Addition der entsprechenden Elemente der Matrizen $\underline{A}$ und $\underline{B}$:

$$\gamma_{\nu\mu} = \alpha_{\nu\mu} + \beta_{\nu\mu} \qquad \begin{array}{l} \nu = 1 \ldots m \\ \mu = 1 \ldots n \end{array} \qquad (6)$$

Für die Matrixaddition gilt das kommutative Gesetz d.h.

$$\underline{A} + \underline{B} = \underline{B} + \underline{A}$$

Beispiel: Es seien die (2,3)-Matrizen

$$\underline{A} = \begin{bmatrix} 1 & -4 & 7 \\ 3 & 5 & -9 \end{bmatrix} \quad \text{und} \quad \underline{B} = \begin{bmatrix} 2 & 0 & -1 \\ 5 & -6 & 8 \end{bmatrix}$$

gegeben, dann ergibt sich als Summe die Matrix

$$\underline{A} + \underline{B} = \begin{bmatrix} 3 & -4 & 6 \\ 8 & -1 & -1 \end{bmatrix}$$

Die Multiplikation einer Zahl mit einer Matrix:

Das Produkt $\underline{B}$ einer (m,n)-Matrix $\underline{A}$ mit einer Zahl $\delta \in \mathbb{R}$ erhält man durch Multiplikation von δ mit jedem Element von $\underline{A}$:

$$\beta_{\nu\mu} = \delta\, \alpha_{\nu\mu} \quad \begin{matrix} \nu = 1 \ldots m \\ \mu = 1 \ldots n \end{matrix} \tag{7}$$

Weiterhin läßt sich leicht zeigen, daß

$$\delta(\underline{A} + \underline{B}) = \delta\, \underline{A} + \delta\, \underline{B} \qquad \delta \in \mathbb{R}$$

gilt.

Die Matrixmultiplikation von $\underline{A}$ mit $\underline{B}$ kann als eine Hintereinanderausführung zweier verschiedener linearer Abbildungen interpretiert werden.

Es seien die Abbildungen $L_2: \mathbb{R}^k \to \mathbb{R}^n$ und $L_1: \mathbb{R}^n \to \mathbb{R}^m$ gegeben, dann gilt für $\underline{z} \in R^k$:

$$L_1(L_2(\underline{z})) \in \mathbb{R}^m$$

Führt man in den Räumen $\mathbb{R}^k$, $\mathbb{R}^n$ und $\mathbb{R}^m$ Basen ein und ermittelt die Matrizen $\underline{A}_1$, $\underline{A}_2$ der Abbildungen L_1 und L_2 bezüglich dieser Basen, dann ergibt die Hintereinanderausführung das Matrixprodukt

$$\underline{A}_1\, \underline{A}_2 \,.$$

Hierbei sind $\underline{A}_1$ eine (m,n)-Matrix und $\underline{A}_2$ eine (n,k)-Matrix. Die Beziehung (4) gibt die Transformation der Vektoren $\underline{x} \in \mathbb{R}^n$ in den Vektorraum $\mathbb{R}^m$ an.

$$y_\nu = \sum_{\mu=1}^{n} \alpha_{\nu\mu}^{(1)}\, x_\mu \qquad \nu = 1 \ldots m$$

mit $\{\alpha^{(1)}_{\nu\mu}\}$ als Darstellung der Abbildung L_1.
In analoger Weise erfolgt die Transformation der Vektoren $\underline{z} \in \mathbb{R}^k$ in den Vektorraum $\mathbb{R}^n$:

$$x_\mu = \sum_{\kappa=1}^{k} \alpha^{(2)}_{\nu\kappa} \, z_\kappa \qquad \mu = 1 \ldots n$$

mit $\{\alpha^{(2)}_{\mu\kappa}\}$ als Darstellung der Abbildung L_2.
Setzt man die letzte Gleichung für x_μ in die obere Transformation ein, so ergibt sich die Beziehung

$$y_\nu = \sum_{\mu=1}^{n} \sum_{\kappa=1}^{k} \alpha^{(1)}_{\nu\mu} \, \alpha^{(2)}_{\mu\kappa} \, z_\kappa \qquad \nu = 1 \ldots m \qquad (8)$$

oder in Vektorschreibweise

$$\underline{y} = \underline{A}_1 \, \underline{A}_2 \, \underline{z} \; .$$

Die Elemente des Produktes $\underline{C} = \underline{A}_1\underline{A}_2$ berechnen sich aus den Elementen der Matrizen $\underline{A}_1$ und $\underline{A}_2$ nach der Formel

$$c_{\nu\kappa} = \sum_{\mu=1}^{n} \alpha^{(1)}_{\nu\mu} \, \alpha^{(2)}_{\mu\kappa} \qquad \begin{array}{l} \nu = 1 \ldots m \\ \kappa = 1 \ldots k \end{array} \qquad (9)$$

Das Produkt $\underline{C}$ ist eine (m,k)-Matrix.

<u>Beispiel:</u> Es seien die Matrizen

$$\underline{A}_1 = \begin{bmatrix} 1 & -4 & 7 \\ 3 & 5 & -9 \end{bmatrix} \quad \text{und} \quad \underline{A}_2 = \begin{bmatrix} 2 \\ 1 \\ 3 \end{bmatrix}$$

gegeben. Als Produkt erhält man die (2,1)Matrix

$$\underline{C} = \underline{A}_1\underline{A}_2 = \begin{bmatrix} 1\cdot 2 + 1\cdot(-4) + 3\cdot 7 \\ 3\cdot 2 + 5\cdot 1 + (-9)\cdot 3 \end{bmatrix} = \begin{bmatrix} 19 \\ -16 \end{bmatrix}$$

Man beachte, daß das Produkt $\underline{A}_2\underline{A}_1$ nicht existiert, da die Anzahl der Zeilen von $\underline{A}_1$ und der Spalten von $\underline{A}_2$ verschieden sind bzw. die Bildvektoren von $\underline{A}_1$ im $\mathbb{R}^m$ und der Definitionsbereich von $\underline{A}_2$ im $\mathbb{R}^k$ liegen. Im Gegensatz dazu stimmen der Bildbereich von $\underline{A}_2$ und der Definitionsbereich von $\underline{A}_1$ mindestens in einem Vektor überein - nämlich $\underline{0} \in \mathbb{R}^n$.

<u>Beispiel:</u> Es seien die Matrizen

$$\underline{A}_1 = \begin{bmatrix} 1 & 2 \\ -3 & -6 \end{bmatrix} \quad \text{und} \quad \underline{A}_2 = \begin{bmatrix} 3 & 1 \\ 6 & 2 \end{bmatrix}$$

gegeben. Als Produkt erhält man die (2,2)-Matrizen

$$\underline{C}^{(1)} = \underline{A}_1\underline{A}_2 = \begin{bmatrix} 1\cdot 3 + 2\cdot 6 \;;\; 1\cdot 1 + 2\cdot 2 \\ -3\cdot 3 + (-6)\cdot 6 ;\; -3\cdot 1 + (-6)\cdot 2 \end{bmatrix} = \begin{bmatrix} 15 & ; & 5 \\ -45 & ; & -15 \end{bmatrix}$$

oder

$$\underline{C}^{(2)} = \underline{A}_2\underline{A}_1 = \begin{bmatrix} 3\cdot 1 + (-3)\cdot 1 \;;\; 3\cdot 2 + (-6)\cdot 1 \\ 6\cdot 1 + (-3)\cdot 2 \;;\; 6\cdot 2 + (-6)\cdot 2 \end{bmatrix} = \begin{bmatrix} 0 & ; & 0 \\ 0 & ; & 0 \end{bmatrix}$$

Dem letzten Beispiel entnimmt man, daß das kommutative Gesetz bei der Multiplikation von Matrizen im allgemeinen nicht gilt. D.h.

$$\underline{A}_1\underline{A}_2 \neq \underline{A}_2\underline{A}_1 \tag{10}$$

selbst wenn beide Produkte existieren.

Ohne Schwierigkeit läßt sich zeigen, daß das distributive Gesetz gilt, d.h.

$$\begin{aligned} (\underline{A} + \underline{B})\,\underline{C} &= \underline{A}\,\underline{C} + \underline{B}\,\underline{C} \\ \underline{C}(\underline{A} + \underline{B}) &= \underline{C}\,\underline{A} + \underline{C}\,\underline{B} \end{aligned} \tag{11}$$

sofern die Produkte existieren.

3.2.3 Rang einer Matrix

Dieser spiegelt eine Eigenschaft der zugehörigen linearen Abbildung wieder. Er spielt daher eine zentrale Rolle bei der Untersuchung unserer dynamischen Systeme.
Zuerst wird der Begriff formal eingeführt. Das Schema einer (m,n)-Matrix kann in den folgenden Formen geschrieben werden:

$$\underline{A} = \begin{bmatrix} \alpha_{11} & \cdots & \alpha_{1n} \\ \vdots & & \vdots \\ \alpha_{m1} & \cdots & \alpha_{mn} \end{bmatrix} \equiv \begin{bmatrix} \underline{a}_1 & \cdots & \underline{a}_n \end{bmatrix} \equiv \begin{bmatrix} \underline{b}_1' \\ \vdots \\ \underline{b}_m' \end{bmatrix} \qquad (12)$$

wobei $\underline{a}_1 \ldots \underline{a}_n$ Spaltenvektoren aus dem $\mathbb{R}^m$ mit den Komponenten

$$\underline{a}_\nu = \begin{bmatrix} \alpha_{1\nu} \\ \vdots \\ \alpha_{m\nu} \end{bmatrix} \qquad \nu = 1 \ldots n$$

und $\underline{b}_1' \ldots \underline{b}_m'$ Zeilenvektoren mit den Komponenten

$$\underline{b}_\nu' = \begin{bmatrix} \alpha_{\nu 1} \cdots \alpha_{\nu n} \end{bmatrix} \qquad \nu = 1 \ldots m$$

sind. Der Strich bei den $\underline{b}_\nu$ Vektoren bedeutet die Transponierung, d.h. der Spaltenvektor $\underline{b}_\nu$ wird durch $\underline{b}_\nu$ in einen Zeilenvektor übergeführt. Die $\underline{b}_\nu$ sind Vektoren aus dem $\mathbb{R}^n$.

Definition 9: Die maximale Anzahl der linearunabhängigen Zeilenvektoren bzw. Spaltenvektoren in einer Matrix heißt der *Zeilenrang* r_z bzw. *Spaltenrang* r_s.

In welchem Verhältnis der Zeilen- und der Spaltenrang stehen, geht aus dem folgenden Satz hervor.

Satz 1: Der Zeilenrang einer Matrix ist gleich ihrem Spaltenrang

$$\text{Rang der Matrix } \underline{A} : r(\underline{A}) = r_s = r_z$$

Der Beweis dieses Satzes wird auf den Abschnitt 3.2.6 verschoben, da er sich dort aus einer allgemeinen Eigenschaft der linearen Abbildung direkt ableiten läßt.

Beispiel: Es ist der Spalten- und Zeilenrang der (3,4)-Matrix

$$\begin{bmatrix} 0 & 0 & 2 & -1 \\ 2 & 1 & -1 & 3 \\ -2 & -1 & -1 & -2 \end{bmatrix} \equiv \left[\underline{a}_1 \cdots \underline{a}_4\right] \equiv \begin{bmatrix} \underline{b}_1' \\ \underline{b}_2' \\ \underline{b}_3' \end{bmatrix}$$

zu bestimmen.

Es ist der Zeilenrang $r_z = 2$, da

$$\underline{b}_1 + \underline{b}_2 + \underline{b}_3 = \underline{0}$$

und

$$\alpha\underline{b}_1 + \beta\,\underline{b}_2 \neq \underline{0} \qquad \text{für} \quad \alpha,\beta \in \mathbb{R}$$

außer $\alpha = \beta = 0$ ist, d.h. es gibt zwei linearunabhängige Vektoren.

Es gilt jedoch auch $r_s = 2$, das man aus den folgenden Beziehungen folgern kann:

$$2(\underline{a}_3 + 2\underline{a}_4) - 5\underline{a}_1 = \underline{0}$$

$$(\underline{a}_3 + 2\underline{a}_4) - 5\underline{a}_2 = \underline{0} \quad \text{bzw.} \quad \underline{a}_1 - 2\underline{a}_2 = \underline{0}$$

und

$$\alpha\underline{a}_1 + \beta\underline{a}_3 \neq 0 \qquad \text{für} \quad \alpha,\beta \in \mathbb{R}$$

außer $\alpha = \beta = 0$.

3.2.4 Determinante und Transponierung einer Matrix

Um Unterscheidungen in der Menge der Matrizen möglich zu machen, muß eine Zuordnung (Abbildung) der Matrizen in die Menge der reellen Zahlen erklärt werden. Hierbei gibt es entsprechend den verschiedenen Unterscheidungsmerkmalen mehrere mögliche Abbildungen. Wir schränken uns hier auf die Menge der quadratischen Matrizen ein und erklären als Abbildung die Determinante.

Definition 10: Eine Abbildung von der Menge der quadratischen (n,n)-Matrizen in die reellen Zahlen,

$$\det(\cdot) : \{(n,n)\text{-Matrizen}\} \to \mathbb{R} ,$$

heißt *Determinante* , wenn die folgende Vorschrift erfüllt ist:

$$\det(\underline{A}) = a_{\nu 1}|\underline{A}_{\nu 1}| + a_{\nu 2}|\underline{A}_{\nu 2}| + \ldots + a_{\nu n}|\underline{A}_{\nu n}|$$

wobei $|\underline{A}_{\nu\mu}|$ die Adjunkte (algebraisches Komplement) des Elements $a_{\nu\mu}$ und das Ergebnis einer Determinantenbildung von einer (n-1,n-1)-Matrix ist, die durch Streichung der ν-ten Zeile und μten Spalte aus der (n,n)-Matrix hervorgeht, d.h.

$$|\underline{A}_{\nu\mu}| = (-1)^{\nu+\mu} \det(\underline{A}_{\nu\mu}) \tag{13}$$

Die Abbildung ist bezüglich einer Spalte bzw. Zeile linear.

Die Berechnung der Determinante einer (n,n)-Matrix wird also aufgrund der Definition auf eine Bestimmung der Determinanten von (n-1,n-1)-Matrizen zurückgeführt.

Beispiel: Es ist der Wert der Determinante der Matrix

$$\underline{A} = \begin{bmatrix} 3 & 5 & 1 & 0 \\ 2 & 1 & 4 & 5 \\ 1 & 7 & 4 & 2 \\ -3 & 5 & 1 & 1 \end{bmatrix}$$

zu berechnen.

Nach der Definition 10 gilt:

$$\det(\underline{A}) = 3\,|\underline{A}_{11}| + 5\,|\underline{A}_{12}| + 1\,|\underline{A}_{13}| + 0\,|\underline{A}_{14}|$$

$$|\underline{A}_{11}| = \det\begin{bmatrix} 1 & 4 & 5 \\ 7 & 4 & 2 \\ 5 & 1 & 1 \end{bmatrix} = \det\begin{bmatrix} 4 & 2 \\ 1 & 1 \end{bmatrix} - 4\det\begin{bmatrix} 7 & 2 \\ 5 & 1 \end{bmatrix} + 5\det\begin{bmatrix} 7 & 4 \\ 5 & 1 \end{bmatrix}$$

$$= (4-2) - 4(7-10) + 5(7-20) = -51$$

$$|\underline{A}_{12}| = -\det\begin{bmatrix} 2 & 4 & 5 \\ 1 & 4 & 2 \\ -3 & 1 & 1 \end{bmatrix} = -2(4-2) + 4(1+6) - 5(1+12)$$

$$= -41$$

$$|\underline{A}_{13}| = \det\begin{bmatrix} 2 & 1 & 5 \\ 1 & 7 & 2 \\ -3 & 5 & 1 \end{bmatrix} = 2(7-10) - 1(1+6) + 5(5+21)$$

$$= 117$$

Hieraus folgt:

$$\underline{\det(\underline{A})} = -3\cdot 51 - 5\cdot 41 + 117 = -\underline{241}$$

<u>Bemerkung 5:</u> Alle Regeln, die bei der Berechnung einer Determinante angewendet werden, lassen sich aus der Linearitätseigenschaft der Abbildung bezüglich einer Zeile bzw. Spalte und unter Berücksichtigung der Vorschrift in der Definition 10 ableiten. Z.B.

$$\det\left[\underline{a}_1 \ldots \alpha\, \underline{a}_i \ldots \underline{a}_n\right] = \alpha \det\left[\underline{a}_1 \ldots \underline{a}_i \ldots \underline{a}_n\right]$$

$$\det\left[\underline{a}_1 \ldots (\underline{a}_i + \underline{b}_i) \ldots \underline{a}_n\right] = \det\left[\underline{a}_1 \ldots \underline{a}_i \ldots \underline{a}_n\right] + \det\left[\underline{a}_1 \ldots \underline{b}_i \ldots \underline{a}_n\right]$$

Weiterhin läßt sich zeigen, daß die Vertauschung zweier Zeilen oder Spalten das Vorzeichen der Determinante ändert.
Die Vertauschung aller Zeilen mit den Spalten bei Beibehaltung der Reihenfolge ändert den Wert der Determinante nicht.
Die Determinante eines Produkts von Matrizen ist gleich das Produkt der Determinanten der Matrizen.

$$\det(\underline{A}\,\underline{B}) = \det(\underline{A}) \det(\underline{B})$$

Zu jeder Matrix läßt sich eine zugehörige <u>transponierte</u> <u>Matrix</u> konstruieren, die durch Vertauschung der Zeilen mit den Spalten entsteht. Es sei die Matrix

$$\underline{A} = \left[\underline{a}_1 \dots \underline{a}_n\right] \equiv \begin{bmatrix} \underline{b}_1' \\ \cdot \\ \cdot \\ \cdot \\ \underline{b}_m' \end{bmatrix} \qquad \underline{A} : \mathbb{R}^n \to \mathbb{R}^m$$

gegeben. Die zugehörige transponierte Matrix lautet dann

$$\underline{A}' = \left[\underline{b}_1 \dots \underline{b}_m\right] \equiv \begin{bmatrix} \underline{a}_1' \\ \vdots \\ \underline{a}_n' \end{bmatrix} \qquad \underline{A}' : \mathbb{R}^m \to \mathbb{R}^n \tag{14}$$

Aus der Bemerkung 5 folgt: $\det(\underline{A}) = \det(\underline{A}')$

3.2.5 Inverse einer Matrix

Ausgehend von der Menge der quadratischen Matrizen wollen wir die Frage untersuchen, ob und unter welchen Bedingungen zu einer (n,n)-Matrix $\underline{A}$ eine Matrix $\underline{X}$ existiert, so daß die Hintereinanderausführung $\underline{A}\ \underline{X}$ jeden Vektor $\underline{x} \in \mathbb{R}^n$ eindeutig in sich abbildet.

D.h.

$$\underline{A}\ \underline{X}\ \underline{x} = \underline{x}$$

oder, wenn $\underline{E}$ die Einheitsmatrix , identische Abbildung, ist

$$\underline{A}\ \underline{X} = \underline{E} = \begin{bmatrix} 1 & 0 & . & . & 0 \\ 0 & 1 & & & . \\ . & & & . & . \\ \vdots & & & \cdot & 0 \\ 0 & . & . & . & 0\ 1 \end{bmatrix}$$

Zuerst sei festgestellt, daß $\underline{X}$ wieder eine (n,n)-Matrix ist. Weiter verwenden wir die Eigenschaft:

<u>Satz 2:</u> Hat eine (n,n)-Matrix zwei gleiche Zeilen oder Spalten, so verschwindet die Determinante der Matrix.

Beweis: Nach der Bemerkung 5 ändert sich das Vorzeichen der Determinante, wenn zwei Zeilen oder Spalten vertauscht werden. Daraus folgt

$$\det((\underline{a}_1 \ldots \underline{a}_i \ldots \underline{a}_i \ldots \underline{a}_n)) = -\det((\underline{a}_1 \ldots \underline{a}_i \ldots \underline{a}_i \ldots \underline{a}_n)).$$

Wegen der Eindeutigkeit von det(·) muß der Wert der Determinante in diesem Fall verschwinden.

∇∇

Aus diesem Satz folgt, daß die Determinante einer Matrix genau dann verschwindet, wenn der Rang der Matrix kleiner als n ist.

$$\det(\underline{A}) \neq 0 \quad \leftrightarrow \quad r(A) = n \tag{15}$$

Eine quadratische (n,n)-Matrix heißt <u>regulär</u>, wenn $\det(\underline{A}) \neq 0$ ($r(\underline{A}) = n$) und <u>singulär</u>, wenn $\det(\underline{A}) = 0$ ($r(\underline{A}) < n$) ist.

Welchen Wert hat nun der Ausdruck

$$\Delta_{\mu\nu} = a_{\mu 1} |\underline{A}_{\nu 1}| + \ldots + a_{\mu n} |\underline{A}_{\nu n}| \qquad \nu \neq \mu,$$

der sich ergibt, wenn in der Abbildungsvorschrift det(·) - Definition 10 - die Koeffizienten der ν-ten Zeile von $\underline{A}$ durch eine andere Zeile ersetzt werden und die Adjunkten unverändert bleiben ?

Die Matrix zu dieser Determinante Δ hat zwei gleiche Zeilen; denn der Zeilenvektor $\underline{a}_\mu'$ steht in der μ-ten und ν-ten Zeile. Daher muß nach Satz 2 $\Delta = 0$ sein.

Führen wir die adjunkte Matrix von $\underline{A}$ ein:

$$\underline{A}_{adj} = \begin{bmatrix} |\underline{A}_{11}| & \cdots & |\underline{A}_{n1}| \\ \vdots & & \vdots \\ |\underline{A}_{1n}| & \cdots & |\underline{A}_{nn}| \end{bmatrix} \tag{16}$$

und bringen die $\Delta_{\mu\nu}$; $\mu, \nu = 1 \ldots n$, in eine Matrixform, so ergibt es die Beziehung

$$(\Delta_{\mu\nu}) = \underline{A}\,\underline{A}_{adj} = \det(\underline{A})\,\underline{E}\,.$$

Ein Vergleich mit der Gleichung $\underline{A}\,\underline{X} = \underline{E}$ liefert den Ausdruck für die Inverse einer Matrix:

$$\underline{A}^{-1} := \underline{X} = \frac{1}{\det(\underline{A})}\,\underline{A}_{adj} \tag{17}$$

Die Inverse existiert nur dann, wenn $\underline{A}$ regulär ist d.h. $\det(\underline{A}) \neq 0$ bzw. $r(\underline{A}) = n$. Die Elemente von $\underline{A}^{-1}$ können nach der Formel

$$a_{\nu\mu}^{-1} := \frac{|\underline{A}_{\mu\nu}|}{\det(\underline{A})}$$

berechnet werden.

Existiert eine inverse Matrix $\underline{A}^{-1}$, dann folgt aus $\underline{A}\,\underline{A}^{-1} = \underline{E}$:

$$\underline{A}\,\underline{A}^{-1}\underline{A} = \underline{A} \rightarrow \underline{A}(\underline{A}^{-1}\underline{A} - \underline{E}) = \underline{0} \rightarrow \underline{A}^{-1}\underline{A} = \underline{E}$$

Existieren zwei inverse Matrizen $\underline{A}^{-1}$ und $\underline{B}^{-1}$, so gilt für das Produkt:

$$(\underline{A}\,\underline{B})^{-1} = \underline{B}^{-1}\,\underline{A}^{-1} \tag{18}$$

Dieser Ausdruck ergibt sich aufgrund der Umformung

$$(\underline{A}\,\underline{B})(\underline{B}^{-1}\underline{A}^{-1}) = \underline{A}(\underline{B}\,\underline{B}^{-1})\underline{A}^{-1} = \underline{A}\,\underline{A}^{-1} = \underline{E}$$

Beispiel: Für die (2,2)-Matrix mit $\det(\underline{A}) \neq 0$ ist die inverse Matrix zu bestimmen.

Aus der Matrix

$$\underline{A} = \begin{bmatrix} a_{11} & a_{12} \\ a_{21} & a_{22} \end{bmatrix}$$

sind zu bilden:

Die Determinante

$$\det(\underline{A}) = a_{11} a_{22} - a_{12} a_{21} \neq 0$$

Die Adjunkten

$$|\underline{A}_{11}| = a_{22} \; ; \; |\underline{A}_{12}| = - a_{21} \; ; \; |\underline{A}_{21}| = -a_{12} \; ; \; |\underline{A}_{22}| = a_{11}$$

und hieraus die Elemente der Inversen:

$$a_{11}^{-1} = \frac{a_{22}}{\det(\underline{A})} \qquad a_{12}^{-1} = - \frac{a_{12}}{\det(\underline{A})}$$

$$a_{21}^{-1} = - \frac{a_{21}}{\det(\underline{A})} \qquad a_{22}^{-1} = \frac{a_{11}}{\det(\underline{A})}$$

In Matrixform geschrieben:

$$\underline{A}^{-1} = \frac{1}{\det(\underline{A})} \begin{bmatrix} a_{22} & -a_{12} \\ -a_{21} & a_{11} \end{bmatrix}$$

3.2.6 Allgemeine Eigenschaften einer Abbildung

Durch eine Abbildung werden den Räumen, in denen sie wirkt, eine Struktur aufgeprägt. Hieraus lassen sich die Eigenschaften der Abbildung ablesen.
Die wesentlichsten algebraischen Eigenschaften einer linearen Abbildung können mit den Begriffen Null- und Bildraum der Abbildung erklärt werden.

Definition 11: Es seien X, Y lineare Räume und $L: X \to Y$ eine lineare Abbildung, die die folgenden Teilräume erzeugt:

Nullraum $N(L) := \{x \varepsilon X \mid L(x) = 0\} \subset X$ auch Kern der Abbildung genannt.

Bildraum $B(L) := \{y \varepsilon Y \mid y = L(x), x \varepsilon X\} \subset Y$

Daß die Mengen $N(L)$ und $B(L)$ tatsächlich Teilräume sind, läßt sich durch Anwendung der Axiome des linearen Raums , Bemerkung 3, zeigen.

Aus $x_1, x_2 \in N(L)$ und $\alpha_1, \alpha_2 \in \mathbb{R}$ folgt

$$L(\alpha_1 x_1 + \alpha_2 x_2) = \alpha_1 L(x_1) + \alpha_2 L(x_2) = 0$$

d.h. $\alpha_1 x_1 + \alpha_2 x_2 \in N(L)$ für beliebige α_1 und α_2.
Aus $y_1, y_2 \in B(L)$ und $\alpha_1, \alpha_2 \in \mathbb{R}$ folgt

$$\alpha_1 y_1 + \alpha_2 y_2 = \alpha_1 L(x_1) + \alpha_2 L(x_2) = L(\alpha_1 x_1 + \alpha_2 x_2) \in B(L)$$

Eine Abbildung kann eine der drei folgenden Eigenschaften besitzen.

Definition 12: Es sei $F : X \to Y$ eine Abbildung, dann heißt F

a) *surjektiv* , wenn $F(X) = Y$ gilt - Abbildung auf.

b) *injektiv* , wenn für alle $x \in X$ aus $F(x_1) = F(x_2)$ stets $x_1 = x_2$ folgt - 1-1 Abbildung.

c) *bijektiv* , wenn die Abbildung surjektiv und injektiv ist.

Bemerkung 6: Eine injektive Abbildung liegt vor, wenn der Nullraum $N(F) = \{0\}$ ist.
Es sei $x \neq 0$ und $x \in N(F)$, dann gilt $F(x) = 0 = F(0)$ und nach Definition der injektiven Abbildung $x = 0$ im Widerspruch zur Annahme $x \neq 0$ d.h. $N(F) = \{0\}$. Ist $F : X \to Y$ eine bijektive Abbildung, dann ist durch $F^{-1} : Y \to X$

$$F^{-1}(y) = x \leftrightarrow F(x) = y \qquad x \in X, y \in Y$$

eine inverse Abbildung definiert, die ebenfalls bijektiv ist.
Es gilt $(F^{-1})^{-1} = F$.
Der Leser mache sich die Aussage unter Verwendung der Definition 12 klar.

Beispiel 10: Gegeben sei die lineare Abbildung $L : \mathbb{R}^3 \to \mathbb{R}^3$ in der Darstellung

$$\underline{L} = \begin{bmatrix} 1 & 0 & 2 \\ 3 & 2 & 6 \\ 4 & 1 & 8 \end{bmatrix}$$

zu bestimmen ist der Null- und Bildraum sowie der Typ der Abbildung.

Der Nullraum besteht aus den Vektoren $\underline{x} \in \mathbb{R}^3$, die Lösungen des homogenen linearen Gleichungssystems

$$\begin{bmatrix} 1 & 0 & 2 \\ 3 & 2 & 6 \\ 4 & 1 & 8 \end{bmatrix} \begin{bmatrix} x_1 \\ x_2 \\ x_3 \end{bmatrix} = \underline{0} \quad \text{d.h.} \quad \begin{aligned} x_1 + 2x_3 &= 0 \\ 3x_1 + 2x_2 + 6x_3 &= 0 \\ 4x_1 + x_2 + 8x_3 &= 0 \end{aligned}$$

sind. Hieraus ergeben sich die Beziehungen $x_1 = -2x_3$ und $x_2 = 0$, so daß der Nullraum durch

$$N(\underline{L}) = \left\{ \alpha \begin{bmatrix} -2 \\ 0 \\ 1 \end{bmatrix} \in \mathbb{R}^3 \,\middle|\, \alpha \in \mathbb{R} \right\} \subset \mathbb{R}^3$$

gegeben ist. $N(\underline{L})$ besteht geometrisch aus einer Geraden, die in der x_1-x_3 Ebene liegt. Die Vektoren, die die Richtung dieser Geraden haben, werden von der Matrix $\underline{L}$ auf das Nullelement abgebildet.

Der Bildraum $B(\underline{L})$ besteht aus den Vektoren $\underline{y} \in \mathbb{R}^3$, für die die lineare Gleichung

$$\underline{L}\,\underline{x} = \underline{y}$$

eine Lösung hat. Eine Inverse Matrix $\underline{L}^{-1}$ existiert nicht, da der Rang $r(\underline{L}) = 2 < 3$ ist. Es gibt also in der Matrix $\underline{L}$ zwei linearunabhängige Spaltenvektoren. Die Bildvektoren $\underline{y}$ müssen Linearkombinationen dieser Vektoren sein, so daß sich der Bildraum in unserem Beispiel aus den Vektoren der ersten und zweiten Spalte aufbaut.

$$B(\underline{L}) = \left\{ \alpha_1 \begin{bmatrix} 1 \\ 3 \\ 4 \end{bmatrix} + \alpha_2 \begin{bmatrix} 0 \\ 2 \\ 1 \end{bmatrix} \middle| \alpha_1, \alpha_2 \in \mathbb{R} \right\} \subset \mathbb{R}^3$$

Da $B(\underline{L}) \neq \mathbb{R}^3$ ist, kann L keine surjektive Abbildung sein. Die Abbildung ist wegen $N(\underline{L}) \neq \{0\}$ auch nicht injektiv. Damit ist die Bijektivität ausgeschlossen. Aus $r(\underline{L}) < 3$ hätte man es auch schließen können.

Aus dem letzten Teil des Beispiels deutet sich bei der Klassifizierung der Abbildungen in endlichdimensionalen Vektorräumen der folgende Zusammenhang an:

<u>Satz 3:</u> Im Vektorraum $\mathbb{R}^n$ sei eine lineare Abbildung $L : \mathbb{R}^n \to \mathbb{R}^n$ erklärt. Dann sind die folgenden Aussagen äquivalent:

a) L ist bijektiv

b) L ist injektiv

c) L ist surjektiv

d) $r(\underline{L}) = \dim(\mathbb{R}^n) = n$

Beweis: Aus der Surjektivität folgt $L(\mathbb{R}^n) = \mathbb{R}^n$ und hieraus $r(\underline{L}) = n$, da im Bildraum von $\underline{L}$ n linearunabhängige Vektoren existieren und mit $\underline{L} = (\underline{l}_1 \ldots \underline{l}_n)$, $\underline{L}\,\underline{x} = \underline{y} \in B(\underline{L}) = \mathbb{R}^n$, folgt

$$x_1\underline{l}_1 + \ldots x_n\underline{l}_n \in B(\underline{L}) \qquad x_\nu \in \mathbb{R} .$$

Der Aussage $r(\underline{L}) = n$ entnimmt man, daß $N(\underline{L}) = \{\underline{0}\}$ ist. Denn wegen der Surjektivität existiert zu jedem Spaltenvektor $\underline{l}_\nu$ ein Urbild $\underline{e}_\nu$, so daß $L(\underline{e}_\nu) = \underline{l}_\nu$ ist. Die Vektoren $\underline{e}_1 \ldots \underline{e}_n$ bilden ebenfalls eine Basis. Es sei nun $\underline{x} \neq \underline{0}$ und $\underline{x} \in N(\underline{L})$. Stellt man den Vektor $\underline{x}$ in der Basis $\{\underline{e}_\nu\}$ dar, dann gilt mit $\alpha_\nu \in \mathbb{R}$

$$\underline{x} = \sum_{\nu=1}^{n} \alpha_\nu \underline{e}_\nu \quad \to \quad L(\underline{x}) = \sum_{\nu=1}^{n} \alpha_\nu\, L(\underline{e}_\nu) = \sum_{\nu=1}^{n} \alpha_\nu \underline{l}_\nu = \underline{0} .$$

Da die Vektoren $\underline{l}_1 \ldots \underline{l}_n$ eine Basis im $\mathbb{R}^n$ bilden, liegt ein Widerspruch zur Annahme $\underline{x} \in N(\underline{L})$ für $\underline{x} \neq \underline{0}$ vor, d.h. $N(\underline{L}) = \{\underline{0}\}$.
Die Bijektivität ergibt sich aus b) und c) und Definition 12.

∇∇

Durch das innere Produkt wird in natürlicher Weise eine zu einer Abbildung F adjungierte Abbildung erzeugt.

Definition 13: Es seien X,Y lineare Räume mit innerem Produkt und $F : X \to Y$ eine Abbildung. Die *adjungierte Abbildung* F^* ist durch die Gleichung

$$\langle y, F(x)\rangle_Y = \langle F^*(y), x\rangle_X \qquad \text{für alle } x \in X,\ y \in Y$$

erklärt, d.h. $F^* : Y \to X$.

Bemerkung 7: Sind X und Y reelle endlichdimensionale Vektorräume, so ist die Adjungierte einer linearen Abbildung L die transponierte Abbildung L'.

Der Leser zeige, daß mit der Abbildung aus Beispiel 10 die Beziehung in der Definition 13

$$\langle \underline{y}, \underline{L}\, \underline{x}\rangle_{\mathbb{R}^3} = \langle \underline{L}'\underline{y}, \underline{x}\rangle_{\mathbb{R}^3}$$

erfüllt ist.

Der folgende Satz gelangt bei mehreren Beweisen in diesem Buch zur Anwendung. Er liefert grundlegende Zusammenhänge für die linearen dynamischen Systeme, wenn diese als lineare Abbildungen bei den Untersuchungen aufgefaßt werden.

Zwei Teilräume V und $W \subset X$ mit innerem Produkt heißen komplementär, wenn es für jedes Element $x \in X$ eine eindeutige Darstellung

$$x = v + w$$

gibt und

$$\langle v, w\rangle = 0$$

für jedes $v \in V$, $w \in W$ gilt. Man schreibt in diesem Fall $V \oplus W = X$ und bezeichnet es als direkte Summe.

Satz 4: Es sei L eine lineare Abbildung von X in Y. Dann existiert eine adjungierte Abbildung L^* und es gilt:

$$N(L) \oplus B(L^*) = X \quad ; \quad N(L^*) \oplus B(L) = Y$$

$$N(L^*L) = N(L) \quad ; \quad B(LL^*) = B(L)$$

Beweis: Die Existenz der adjungierten Abbildung wird hier nicht bewiesen.
Für $y \neq 0$ und beliebiges $y \in B(L)$ gilt:

Es gibt ein $x \in X$ mit $L(x) = y$

und

$$\langle y, L(x)\rangle_Y = \langle L^*(y), x\rangle_X = \langle y, y\rangle_Y \neq 0 .$$

Mit der Annahme $y \in N(L^*)$ kommt man auf einen Widerspruch, da dann $L^*(y) = 0$ und das innere Produkt verschwinden müßte. Hieraus folgt, daß $B(L)$ und $N(L^*)$ nur das Nullelement gemeinsam besitzen.

$$N(L^*) \cap B(L) = \{0\}$$

Es sei nun für beliebiges $y \in Y$

$$y = y_1 + y_2$$

eine Zerlegung mit $y_2 \in B(L)$ und $\langle y_1, y_2\rangle = 0$, dann gibt es ein $x_2 \in X$ mit $L(x_2) = y_2$ und es ist

$$\langle y_1, y_2\rangle = \langle y_1, L(x_2)\rangle = \langle L^*(y_1), x_2\rangle = 0 .$$

Hieraus folgt entweder

$L^*(y_1)$ steht orthogonal zu x_2

oder

$$L^*(y_1) = 0 .$$

Wegen $L(X) = B(L)$ muß $x_2 \in X$ beliebig sein, so daß nur noch das Nullelement von X orthogonal zu x_2 sein kann, d.h. es muß $L^*(y_1) = 0$ für alle y_1 gelten, also $y_1 \in N(L^*)$ und

$$B(L) \oplus N(L^*) = Y .$$

Entsprechend beweist man $N(L) \oplus B(L^*) = X$.

Beim Beweis der weiteren Beziehungen ist zu beachten, daß $L^*L: X \to X$ und $LL^*: Y \to Y$ abbildet.
Aus

$$x \in N(L) \to L(x) = 0 \quad L^*(L(x)) = 0 \to N(L) \subset N(L^*L) \qquad (a)$$

umgekehrt folgt aus

$$L^*(L(x)) = 0 \to L(x) \in N(L^*) \text{ und andererseits gilt } L(x) \in B(L).$$

Hieraus ergibt sich wegen $N(L^*) \cap B(L) = \{0\}$ - siehe oben - $L(x) = 0$ und damit

$$N(L^*L) \subset N(L) \quad . \qquad (b)$$

Aus (a) und (b) folgt $N(L) = N(L^*L)$.
Entsprechend beweist man $B(LL^*) = B(L)$.

∇∇

Im Bild 3 sind die Aussagen des Satzes 4 geometrisch dargestellt.

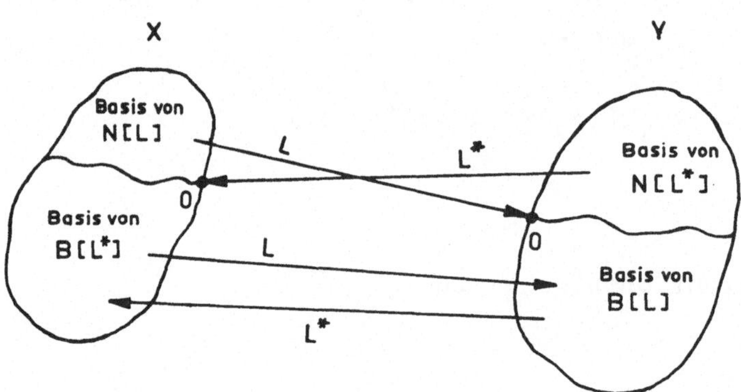

Bild 3: Geometrische Interpretation von Satz 4

<u>Bemerkung 8:</u> Es sei $\underline{L} : \mathbb{R}^n \to \mathbb{R}^m$ und $\underline{L}': \mathbb{R}^m \to \mathbb{R}^n$.
Im Satz 1 wurde behauptet, daß der Zeilenrang der Matrix $\underline{L}$ gleich dem Spaltenrang ist. Es gilt $r_s(\underline{L}) + \dim\{N(\underline{L})\} = n$ und nach Satz 4 mit $\dim\{B(\underline{L}')\} = r_s(\underline{L}')$

$$r_s(\underline{L}') + \dim\{N(\underline{L})\} = n \quad .$$

Weiterhin ist $r_s(\underline{L}') = r_z(\underline{L})$, so daß nach einem Vergleich der beiden Beziehungen sich

$$r_s(\underline{L}) = r_z(\underline{L})$$

ergibt.

<u>Beispiel 11:</u> Gegeben seien die linearen Räume $\mathbb{R}^n$ und $C^n(t_o,t_1)$ mit den zugehörigen inneren Produkten sowie die linearen Abbildungen

$$F : \mathbb{R}^n \rightarrow C^n(t_o,t_1)$$

dargestellt durch

$$F(\underline{x}) := \underline{A}(\cdot)\underline{x} \in C^n(t_o,t_1), \quad \underline{x} \in \mathbb{R}^n \tag{19}$$

mit $\underline{A}(t)$ als (nxn)-Matrix und

$$L : C^n(t_o,t_1) \rightarrow \mathbb{R}^n$$

dargestellt durch

$$L(\underline{z}(\cdot)) := \int_{t_o}^{t_1} \underline{A}'(t)\underline{z}(t)dt \tag{20}$$

$\underline{z}(\cdot) \in C^n(t_o,t_1)$. Es ist zu zeigen, daß

$$F = L^* \quad , \quad L = F^*$$

und

$$LF = F^*F = LL^* : \mathbb{R}^n \rightarrow \mathbb{R}^n$$

gilt. Wobei die Abbildung LF die Darstellung

$$\int_{t_o}^{t_1} \underline{A}'(t)\underline{A}(t)dt \tag{21}$$

hat.

Das innere Produkt im $\mathbb{R}^n$ läßt sich bei den gegebenen Abbildungen umformen in

$$<\underline{x}, L(\underline{z}(\cdot))>_{\mathbb{R}^n} = \int_{t_o}^{t_1} <\underline{x}, \underline{A}'(t)\underline{z}(t)>_{\mathbb{R}^n} dt = \int_{t_o}^{t_1} <\underline{A}(t)\underline{x}, \underline{z}(t)>_{\mathbb{R}^n} dt$$

$$= <F(\underline{x}), \underline{z}(\cdot)>_{C^n}$$

Die Anwendung der Definition der adjungierten Abbildung führt hier zu der Feststellung

$$F = L^* : \mathbb{R}^n \to C^n(t_o, t_1) .$$

Die Umformung des inneren Produkts ausgehend vom $C^n(t_o,t_1)$

$$<\underline{z}(\cdot), F(\underline{x})>_{C^n} = \int_{t_o}^{t_1} <\underline{z}(t), \underline{A}(t)\underline{x}>_{\mathbb{R}^n} dt = <\int_{t_o}^{t_1} \underline{A}'(t)\underline{z}(t)dt, \underline{x}>_{\mathbb{R}^n}$$

$$= <L(\underline{z}(\cdot)), \underline{x}>_{\mathbb{R}^n}$$

liefert die Aussage, daß

$$L = F^* : C^n(t_o, t_1) \to \mathbb{R}^n$$

ist. Den Ausdruck (21) gewinnt man aus $LF(\underline{x})$ unter Verwendung der Darstellungen (19) und (20).

$$LF(\underline{x}) = L(\underline{A}(\cdot)\underline{x}) = \int_{t_o}^{t_1} \underline{A}'(t)\underline{A}(t)\underline{x}\, dt = \left(\int_{t_o}^{t_1} \underline{A}'(t)\underline{A}(t)dt\right) \underline{x}$$

3.2.7 Lineare Gleichungen

Die linearen Gleichungssysteme können als eine Anwendung der linearen Abbildung betrachtet werden.
Zuerst beantworten wir die Frage nach der Existenz einer Lösung des Gleichungssystems und danach gehen wir auf die Eindeutigkeit der Lösung ein.

Satz 5: Das Gleichungssystem mit m Gleichungen und n Unbekannten

$$\begin{bmatrix} a_{11} & \cdots & a_{1n} \\ \cdot & & \cdot \\ \cdot & & \cdot \\ \cdot & & \cdot \\ a_{m1} & \cdots & a_{mn} \end{bmatrix} \begin{bmatrix} x_1 \\ \cdot \\ \cdot \\ \cdot \\ x_n \end{bmatrix} = \begin{bmatrix} b_1 \\ \cdot \\ \cdot \\ \cdot \\ b_m \end{bmatrix} ,$$

in Vektorform

$$\underline{A}\,\underline{x} = \underline{b} \quad , \quad \underline{A} : \mathbb{R}^n \to \mathbb{R}^m \quad , \quad b \in \mathbb{R}^m ,$$

hat genau dann eine Lösung, wenn eine der drei äquivalenten Bedingungen erfüllt ist:

a) $\underline{b} \in B(\underline{A})$

b) $\underline{b} \perp N(\underline{A}')$

c) $r(\underline{A}) = r((\underline{A},\underline{b}))$

Ist $\underline{x}_1$ eine Lösung und $\underline{x}_2 \in N(\underline{A})$, so ist auch $\underline{x}_1 + \underline{x}_2$ eine Lösung.

Beweis: Die Spaltenvektoren von $\underline{A}$ werden mit $\underline{a}_1 \ldots \underline{a}_n$ bezeichnet. Die Bedingung (a) bedeutet, daß die Spaltenvektoren von $\underline{A}$ den Vektor $\underline{b}$ durch eine Linearkombination darstellen können.

$$\underline{b} = x_1\,\underline{a}_1 + \ldots + x_n\,\underline{a}_n \qquad \underline{a}_\nu \in \mathbb{R}^m \tag{22}$$

Die Gesamtheit der linearunabhängigen Spaltenvektoren spannen den Bildraum $B(\underline{A})$ auf. Die Zahlen $x_1 \ldots x_n$ als Vektor $\underline{x}$ zusammengefaßt geben eine Lösung an.

Aus den vorangegangenen Überlegungen folgt die Äquivalenz der Bedingungen (a) und (c), da $\underline{b}$ nach Gleichung (22) linearabhängig von den Vektoren $\underline{a}_1 \ldots \underline{a}_n$ ist und somit sich der Rang von $\underline{A}$ durch Hinzunahme des Vektors $\underline{b}$ nicht ändert.
Die Äquivalenz von (a) und (b) folgt aus dem Satz 4, in dem der Zusammenhang

$$B(\underline{A}) \cap N(\underline{A}') = \{\underline{0}\}$$

gezeigt wurde.
Gilt umgekehrt $\underline{b} \notin B(\underline{A})$, so können die Spaltenvektoren $\underline{a}_1 \cdots \underline{a}_n$ den Vektor $\underline{b}$ nicht darstellen und damit kann auch keine Lösung $\underline{x}$ der Gleichung existieren.
Die letzte Aussage des Satzes ist trivial, denn es gilt mit $\underline{x}_2 \in N(\underline{A})$ und $\underline{x}_1$ Lösung des Gleichungssystems:

$$\underline{A}(\underline{x}_1 + \underline{x}_2) = \underline{A}\,\underline{x}_1 + \underbrace{\underline{A}\,\underline{x}_2}_{=\underline{o}} = \underline{A}\,\underline{x}_1 = \underline{b}$$

∇∇

Bemerkung 9: Der Beziehung (22) entnimmt man, daß im homogenen Gleichungssystem

$$\underline{A}\,\underline{x} = \underline{0}\ , \qquad \text{d.h. } \underline{b} = \underline{0}\ ,$$

genau dann eine Lösung $\underline{x} \neq \underline{0}$ existiert, wenn

$$r(\underline{A}) < n$$

gilt. Ist $r(\underline{A}) = n$, so folgt aus der Linearunabhängigkeit der $\underline{a}_1 \ldots \underline{a}_n$, daß nur die Nullösung $\underline{x} = \underline{0}$ existiert. Weiterhin liest man ab, daß die Anzahl der linearunabhängigen Lösungen des homogenen Gleichungssystems gleich der Dimension des Nullraums ist, d.h.

$$\dim(N(\underline{A})) = n - r(\underline{A})\ . \qquad (23)$$

Die allgemeine Lösung von $\underline{A}\,\underline{x} = \underline{0}$ ist eine Linearkombination der (n-r($\underline{A}$)) Basisvektoren des Nullraums N($\underline{A}$). Es sind somit in der allgemeinen Lösung (n-r($\underline{A}$)) frei wählbare Koeffizienten enthalten.

Satz 6: Das Gleichungssystem

$$\underline{A}\,\underline{x} = \underline{b}$$

mit $\underline{A} : \mathbb{R}^n \to \mathbb{R}^n$ hat genau dann eine eindeutige Lösung, wenn $\underline{A}$ regulär ist, d.h. r($\underline{A}$) = n.

Beweis: Eine eindeutige Lösung gibt es nur, wenn die Abbildung bijektiv ist , siehe Bemerkung 6, da dann die Inverse der Matrix $\underline{A}$ existiert und man als Lösung

$$\underline{x} = \underline{A}^{-1}\,\underline{b}$$

erhält. Ist r($\underline{A}$) < n, so existiert keine Inverse $\underline{A}^{-1}$ und es gibt (n-r($\underline{A}$)) frei wählbare Koeffizienten, die die allgemeine Lösung festlegen , siehe Bemerkung 9.

∇∇

Beispiel 12: Im Abschnitt 2.6 , Gleichung (41), sind die zeitinvarianten linearen diskreten Systeme eingeführt worden. Bei einem System mit einer Eingangsgröße muß die Steuerfolge $\{u_\nu\}_o^{N-1}$ berechnet werden, die einen vorgegebenen Anfangszustand $\underline{x}_o$ nach N Abtastschritten in einen gewünschten Zustand $\underline{x}_N$ bringen soll.
Es sind die allgemeinen Lösungsmöglichkeiten der im Abschnitt 2.6 erhaltenen Gleichung

$$\underline{x}_N = \underline{\phi}^N\,\underline{x}_o + \underline{\phi}^{N-1}\,\underline{H}\,u_o + \ldots + \underline{H}\,u_{N-1}$$

mit $\underline{\phi}$(nxn)- und $\underline{H}$(nx1)-Matrix zu untersuchen.
Es sei vorausgesetzt, daß $\underline{\phi}$ regulär ist.

Führen wir die Abkürzungen

$$\underline{\tilde{x}} := \underline{x}_o - \underline{\Phi}^{-N} \underline{x}_N \quad ; \quad \underline{r}_\nu := - \underline{\Phi}^{-\nu} \underline{H} \in \mathbb{R}^n$$

und

$$\underline{W} := \left[\underline{r}_1 \cdots \underline{r}_N \right] \quad ; \quad \underline{u} = \begin{bmatrix} u_o \\ \cdot \\ \cdot \\ \cdot \\ u_{N-1} \end{bmatrix}$$

ein, so ist unsere Aufgabe auf die Untersuchung der linearen Gleichung

$$\underline{\tilde{x}} = \underline{W}\,\underline{u} \qquad\qquad \underline{W} : \mathbb{R}^N \to \mathbb{R}^n$$

zurückgeführt.
Folgende allgemeinen Aussagen lassen sich aufgrund unserer vorangegangenen Betrachtungen machen:

a) Für $N \geq n$ ist

$$r(\underline{W}) \leq n \quad , \qquad\qquad \text{siehe Satz 1} \ .$$

b) Eine Steuerfolge $\{u_\nu\}_o^{N-1}$, die $\underline{x}_o$ in $\underline{x}_N$ bringt existiert genau dann, wenn gilt

$$\underline{\tilde{x}} \in B(\underline{W}) \ , \qquad\qquad \text{siehe Satz 5} \ .$$

c) Die kleinste Anzahl von Abtastschritten, die eine Steuerfolge braucht, um einen beliebigen Anfangszustand $\underline{x}_o$ in einen beliebigen anderen Zustand $\underline{x}_N$ zu bringen, ist $N = n$ und es muß $r(\underline{W}) = n$ gelten. Die Steuerfolge ist eindeutig durch

$$\underline{u} = \underline{W}^{-1} \underline{\tilde{x}}$$

gegeben. Denn für $N < n$ ist sicher $B(\underline{W}) \subset \mathbb{R}^n$ und es existiert somit nicht für jedes $\underline{\tilde{x}} \in \mathbb{R}^n$ eine Lösung. Das gleiche gilt für $r(\underline{W}) < n$ und $N = n$.

d) Ist $N > n$ und $r(\underline{W}) = n$, so gibt es für jedes $\underline{\tilde{x}} \in \mathbb{R}^n$ eine Lösung, da $B(\underline{W}) = \mathbb{R}^n$ ist. Die Steuerfolgen sind jedoch nicht eindeutig bestimmt. Es gibt $(N-n)$ Vektoren $\underline{u}_j$, die den Nullraum $N(\underline{W})$ aufspannen und eine beliebige Linearkombination dieser $\underline{u}_j$ ist Lösung der Gleichung $\underline{W}\,\underline{u} = \underline{\tilde{x}}$, siehe Bemerkung 9.

Für $N > n$ und $r(\underline{W}) < n$ existiert nicht für jedes $\underline{\tilde{x}} \in \mathbb{R}^n$ eine Lösung, da $B(\underline{W}) \subset \mathbb{R}^n$ ist.

3.3 Eigenwertproblem

Hier handelt es sich um die Aufgabe, diejenigen Teilräume in einem Vektorraum zu ermitteln, die eine lineare Abbildung charakterisieren.
In diesem Abschnitt werden wir den reellen Vektorraum $\mathbb{R}^n$ einbetten in einen erweiterten linearen Raum $\tilde{\mathbb{R}}^n$ mit den folgenden Eigenschaften:

a) Komplexe Vektoren $\underline{z} = \underline{x} + j\,\underline{y} \in \tilde{\mathbb{R}}^n$ setzen sich aus reellen Vektoren $\underline{x}$, $\underline{y} \in \mathbb{R}^n$ zusammen.

b) Die Addition komplexer Vektoren sowie die Multiplikation eines Vektors mit einer komplexen Zahl werden in natürlicher Weise definiert. $\tilde{\mathbb{R}}^n$ bildet somit einen n-dimensionalen Vektorraum, in dem der reelle Vektorraum $\mathbb{R}^n$ als Teilraum enthalten ist.

Jede lineare Abbildung $A : \tilde{\mathbb{R}}^n \to \mathbb{R}^n$ kann zu einer Abbildung $A : \tilde{\mathbb{R}}^n \to \tilde{\mathbb{R}}^n$ erweitert werden, denn es gilt:

$$\underline{A}(\underline{x} + j\,\underline{y}) = \underline{A}\,\underline{x} + j\,\underline{A}\,\underline{y}.$$

Die Matrizen dieser linearen Abbildungen bestehen aus reellen Elementen und besitzen die Eigenschaft, daß sie den reellen Vektorraum $\mathbb{R}^n$ wieder in den $\mathbb{R}^n$ abbilden, d.h. $\underline{A}(\mathbb{R}^n) \subset \mathbb{R}^n$.

3.3.1 Invariante Teilräume einer linearen Abbildung

Definition 14: Ein Teilraum M des $\tilde{\mathbb{R}}^n$ heißt bezüglich der Abbildung A *invariant*, wenn A jedem Vektor aus M einen Vektor aus M zuordnet, d.h.

$$z \in M \rightarrow A z \in M .$$

Durch das Aufsuchen der invarianten Teilräume einer linearen Abbildung wollen wir herausfinden, welche Matrizen zur gleichen Abbildung gehören.

Die Bestimmung der eindimensionalen invarianten Teilräume einer Matrix $\underline{A}$ führt auf die Gleichung

$$\underline{A}\, \underline{z}_\nu = \lambda_\nu\, \underline{z}_\nu \qquad \underline{A} : \tilde{\mathbb{R}}^n \rightarrow \tilde{\mathbb{R}}^n , \tag{24}$$

die allgemein Eigenwertgleichung genannt wird. Der Proportionalitätsfaktor λ_ν heißt Eigenwert und $\underline{z}_\nu$ Eigenvektor. Schreibt man (24) in der Form

$$(\underline{A} - \lambda_\nu \underline{E})\, \underline{z}_\nu = \underline{0} ,$$

so ist zu erkennen, daß eine nichttriviale Lösung $\underline{z}_\nu \neq \underline{0}$ nur dann existiert, wenn

$$r(\underline{A} - \lambda_\nu \underline{E}) < n$$

ist. Der Eigenvektor liegt also im Nullraum der Matrix

$$\underline{A}_\nu := (\underline{A} - \lambda_\nu \underline{E})$$

und hängt vom Eigenwert λ_ν ab. Es ist also zu klären, ob und wieviel λ-Werte es gibt, die einen Nullraum derart erzeugen.

Notwendig für einen Eigenwert λ ist das Verschwinden der Determinante der Matrix $\underline{A}_\nu$.

Es sind daher die Nullstellen von

$$\Delta_n(\lambda) \quad := \quad \det(\lambda \underline{E} - \underline{A})$$

zu bestimmen. $\Delta_n(\lambda)$ heißt *charakteristisches Polynom* der Matrix $\underline{A}$. Da λ nur jeweils einmal in jeder Zeile bzw. Spalte der Matrix $\underline{A}_\nu$ vorkommt, ist $\Delta_n(\lambda)$ ein Polynom n-ten Grades in λ, siehe Definition 10:

$$\Delta_n(\lambda) \quad = \quad \sum_{\nu=o}^{n} a_\nu \lambda^\nu$$

Die Koeffizienten a_ν berechnen sich aus den Elementen der Matrix $\underline{A}$. Da nach Voraussetzung $\underline{A}$ aus reellen Elementen besteht, sind die $a_o \ldots a_n$ ebenfalls reell.

Beispiel 13: Es sind das charakteristische Polynom und die Eigenwerte der reellen Matrix

$$\underline{A} \quad = \begin{bmatrix} \alpha_{11} , & \alpha_{12} \\ \\ \alpha_{21} , & \alpha_{22} \end{bmatrix}$$

zu bestimmen.

Die Determinante der Matrix $\underline{A}_\nu$ lautet:

$$\Delta_2(\lambda) = \det \begin{bmatrix} \lambda-\alpha_{11} , & -\alpha_{12} \\ \\ -\alpha_{12} , & \lambda-\alpha_{22} \end{bmatrix} = \lambda^2-(\alpha_{11}+\alpha_{22})\lambda + \alpha_{11}\alpha_{22}-\alpha_{12}\alpha_{21}$$

Die Koeffizienten a_o, a_1, a_2 sind:

$$\begin{aligned} a_2 &= 1 & &\rightarrow a_n \\ a_1 &= -(\alpha_{11}+\alpha_{22}) \equiv - \mathrm{Spur}(\underline{A}) := - \sum_{\nu=1}^{n} \alpha_{\nu\nu} & &\rightarrow a_{n-1} \qquad (25) \\ a_o &= \alpha_{11}\alpha_{22}-\alpha_{12}\alpha_{21} \equiv (-1)^n \det(\underline{A}) & &\rightarrow a_o \end{aligned}$$

Zu der allgemeinen Darstellung der Koeffizienten $a_1 \ldots a_{n-2}$ sei der Leser auf das Buch von GANTMACHER (17) verwiesen.

Die Eigenwerte der Matrix ergeben sich als Nullstellen des charakteristischen Polynoms

$$\Delta_2(\lambda_\nu) = 0 \rightarrow \quad \lambda_{1,2} = \frac{1}{2}(\alpha_{11}+\alpha_{22}) \mp \sqrt{\frac{1}{4}(\alpha_{11}+\alpha_{22})^2 - \det(\underline{A})}$$

Die Eigenwerte können gleich oder verschieden und reell oder konjugiert komplex sein.
Es gilt für allgemeines n

$$\begin{aligned} a_o &= (-1)^n \prod_{\nu=1}^{n} \lambda_\nu = (-1)^n \det(\underline{A}) \\ a_{n-1} &= -\sum_{\nu=1}^{n} \lambda_\nu = -\operatorname{Spur}(\underline{A}) \end{aligned} \qquad (26)$$

Der Leser prüfe diese Formeln anhand des Beispiels 13 nach.

Das charakteristische Polynom läßt sich auch durch die Linearfaktoren $(\lambda-\lambda_\nu)$ darstellen:

$$\Delta_n(\lambda) = \prod_{\nu=1}^{n} (\lambda-\lambda_\nu) = \sum_{\nu=1}^{n} a_\nu \lambda^\nu \qquad (27)$$

Während die Bestimmung der Eigenwerte keine Schwierigkeiten aufwirft , abgesehen von der numerischen Lösung, sind beim Auffinden der Eigenvektoren bzw. der invarianten Teilräume Unterscheidungen zu machen.

Satz 7: Eigenvektoren zu verschiedenen Eigenwerten sind linearunabhängig.

Beweis: Zu den verschiedenen Eigenwerten $\lambda_1 \ldots \lambda_m$ gehören die Eigenvektoren $\underline{z}_1 \ldots \underline{z}_m$.
Es sei angenommen, daß die $\underline{z}_1 \ldots \underline{z}_m$ linearabhängig sind, wobei durch Umordnung immer erreicht werden kann, daß die ersten l Eigenvektoren linearunabhängig sind. Dann läßt sich ein Eigenvektor $\underline{z}_\mu$ $(l<\mu\leq m)$ durch eine Linearkombination der ersten l Vektoren darstellen:

$$\underline{z}_\mu = \sum_{\nu=1}^{l} \alpha_\nu \underline{z}_\nu \qquad l<\mu\leq m$$

Unter Ausnutzung der Eigenwertgleichung (24) gilt:

$$\text{a)} \quad \underline{A}\,\underline{z}_\mu = \lambda_\mu \underline{z}_\mu = \lambda_\mu \sum_1^l \alpha_\nu \underline{z}_\nu$$

$$\text{b)} \quad \underline{A}\,\underline{z}_\mu = \underline{A} \sum_1^l \alpha_\nu \underline{z}_\nu = \sum_1^l \alpha_\nu \lambda_\nu \underline{z}_\nu$$

Die Differenzbildung von a) und b) ergibt

$$\sum_{\nu=1}^{l} \alpha_\nu (\lambda_\mu - \lambda_\nu) \underline{z}_\nu = \underline{0} \quad .$$

Aus der Linearunabhängigkeit der $\underline{z}_1 \ldots \underline{z}_l$ folgt

$$\alpha_\nu (\lambda_\mu - \lambda_\nu) = 0 \quad , \qquad \nu = 1 \ldots l \quad , \quad \mu > l \quad .$$

Da nach Voraussetzung $(\lambda_\mu - \lambda_\nu) \neq 0$ und nicht alle α_ν verschwinden dürfen, liegt ein Widerspruch zur Annahme vor, daß nicht alle $\underline{z}_\nu$ voneinander linearunabhängig sind. Damit ist die Aussage des Satzes bewiesen.

∇∇

Bemerkung 10: Eine Matrix $\underline{A} : \tilde{\mathbb{R}}^n \to \tilde{\mathbb{R}}^n$, die n verschiedene Eigenwerte λ_ν besitzt, hat nach Satz 7 n linearunabhängige Eigenvektoren, die eine Basis im $\tilde{\mathbb{R}}^n$ bilden. Jeder Eigenvektor gehört zu einem eindimensionalen Nullraum, d.h. $\underline{z}_\nu \in N(\underline{A} - \lambda_\nu \underline{E})$. Es gibt also n Teilräume, deren direkte Summe den $\tilde{R}^n$ ergeben.

$$N(\underline{A}_1) \oplus N(\underline{A}_2) \oplus \ldots \oplus N(\underline{A}_n) = \tilde{\mathbb{R}}^n \qquad (28)$$

Beispiel 14: Es sind die Eigenvektoren der Matrix

$$\underline{A} = \begin{bmatrix} 1 & \frac{1}{2} \\ 2 & 1 \end{bmatrix}$$

zu ermitteln.

Unter Benutzung der Formeln aus dem Beispiel 13 erhält man die Eigenwerte $\lambda_1 = 0$ und $\lambda_2 = 2$. Es muß daher zwei linearunabhängige Eigenvektoren geben, die Lösung der homogenen Gleichung $\underline{A}_\nu \, \underline{z}_\nu = \underline{0}$ sind.

$$\begin{bmatrix} -1 & -\frac{1}{2} \\ -2 & -1 \end{bmatrix} \begin{bmatrix} z_{11} \\ z_{21} \end{bmatrix} = \underline{0} \rightarrow 2z_{11} = -z_{21} \rightarrow \underline{z}_1 = \alpha \begin{bmatrix} 1 \\ -2 \end{bmatrix} \in N(\underline{A}_1)$$

mit $\alpha \in \mathbb{R}$.

$$\begin{bmatrix} (2-1) & -\frac{1}{2} \\ -2 & (2-1) \end{bmatrix} \begin{bmatrix} z_{12} \\ z_{22} \end{bmatrix} = \underline{0} \rightarrow 2z_{12} = z_{22} \rightarrow \underline{z}_2 = \alpha \begin{bmatrix} 1 \\ 2 \end{bmatrix} \in N(\underline{A}_2)$$

Hat eine Matrix mehrere gleiche Eigenwerte, so lassen sich zwei Fälle konstruieren. Der Nullraum der Matrix $\underline{A}_\nu$ zum κ_ν-fachen Eigenwert λ_ν hat

a) $\dim(N(\underline{A}_\nu)) = 1$ bzw. $< \kappa_\nu$

b) $\dim(N(\underline{A}_\nu)) = \kappa_\nu$

Im Fall (b) gibt es zu dem κ_ν-fachen Eigenwert λ_ν genau κ_ν linearunabhängige Eigenvektoren, die eine Basis im Nullraum $N(\underline{A}_\nu)$ bilden. Hat das charakteristische Polynom die Form

$$\Delta_n(\lambda) = \prod_{\nu=1}^{m} (\lambda - \lambda_\nu)^{\kappa_\nu} \quad , \quad \sum_{\nu=1}^{m} \kappa_\nu = n$$

und tritt der Fall (a) nicht auf, so gilt analog zu (28)

$$N(\underline{A}_1) \oplus \ldots \oplus N(\underline{A}_m) = \tilde{\mathbb{R}}^n \tag{29}$$

und es gibt n linearunabhängige Eigenvektoren, die Lösungen der jeweiligen homogenen Gleichung $\underline{A}_\nu \underline{z}_{\nu\mu} = \underline{0}$, $\nu = 1 \ldots m$, $\mu = 1 \ldots \kappa_\nu$, sind. Auf den Beweis gehen wir nicht ein, da die Beziehung (29) im allgemeinen Fall enthalten ist.

Der Fall (a) erfordert eine umfangreichere Behandlung des Problems. Die direkte Summe der Teilräume $N(\underline{A}_\nu)$ würden hier nicht die Gesamtheit des $\tilde{\mathbb{R}}^n$ bilden. Es muß daher nach weiteren invarianten Teilräumen der Abbildung gesucht werden.

<u>Satz 8:</u> Es sei $\underline{A}_\nu = \underline{A} - \lambda_\nu \underline{A}$, dann gilt

a) $N(\underline{A}_\nu^{k-1}) \subset N(\underline{A}_\nu^k)$

b) $N(\underline{A}_\nu^k)$, $k = 1,2,\ldots$, ist bezüglich $\underline{A}$ ein invarianter Teilraum

c) $N(\underline{A}_\nu^k) = N(\underline{A}_\nu^{k+1})$, woraus folgt

$$N(\underline{A}_\nu^k) = N(\underline{A}_\nu^{k+i}) \qquad i \geq 1 .$$

Beweis: Aus $\underline{z} \in N(\underline{A}_\nu^{k-1})$ folgt

$$\underline{A}_\nu^{k-1} \underline{z} = \underline{0} \rightarrow \underline{A}_\nu (\underline{A}_\nu^{k-1} \underline{z}) = \underline{A}_\nu \underline{0} = \underline{0} \rightarrow \underline{z} \in N(\underline{A}_\nu^k)$$

Hieraus folgt die erste Behauptung des Satzes.
Die Invarianz des Teilraums $N(\underline{A}_\nu^k)$ bezüglich $\underline{A}$ beruht auf der Vertauschbarkeit der Matrizen

$$(\underline{A} - \lambda_\nu \underline{E})\underline{A} = \underline{A}(\underline{A} - \lambda_\nu \underline{E})$$

und damit auch

$$\underline{A}_\nu^k \underline{A} = \underline{A}\, \underline{A}_\nu^k .$$

Aus $\underline{z} \in N(\underline{A}_\nu^k)$ folgt

$$\underline{A}_\nu^k \underline{z} = \underline{0} \rightarrow \underline{A}(\underline{A}_\nu^k \underline{z}) = \underline{0} \rightarrow \underline{A}_\nu^k (\underline{A}\, \underline{z}) = \underline{0}$$

d.h. $\underline{A}\, \underline{z} \in N(\underline{A}_\nu^k)$ und somit liegt nach Definition 14 ein invarianter Teilraum vor.

Bei der letzten Behauptung gehen wir vom $N(\underline{A}_\nu^{k+2})$ aus. Es wird angenommen, daß $\underline{z} \varepsilon N(\underline{A}_\nu^{k+2})$ und $\underline{z} \notin N(\underline{A}_\nu^{k+1})$, damit ist

$$\underline{A}_\nu^{k+1}(\underline{A}_\nu\underline{z}) = \underline{A}_\nu^{k}(\underline{A}_\nu^2\underline{z}) = 0$$

also $\underline{A}_\nu\underline{z} \varepsilon N(\underline{A}_\nu^{k+1})$ und $\underline{A}_\nu^2\underline{z} \varepsilon N(\underline{A}_\nu^{k})$. Wegen der Gleichheit der beiden letzten Nullräume gilt auch $\underline{A}_\nu\underline{z} \varepsilon N(\underline{A}_\nu^{k})$ und damit

$$\underline{A}_\nu^{k}(\underline{A}_\nu\underline{z}) = 0 \rightarrow \underline{A}_\nu^{k+1}\underline{z} = 0 \rightarrow \underline{z} \varepsilon N(\underline{A}_\nu^{k+1})$$

im Widerspruch zur Annahme, daß $\underline{z}$ nicht zum Nullraum von $\underline{A}_\nu^{k+1}$ gehört.

∇∇

Es wird nun ein Zusammenhang zwischen einem skalaren Polynom und dem Nullraum des Matrizenpolynoms der Matrix $\underline{A}$ hergestellt. Eine Matrix $\underline{A}$ erzeuge zusammen mit einem beliebigen Vektor $\underline{z} \varepsilon \tilde{\mathbb{R}}^n$ die Folge

$$\underline{z}, \underline{A}\,\underline{z}, \ldots, \underline{A}^{k-1}\underline{z}\ , \qquad 0<k\leq n$$

dann gibt es maximal $k \leq n$ linearunabhängige Vektoren. Der Vektor $\underline{A}^k\underline{z}$ muß sich als eine Linearkombination der ersten k Vektoren darstellen lassen.

$$\underline{A}^k\underline{z} = -\alpha_{k-1}\underline{A}^{k-1}\underline{z} - \ldots - \alpha_1\underline{A}\,\underline{z} - \alpha_o\underline{z}\ , \tag{30}$$

anderenfalls wäre k nicht maximal.

<u>Definition 15:</u> Es heißt

$$\varphi_k(\lambda) = \lambda^k + \alpha_{k-1}\lambda^{k-1} + \ldots + \alpha_1\lambda + \alpha_o$$

Minimalpolynom des Vektors $\underline{z}$ und der Matrix $\underline{A}$, wenn die Beziehung (30) erfüllt ist, d.h.

$$\varphi_k(\underline{A})\underline{z} = \underline{0}$$

gilt.

Die k Vektoren der rechten Seite von (30) spannen den Nullraum des Matrixpolynoms $\varphi_k(\underline{A})$ auf. Das Minimalpolynom ist bezüglich $\underline{z}$ und $\underline{A}$ eindeutig. Dem Leser sei der Beweis dieser Aussagen empfohlen.

Bemerkung 11: $\varphi_n(\lambda)$ ist ein Minimalpolynom des gesamten Vektorraums $\tilde{\mathbb{R}}^n$, wenn für jedes $\underline{z} \in \tilde{\mathbb{R}}^n$

$$\varphi_n(\underline{A})\underline{z} = \underline{0} ,$$

d.h.

$$\varphi_n(\underline{A}) = \underline{0} \qquad \text{Nullmatrix},$$

erfüllt ist. Man spricht auch vom Minimalpolynom der Matrix $\underline{A}$ und es gilt

$$\varphi_n(\lambda) = \Delta_n(\lambda)$$

d.h. das Minimalpolynom stimmt mit dem charakteristischen Polynom der Matrix $\underline{A}$ überein.

Satz 9: Es sei

$$\Delta_\kappa(\lambda) = (\lambda-\lambda_\nu)^\kappa$$

das Minimalpolynom des Vektors $\underline{z}_\kappa$ und der Matrix $\underline{A}$, dann bilden die Vektoren

$$\underline{z}_1 = \underline{A}_\nu^{\kappa-1}\underline{z}_\kappa \ , \ \underline{z}_2 = \underline{A}_\nu^{\kappa-2}\underline{z}_\kappa, \ldots, \underline{z}_{\kappa-1} = \underline{A}_\nu\underline{z}_\kappa, \ \underline{z}_\kappa$$

mit $\underline{A}_\nu = \underline{A} - \lambda_\nu\underline{E}$ eine Basis in dem invarianten Teilraum $N(\underline{A}_\nu^\kappa)$.

Beweis: Nach Voraussetzung sind

$$\Delta_\kappa(\underline{A})\ \underline{z}_\kappa = \underline{A}_\nu^\kappa\ \underline{z}_\kappa = \underline{0}$$

und die Vektoren

$$\underline{z}_\kappa, \ \underline{A}\ \underline{z}_\kappa, \ \ldots, \underline{A}^{\kappa-1}\underline{z}_\kappa$$

linearunabhängig. Mithin spannen diese Vektoren einen κ-dimensionalen Teilraum auf und $A^{\kappa}\underline{z}_{\kappa}$ läßt sich als Linearkombination darstellen, siehe Gl.(30).

(a) Der Teilraum ist bezüglich $\underline{A}$ invariant, da für eine beliebige Linearkombination

$$\beta_1\underline{A}^{\kappa-1}\underline{z}_{\kappa} + \beta_2\underline{A}^{\kappa-2}\underline{z}_{\kappa} + \ldots + \beta_{\kappa}\underline{z}_{\kappa}$$

aus dem Teilraum gilt:

$$\underline{A}\ \{ \sum_{\nu=1}^{\kappa} \beta_{\nu}\underline{A}^{\kappa-\nu}\underline{z}_{\kappa}\ \} = \beta_1\underline{A}^{\kappa}\underline{z}_{\kappa} + \beta_2\underline{A}^{\kappa-1}\underline{z}_{\kappa} + \ldots + \beta_{\kappa}\underline{A}\ \underline{z}_{\kappa}$$

Da $\underline{A}^{\kappa}\underline{z}_{\kappa}$ durch eine Linearkombination des Teilraums dargestellt wird, bildet $\underline{A}$ den Teilraum in sich ab.

(b) Der invariante Teilraum stimmt mit dem Nullraum von $\underline{A}_{\nu}^{\kappa}$ überein.
Für einen beliebigen Basisvektor $\underline{A}^{j}\underline{z}_{\kappa}$, $j = 0\ldots(\kappa-1)$, gilt:

$$\Delta_{\kappa}(\underline{A})\ \underline{A}^{j}\underline{z}_{\kappa} = \underline{A}_{\nu}^{\kappa}\underline{A}^{j}\underline{z}_{\kappa} = \underline{A}^{j}\underline{A}_{\nu}^{\kappa}\underline{z}_{\kappa} = \underline{A}^{j}\underline{0} = \underline{0}$$

Die Basisvektoren spannen den κ-dimensionalen Nullraum von $\underline{A}_{\nu}^{\kappa}$ auf.

(c) Die angegebene Basis im Satz ist linearunabhängig.
Aus $\underline{z}_{\kappa} \in N(\underline{A}_{\nu}^{\kappa}) \rightarrow \underline{A}_{\nu}^{j}\underline{z}_{\kappa} \in N(\underline{A}_{\nu}^{\kappa})$ und aus $\Delta_{\kappa}(\lambda)$ Minimalpolynom von $\underline{z}_{\kappa}$ folgt

$$\underline{A}_{\nu}^{\kappa-j}\underline{z}_{\kappa} \neq \underline{0} \qquad j = 1 \ldots \kappa$$

Anderenfalls würde gelten

$$\Delta_{\kappa-j}(\underline{A})\underline{z}_{\kappa} = \underline{A}_{\nu}^{\kappa-j}\underline{z}_{\kappa} = \underline{0} \qquad j \geq 1$$

und $\Delta_{\kappa}(\lambda)$ könnte kein Minimalpolynom von $\underline{z}_{\kappa}$ sein, d.h. $\underline{A}^{\kappa-j}\underline{z}_{\kappa}$ ist von den vorher erzeugten Vektoren $\underline{z}_{\kappa}, \underline{A}\ \underline{z}_{\kappa}, \ldots$ linearabhängig. Wendet man nun auf die Linearkombination

$$\beta_1\underline{A}_{\nu}^{\kappa-1}\underline{z}_{\kappa} + \beta_2\underline{A}_{\nu}^{\kappa-2}\underline{z}_{\kappa} + \ldots + \beta_{\kappa}\underline{z}_{\kappa} = \underline{0}$$

nacheinander die Matrix $\underline{A}_\nu$ an, so gilt wegen $\underline{A}_\nu^\kappa \underline{z}_\kappa = \underline{0}$

$$\begin{aligned}
\beta_2 \underline{A}_\nu^{\kappa-1} \underline{z}_\kappa + \ldots + \beta_\kappa \underline{A}_\nu \underline{z}_\kappa &= \underline{0} \\
\beta_3 \underline{A}_\nu^{\kappa-1} \underline{z}_\kappa + \ldots + \beta_\kappa \underline{A}_\nu^2 \underline{z}_\kappa &= \underline{0} \\
&\vdots \\
\beta_\kappa \underline{A}^{\kappa-1} \underline{z}_\kappa &= \underline{0} \quad .
\end{aligned}$$

Hieraus folgt jeweils aus einer Gleichung

$$\beta_\kappa = \beta_{\kappa-1} = \ldots = \beta_2 = \beta_1 = 0 \ ,$$

d.h. die im Satz angegebenen Vektoren bilden im invarianten Teilraum $N(\underline{A}_\nu^\kappa)$ eine Basis.

∇∇

Die im Satz 9 vorausgesetzte Existenz eines Vektors $\underline{z}_\kappa$ ist gewährleistet. Den Beweis hierfür findet der Leser in [17], Kapitel VII, Satz 2.

<u>Satz 10:</u> Läßt sich das Minimalpolynom $\Delta_n(\lambda)$ einer Matrix $\underline{A} : \tilde{\mathbb{R}}^n \to \tilde{\mathbb{R}}^n$ als Produkt teilerfremder Polynome

$$\Delta_n(\lambda) = \Delta'(\lambda)\, \Delta''(\lambda)$$

darstellen, dann zerfällt der Vektorraum $\tilde{\mathbb{R}}^n$ in die direkte Summe zweier invarianter Teilräume

$$\tilde{\mathbb{R}}^n = M_1 \oplus M_2$$

mit den Minimalpolynomen $\Delta'(\lambda)$ und $\Delta''(\lambda)$.

Beweis: Es sei

$$\begin{aligned}
M_1 &= \{\underline{z} \in \tilde{\mathbb{R}}^n \mid \Delta'(\underline{A})\underline{z} = \underline{0}\} \\
M_2 &= \{\underline{z} \in \tilde{\mathbb{R}}^n \mid \Delta''(\underline{A})\underline{z} = \underline{0}\}
\end{aligned}$$

M_1 und M_2 sind Teilräume, da sie mit den jeweiligen Nullräumen der Matrixpolynome $\Delta'(\underline{A})$ bzw. $\Delta''(\underline{A})$ übereinstimmen. Da die Polynome teilerfremd sind, folgt für ein beliebiges $\underline{z} \in \tilde{\mathbb{R}}^n$ aus

$$\Delta_n(\underline{A})\,\underline{z} = \underline{0} \rightarrow \Delta'(\underline{A})\,\Delta''(\underline{A})\underline{z} = \Delta'(\underline{A})\underline{z}' = \Delta''(\underline{A})\underline{z}'' = \underline{0}\,.$$

Hierbei ist $\underline{z}' := \Delta''(\underline{A})\underline{z}$, $\underline{z}'' := \Delta'(\underline{A})\underline{z}$ und es gilt $\underline{z}' \in M_1$ bzw. $\underline{z}'' \in M_2$. Ein beliebiger Vektor aus $\tilde{\mathbb{R}}^n$ kann danach in die Anteile $\underline{z}'$ und $\underline{z}''$ zerlegt werden.

$$\underline{z} = \underline{z}' + \underline{z}''$$

Die beiden Teilräume haben nur den Nullvektor gemeinsam, denn aus $\underline{z}_o \in M_1$ und $\underline{z}_o \in M_2$ folgt aufgrund der Definition der Teilräume M_1 und M_2:

$$\Delta'(\underline{A})\underline{z}_o = \underline{0}\,,\ \Delta''(\underline{A})\underline{z}_o = \underline{0} \rightarrow \underline{z}_o = \Delta'(\underline{A})\underline{z}_o + \Delta''(\underline{A})\underline{z}_o = \underline{0}\,.$$

Damit ist $\tilde{\mathbb{R}}^n = M_1 \oplus M_2$ bewiesen.

Wegen $\underline{z}' \in M_1 \rightarrow \underline{A}\{\Delta'(\underline{A})\underline{z}'\} = \Delta'(\underline{A})\underline{A}\,\underline{z}' = \underline{0} \rightarrow \underline{A}\,\underline{z}' \in M_1$ und entsprechend für Vektoren aus M_2 sind die Teilräume bezüglich $\underline{A}$ invariant.

Daß $\Delta'(\lambda)$ und $\Delta''(\lambda)$ Minimalpolynome sind, d.h. vom niedrigsten Grad, folgt aus der Tatsache, daß das Minimalpolynom $\Delta_n(\lambda)$ des ganzen Vektorraums das kleinste gemeinschaftliche Vielfache der Polynome $\Delta'(\lambda)$ und $\Delta''(\lambda)$ sein muß.

$\nabla\nabla$

Unter Verwendung der Aussagen der Sätze 8,9 und 10 sind wir in der Lage die Zerlegung des $\mathbb{R}^n$ in invariante Teilräume bezüglich einer beliebigen Matrix $\underline{A}$ anzugeben.

Zu einer quadratischen Matrix $\underline{A}$ mit dem charakteristischen Polynom

$$\Delta_n(\lambda) = \prod_{\nu=1}^{m} (\lambda-\lambda_\nu)^{\kappa_\nu}\,, \quad \sum_{\nu=1}^{m} \kappa_\nu = n\,, \lambda_\nu \neq \lambda_\mu \text{ für } \nu \neq \mu$$

gehören nach Satz 9 die invarianten Teilräume $N(\underline{A}_\nu^{\kappa_\nu})$ und aufgrund von Satz 10 stellt die direkte Summe dieser Teilräume den $\tilde{\mathbb{R}}^n$ dar.

$$N(\underline{A}_1^{\kappa_1}) \oplus \ldots \oplus N(\underline{A}_m^{\kappa_m}) = \tilde{\mathbb{R}}^n \qquad (31)$$

<u>Bemerkung 12:</u> Aus der Zerlegung (31) folgt unmittelbar der Satz von CAYLEY-HAMILTON, daß jede quadratische Matrix $\underline{A}$ ihrer eigenen charakteristischen Gleichung genügt, d.h.

$$\Delta_n(\underline{A}) = \underline{0} ,$$

denn $\Delta_n(\lambda)$ ist Minimalpolynom des Vektorraums $\tilde{\mathbb{R}}^n$ bezüglich der Matrix $\underline{A}$.

3.3.2 Ähnliche Matrizen

In den vorangegangenen Ausführungen benutzten wir überwiegend den Begriff Matrix statt Abbildung. Nachdem uns Invarianten einer Matrix bekannt sind, nämlich die Nullräume $N(\underline{A}_\nu^{\kappa})$ mit den zugehörigen Eigenwerten, kann die Menge der Matrizen angegeben werden, die zu einer linearen Abbildung gehören. Entsprechend den Beziehungen (29) und (31) unterscheiden wir grundsätzlich zwei Typen:

a) Matrizen $\underline{A}$, die durch eine geeignete Transformation $\underline{T}$ in eine Diagonalmatrix

$$\underline{\Lambda}(\underline{A}) = \underline{T}^{-1}\underline{A}\,\underline{T} \equiv \begin{bmatrix} \lambda_1 & & \underline{0} \\ & \ddots & \\ \underline{0} & & \lambda_n \end{bmatrix} \qquad (32)$$

überführt werden können, heißen <u>diagonalähnlich</u>.

b) Alle übrigen Matrizen heißen <u>nicht diagonalähnlich</u> und lassen sich mit einer geeigneten Transformation $\underline{T}$ auf eine <u>Jordansche Normalform</u> bringen.

$$\underline{J} = \underline{T}^{-1}\underline{A}\,\underline{T} = \begin{bmatrix} \underline{J}_1 & & & \underline{0} \\ & \underline{J}_2 & & \\ & & \ddots & \\ \underline{0} & & & \underline{J}_m \end{bmatrix} \tag{33}$$

Hier stehen in der Hauptdiagonale Matrizen, die wie noch später gezeigt wird, die Form haben

$$\underline{J}_\nu = \begin{bmatrix} \lambda_\nu & 1 & & \underline{0} \\ & \ddots & \ddots & \\ & & \ddots & 1 \\ \underline{0} & & & \lambda_\nu \end{bmatrix} = \lambda_\nu \underline{E}^{(\kappa_\nu)} + \underline{V}^{(\kappa_\nu)} \tag{34}$$

$\underline{J}_\nu$ ist eine $\kappa_\nu x \kappa_\nu$-Matrix und

$$\underline{V}^{(\kappa_\nu)} = \begin{bmatrix} 0 & 1 & & \underline{0} \\ & \ddots & \ddots & \\ & & \ddots & 1 \\ \underline{0} & & & 0 \end{bmatrix} .$$

Alle Matrizen, die die gleiche Diagonalmatrix bzw. Jordansche Normalform haben, sind Darstellungen derselben linearen Abbildung.

Satz 11: Matrizen $\underline{A}$, die mit einer regulären beliebigen Matrix $\tilde{\underline{T}}$ in eine Matrix $\tilde{\underline{A}}$ transformiert werden

$$\tilde{\underline{A}} = \tilde{\underline{T}}^{-1}\,\underline{A}\,\tilde{\underline{T}}$$

heißen ähnlich und besitzen dasselbe charakteristische Polynom.

Beweis: Es gilt wegen $\det(\tilde{\underline{T}}^{-1}\tilde{\underline{T}}) = 1 = \det(\tilde{\underline{T}}^{-1})\det(\tilde{\underline{T}})$:

$$\Delta_n(\lambda) = \det(\underline{E}\lambda-\underline{\tilde{A}}) = \det(\underline{E}\lambda-\tilde{T}^{-1}\underline{A}\,\tilde{T}) = \det(\tilde{T}^{-1}(\underline{E}\lambda-\underline{A})\tilde{T})$$

$$= \det(\tilde{T}^{-1})\det(E\lambda-\underline{A})\det(\tilde{T}) = \det(\underline{E}\lambda-\underline{A})$$

∇∇

3.3.3 Diagonalähnliche Matrizen

Eine Matrix $\underline{A}$, die n linearunabhängige Eigenvektoren $\underline{z}_\nu$ besitzt, wie z.B. eine Matrix mit n verschiedenen Eigenwerten, läßt sich durch die Transformationsmatrix

$$\underline{T} = \left[\underline{z}_1, \ldots, \underline{z}_n\right] \qquad \underline{z}_\nu \in \tilde{\mathbb{R}}^n \tag{35}$$

auf eine Diagonalmatrix bringen.

$$\underline{T}^{-1}\,\underline{A}\,\underline{T} = \underline{\Lambda}(\underline{A})$$

$$\underline{A}\,\underline{T} = \underline{T}\,\underline{\Lambda}(\underline{A})$$

$$\underline{A}\left[\underline{z}_1 \ldots \underline{z}_n\right] = \left[\underline{A}\,\underline{z}_1 \ldots \underline{A}\,\underline{z}_n\right]$$

$$= \left[\lambda_1\underline{z}_1 \ldots \lambda_n\underline{z}_n\right]$$

$$= \left[\underline{z}_1 \cdots \underline{z}_n\right]\underbrace{\begin{bmatrix} \lambda_1 & & \underline{0} \\ & \ddots & \\ \underline{0} & & \lambda_n \end{bmatrix}}_{\underline{\Lambda}(\underline{A})}$$

Beispiel 15: Es sind die Eigenwerte und Eigenvektoren der Matrix

$$\underline{A} = \begin{bmatrix} 1 & -3 & 3 \\ 3 & -5 & 3 \\ 6 & -6 & 4 \end{bmatrix}$$

zu berechnen.

Charakteristisches Polynom:

$$\Delta_3(\lambda) = \det \begin{bmatrix} (\lambda-1) & 3 & -3 \\ -3 & (\lambda+5) & -3 \\ -6 & 6 & (\lambda-4) \end{bmatrix} = \begin{bmatrix} (\lambda+2 & 3 & -3 \\ 0 & (\lambda+2) & 0 \\ 0 & 6 & (\lambda-4) \end{bmatrix}$$

$$= (\lambda+2)\{(\lambda+2)(\lambda-4) - 0\cdot 6\} = (\lambda+2)^2(\lambda-4)$$

Die Matrix $\underline{A}$ hat die Eigenwerte $\lambda_1 = \lambda_2 = -2$ und $\lambda_3 = 4$.

Eigenvektoren:

$$(\lambda_{1,2}\underline{E} - \underline{A}) = \begin{bmatrix} -3 & 3 & -3 \\ -3 & 3 & -3 \\ -6 & 6 & -6 \end{bmatrix}$$

Der Nullraum $N(\underline{A}_1)$ hat die Dimension zwei. Es gibt zwei linearunabhängige Eigenvektoren zum Eigenwert $\lambda_{1,2} = -2$. Aus

$$(\lambda_{1,2}\underline{E} - \underline{A})\underline{z}_{1,2} = \underline{0} \text{ folgt } \underline{z}_1 = \alpha \begin{bmatrix} 1 \\ 1 \\ 0 \end{bmatrix} \text{ und } \underline{z}_2 = \alpha \begin{bmatrix} -1 \\ 0 \\ 1 \end{bmatrix}, \quad \alpha \in \mathbb{R} .$$

Für den dritten Eigenvektor erhält man

$$(\lambda_3\underline{E}-\underline{A})\underline{z}_3 = \begin{bmatrix} 3 & 3 & -3 \\ -3 & 9 & -3 \\ -6 & 6 & 0 \end{bmatrix} \begin{bmatrix} z_{13} \\ z_{23} \\ z_{33} \end{bmatrix} = \underline{0} \rightarrow \begin{array}{rl} z_{13} + z_{23} - z_{33} &= 0 \\ -z_{13} + 3z_{23} - z_{33} &= 0 \\ -z_{13} + z_{23} &= 0 \end{array}$$

und hieraus

$$\underline{z}_3 = \alpha \begin{bmatrix} 1 \\ 1 \\ 2 \end{bmatrix} \qquad \alpha \in \mathbb{R}$$

Die drei Eigenvektoren sind linearunabhängig. Der Leser weise nach, daß die Transformationsmatrix (35) die Matrix $\underline{A}$ im Beispiel auf Diagonalform bringt.

3.3.4 Nichtdiagonalähnliche Matrizen

Eine Basis in einem invarianten Teilraum $N(A_\nu^\kappa)$, der zum Eigenwert λ_ν gehört, wurde im Satz 9 angegeben.

$$\underline{z}_\mu^{(\nu)} = (\underline{A} - \lambda_\nu \underline{E})\underline{z}_{\mu+1}^{(\nu)} \qquad 1 \leq \mu \leq (\kappa-1)$$

Durch untereinander schreiben dieser Beziehungen erhält man

$$\begin{aligned} \underline{A}\,\underline{z}_2^{(\nu)} &= \lambda_\nu \underline{z}_2^{(\nu)} + \underline{z}_1^{(\nu)} \\ &\vdots \\ \underline{A}\,\underline{z}_\kappa^{(\nu)} &= \lambda_\nu \underline{z}_\kappa^{(\nu)} + \underline{z}_{\kappa-1}^{(\nu)} . \end{aligned}$$

Der Vektor $\underline{z}_1^{(\nu)}$ liegt nach Satz 9 im Nullraum von $(\underline{A} - \lambda_\nu \underline{E})$, d.h. es gilt

$$\underline{A}\,\underline{z}_1^{(\nu)} = \lambda_\nu\, \underline{z}_1^{(\nu)}$$

und somit ist $\underline{z}_1^{(\nu)}$ Eigenvektor zum Eigenwert λ_ν. Die Zusammenfassung der letzten κ Gleichungen führt uns auf die Matrixform:

$$\begin{aligned} \underline{A}\left[\underline{z}_1^{(\nu)},\ldots \underline{z}_\kappa^{(\nu)}\right] &= \left[\lambda_\nu \underline{z}_1^{(\nu)},\ \lambda_\nu \underline{z}_2^{(\nu)} + \underline{z}_1^{(\nu)},\ldots,\lambda_\nu \underline{z}_\kappa^{(\nu)} + \underline{z}_{\kappa-1}^{(\nu)}\right] \\ &= \left[\underline{z}_1^{(\nu)},\ldots \underline{z}_\kappa^{(\nu)}\right] \underbrace{\begin{bmatrix} \lambda_\nu & 1 & & \underline{0} \\ & \ddots & \ddots & \\ \underline{0} & & \ddots & 1 \\ & & & \lambda_\nu \end{bmatrix}}_{\underline{J}_\nu} \end{aligned} \qquad (36)$$

Über jedem invarianten Teilraum $N(\underline{A}_\nu^\kappa)$ läßt sich die Matrix $\underline{A}$ in die Jordansche Normalform $\underline{J}_\nu$ bringen. Die Transformationsmatrix setzt sich aus den Basisvektoren , Satz 9 , der invarianten Teilräume zusammen.

$$\underline{T} = \left[\underline{z}_1^{(1)}\ldots \underline{z}_{\kappa_1}^{(1)}, \underline{z}_1^{(2)}\ldots \underline{z}_{\kappa_2}^{(2)},\ldots \underline{z}_{\kappa_m}^{(m)}\right], \qquad \sum_{\mu=1}^{m} \kappa_\mu = n \qquad (37)$$

Beispiel 16: Im Abschnitt 2.2 hat das Modell der Bewegung eines Körpers die Systemmatrix , Gl.(2.15):

$$\underline{A} = \begin{bmatrix} 0 & 1 & 0 \\ 0 & 0 & 1 \\ 0 & 0 & -\alpha \end{bmatrix} \qquad \alpha \neq 0$$

Es sind die Eigenwerte und Eigenvektoren der Matrix zu bestimmen.

Das charakteristische Polynom lautet

$$\Delta_3(\lambda) = \det \begin{bmatrix} \lambda & -1 & 0 \\ 0 & \lambda & -1 \\ 0 & 0 & (\lambda+\alpha) \end{bmatrix} = \lambda^3 + \alpha\lambda^2 \quad .$$

Die Eigenwerte sind $\lambda_1 = \lambda_2 = 0$ und $\lambda_3 = -\alpha$.
Eigenvektoren:

$$(\underline{A} - \lambda_{1,2}\underline{E}) = \begin{bmatrix} 0 & 1 & 0 \\ 0 & 0 & 1 \\ 0 & 0 & -\alpha \end{bmatrix}$$

Es ist

$$\dim(N(\underline{A} - \lambda_1\underline{E})) = 1$$

und ein zweifacher Eigenwert liegt vor. Die Matrix läßt sich nicht auf Diagonalform bringen. Zuerst ist zu berechnen

$$(\underline{A} - \lambda_1\underline{E})^2\underline{z}_2^{(1)} = \begin{bmatrix} 0 & 0 & 1 \\ 0 & 0 & -\alpha \\ 0 & 0 & \alpha^2 \end{bmatrix} \underline{z}_2^{(1)} = \underline{0} \quad .$$

Hieraus ergibt sich der Vektor

$$\underline{z}_2^{(1)} = \begin{bmatrix} \beta_1 \\ \beta_2 \\ 0 \end{bmatrix}, \; \beta_1, \beta_2 \in \mathbb{R}$$

und der Eigenvektor

$$\underline{z}_1^{(1)} = (\underline{A} - \lambda_1\underline{E})\underline{z}_2^{(1)} = \begin{bmatrix} ß_2 \\ 0 \\ 0 \end{bmatrix} .$$

Die Vektoren $\underline{z}_2^{(1)}$ und $\underline{z}_2^{(2)}$ sind linearunabhängig und spannen den invarianten Teilraum zum Eigenwert 0 auf.
Den dritten Eigenvektor berechnet man aus der Beziehung

$$(\underline{A} - \lambda_3\underline{E})\underline{z}_3 = \begin{bmatrix} \alpha & 1 & 0 \\ 0 & \alpha & 1 \\ 0 & 0 & 0 \end{bmatrix} \underline{z}_3 = \underline{0} \rightarrow \underline{z}_3 = ß \begin{bmatrix} \frac{1}{\lambda_3} \\ 1 \\ \lambda_3 \end{bmatrix}$$

Die Matrix $\underline{A}$ wird mit der Transformationsmatrix

$$\underline{T} = \begin{bmatrix} 1 & 1 & -\frac{1}{\alpha} \\ 0 & 1 & 1 \\ 0 & 0 & -\alpha \end{bmatrix}$$

auf die Jordansche Normalform gebracht, $\underline{T}^{-1}\underline{A}\ \underline{T}$.

3.3.5 Eigenwerte spezieller Matrizen

Die Voraussetzungen des Abschnittes 3.3 waren, daß die Elemente der Matrizen reell sind und der Vektorraum $\tilde{\mathbb{R}}^n$ sich aus den komplexen Vektoren

$$\underline{z} = \underline{x} + j\,\underline{y} \qquad \underline{x}, \underline{y} \in \mathbb{R}^n$$

aufbaut. Obwohl die meisten vorangegangenen Aussagen auf den allgemeinen komplexen Fall anwendbar sind, beschränken wir unsere Eigenwertgleichung weiterhin auf die oben genannten Voraussetzungen. Unsere Eigenwertgleichung läßt sich dann in eine reelle Darstellung umformen. Statt

$$\underline{A}\,\underline{z}_\nu = \lambda_\nu \underline{z}_\nu = (\lambda_\nu^{(r)} + j\,\lambda_\nu^{(i)})(\underline{x}_\nu + j\,\underline{y}_\nu)$$

kann nach Zerlegung in Real- und Imaginärteil geschrieben werden:

$$\begin{aligned} \underline{A}\,\underline{x}_\nu &= \lambda_\nu^{(r)}\,\underline{x}_\nu - \lambda_\nu^{(i)}\,\underline{y}_\nu \\ \underline{A}\,\underline{y}_\nu &= \lambda_\nu^{(i)}\underline{x}_\nu + \lambda_\nu^{(r)}\underline{y}_\nu \end{aligned} \tag{38}$$

Liegen der Untersuchung von dynamischen Systemen spezielle System-, Steuer- oder Ausgangsmatrizen zugrunde, so ergeben sich unter Ausnutzung der speziellen Eigenschaften dieser Matrizen erhebliche Vereinfachungen.

Definition 16: Eine Matrix heißt

a) *symmetrisch* , wenn $\underline{A} = \underline{A}'$ gilt

b) *schiefsymmetrisch* , wenn $\underline{A} = -\underline{A}'$ gilt.

c) *orthogonal* , wenn $\underline{AA}' = \underline{E}$ gilt.

d) *positiv* (negativ) *definit* , wenn $\underline{A} = \underline{A}'$ gilt und alle Eigenwerte der Matrix $\underline{A}$ positiv (negativ) sind.

Satz 12: Eine symmetrische Matrix besitzt nur reelle Eigenwerte. Eine schiefsymmetrische Matrix besitzt nur imaginäre Eigenwerte.
Die Eigenwerte einer orthogonalen Matrix sind dem Betrage nach gleich Eins.

Beweis: Bildet man das Innere Produkt von (38), in dem die erste Gleichung mit $\underline{y}_\nu$ und die zweite Gleichung mit $\underline{x}_\nu$ multipliziert wird, so ergibt sich

$$\begin{aligned} \langle \underline{y}_\nu, \underline{A}\,\underline{x}_\nu \rangle &= \lambda_\nu^{(r)} \langle \underline{y}_\nu, \underline{x}_\nu \rangle - \lambda_\nu^{(i)} \langle \underline{y}_\nu, \underline{y}_\nu \rangle \\ \langle \underline{x}_\nu, \underline{A}\,\underline{y}_\nu \rangle &= \lambda_\nu^{(i)} \langle \underline{x}_\nu, \underline{x}_\nu \rangle + \lambda_\nu^{(r)} \langle \underline{x}_\nu, \underline{y}_\nu \rangle \end{aligned}$$

Die Differenzbildung der beiden Gleichungen führt zu der Beziehung

$$<\underline{x}_\nu, \underline{A}\ \underline{y}_\nu> - <\underline{y}_\nu, \underline{A}\ \underline{x}_\nu> = \lambda_\nu^{(i)} \{<\underline{x}_\nu, \underline{x}_\nu> + <\underline{y}_\nu, \underline{y}_\nu>\} \qquad (39)$$

Beachtet man, daß bei einer symmetrischen Abbildung

$$<\underline{x}_\nu, \underline{A}\ \underline{y}_\nu> = <\underline{A}'\ \underline{x}_\nu, \underline{y}_\nu> = <\underline{y}_\nu, \underline{A}\ \underline{x}_\nu>$$

gilt, so verschwindet die linke Seite des Ausdrucks (39) und es folgt für alle $\underline{x}, \underline{y} \in \mathbb{R}^n$

$$\lambda_\nu^{(i)} = 0 \ , \quad \text{Imaginärteil von } \lambda_\nu \ .$$

Entsprechend läßt sich der Beweis bei einer schiefsymmetrischen Matrix führen, wenn aus (38) der Ausdruck

$$<\underline{x}_\nu, \underline{A}\ \underline{x}_\nu> + <\underline{y}_\nu, \underline{A}\ \underline{y}_\nu> = \lambda_\nu^{(r)}\{< \underline{x}_\nu, \underline{x}_\nu> + < \underline{y}_\nu, \underline{y}_\nu>\} \qquad (40)$$

gebildet und die Eigenschaft

$$<\underline{x}, \underline{A}\ \underline{x}> = - <\underline{A}\ \underline{x}, \underline{x}> \quad \rightarrow \quad <\underline{x}, \underline{A}\ \underline{x}> = 0 \qquad (41)$$

für beliebiges $\underline{x} \in R^n$ ausgenutzt wird. Es folgt dann wegen des Verschwindens der linken Seite von (40) für beliebiges $\underline{x}, \underline{y} \in R^n$

$$\lambda_\nu^{(r)} = 0 \ , \quad \text{Realteil von } \lambda_\nu \ .$$

Die Definition der orthogonalen Matrix führt zu der Aussage

$$\det(\underline{A}\ \underline{A}') = \{\det(\underline{A})\}^2 = 1 \quad \rightarrow \quad \det(\underline{A}) = \mp 1 \qquad (42)$$

und es gilt $\underline{A}' = \underline{A}^{-1}$. Wenden wir auf (38) die Matrix $\underline{A}^{-1}$ an und lösen nach $\underline{A}^{-1}\underline{x}_\nu$ bzw. $\underline{A}^{-1}\ \underline{y}_\nu$ auf, so gilt , $d^2 := (\lambda_\nu^{(r)})^2 + (\lambda_\nu^{(i)})^2$:

$$\underline{A}'\underline{x}_\nu = \underline{A}^{-1}\underline{x}_\nu = d^{-2}\{\lambda_\nu^{(r)}\,\underline{x}_\nu + \lambda_\nu^{(i)}\underline{y}_\nu\}$$

$$\underline{A}'\underline{y}_\nu = \underline{A}^{-1}\underline{y}_\nu = d^{-2}\{-\lambda_\nu^{(i)}\underline{x}_\nu + \lambda_\nu^{(r)}\underline{y}_\nu\}$$

Da allgemein die Eigenwerte einer transponierten Matrix $\underline{A}'$ mit denen der Matrix $\underline{A}$ übereinstimmen und zum Eigenvektor $\underline{z}_\nu$ der konjugiert komplexe Eigenwert $\bar{\lambda}_\nu$ gehört, ergibt ein Vergleich mit der Eigenwertgleichung (38)

$$\lambda_\nu^{(r)} = d^{-2}\,\lambda_\nu^{(r)} \quad , \quad \lambda_\nu^{(i)} = d^{-2}\,\lambda_\nu^{(i)} \,.$$

Hieraus folgt entweder

$$(\lambda_\nu^{(r)})^2 + (\lambda_\nu^{(i)})^2 = 1$$

oder für $\lambda_\nu^{(i)} = 0 \quad (\lambda_\nu^{(r)} = 0)$

$$\lambda_\nu^{(r)} = \mp 1 \quad (\lambda_\nu^{(i)} = \mp 1)$$

∇∇

3.4 Lineare Differentialgleichungen

Die Sätze über die Existenz und Eindeutigkeit der Lösungen von Differentialgleichungen werden hier nicht behandelt. Ein geeignetes Lehrbuch über die Theorie der gewöhnlichen Differentialgleichungen ist KNOBLOCH/KAPPEL [20].

Wir untersuchen zuerst die Lösungen der <u>homogenen linearen DGL</u>

$$\underline{\dot{x}}(t) = \underline{A}(t)\,\underline{x}(t) \;;\quad \underline{x}_o := \underline{x}(t_o) \qquad (43)$$

wobei die Stetigkeit von $\underline{A}(t)$ vorausgesetzt sei.
Die Lösung sei entsprechend den Ausführungen des Abschnittes 2.3 dargestellt durch

$$\underline{x}(t) = \underline{\psi}(t,t_o,\underline{x}_o)$$

und es gilt wegen der Eindeutigkeit $\underline{x}_o = \underline{\psi}(t_o,t_o,\underline{x}_o)$.

Satz 13: Die Lösung der homogenen DGL (43) ist für beliebiges $t, t_o \in \mathbb{R}$ eine lineare bijektive Abbildung

$$\psi : \mathbb{R}^n \to \mathbb{R}^n \qquad t,\ t_o \text{ fest, aber beliebig}$$

Beweis: In Abschnitt 2.5 haben wir schon gezeigt, daß sich die Lösungen der linearen DGL bezüglich des Anfangszustandes linear verhalten, d.h. für $\alpha_1, \alpha_2 \in \mathbb{R}$ gilt

$$\underline{x}(t) = \psi(t, t_o, (\alpha_1 \underline{x}_1 + \alpha_2 \underline{x}_2)) = \alpha_1 \psi(t, t_o, \underline{x}_1) + \alpha_2 \psi(t, t_o, \underline{x}_2) \ .$$

Die Abbildung ist auch bijektiv, denn aus $\underline{x}_1 \neq \underline{x}_2 \neq \underline{0}$ und

$$\psi(t, t_o, \underline{x}_1) = \psi(t, t_o, \underline{x}_2)$$

folgt aus der Linearität

$$\psi(t, t_o, (\underline{x}_1 - \underline{x}_2)) = \underline{0} \ .$$

Andererseits muß

$$(\underline{x}_1 - \underline{x}_2) = \psi(t_o, t_o, (\underline{x}_1 - \underline{x}_2))$$

für alle t_o gelten, d.h. $\underline{x}_1 = \underline{x}_2$ und

$$\psi(t, t_o, \underline{0}) = \underline{0} \qquad \text{für jedes } t \ .$$

Der Nullraum der Abbildung ψ besteht nur aus dem Nullelement. Die Abbildung ist daher mindestens injektiv. Da die Abbildung über einem endlichdimensionalen Vektorraum definiert ist, folgt aus der Injektivität die Bijektivität.

$\nabla\nabla$

Bemerkung 13: Der Satz 13 besagt, daß die Abbildung ψ durch eine (nxn)-Matrix darstellbar und wegen der Bijektivität regulär ist.

$$\underline{x}(t) = \underline{\psi}(t, t_o, \underline{x}_o) = \underline{\phi}(t, t_o)\underline{x}_o \tag{44}$$

Es gilt also $r(\underline{\phi}) = n$.Man bezeichnet $\underline{\phi}(t, t_o)$ als Transitionsmatrix.

<u>Satz 14:</u> Die Transitionsmatrix $\underline{\phi}(t,t_o)$ genügt der DGL

$$\dot{\underline{\phi}}(t,t_o) = \underline{A}(t)\underline{\phi}(t,t_o) \tag{45}$$

mit der Anfangsbedingung $\underline{\phi}(t_o,t_o) = \underline{E}$.

Beweis: Aus der Lösung für die DGL

$$\underline{x}(t) = \underline{\phi}(t,t_o)\underline{x}_o \qquad \underline{x}_o \in \mathbb{R}^n$$

folgt

$$\dot{\underline{x}}(t) = \dot{\underline{\phi}}(t,t_o)\underline{x}_o = \underline{A}\ \underline{x}(t) = \underline{A}\ \underline{\phi}(t,t_o)\underline{x}_o$$

und daraus

$$\{\dot{\underline{\phi}}(t,t_o) - \underline{A}\ \underline{\phi}(t,t_o)\}\underline{x}_o = \underline{0}$$

Da $\dot{\underline{\phi}}(t,t_o)$ bzw. $\underline{A}\ \underline{\phi}(t,t_o)$ nicht die Nullmatrix ist, muß bei beliebigem $\underline{x}_o \in \mathbb{R}^n$ die Behauptung des Satzes gelten.

∇∇

Stellt man die Matrix $\underline{\phi}(t,t_o)$ durch die Spaltenvektoren $\underline{n}_\nu(t,t_o)$ d.h.

$$\underline{\phi}(t,t_o) = (\underline{n}_1(t,t_o),\dots\ \underline{n}_n(t,t_o))$$

dar, so müssen diese alle linearunabhängig sein , siehe Satz 13, Bemerkung 13. Die Lösung (44) hat dann die Form

$$\underline{x}(t) = \sum_{\nu=1}^{n} \underline{n}_\nu(t,t_o)x_{\nu o}$$

Die $\underline{n}_\nu(t,t_o)$ sind spezielle Lösungen der homogenen DGL (43), nämlich für $x_{\mu o} = 0$, wenn $\nu \neq \mu$ und $x_{\nu o} \neq 0$ ist. Es gibt also n linearunabhängige Lösungen der DGL (43), aus denen durch Linearkombination die allgemeine Lösung von (43) entsteht.

Eigenschaften der Transitionsmatrix

Satz 15: Die Transitionsmatrix besitzt die folgenden Eigenschaften:

a) $\underline{\phi}(t_2,t_o) = \underline{\phi}(t_2,t_1)\underline{\phi}(t_1,t_o) \qquad t_o,t_1,t_2 \in \mathbb{R}$

b) $\underline{\phi}^{-1}(t,\tau) = \underline{\phi}(\tau,t)$

c) Die inverse Transitionsmatrix genügt der DGL

$$\dot{\underline{\phi}}^{-1}(t,t_o) = -\underline{\phi}^{-1}(t,t_o)\underline{A}(t)$$

Beweis: Es gilt

$$\underline{x}(t_2) = \underline{\phi}(t_2,t_o)\underline{x}_o$$
$$\underline{x}(t_1) = \underline{\phi}(t_1,t_o)\underline{x}_o$$

für beliebiges $\underline{x}_o \in \mathbb{R}^n$. Setzt man $\underline{x}(t_1)$ als Anfangszustand, dann ist

$$\underline{x}(t_2) = \underline{\phi}(t_2,t_1)\underline{x}(t_1)$$

und

$$\underline{x}(t_2) = \underline{\phi}(t_2,t_1)\underline{\phi}(t_1,t_o)\underline{x}_o$$
$$= \underline{\phi}(t_2,t_o)\underline{x}_o$$

Da $\underline{x}_o$ ein beliebiger Zustand sein soll, ergibt der Vergleich die Behauptung (a).
Für die inverse Matrix gilt allgemein

$$\underline{\phi}(t,\tau)\underline{\phi}^{-1}(t,\tau) = \underline{E}$$

Die Multiplikation von $\underline{\phi}(\tau,t)$ auf beiden Seiten der Gleichung liefert den Ausdruck

$$\underline{\phi}(\tau,t)\ \underline{\phi}(t,\tau)\underline{\phi}^{-1}(t,\tau) = \underline{\phi}(\tau,t)$$

Unter Ausnutzung der Eigenschaft (a) und $\underline{\phi}(\tau,\tau) = \underline{E}$ folgt die Behauptung (b).
Beim Beweis der Eigenschaft (c) geht man aus von

$$\frac{d}{dt}\left[\underline{\phi}^{-1}(t,t_o)\underline{\phi}(t,t_o)\right] = \underline{0} = \dot{\underline{\phi}}^{-1}(t,t_o)\underline{\phi}(t,t_o) + \underline{\phi}^{-1}(t,t_o)\dot{\underline{\phi}}(t,t_o)$$

Unter Berücksichtigung der DGL (45) folgt

$$\dot{\underline{\phi}}^{-1}(t,t_o)\underline{\phi}(t,t_o) = -\underline{\phi}^{-1}(t,t_o)\underline{A}\,\underline{\phi}(t,t_o)$$

und hieraus ergibt sich nach Multiplikation mit $\underline{\phi}^{-1}$ von rechts die Behauptung (c).

∇∇

Inhomogene lineare Differentialgleichung

Satz 16: Die lineare gewöhnliche Differentialgleichung

$$\dot{\underline{x}}(t) = \underline{A}(t)\underline{x}(t) + \underline{B}(t)\underline{u}(t) \tag{46}$$

mit der Anfangsbedingung $\underline{x}_o$ hat die allgemeine Lösung

$$\underline{x}(t) = \underline{\phi}(t,t_o)\underline{x}_o + \int_{t_o}^{t} \underline{\phi}(t,\tau)\underline{B}(\tau)\underline{u}(\tau)d\tau \tag{47}$$

Beweis: Die Differentiation des Ausdrucks $\underline{\phi}^{-1}(t,t_o)\underline{x}(t)$ führt unter Verwendung der DGL (46) und der Eigenschaft (c) , Satz 15, zu der Gleichung

$$\frac{d}{dt}\left[\underline{\phi}^{-1}(t,t_o)\underline{x}(t)\right] = \dot{\underline{\phi}}^{-1}(t,t_o)\underline{x}(t) + \underline{\phi}^{-1}(t,t_o)\dot{\underline{x}}(t)$$

$$= -\underline{\phi}^{-1}(t,t_o)\underline{A}(t)\underline{x}(t)+\underline{\phi}^{-1}(t,t_o)\underline{A}(t)\underline{x}(t)+\underline{\phi}^{-1}(t,t_o)\underline{B}(t)\underline{u}(t) \quad .$$

Nach Integration von t_o bis t erhalten wir

$$\underline{\phi}^{-1}(t,t_o)\underline{x}(t) = \underline{x}_o + \int_{t_o}^{t} \underline{\phi}(t_o,\tau)\underline{B}(\tau)\underline{u}(\tau)d\tau \quad .$$

Die Multiplikation von links mit $\underline{\phi}(t,t_o)$ und die Berücksichtigung der Eigenschaft (a) , Satz 15 , liefert die Behauptung (47).

∇∇

Um die Lösung (47) explizit zu berechnen, muß man vorher die Transitionsmatrix bestimmen. Eine Möglichkeit besteht darin, daß die DGL (45) für $\underline{\phi}(t,t_o)$ gelöst wird. Eine weitere Möglichkeit $\underline{\phi}(t,t_o)$ zu ermitteln, bietet der folgende

<u>Satz 17:</u> Ist $\underline{A}(t)$ eine nxn-Matrix, deren Elemente stetige Funktionen über dem Zeitintervall $[t_o,t_1]$ sind, und wird die Folge der Matrizen $\underline{M}_\nu$ durch die rekursiven Formeln

$$\begin{aligned} \underline{M}_o &= \underline{E} \\ \underline{M}_\nu &= \underline{E} + \int_{t_o}^{t} \underline{A}(\tau)\underline{M}_{\nu-1}(\tau)d\tau \end{aligned} \tag{48}$$

bestimmt, dann konvergiert die Folge $\{\underline{M}_\nu\}$ gleichmäßig auf dem Intervall $[t_o,t_1]$. Der Grenzwert dieser Folge ist dann $\underline{\phi}(t,t_o)$.

Den Beweis zu diesem Satz findet der Leser in [20].

<u>Bemerkung 14:</u> Aus Satz 17 folgt durch sukzessives Einsetzen der $\underline{M}_\nu$, daß die Transitionsmatrix auch die Darstellung

$$\underline{\phi}(t,t_o) = \underline{E} + \int_{t_o}^{t} \underline{A}(\tau_1)d\tau_1 + \int_{t_o}^{t} \underline{A}(\tau_1) \int_{t_o}^{\tau_1} \underline{A}(\tau_2)d\tau_2 d\tau_1 + \ldots \tag{49}$$

hat.

Ist die Matrix $\underline{A}$ konstant - hängt nicht von der Zeit ab, dann erhalten wir aus (49) die Beziehung:

$$\underline{\phi}(t,t_o) = \underline{E} + \underline{A}(t-t_o) + \underline{A}^2 \frac{(t-t_o)^2}{2!} + \ldots \tag{50}$$

Formal läßt sich diese Reihe durch

$$\underline{\phi}(t,t_o) = e^{\underline{A}(t-t_o)} = \underline{\phi}(t-t_o) \tag{51}$$

darstellen. Bei zeitinvarianten Systemen hängt die Transitionsmatrix nur noch von der Zeitdifferenz ab.

Die Transitionsmatrix von zeitvariablen Systemen kann analytisch, sofern möglich, durch die Reihenentwicklung (49) oder als Lösung der DGL (45) berechnet werden. Häufig ist nur die numerische Ermittlung der Transitionsmatrix möglich.

3.4.1 Zeitinvariante lineare Differentialgleichungen

Die allgemeine Lösung (47) hat für die zeitinvariante DGL die Form

$$\underline{x}(t) = \underline{\phi}(t-t_o)\underline{x}_o + \int_{t_o}^{t} \underline{\phi}(t-\tau)\underline{B}\ \underline{u}(\tau)d\tau \qquad (52)$$

Unter Verwendung der Laplace-Transformation bietet sich hier eine dritte Möglichkeit an, die Transitionsmatrix zu berechnen.

Die elementaren Kenntnisse der Laplace-Transformation werden vorausgesetzt , siehe LANDGRAF/SCHNEIDER [13]. Durch diese Transformation wird der Funktion x(t) die Funktion

$$X(s) = \int_{0}^{\infty} e^{-st}\ x(t)dt$$

zugeordnet. Bei Vektoren $\underline{x}(t)$ können wir bei Anwendung der Laplace-Transformation komponentenweise verfahren

$$\underline{X}(s) = \mathcal{L}\{\underline{x}(t)\} = \begin{bmatrix} \mathcal{L}\{x_1(t)\} \\ \vdots \\ \mathcal{L}\{x_n(t)\} \end{bmatrix} = \begin{bmatrix} X_1(s) \\ \vdots \\ X_n(s) \end{bmatrix} .$$

Dabei ist $\underline{X}(s)$ ein Vektor aus dem $\mathbb{R}^n$, der von einem Parameter s abhängt.

Aufgrund der Linearität der Transformation gilt

$$\begin{aligned} \mathcal{L}\{\underline{A}\ \underline{x}(t) + \underline{B}\ \underline{u}(t)\} &= \underline{A}\,\mathcal{L}\{\underline{x}(t)\} + \underline{B}\{\underline{u}(t)\} \\ &= \underline{A}\ \underline{X}(s) + \underline{B}\ \underline{U}(s) \quad , \end{aligned}$$

wenn die Matrizen $\underline{A}$ und $\underline{B}$ zeitunabhängig sind.

Die Anwendung dieser Transformation auf die DGL $\dot{\underline{x}}(t) = \underline{A}\ \underline{x}(t)$ führt zu der Gleichung

$$s\ \underline{X}(s) - \underline{x}_o = \underline{A}\ \underline{X}(s)$$

und daraus folgt

$$X(s) = (s\underline{E} - \underline{A})^{-1}\underline{x}_o \ . \tag{53}$$

Die inverse Laplace-Transformation $\mathcal{L}^{-1}\{\underline{X}(s)\} = \underline{x}(t)$ für $t \geq 0$ auf (53) angewendet, liefert den Ausdruck

$$\underline{x}(t) = \mathcal{L}^{-1}\{\underline{X}(s)\} = \mathcal{L}^{-1}\{(s\underline{E} - \underline{A})^{-1}\}\underline{x}_o \quad \text{für } t \geq 0 \ .$$

Ein Vergleich dieser Gleichung mit der Lösung $\underline{x}(t) = \underline{\phi}(t-t_o)\underline{x}_o$ ergibt für $t_o = 0$

$$\sigma(t)\underline{\phi}(t) = \mathcal{L}^{-1}\{(s\underline{E} - \underline{A})^{-1}\} \quad , \tag{54}$$

wobei $\sigma(t)$ die Sprungfunktion ist , d.h. $\sigma(t) = 0$ für $t \leq 0$ und $\sigma(t) = 1$ für $t > 0$. Die Transitionsmatrix läßt sich also durch Rücktransformation des algebraischen Ausdrucks

$$(s\underline{E} - \underline{A})^{-1} = \frac{1}{\Delta_n(s)}\ \text{adj}\ (s\ \underline{E} - \underline{A}) \tag{55}$$

gewinnen.

Im Abschnitt 2.5.2 , Gl.(2.37) , haben wir die Übertragungsfunktion

$$\underline{G}(s) = \underline{C}(\underline{E}s - \underline{A})^{-1}\ \underline{B}$$

eines linearen zeitinvarianten Systems definiert. Bei der Ermittlung der Transitionsmatrix sowie bei der Untersuchung der Übertragungsfunktion $\underline{G}(s)$ tritt die Inverse der Matrix $(\underline{E}s - \underline{A})$ auf. Es sei daher hier auf zwei verschiedene Berechnungsmöglichkeiten dieser Inversen hingewiesen.

a) Ermittlung über die Reihenentwicklung (50).

Danach gilt

$$\underline{\phi}(t)\sigma(t) = \mathcal{L}^{-1}\{(s\underline{E} - \underline{A})^{-1}\} = \sigma(t) \sum_{\nu=0}^{\infty} \frac{t^{\nu}}{\nu!} \underline{A}^{\nu} .$$

Unter Beachtung, daß

$$\sigma(t) \frac{t^{\nu}}{\nu!} = \mathcal{L}^{-1} \left\{\frac{1}{s^{\nu+1}}\right\}$$

ist, erhalten wir

$$(s\underline{E} - \underline{A})^{-1} = \sum_{\nu=1}^{\infty} \frac{1}{s^{\nu}} \underline{A}^{\nu-1} . \tag{56}$$

Die Übertragungsfunktion hat die Form

$$\underline{G}(s) = \sum_{\nu=1}^{\infty} \frac{1}{s^{\nu}} \underline{C} \underline{A}^{\nu-1}\underline{B} = \underline{C} \underline{B} s^{-1} + \underline{C} \underline{A} \underline{B} s^{-2} + \ldots \tag{57}$$

b) Ermittlung durch Berechnung der Adjunkten in (55).

Die Elemente der Adjunkten, die durch jeweilige Streichung einer Zeile und einer Spalte aus der Matrix $(s\underline{E} - \underline{A})$ hervorgehen, enthalten s höchstens in der (n-1)-ten Potenz. Wir machen daher für die Adjunkte den Ansatz

$$\underline{Z}(s) := \mathrm{adj}\{s \underline{E} - \underline{A}\} = \sum_{\nu=0}^{n-1} \underline{A}_{\nu} s^{\nu}$$

Durch Einsetzen von $\underline{Z}(s)$ in (55) und Multiplikation mit $\Delta_n(s)$ und $(s\underline{E} - \underline{A})$ ergibt sich die Möglichkeit eines Koeffizientenvergleichs, (hier sind die Koeffizienten Matrizen), für die (nxn)-Matrizen $\underline{A}_{\nu}$.

$$\Delta_n(s) \underline{E} = (s\underline{E} - \underline{A}) \sum_{\nu=0}^{n-1} \underline{A}_{\nu} s^{\nu}$$

$$\sum_{\nu=0}^{n} a_{\nu} s^{\nu} \underline{E} = \sum_{\nu=0}^{n-1} \underline{A}_{\nu} s^{\nu+1} - \sum_{\nu=0}^{n-1} \underline{A} \underline{A}_{\nu} s^{\nu}$$

Wir erhalten die Beziehungen

$$\begin{aligned} a_n \underline{E} &= \underline{A}_{n-1} \\ a_{n-1} \underline{E} &= \underline{A}_{n-2} - \underline{A}\,\underline{A}_{n-1} \\ &\vdots \\ a_1 \underline{E} &= \underline{A}_o - \underline{A}\,\underline{A}_1 \\ a_o \underline{E} &= - \underline{A}\,\underline{A}_o \ . \end{aligned}$$

Durch Nacheinandereinsetzen der gewonnenen $\underline{A}_\nu$ bekommt man die Formel

$$\underline{A}_\nu = \sum_{\mu=1}^{n-\nu} a_{\mu+\nu} \underline{A}^{\mu-1} \qquad \nu = (n-1) \ldots 0 \qquad (58)$$

und für die inverse Matrix (55) gilt

$$(\underline{E}s - \underline{A})^{-1} = \frac{1}{\Delta_n(s)} \sum_{\nu=o}^{n-1} \underline{A}_\nu s^\nu \ . \qquad (59)$$

Die Übertragungsfunktion nimmt jetzt die Form

$$\begin{aligned} \underline{G}(s) &= \frac{1}{\Delta_n(s)} \sum_{\nu=o}^{n-1} s^\nu \ \underline{C}\,\underline{A}_\nu \underline{B} \\ &= \frac{1}{\Delta_n(s)} \sum_{\nu=o}^{n-1} s^\nu \left[\sum_{\mu=1}^{n-\nu} a_{\mu+\nu}\ \underline{C}\ \underline{A}^{\mu-1} \underline{B} \right] \qquad (60) \end{aligned}$$

an. Die Darstellung (60) der Übertragungsfunktion wird bevorzugt, da diese nur eine endliche Summenbildung erfordert.

3.4.2 Diskretes lineares System

Zum Schluß sei die Ableitung des diskreten linearen Systems aus der allgemeinen Lösung (47) angegeben. Im Abschnitt 2.6 wurden diese Systeme anhand eines Beispiels erster Ordnung ermittelt.

Die Eingangsgröße $\underline{u}(t)$ in (47) sei stückweise zeitlich konstant und es gelte mit der Abtastzeit T

$$\underline{u}(t) = \underline{u}_\nu \qquad \text{für} \quad t_o + \nu T < t \leq t_o + (\nu+1)T, \; \nu = 0,1,\ldots$$

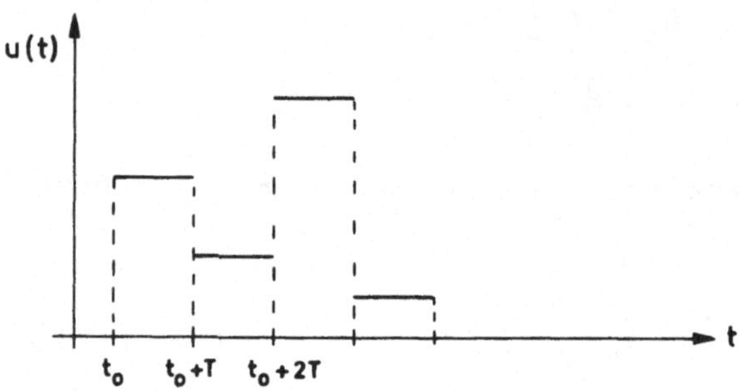

Bild 4: Eingangsgröße u(t) als Treppenfunktion

Erklärt man $t_\nu := t_o + \nu T$, so geht die Lösung (47) bei der betrachteten Eingangsgröße $\underline{u}(t)$ im Intervall $(t_\nu, t_{\nu+1})$ über in

$$\underline{x}(t_{\nu+1}) = \underline{\phi}(t_{\nu+1}, t_\nu)\underline{x}(t_\nu) + \int_{t_\nu}^{t_{\nu+1}} \underline{\phi}(t_{\nu+1}, \tau)\underline{B}(\tau)d\tau \; \underline{u}_\nu \; . \tag{61}$$

Mit den Abkürzungen

$$\underline{H}(t_\nu, t_{\nu+1}) := \int_{t_\nu}^{t_{\nu+1}} \underline{\phi}(t_{\nu+1}, \tau)\underline{B}(\tau)d\tau$$

$$\underline{x}(t_\nu) := \underline{x}_\nu$$

nimmt (61) die Form

$$\underline{x}_{\nu+1} = \underline{\phi}(t_{\nu+1}, t_\nu)\underline{x}_\nu + \underline{H}(t_\nu, t_{\nu+1})\underline{u}_\nu \tag{62}$$

an. Wir erhalten so ein System von n Differenzengleichungen, die im Abschnitt 2.6 schon aufgestellt wurden. Die Multiplikation von Transitionsmatrizen nach Satz 15 (a) ergibt

$$\underline{\phi}(t_{\nu+\mu}, t_i)\; \underline{\phi}(t_i, t_\nu) = \underline{\phi}(t_{\nu+\mu}, t_\nu) \; .$$

Bei zeitinvarianten Systemen hängen die Matrizen $\underline{\phi}$ und $\underline{H}$ nur noch von der Abtastzeit T (fest) ab. In diesem Fall lautet die Beziehung (51)

$$\underline{\phi}(t_\mu,t_\nu) = e^{\underline{A}(t_\mu-t_\nu)} = e^{\underline{A}(\mu-\nu)T}$$

Setzt man $\underline{\phi}(T) = e^{\underline{A}T} = \underline{\phi}$, so ist

$$\underline{\phi}(t_\mu,t_\nu) = \underline{\phi}^{\mu-\nu} .$$

Die Differenzengleichung (62) geht im zeitinvarianten Fall über in

$$\underline{x}_{\nu+1} = \underline{\phi}(T)\underline{x}_\nu + \underline{H}(T)\underline{u}_\nu \quad . \qquad (63)$$

Der Leser berechne die Transitionsmatrix $\underline{\phi}(T)$ und die Eingangsmatrix $\underline{H}(T)$ für das Modell (15) aus dem Kapitel 2, Beispiel 4 Bewegung eines Körpers.

Zu Kapitel 3 vgl. Literatur [14 - 21]

4. Systemeigenschaften

4.1 Einleitung

Die linearen dynamischen Systeme bilden den Raum der stückweise stetigen Eingangs-Vektorfunktionen $C^r(t_o,t_1)$ linear auf den Zustandsraum $\mathbb{R}^n$ und den $\mathbb{R}^n$ linear auf den Ausgangsraum $\mathbb{R}^p$ bzw. $C^p(t_o,t_1)$ ab. Die Transitionsmatrix $\underline{\phi}(t,t_o)$ bildet den Zustandsraum linear in sich ab. Die Eigenschaften der linearen Abbildungen

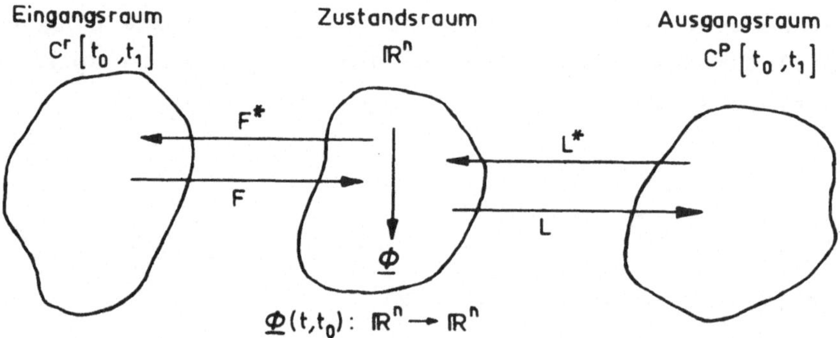

Bild 1: Lineare Abbildungen, die ein dynamisches System darstellen.

$\underline{\phi}(t,t_o)$, F und L im Bild 1 stimmen mit denen der linearen dynamischen Systeme überein. Zu jedem Zustandsmodell (2.29)

$$\begin{aligned} \dot{\underline{x}}(t) &= \underline{A}(t)\underline{x}(t) + \underline{B}(t)\underline{u}(t) \; ; \quad \underline{x}_o := \underline{x}(t_o) \\ \underline{y}(t) &= \underline{C}(t)\underline{x}(t) \end{aligned} \tag{1}$$

und (2.40)

$$\begin{aligned} \underline{x}_{\nu+1} &= \underline{\phi}_\nu \underline{x}_\nu + \underline{H}_\nu u_\nu , \quad \underline{x}_o := \underline{x}(t_o) \\ \underline{y}_\nu &= \underline{C}_\nu \underline{x}_\nu \end{aligned} \tag{2}$$

lassen sich die linearen Abbildungen $\underline{\phi}(t,t_o)$, F und L bestimmen. Die Transitionsmatrix $\underline{\phi}(t,t_o)$ beschreibt die Eigenbewegung des Systems.

Bei der Synthese und Analyse eines dynamischen Systems ist es von Bedeutung, ob die Abbildung F surjektiv ist und damit das System jeden Zustand des $\mathbb{R}^n$ annehmen kann, und ob die Abbildung L injektiv ist und damit dem Verlauf der Ausgangsgröße $\underline{y}(\cdot)$ sich genau ein Zustand zuordnen läßt. Diese Aufgaben werden in den Abschnitten 4.2 und 4.3 behandelt.

Der letzte Abschnitt beschäftigt sich mit dem asymptotischen Verhalten der Zustandsgröße $\underline{x}(t)$ und der Ausgangsgröße $\underline{y}(t)$ für $t \to \infty$. Das asymptotische Verhalten im $\mathbb{R}^n$ wird durch die Transitionsmatrix $\underline{\Phi}(t,t_o)$ festgelegt. Das Verhalten zwischen dem Eingangs- und Ausgangsraum mit dem Anfangszustand $\underline{x}_o = \underline{0}$ ergibt sich aus dem Zusammenwirken der zwei hintereinandergeschalteten linearen Abbildungen $L \circ F$.

4.2 Steuerbarkeit, Erreichbarkeit

4.2.1 Definitionen

Die im Bild 1 eingeführte Abbildung F verknüpft den Eingangsraum mit dem Zustandsraum:

$$F : C^r(t_o,t_1) \to \mathbb{R}^n .$$

Die Eigenschaften der Abbildung F legen fest, in welchem Maße eine Steuerfunktion $\underline{u}(\cdot)$ eine Zustandsänderung beeinflußen kann. Der Nullzustand als Arbeitspunkt des Systems, siehe Abschnitt 2.4, Linearisierung, ist insofern ausgezeichnet, daß bei einem asymptotisch stabilen Arbeitspunkt der Zustand des Systems aufgrund der Eigenbewegungen gegen den Nullzustand strebt, siehe Abschnitt 4.4.

Bei einem allgemeinen dynamischen System kann die Abbildung F nichtlinear sein und sie ist dann in der Zustandsfunktion enthalten. Die Definitionen werden für beliebige dynamische Systeme formuliert.

Definition 1: Ein Zustand $\underline{x}$ zum Zeitpunkt τ in einem dynamischen System heißt *steuerbar* in den Nullzustand, wenn der Nullzustand in einer endlichen Zeit $t_1 > \tau$ mit einer Eingangsfunktion $\underline{u}_{(\tau, t_1)}$ erreicht wird. Es muß also gelten:

$$\underline{0} = \underline{\psi}(t_1, \tau, \underline{x}(\tau), \underline{u}_{(\tau, t_1)})$$

Die Frage, ob ein steuerbarer Zustand auch umgekehrt vom Nullzustand in einer endlichen Zeit erreichbar ist, kann nicht allgemein bejaht werden. Bei einer Beschränkung der Steuerfunktion in der Amplitude gibt es in einem System mit einem asymptotisch stabilen Arbeitspunkt sicher Zustände, bei denen der Einfluß der Eigenbewegung des Systems gegenüber dem der Steuerfunktion stärker ist.

Definition 2: Ein Zustand $\underline{x}$ zum Zeitpunkt τ in einem dynamischen System, das zum Zeitpunkt t_o im Nullzustand war, heißt *erreichbar* , wenn es eine endliche Zeit $\tau > t_o$ mit einer Eingangsfunktion $\underline{u}_{(t_o, \tau)}$ gibt, so daß

$$\underline{x} = \underline{\psi}(\tau, t_o, \underline{0} , \underline{u}_{(t_o, \tau)})$$

gilt.

In den Definitionen 1 und 2 wurden die Begriffe Steuerbarkeit und Erreichbarkeit auf einen Zustand $\underline{x}$ bezogen. Vor allem bei Syntheseaufgaben ist zu prüfen, ob diese Eigenschaften für eine größere Umgebung des Nullzustandes oder des gesamten Zustandsraums vorliegen.

Definition 3: Ein dynamisches System heißt *vollständig steuerbar* bzw. *erreichbar* zum Zeitpunkt τ, wenn alle $\underline{x} \in \mathbb{R}^n$ steuerbar bzw. erreichbar sind.

Diese Definition hat vor allem bei linearen Systemen eine Bedeutung. Bei nichtlinearen Systemen lassen sich meistens nur lokale Aussagen angeben,d.h. Steuerbarkeit bezüglich einer Umgebung eines Nullzustandes.

<u>Bemerkung 1:</u> Wenn ein Zustand $\underline{x}_o$ steuerbar und der Zustand $\underline{x}_1$ erreichbar sind, dann gibt es eine Eingangsfunktion $\underline{u}(\cdot)$, die in einer endlichen Zeit den Zustand $\underline{x}_o$ in $\underline{x}_1$ bringt.
Man nennt die Zustände $\underline{x}_o$ und $\underline{x}_1$ auch <u>zusammenhängend</u>.

<u>Bemerkung 2:</u> Die Steuerbarkeit wurde im Jahre 1960 von KALMAN (siehe auch [1]) zuerst bei linearen Systemen eingeführt. Seitdem spielt dieser Begriff zusammen mit der Beobachtbarkeit (siehe Abschnitt 4.3) bei der Analyse und dem Entwurf von Steuerungs- und Regelungssystemen eine wesentliche Rolle.

4.2.2 Steuerbarkeit bei zeitvariablen linearen Systemen

Kontinuierliche Systeme

Zuerst wird das Kriterium der Steuerbarkeit für die kontinuierlichen Systeme (1) hergeleitet.
Die Lösung $\underline{x}(t)$ der Zustandsgleichung (1) wurde im dritten Kapitel , Gl.(3.47) , ermittelt. Nach Multiplikation mit $\underline{\phi}(t_o,t_1)$ geht diese Lösung mit $\underline{x}_1 := \underline{x}(t_1)$ über in

$$F[\underline{u}(\cdot)] := \underline{\phi}(t_o,t_1)\underline{x}_1 - \underline{x}_o = \int_{t_o}^{t_1} \underline{\phi}(t_o,\tau)\underline{B}(\tau)\underline{u}(\tau)d\tau \,. \tag{3}$$

F ist unsere lineare Abbildung aus Bild 1. Im Falle der Steuerbarkeit ist $\underline{x}_1 = \underline{0}$ und bei der Erreichbarkeit gilt $\underline{x}_o = \underline{0}$. Der Gleichung (3) entnehmen wir sofort, daß das Zustandsmodell (1) genau dann vollständig steuerbar (erreichbar) ist, wenn F eine surjektive Abbildung ist. Also gilt

$$B[F] = \mathbb{R}^n \qquad \text{Bildbereich von } F \,. \tag{4}$$

Es ist dabei zu beachten, daß der Bildbereich $B[F]$ im allgemeinen vom Anfangszeitpunkt t_o und Endzeitpunkt t_1 abhängt. Wäre $B[F] \subset \mathbb{R}^n$, so gibt es aufgrund der Beziehung (3) Anfangszustände $\underline{x}_o \notin B[F]$, die nicht mit dem Nullzustand zu einem endlichen Zeitpunkt t_1 durch eine Lösung $\underline{x}(t)$ verbunden sind.

Unter Verwendung des Satzes 3.4 im Abschnitt 3.2.6 folgt aus der Bedingung (4)

$$N(F^*) = \{\underline{0}\} \quad \text{und} \quad B(FF^*) = \mathbb{R}^n ,$$

wobei die Abbildung FF^* den Zustandsraum in sich abbildet , siehe Bild 1; $FF^* : \mathbb{R}^n \rightarrow \mathbb{R}^n$.
Aus dem Beispiel 3.11 im Abschnitt 3.2.6 entnehmen wir für die adjungierte Abbildung den Ausdruck

$$F^*(\underline{x}) = \underline{B}'(\cdot)\underline{\phi}'(t_o,\cdot)\underline{x} \in C^r(t_o,t_1) . \tag{5}$$

Die Darstellung der linearen Abbildung FF^* als (nxn)-Matrix $\underline{W}(t_o,t_1)$ findet man durch Einsetzen von (5) in die Beziehung (3).

$$\underline{W}(t_o,t_1) = \int_{t_o}^{t_1} \underline{\phi}(t_o,\tau)\underline{B}(\tau)\underline{B}'(\tau)\underline{\phi}'(t_o,\tau)d\tau \tag{6}$$

<u>Satz 1:</u> Das dynamische System (1) ist genau dann zum Zeitpunkt τ vollständig steuerbar, wenn es ein $t_1 > \tau$ gibt, so daß

$$\det(\underline{W}(\tau,t_1)) \neq 0$$

ist.
Es ist genau dann zum Zeitpunkt τ vollständig erreichbar, wenn es ein $t_o < \tau$ gibt, so daß

$$\det(\underline{W}(t_o,\tau)) \neq 0$$

gilt.

Beweis: Es soll gezeigt werden, daß die $\underline{W}$-Matrix eine Inverse $\underline{W}^{-1}$ besitzt, woraus dann die Behauptung folgt.
Die Matrix hat genau dann eine Inverse, wenn der Rang($\underline{W}$) = n ist , $\underline{W} : \mathbb{R}^n \rightarrow \mathbb{R}^n$. Bei linearen Abbildungen von endlich dimensionalen Vektorräumen ist die Behauptung genau dann erfüllt, wenn $\underline{W}$ eine surjektive Abbildung ist, d.h. $B(\underline{W}) = \mathbb{R}^n$. Nach Satz 3.4 im Abschnitt 3.2.6 gilt

$$\det(\underline{W}(t_o,t_1)) \neq 0 \leftrightarrow B(FF^*) = \mathbb{R}^n \leftrightarrow B(F) = \mathbb{R}^n .$$

Zusammen mit den Erläuterungen zur Bedingung (4) folgt hieraus die Behauptung.

∇∇

Beispiel 1: Ist das lineare dynamische System

$$\dot{\underline{x}}(t) = \begin{bmatrix} s_1 & 0 \\ 0 & s_2 \end{bmatrix} \underline{x}(t) + \begin{bmatrix} e^{s_1 t} \\ e^{s_2 t} \end{bmatrix} u(t)$$

$$\underline{y}(t) = \underline{x}(t) \qquad\qquad s_1, s_2 \in \mathbb{R}$$

zu einem Zeitpunkt τ vollständig steuerbar bzw. erreichbar ?

Aus der Gleichung (3.45) berechnet man die Transitionsmatrix

$$\underline{\phi}(t,t_o) = \begin{bmatrix} e^{s_1(t-t_o)} & 0 \\ 0 & e^{s_1(t-t_o)} \end{bmatrix}$$

Es ist dann

$$\underline{\phi}(t_o,\tau)\underline{B}(\tau)\underline{B}'(\tau)\underline{\phi}'(t_o,\tau) = \begin{bmatrix} e^{s_1 t_o} \\ e^{s_2 t_o} \end{bmatrix} \begin{bmatrix} e^{s_1 t_o} \\ e^{s_2 t_o} \end{bmatrix}'$$

Die $\underline{W}$-Matrix hat die Form

$$\underline{W}(t_o,t_1) = \begin{bmatrix} e^{2s_1 t_o} & e^{(s_1+s_2)t_o} \\ e^{(s_1+s_2)t_o} & e^{2s_2 t_o} \end{bmatrix} (t_1-t_o)$$

Da der Rang der Matrix $\underline{W}$ für alle $t_o \neq t_1$ eins ist, d.h. $\det(\underline{W}) = 0$, kann das dynamische System zu keinem Zeitpunkt vollständig steuerbar bzw. erreichbar sein.

Es entsteht nun die Frage, läßt sich eine Eingangsfunktion $\underline{u}(\cdot)$ in einem vollständig zusammenhängenden linearen System angeben, die einen beliebigen Zustand $\underline{x}_o$ zum Zeitpunkt t_o in einen beliebig vorgegebenen Zustand $\underline{x}_1$ zum Zeitpunkt t_1 steuert ?
Setzen wir die Eingangsfunktion

$$\underline{u}(\cdot) = \underline{B}'(\cdot)\underline{\phi}'(t_o,\cdot)\underline{W}^{-1}(t_o,t_1)\left(\underline{\phi}(t_o,t_1)\underline{x}_1 - \underline{x}_o\right) \tag{7}$$

in die Beziehung (3) ein, so ist (3) für jedes $\underline{x}_o$ und $\underline{x}_1 \in \mathbb{R}^n$ erfüllt, wenn $\underline{W}^{-1}$ existiert.
Bildet man das innere Produkt

$$<\underline{u}(\cdot),\ \underline{u}(\cdot)>_{C^r}$$

im Funktionenraum $C^r(t_o,t_1)$, so stellt dieses die erforderliche Eingangsenergie des gesteuerten Prozesses dar. Wäre z.B. die Steuergröße ein Strom i(t), dann gilt

$$<i(\cdot),\ i(\cdot)>_{C^r} = \int_{t_o}^{t_1} i^2(\tau)d\tau \quad .$$

Dieser Ausdruck ist proportional der elektrischen Energie.
Der Energieaufwand der Steuergröße im Zusammenhang mit der Steuerbarkeit soll in den folgenden Ausführungen im Mittelpunkt stehen.
Zuerst berechnen wir für die Steuerfunktion (7) den Wert der erforderlichen Eingangsenergie. Mit der Abkürzung

$$\underline{\tilde{x}} := \underline{W}^{-1}(t_o,t_1)\left(\underline{\phi}(t_o,t_1)\underline{x}_1 - \underline{x}_o\right)$$

lautet das innere Produkt mit der Steuerfunktion (7):

$$\langle \underline{u}(\cdot),\underline{u}(\cdot)\rangle_{C^r} = \int_{t_o}^{t_1} \langle \underline{B}'(\tau)\underline{\phi}'(t_o,\tau)\tilde{\underline{x}},\ \underline{B}'(\tau)\underline{\phi}'(t_o,\tau)\tilde{\underline{x}}\rangle_{\mathbb{R}^r}\, d\tau$$
$$= \langle \tilde{\underline{x}},\ \int_{t_o}^{t_1} \underline{\phi}(t_o,\tau)\underline{B}(\tau)\underline{B}'(\tau)\underline{\phi}'(t_o,\tau)d\tau\}\tilde{\underline{x}}\rangle_{\mathbb{R}^n}$$

Das Integral im inneren Produkt stellt die $\underline{W}$-Matrix dar, so daß nach dem Ersetzen von $\tilde{\underline{x}}$ der Gütewert der Steuerenergie durch

$$J\{\underline{u}(\cdot)\} = \langle \underline{u}(\cdot),\underline{u}(\cdot)\rangle_{C^r}$$
$$= \langle \underline{W}^{-1}(t_o,t_1)\{\underline{\phi}(t_o,t_1)\underline{x}_1-\underline{x}_o\},\{\underline{\phi}(t_o,t_1)\underline{x}_1-\underline{x}_o\}\rangle_{\mathbb{R}^n} \tag{8}$$

gegeben ist. Betrachten wir den Fall, daß Anfangszustände $\underline{x}_o$ in den Nullzustand $\underline{x}_1 = \underline{0}$ zu steuern sind, dann wird für die Steuerfunktion (7) der Energiebetrag

$$J\{\underline{u}(\cdot)\} = \langle \underline{W}^{-1}(t_o,t_1)\underline{x}_o,\ \underline{x}_o\rangle \tag{9}$$

benötigt.

<u>Satz 2:</u> Die Steuerfunktion $\underline{u}^o(\cdot)$ von (7) benötigt bei einem vollständig steuerbaren linearen System unter allen zulässigen Eingangsfunktionen den kleinsten Gütewert der Steuerenergie $\langle\underline{u}(\cdot),\ \underline{u}(\cdot)\rangle$. In diesem Sinne heißt $\underline{u}^o(\cdot)$ energieoptimal.

Beweis: Es seien $\underline{u}(\cdot)$ eine beliebige zulässige Eingangsfunktion aus dem $C^r\{t_o,t_1\}$ und der Endzustand $\underline{x}_1 = \underline{0}$. Aus dem Bild 1 bzw. Gl.(3) erhalten wir für die Eingangsfunktionen $\underline{u}(\cdot)$ und $\underline{u}^o(\cdot)$ die Zuordnungen

$$-\underline{x}_o = F(\underline{u}(\cdot))$$
$$-\underline{x}_o = F(\underline{u}^o(\cdot))$$

Da F eine lineare Abbildung ist, ergibt die Differenzbildung der beiden Gleichungen

$$\underline{0} \;=\; F(\underline{u}^{o}(\cdot) - \underline{u}(\cdot)) \quad .$$

Beachten wir unter Verwendung von (5) und (7), daß

$$\underline{u}^{o}(\cdot) \;=\; -F^{*}(\underline{W}^{-1}\underline{x}_{o})$$

gilt, dann verschwindet das innere Produkt

$$<\underline{u}^{o}(\cdot),\{\underline{u}^{o}(\cdot) - \underline{u}(\cdot)\}> \;=\; -\,<F^{*}(\underline{W}^{-1}\underline{x}_{o}),\ \{\underline{u}^{o}(\cdot) - \underline{u}(\cdot)\}>$$

$$=\; -\,<\underline{W}^{-1}\underline{x}_{o},\ F(\underline{u}^{o}(\cdot) - \underline{u}(\cdot))> \;=\; 0$$

Die Differenz zwischen $J(\underline{u}(\cdot))$ und $J(\underline{u}^{o}(\cdot))$ läßt sich unter Berücksichtigung der letzten Gleichung in der Form schreiben

$$<\underline{u}(\cdot),\ \underline{u}(\cdot)> - <\underline{u}^{o}(\cdot),\ \underline{u}^{o}(\cdot)> \;=$$

$$= 2<\underline{u}^{o}(\cdot),\{\underline{u}^{o}(\cdot) - \underline{u}(\cdot)\}> + <\underline{u}(\cdot),\underline{u}(\cdot)> - <\underline{u}^{o}(\cdot),\underline{u}^{o}(\cdot)>$$

$$= <\underline{u}(\cdot),\ \underline{u}(\cdot)> - 2<\underline{u}^{o}(\cdot),\underline{u}(\cdot)> + <\underline{u}^{o}(\cdot),\underline{u}^{o}(\cdot)>$$

$$= <\{\underline{u}(\cdot) - \underline{u}^{o}(\cdot)\},\ \{\underline{u}(\cdot) - \underline{u}^{o}(\cdot)\}> \;\geq\; 0 \quad .$$

Da die Summanden der linken Seite stets positiv sind, folgt für alle zulässigen $\underline{u}(\cdot)$ aus der Ungleichung

$$<\underline{u}^{o}(\cdot),\ \underline{u}^{o}(\cdot)> \;\leq\; <\underline{u}(\cdot),\ \underline{u}(\cdot)>$$

die Behauptung des Satzes.

∇∇

Am Modell 4 im Abschnitt 2.2 (Lageregelstrecke Gl.(2.15)) und an einem allgemeinen Zustandsmodell zweiter Ordnung soll die Bedeutung der Steuerbarkeit im Zusammenhang mit der optimalen Steuerfunktion (7) untersucht werden.
Bei diesen Betrachtungen wird die Steuerbarkeit eines Systems zur quantitativen Größe, während im Satz 1 hierüber nur eine qualitative Aussage gemacht wurde.
Das Zustandsmodell (2.15) ist zeitinvariant, so daß die optimale Steuerfunktion (7), die über ein festes Zeitintervall $[0,t_1]$ den Anfangszustand $\underline{x}_o$ in den Nullzustand steuern soll, die einfache Form

$$\underline{u}^o(\cdot) = -\underline{B}' \, \underline{\phi}'(-\cdot)\underline{W}^{-1}(t_1)\underline{x}_o \tag{10}$$

besitzt. Hierbei ist

$$\underline{W}(t_1) = \int_o^{t_1} \underline{\phi}(-\tau)\underline{B} \, \underline{B}'\underline{\phi}'(-\tau)d\tau$$

Der Parameter α im Beschleunigungsprozeß entspricht der reziproken Beschleunigungszeitkonstanten T_b. Handelt es sich bei dieser Lageregelstrecke um einen Gleichstromantrieb, so ist für einige Anwendungsfälle ein Wert um $T_b = 50$ ms realistisch.

$$\alpha = \frac{1}{T_b} = 20 \text{ s}^{-1}$$

Die Normierung des Zustandsmodells (2.15) auf die maximale Beschleunigung und der Zeitkonstanten T_b liefert uns bezogene Zustands- und Eingangsgrößen, die innerhalb eines Zeitintervalls $[0,T_b]$ nicht größer als eins werden dürfen.

Die optimale Steuerfunktion (10) existiert genau dann, wenn das Zustandsmodell vollständig steuerbar ist, denn dann existiert die Inverse der Steuerbarkeitsmatrix $\underline{W}(t_1)$. Aus dem Gütewert (9), der bei vollständiger Steuerbarkeit für alle $\underline{x}_o$ immer positiv ist, folgt dann, daß die Matrix $\underline{W}(t_1)$ positiv definit ist, d.h.

symmetrisch und alle Eigenwerte dieser Matrix sind positiv. Für den Gütewert (9) lassen sich somit Abschätzung durch den kleinsten und größten Eigenwert der Matrix $\underline{W}^{-1}(t_1)$ angeben. Es gilt

$$\lambda_{min}(\underline{W}^{-1}(t_1)) \; ||\underline{x}_o||^2 \leq J(\underline{u}^o(\cdot)) \leq \lambda_{max}(\underline{W}^{-1}(t_1)) \; ||\underline{x}_o||^2 \tag{11}$$

Der Leser kann diese Ungleichung beweisen, indem der Zustand $\underline{x}_o$ nach der Basis der Eigenvektoren von $\underline{W}$ bzw. $\underline{W}^{-1}$ entwickelt wird. Unter Anwendung der Eigenwertgleichung und daß bei einer symmetrischen Matrix die Eigenvektoren orthogonal zueinander stehen, folgt nach oberer und unterer Abschätzung die Ungleichung (11).

Nutzen wir den Zusammenhang zwischen den Eigenwerten einer Matrix und den der Inversen aus

$$\underline{W} \, \underline{z}_\nu = \lambda_\nu \, z_\nu \; \rightarrow \; \underline{W}^{-1} \underline{z}_\nu = \frac{1}{\lambda_\nu} \, z_\nu \; ,$$

so gilt:

$$\lambda_{max}(\underline{W}^{-1}(t_1)) = \frac{1}{\lambda_{min}(\underline{W}(t_1))} \; .$$

Mit

$$g_1 := \lambda_{min}(\underline{W}(t_1))$$

läßt sich die rechte Ungleichung von (11) in der Form

$$J(u^o(\cdot)) \leq g_1^{-1} ||\underline{x}_o||^2 \tag{12}$$

schreiben. g_1 stellt ein Gütemaß für die Steuerbarkeit des Zustandsmodells dar. Je kleiner g_1 ist, desto größer wird die erforderliche minimale Steuerenergie , Bild 2. Schlecht steuerbare Prozesse, d.h. $\lambda_{min}(\underline{W}(t_1))$ sehr klein oder zu kleine Aussteuerzeiten t_1 führen zu entsprechend großen optimalen Gütewerten.

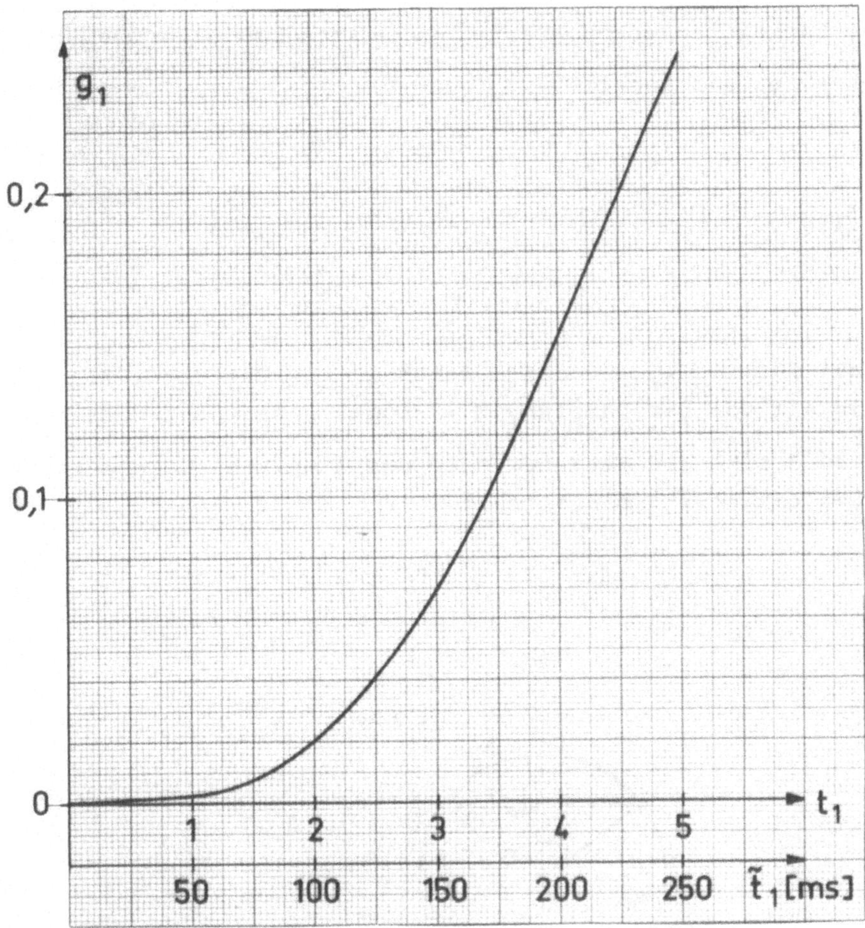

Bild 2: Gütemaß g_1 der Lageregelstrecke (2.15) zu verschiedenen Aussteuerzeiten t_1 (T_b = 5o ms), (24).

Im Bild 2 stellt t_1 den auf T_b = 5o ms normierten und $\tilde{t}_1$ den tatsächlichen Zeitmaßstab dar. Eine Verdopplung der Aussteuerzeit von 125 ms auf 250 ms verkleinert den minimalen Gütewert um den Faktor 5,5. Aussteuerzeiten in der Nähe der maximalen Beschleunigungszeitkonstanten T_b = 5o ms würden bei der Auslenkungen von $||\underline{x}_o|| \approx 1$ sehr große Steuerenergien erfordern.

Steuerbarkeitseigenschaften eines Zustandsmodells zweiter Ordnung

Gegeben sei das Modell

$$\dot{\underline{x}}(t) = \begin{bmatrix} 0 & 1 \\ -\omega_n^2 & -2\zeta\omega_n \end{bmatrix} \underline{x}(t) + \begin{bmatrix} 0 \\ \omega_n^2 \end{bmatrix} u(t)$$

Es soll für $1 \leq \omega_n \leq 2$ das Gütemaß g_1 , siehe Ungl.(12), in Abhängigkeit von der Dämpfung $\zeta = -\cos\alpha$ untersucht werden.

Im Bild 3 sind die Veränderungen des komplexen Eigenwertpaares der Systemmatrix $\underline{A}$ dargestellt.

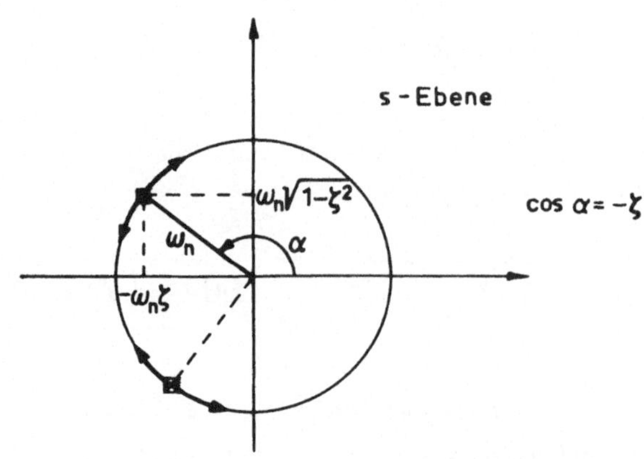

Bild 3: Abhängigkeit der Eigenwerte der Matrix $\underline{A}$ von der Dämpfung $\zeta = -\cos\alpha$, (24).

Zu bestimmen sind in dieser Aufgabe wieder die Matrix $\underline{W}(t_1)$ und der kleinste Eigenwert g_1 von $\underline{W}(t_1)$. Die Berechnung wurde auf dem Digitalrechner ausgeführt.

Die Kurven in den Bildern 4 bis 7, die der Literaturstelle (24) entnommen sind, zeigen g_1 in Abhängigkeit von Winkel α bei Aussteuerzeiten zwischen 0,4s und 4s. Hierbei ist die kleinste bei $\alpha = \pi$ auftretende Zeitkonstante 1 s.

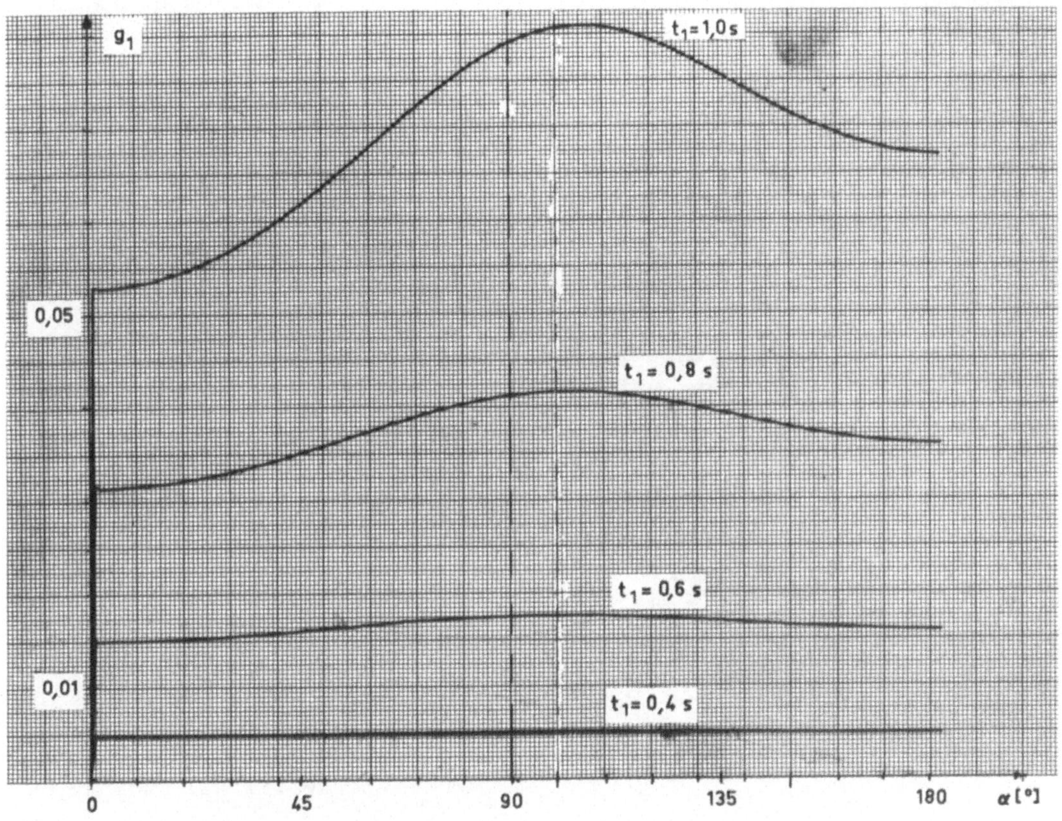

Bild 4: g_1 in Abhängigkeit von der Lage der Eigenwerte auf dem Einheitskreis für Aussteuerzeiten zwischen 0,4 s $\leq t_1 \leq$ 1 s.

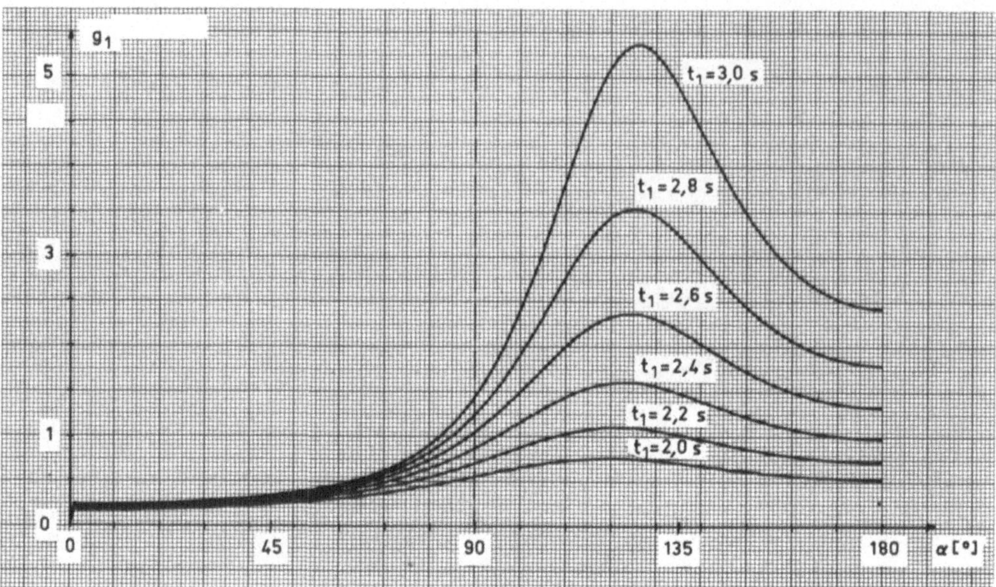

Bild 5: g_1 in Abhängigkeit von der Lage der Eigenwerte auf dem Einheitskreis für Aussteuerzeiten zwischen $2{,}0\ s \leq t_1 \leq 3\ s$.

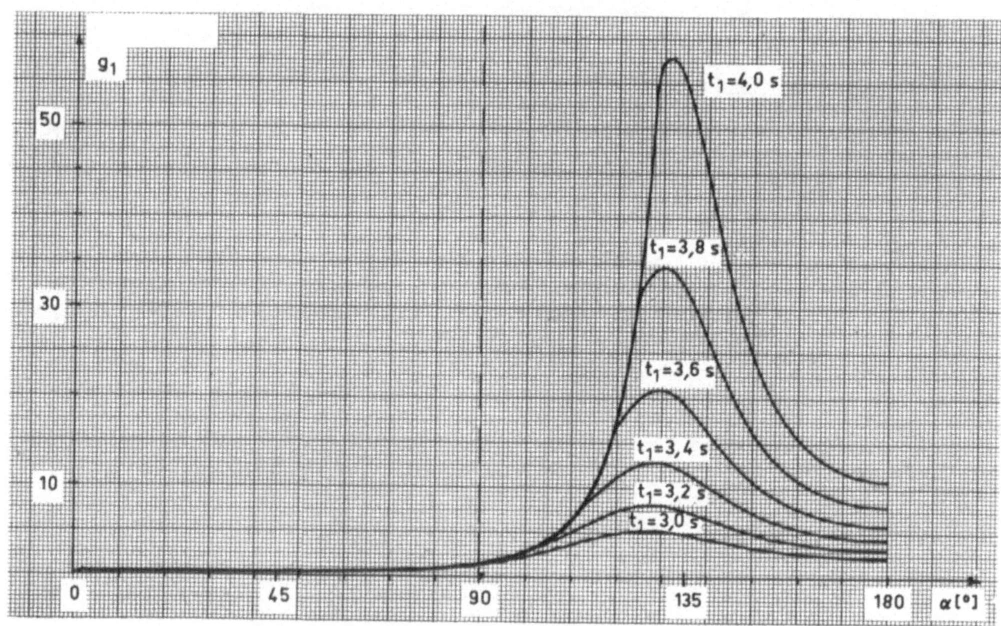

Bild 6: g_1 in Abhängigkeit von der Lage der Eigenwerte auf dem Einheitskreis für Aussteuerzeiten zwischen $3\ s \leq t_1 \leq 4\ s$.

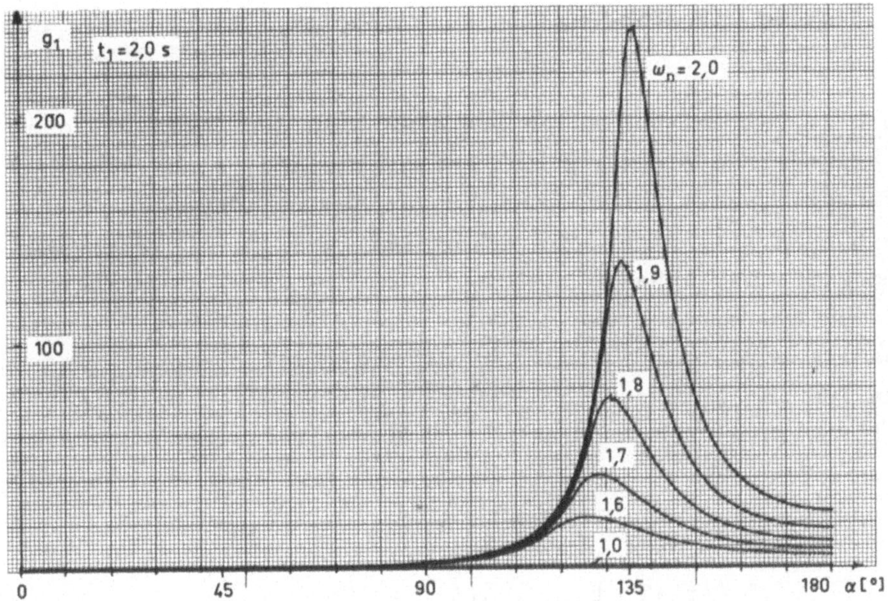

Bild 7: g_1 in Abhängigkeit von der Lage der Eigenwerte und von ω_n bei konstanter Aussteuerzeit $t_1 = 2s$.

Aus diesen Kurven entnehmen wir, daß das Modell zweiter Ordnung bei $\omega_n = 1$ gute Steuerbarkeitseigenschaften für $t_1 > 2s$ besitzt, wenn die Eigenwertkonfiguration zwischen $120^\circ \leq \alpha \leq 140^\circ$ liegt. In diesem Bereich kann man auch im allgemeinen erwarten, daß die Steueramplituden die zulässigen Werte nicht überschreiten. Es muß jedoch in jedem konkreten Fall diese Aussage nachgeprüft werden. Aus dem Bild 7 entnehmen wir, daß mit wachsenden ω_n-Werten sich das Maximum der Steuerbarkeitsgüte zu größeren α-Werten, größere Dämpfung , verschiebt.

Zum Schluß dieses Abschnitts sei auf eine Eigenart der zeitvariablen Systeme hingewiesen, die auch bei der Steuerbarkeit auftritt.

Bemerkung 3: Bei zeitvariablen Systemen wird das Gütefunktional (9) im allgemeinen nicht nur vom Anfangszustand, sondern auch vom Anfangszeitpunkt abhängen. Die Systeme, bei denen $J\left(u^{o}(\cdot)\right)$ und die Lösung $\underline{x}(t)$ nicht vom Anfangszeitpunkt t_o abhängen, lassen sich einfacher behandeln. Daher führen wir zur Unterscheidung dieser Systemtypen die gleichmäßige Steuerbarkeit ein.
Das dynamische System (1) heißt gleichmäßig vollständig steuerbar, wenn ein $T>0$ und eine stetige Funktion $k(\cdot) : \mathbb{R} \rightarrow \mathbb{R}$ existiert, so daß für alle $\underline{x}_o \in \mathbb{R}^n$ und alle $t_o \in \mathbb{R}$ (ev.Teilmenge) die Beziehungen

$$J\left(\underline{u}(\cdot)\right) \leq k(||\underline{x}_o||)$$

$$\underline{\psi}\left(t_o+T,\ t_o, \underline{x}_o,\ \underline{u}(\cdot)\right) = \underline{0}$$

erfüllt sind.

Diskrete Systeme

Wir beschränken uns auf lineare Zustandsmodelle (2), die entsprechend den Ausführungen des Abschnittes 3.4 aus kontinuierlichen Systemen durch Abtastung zu den Zeitpunkten t_ν abgeleitet worden sind. Unter dieser Annahme bleibt die Regularität der Transitionsmatrix $\underline{\phi}(t_{\nu+1},\ t_\nu)$ erhalten. Die Eingangsmatrix ist daher durch

$$\underline{H}_\nu = \int_{t_\nu}^{t_{\nu+1}} \underline{\phi}(t_{\nu+1},\tau)\underline{B}(\tau)d\tau$$

gegeben. Die Lösung der Zustandsgleichung (2) nach N Abtastschritten findet man durch Hintereinanderausführung der Zustandsbeziehung in den Abtastpunkten:

$$\begin{aligned}
\underline{x}_1 &= \underline{\phi}(t_1,t_o)\underline{x}_o + \underline{H}_o\,\underline{u}_o \\
\underline{x}_2 &= \underline{\phi}(t_2,t_1)\underline{x}_1 + \underline{H}_1\,\underline{u}_1 \\
&= \underline{\phi}(t_2,t_1)\underline{\phi}(t_1,t_o)\underline{x}_o + \underline{\phi}(t_2,t_1)\underline{H}_o\,\underline{u}_o + \underline{H}_1\,\underline{u}_1 \\
&= \underline{\phi}(t_2,t_o)\underline{x}_o + \underline{\phi}(t_2,t_1)\underline{H}_o\,\underline{u}_o + \underline{H}_1\,\underline{u}_1 \\
&\;\;\vdots \\
\underline{x}_N &= \underline{\phi}(t_N,t_o)\underline{x}_o + \underline{\phi}(t_N,t_1)\underline{H}_o\underline{u}_o + \ldots + \underline{\phi}(t_N,t_{N-1})\underline{H}_{N-2}\underline{u}_{N-2} + \underline{H}_{N-1}\underline{u}_{N-1}
\end{aligned}$$

Es ist somit nach Multiplikation mit $\underline{\phi}(t_o,t_N)$

$$\underline{\phi}(t_o,t_N)\underline{x}_N - \underline{x}_o = \sum_{\nu=o}^{N-1} \underline{\phi}(t_o,t_{\nu+1})\underline{H}_\nu\,\underline{u}_\nu \qquad (13)$$

Die Steuerbarkeit der diskreten Systeme hängt von den Matrizen $\underline{\phi}(t_o,t_{\nu+1})$ und $\underline{H}_\nu$ ab. Die Definition 2 läßt sich auch auf diskrete Systeme anwenden, da die Folge $\{\underline{u}_\nu\}$ einer Treppenfunktion äquivalent ist. Es sei hier eine den diskreten Systemen angepaßte Formulierung gewählt.

Definition 4: Ein diskretes dynamisches System heißt *vollständig steuerbar* zum Zeitpunkt t_o, wenn zu jedem $\underline{x}_o \in \mathbb{R}^n$ eine Eingangsfolge $\{\underline{u}_\nu\}$ existiert, die das System in endlich vielen Abtastschritten in den Nullzustand bringt.

In Analogie zur $\underline{W}$-Matrix bei kontinuierlichen Systemen definieren wir die Matrix

$$\underline{W}_d(t_o,t_N) := \sum_{\nu=o}^{N-1} \frac{1}{t_{\nu+1}-t_\nu}\,\underline{\phi}(t_o,t_{\nu+1})\underline{H}_\nu\underline{H}_\nu'\underline{\phi}'(t_o,t_{\nu+1}) \qquad (14)$$

Satz 3: Das Zustandsmodell (2) ist genau dann vollständig steuerbar zum Zeitpunkt t_o, wenn die $n\mathrm{x}(n\cdot r)$-Matrix

$$\left(\underline{\phi}(t_o,t_1)\underline{H}_o,\; \underline{\phi}(t_o,t_2)\underline{H}_1,\ldots,\underline{\phi}(t_o,t_n)\underline{H}_{n-1}\right)$$

den Rang n besitzt.

Beweis: Es habe die im Satz angegebene Matrix den Rang n. Dann hat die Matrix $\underline{W}_d(t_o,t_n)$ auch den Rang n und es gibt eine Steuerfolge

$$\underline{u}_\nu^o = \frac{-1}{t_{\nu+1}-t_\nu} \underline{H}_\nu^{\prime}\underline{\phi}^{\prime}(t_o,t_{\nu+1})\underline{W}_d^{-1}(t_o,t_n)\underline{x}_o \qquad \nu = 0,\ldots(n-1) \quad (15)$$

die jeden Zustand $\underline{x}_o \in \mathbb{R}^n$ in n Abtastschritten in den Nullzustand bringt. Setzt man die Steuerfolge $\{\underline{u}_\nu^o\}$ in (13) ein, so folgt unter Verwendung von (14) und der Regularität von $\underline{\phi}$

$$\underline{x}_N = \underline{0}$$

Das System sei nun vollständig steuerbar zum Zeitpunkt t_o und der Rang der im Satz angegebenen Matrix ist kleiner als n.

Die Steuerfolge

$$\underline{u}_\nu = \frac{1}{t_{\nu+1}-t_\nu} \underline{H}_\nu^{\prime}\underline{\phi}^{\prime}(t_o,t_{\nu+1})\underline{x} \qquad \nu = 0,\ldots(n-1)$$

in (13) eingesetzt, ergibt unter Berücksichtigung von (14)

$$-\underline{x}_o = \underline{W}_d(t_o,t_n)\underline{x}.$$

Aufgrund der Annahme, daß die Matrix $\underline{W}_d$ einen Rang kleiner n besitzt, gibt es Zustände $\underline{x} \neq \underline{0}$, die zum Nullraum der Matrix $\underline{W}_d$ gehören. Im Widerspruch zur Voraussetzung, daß das System vollständig steuerbar ist.

∇∇

<u>Bemerkung 4:</u> In Analogie zu den kontinuierlichen Systemen läßt sich zeigen , siehe Satz 2 , daß die Steuerfolge (15) das Gütekriterium

$$J(\{\underline{u}_\nu\}) = \sum_{\nu=o}^{N-1} (t_{\nu+1}-t_\nu)||\underline{u}_\nu||^2$$

zu einem Minimum macht. Soll $\underline{x}_o$ in den Nullzustand gesteuert werden, dann beträgt der Gütewert

$$J(\{\underline{u}_\nu^o\}) = \langle \underline{x}_o, \underline{W}_d^{-1}(t_o,t_N)\underline{x}_o \rangle$$

Diesen Ausdruck prüft der Leser unter Benutzung der Beziehungen (14) und (15) leicht nach.

4.2.3 Steuerbarkeit bei zeitinvarianten linearen Systemen

Kontinuierliche Systeme

Für die Klasse der zeitinvarianten linearen Systeme lassen sich einfache algebraische Bedingungen zum Nachweis der Steuerbarkeit angeben.
Sicher stellen diese Systeme einen Sonderfall des Satzes 1 dar.

Satz 4: Hat das lineare dynamische System (1) konstante Matrizen $\underline{A}$ und $\underline{B}$, so ist dieses System dann und nur dann vollständig steuerbar, wenn die $n x (n \cdot r)$-Matrix

$$\underline{W}_n = (\underline{B}, \underline{A}\, \underline{B}, \dots, \underline{A}^{n-1}\underline{B}) \qquad \underline{W}_n : \mathbb{R}^{n \cdot r} \to \mathbb{R}^n$$

den Rang n besitzt.

Beweis: Unter Verwendung der Aussagen aus Satz 1 ist zu zeigen:

$$\det(\underline{W}(t_o,t_1)) \neq 0 \text{ für alle } t_o,t_1 \in \mathbb{R} \leftrightarrow r(\underline{W}_n) = n$$

Aufgrund der Zeitinvarianz der DGL ist auch die $\underline{W}$-Matrix gegenüber Zeitverschiebungen invariant. Also muß die Behauptung des Satzes 4 für alle $t_o \in \mathbb{R}$ gelten.
Die Matrix $\underline{W}$ ist eine Darstellung der linearen Abbildung FF^* und unter Verwendung des Satzes 3.4 im Abschnitt 3.2.6 ergibt sich die Aussagenkette

$$\det(\underline{W}) \neq 0 \leftrightarrow N(FF^*) = \{\underline{0}\} \leftrightarrow N(F^*) = \{\underline{0}\}$$

Es ist also nur noch zu zeigen, daß die Behauptung des Satzes 4 genau dann gilt, wenn $N(F^*) = \{\underline{0}\}$ ist. Unter Berücksichtigung der Beziehung (5) dürfen wir die Gleichung (6) in der Form

$$\underline{W}(0,t_1)\underline{x} = \int_0^{t_1} \underline{\phi}(0,\tau)\underline{B}\, F^*(\underline{x})d\tau$$

schreiben. Bei zeitinvarianten Systemen ist

$$F^*(\underline{x}) = \underline{B}'\underline{\phi}'(0,\tau)\underline{x} = \underline{B}'e^{-\underline{A}'\tau}\underline{x}$$

Es sei angenommen, daß es ein $\underline{x} \in N(F^*)$ und $\underline{x} \neq \underline{0}$ gibt. Dann gilt für alle $t \in (0,t_1)$

$$\underline{B}'\, e^{-\underline{A}'t}\underline{x} = \underline{0} \qquad \text{(a)}$$

Die (n-1)-malige Differentiation dieses Ausdrucks ergibt

$$\left.\begin{array}{rcl} -\underline{B}'\,\underline{A}'\,e^{-\underline{A}'t}\underline{x} & = & \underline{0} \\ & \vdots & \\ (-1)^{n-1}\underline{B}'(\underline{A}')^{n-1}e^{-\underline{A}'t}\underline{x} & = & \underline{0} \end{array}\right\} \quad \text{für alle } t \in (0,t_1)\ . \qquad \text{(b)}$$

Die Zusammenfassung der Gleichungen (a) und (b) zu einer Matrixgleichung führt zu dem Ausdruck

$$\underline{\tilde{W}}_n'\ \underline{\phi}'(-t)\underline{x} = \underline{0} \quad , \qquad \text{(c)}$$

wobei $\underline{W}_n$ und $\underline{\tilde{W}}_n$ sich nur durch das Alternieren des Vorzeichens in den Spalten von $\underline{\tilde{W}}_n$ unterscheiden. Wegen der Regularität der Matrix $\underline{\phi}'(-t)$ gilt

$$\underline{\phi}'(-t)\underline{x} \neq \underline{0} \qquad \text{für alle } t \in (0,t_1)\ .$$

Daher kann die Beziehung (c) genau dann nur erfüllt werden, wenn der

$$r(\underline{W}_n') = r(\underline{\tilde{W}}_n') < n$$

ist. Damit ergeben sich unter Berücksichtigung des Satzes 3.4 die Aussagen

$$r(\underline{W}_n) = n \leftrightarrow r(\underline{W}_n') = n \leftrightarrow N(F) = \{\underline{0}\}$$

Damit ist die Behauptung des Satzes bewiesen.

∇∇

Bemerkung 5: Im Satz 4 haben wir vorausgesetzt, daß der gesamte $C^r(0,t_1)$ Definitionsbereich der Abbildung F ist. Da außerdem die Aussage des Satzes 4 nicht von den Zeitpunkten t_o, τ, t_1 abhängt, stellt dieser Satz gleichzeitig für die vollständige Erreichbarkeit eine notwendige und hinreichende Bedingung dar.

Beispiel 2: Für welche δ und ω_n ist das dynamische System $(\ddot{x}_1 + 2\delta\dot{x}_1 + \omega_n^2 x_1 = u)$

$$\begin{aligned} \dot{x}_1(t) &= x_2(t) \\ \dot{x}_2(t) &= -2\delta x_2(t) - \omega_n^2 x_1(t) + u(t) \\ y(t) &= x_1(t) \end{aligned}$$

vollständig steuerbar ?

Die konstanten Matrizen $\underline{A}$ und $\underline{B}$ lauten

$$\underline{A} = \begin{bmatrix} 0 & 1 \\ -\omega_n^2 & -2\delta \end{bmatrix} \qquad \underline{B} = \begin{bmatrix} 0 \\ 1 \end{bmatrix} .$$

Bei einer vollständigen Steuerbarkeit des Systems muß gelten

$$\text{Rang}\,(\underline{B}, \underline{A}\,\underline{B}) = 2 .$$

Es ist

$$\underline{A}\,\underline{B} = \begin{bmatrix} 1 \\ -2\delta \end{bmatrix} \quad \text{und} \quad \underline{B} = \begin{bmatrix} 0 \\ 1 \end{bmatrix} .$$

Diese beiden Vektoren sind für alle δ, $\omega_n \in \mathbb{R}$ linearunabhängig, d.h. das System ist vollständig steuerbar für alle reellen Werte von δ und ω_n .

Die im Beispiel 2 verwendete Form des Zustandsmodells nennt man kanonisch oder erste Standardform.
Betrachten wir Zustandsmodelle mit einer Eingangs- und einer Ausgangsgröße, dann vermittelt die Standardform einen einfachen Zusammenhang zwischen den Systemdarstellungen der Zustandsform und der Übertragungsfunktion.
Es sei nun $\underline{B}$ eine (nx1)- und $\underline{C}$ eine (1xn)-Matrix. Dann ist die Steuerbarkeitsmatrix $\underline{W}_n$ eine (nxn)-Matrix, vgl. Satz 4.
Aus $\underline{W}_n$ soll eine Transformationsmatrix $\underline{T}$ abgeleitet werden, die zwar die Zustandsgrößen $\underline{x}(t)$ in eine andere Basis transformiert, jedoch die gesamte Abbildung $F \circ L$, Bild 1 , zwischen Eingang und Ausgang nicht verändert.

Es sei $\underline{z}(t) = \underline{T}\ \underline{x}(t)$ eine Transformation, bei der die Inverse $\underline{T}^{-1}$ existiert. Unser zeitinvariantes Zustandsmodell (1) geht dann über in

$$\underline{T}\ \dot{\underline{x}}(t) = \underline{T}\ \underline{A}\ \underline{x}(t) + \underline{T}\ \underline{B}\ u(t)$$

und nach Eliminierung von $\underline{x}(t)$ durch $\underline{z}(t)$:

$$\begin{aligned} \dot{\underline{z}}(t) &= \underline{T}\ \underline{A}\ \underline{T}^{-1}\underline{z}(t) + \underline{T}\ \underline{B}\ u(t) = \tilde{\underline{A}}\ \underline{z}(t) + \tilde{\underline{B}}\ u(t) \\ y(t) &= \underline{C}\ \underline{T}^{-1}\underline{z}(t) = \tilde{\underline{C}}\ \underline{z}(t) \end{aligned}$$

Das Zustandsmodell $\Sigma(\underline{A}, \underline{B}, \underline{C})$ wird durch die Transformation $\underline{T}$ in das Zustandsmodell $\Sigma(\tilde{\underline{A}} = \underline{T}\ \underline{A}\ \underline{T}^{-1}, \tilde{\underline{B}} = \underline{T}\ \underline{B}, \tilde{\underline{C}} = C\ \underline{T}^{-1})$ überführt.

<u>Beispiel 3:</u> Es soll gezeigt werden, daß zu einem zeitinvarianten Zustandsmodell (1) genau dann ein Zustandsmodell in der ersten Standardform

$$\underline{\dot{z}}(t) = \overbrace{\begin{bmatrix} 0 & 1 & & & \\ & \cdot & \cdot & & \underline{0} \\ & & \cdot & \cdot & \\ & \underline{0} & & \cdot & \cdot \\ & & & 0 & 1 \\ -a_o & \cdot & \cdot & \cdot & -a_{n-1} \end{bmatrix}}^{\tilde{\underline{A}}} \underline{z}(t) + \underline{T}\,\underline{B}\,u(t) \qquad (16)$$

$$y(t) = \underline{C}\,\underline{T}^{-1}\,\underline{z}(t)$$

existiert, wenn es vollständig steuerbar ist. Die beiden Modelle besitzen die gleiche Eingangs- Ausgangsabbildung.

Weiterhin ist zu zeigen, daß die Koeffizienten $a_o \ldots a_{n-1}$ in der Matrix $\tilde{\underline{A}}$ mit den Koeffizienten des charakteristischen Polynoms der Matrix $\underline{A}$ und damit auch mit den von $\underline{A}$ übereinstimmen. Die der Matrix $\underline{A}$ ähnliche Matrix $\tilde{\underline{A}}$ heißt Begleitmatrix.

Es muß die Transformation ermittelt werden, die $\underline{A}$ in $\tilde{\underline{A}}$ überführt und $G(s) = \underline{C}(\underline{E}\ s-\underline{A})^{-1}\underline{B}$ invariant läßt.
Es sei $\underline{T}$ eine beliebige reguläre Transformation, dann gilt

$$\begin{aligned}\tilde{G}(s) &= \tilde{\underline{C}}(\underline{E}\ s-\tilde{\underline{A}})^{-1}\tilde{\underline{B}} = \underline{C}\,\underline{T}^{-1}(\underline{E}\ s - \underline{T}\,\underline{A}\,\underline{T}^{-1})^{-1}\underline{T}\,\underline{B} \\ &= \underline{C}\,\underline{T}^{-1}\{\underline{T}(\underline{E}\ s-\underline{A})\underline{T}^{-1}\}^{-1}\underline{T}\,\underline{B} \\ &= \underline{C}\,\underline{T}^{-1}\underline{T}(\underline{E}\ s-\underline{A})^{-1}\,\underline{T}^{-1}\underline{T}\,\underline{B} \\ &= \underline{C}(\underline{E}\ s-\underline{A})^{-1}\underline{B} = G(s)\end{aligned}$$

Die Übertragungsfunktion G(s) bleibt somit bei einer beliebigen regulären Transformation des Zustandsmodells $\Sigma(\underline{A}, \underline{B}, \underline{C})$ unverändert.

Nun habe $\underline{T}$ die Form

$$\underline{T} = \begin{bmatrix} \underline{t}' \\ \underline{t}'\underline{A} \\ \vdots \\ \underline{t}'\underline{A}^{n-1} \end{bmatrix} \qquad (17)$$

und der Zeilenvektor $\underline{t}'$ stehe auf den ersten (n-1) Spaltenvektoren der Matrix $\underline{W}_n$ senkrecht. D.h. der Vektor $\underline{t}'$ wird aus der Bedingung

$$\underline{t}'\underline{B} = \underline{t}'\underline{A}\,\underline{B} = \ldots = \underline{t}'\,\underline{A}^{n-2}\underline{B} = 0 \quad \text{und } \underline{t}'\underline{A}^{n-1}\underline{B} = 1$$

bestimmt. Die Bedingung in Matrixform geschrieben, lautet mit $\underline{e}_n' = (0 \ldots 0 \;\; 1)$:

$$\underline{W}_n'\,\underline{t} = \underline{e}_n \;\hat{=}\; \underline{T}\,\underline{B} = \tilde{\underline{B}}.$$

Der Vektor $\underline{t}$ existiert als Lösung dieser Gleichung genau dann, wenn das Zustandsmodell vollständig steuerbar ist, d.h. $r(\underline{W}_n) = n$. Ist der $r(\underline{W}_n) < n$, dann liegt $\underline{t}$ sicher im Nullraum der Abbildung $\underline{W}_n'$, da $\underline{A}^{n-1}\underline{B}$ dann von den Vektoren $\underline{B}$, $\underline{A}\,\underline{B}, \ldots, \underline{A}^{n-2}\underline{B}$ linear abhängig ist , siehe Abschnitt 3.3.1, Gl.(3.30).
Der Vektor $\underline{t}$ wurde so festgelegt, daß bei einem vollständig steuerbaren System $\tilde{\underline{B}} = \underline{e}_n$ und für $r(\underline{W}_n) < n$ $\tilde{\underline{B}} = \underline{0}$ ist.

Die Multiplikation der Matrizen $\underline{T}$ und $\underline{W}_n$ ergibt dann bei einem vollständig steuerbaren System

$$\underline{T}\,\underline{W}_n = \begin{bmatrix} \underline{t}'\underline{B} & \cdot\;\cdot & \cdot\,\underline{t}'\underline{A}^{n-1}\underline{B} \\ \vdots & \ddots & \vdots \\ \underline{t}'\underline{A}^{n-1}\underline{B} & \cdot\;\cdot & \cdot\,\underline{t}'\underline{A}^{n-1}\underline{A}^{n-1}\underline{B} \end{bmatrix} = \begin{bmatrix} & \underline{0} & & 1 \\ & & \cdot^{\cdot^{\cdot}} & x \\ & \cdot^{\cdot^{\cdot}} & & \vdots \\ 1 & x & \cdots & x \end{bmatrix}$$

Das transformierte System $\underline{z}(t) = \underline{T}\,\underline{x}(t)$ zeilenweise geschrieben, lautet:

$$\dot{z}_1(t) = \underline{t}'\dot{\underline{x}}(t) = \underline{t}'\underline{A}\,\underline{x}(t) + \underbrace{\underline{t}'\underline{B}}_{=0}\,u(t) = \underline{t}'\underline{A}\,\underline{x}(t) = z_2(t)$$

$$\dot{z}_2(t) = \underline{t}'\underline{A}\,\dot{\underline{x}}(t) = \underline{t}'\underline{A}^2\underline{x}(t) + \underbrace{\underline{t}'\underline{A}\,\underline{B}}_{=0}\,u(t) = \underline{t}'\underline{A}^2\underline{x}(t) = z_3(t)$$

$$\vdots$$

$$\dot{z}_{n-1}(t) = \underline{t}'\underline{A}^{n-1}\underline{x}(t) = z_n(t)$$

$$\dot{z}_n(t) = \underline{t}'\underline{A}^{n-1}\dot{\underline{x}}(t) = \underline{t}'\underline{A}^n\underline{x}(t) + \underbrace{\underline{t}'\underline{A}^{n-1}\underline{B}}_{=1}\,u(t)$$

Zur Umformung der letzten Gleichung benutzen wir den Satz von Caley-Hamilton, Abschnitt 3.3.1, der besagt, daß jede Matrix ihrem eigenen charakteristischen Polynom genügt, also ist

$$\underline{A}^n = - \sum_{\nu=o}^{n-1} a_\nu \underline{A}^\nu$$

und somit gilt

$$\begin{aligned} \dot{\underline{z}}_n(t) &= - \sum_{\nu=o}^{n-1} a_\nu \, \underline{t}'\underline{A}^\nu \underline{x}(t) + u(t) \\ &= - \sum_{\nu=o}^{n-1} a_\nu \, z_{\nu+1}(t) + u(t) \quad . \end{aligned}$$

Damit ist gezeigt, daß ein vollständig steuerbares zeitinvariantes Zustandsmodell (1) mit der angegebenen Transformation $\underline{T}$ in die Standardform überführt werden kann und die letzte Zeile von $\underline{\tilde{A}}$ mit den Koeffizienten des charakteristischen Polynoms von $\underline{A}$ übereinstimmt.

Um die Übertragungsfunktion G(s) zu bestimmen, muß die letzte Spalte der inversen Matrix $(\underline{E}s - \underline{\tilde{A}})^{-1}$ berechnet werden. Es gilt mit $\Delta_n(s) = \det(\underline{E}s - \underline{\tilde{A}})$

$$(\underline{E}s - \underline{\tilde{A}})^{-1}\underline{\tilde{B}} = \begin{bmatrix} s & -1 & & \underline{0} \\ & \ddots & \ddots & \\ \underline{0} & & s & -1 \\ a_o & \cdot & \cdot \; a_{n-2} & (s+a_{n-1}) \end{bmatrix}^{-1} \begin{bmatrix} 0 \\ \vdots \\ 0 \\ 1 \end{bmatrix}$$

$$= \frac{1}{\Delta_n(s)} \left[\begin{array}{c|c} & 1 \\ & s \\ & \vdots \\ & s^{n-1} \end{array} \right] \begin{bmatrix} 0 \\ \vdots \\ 0 \\ 1 \end{bmatrix} = \frac{1}{\Delta_n(s)} \begin{bmatrix} 1 \\ s \\ \vdots \\ s^{n-1} \end{bmatrix} \quad .$$

Sind $\tilde{c}_o \ldots \tilde{c}_{n-1}$ die Komponenten der Ausgangsmatrix $\underline{C}\,\underline{T}^{-1}$, dann erhält man als Übertragungsfunktion

$$G(s) = \underline{\tilde{C}}(\underline{E}s-\underline{\tilde{A}})^{-1}\underline{\tilde{B}} = \frac{\tilde{c}_{n-1}s^{n-1}+ \ldots + \tilde{c}_1 s + \tilde{c}_o}{s^n + a_{n-1}s^{n-1}+\ldots+ a_1 s + a_o} \quad . \tag{18}$$

Die Koeffizienten des Zählerpolynoms von G(s) sind die Komponenten der Ausgangsmatrix eines Zustandsmodells in der ersten Standardform. Die Koeffizienten des Nennerpolynoms sind der letzten Zeile der Systemmatrix $\underline{\tilde{A}}$ (Begleitmatrix) zu entnehmen.

Diskrete Systeme

Die Definition 4 fordert für ein vollständig steuerbares System, daß ein endliches N existiert und die Beziehung

$$\underline{0} = \underline{\psi}(t_o + NT, \; t_o, \underline{x}_o, \{\underline{u}_\nu\})$$

erfüllt ist. Für zeitinvariante Systeme kann wegen der Invarianz gegenüber Zeitverschiebungen $t_o = 0$ o.E.d.A. gesetzt werden.

Um ein Steuerbarkeitskriterium für lineare zeitinvariante diskrete Systeme (2) aufzustellen, gehen wir von der Lösung der Differenzengleichung mit $\underline{x}_N = \underline{0}$ aus. Im Abschnitt 2.6 (Seite 55) wurde diese Lösung in der Form

$$- \underline{\phi}^N \underline{x}_o = \underline{\phi}^{N-1}\underline{H}\,\underline{u}_o + \ldots + \underline{\phi}\,\underline{H}\,\underline{u}_{N-2} + \underline{H}\,\underline{u}_{N-1} \tag{19}$$

angegeben. Für die Darstellung von $\underline{\phi}^N \underline{x}_o \in \mathbb{R}^n$ benötigen wir n linearunabhängige Vektoren. Zuerst sei N = n, so daß die n Summanden in (19) eine nx(n·r)-Matrix bilden:

$$\underline{W}_n := (\underline{H}, \underline{\phi}\,\underline{H}, \ldots \underline{\phi}^{n-1}\underline{H}) \; , \qquad \underline{W}_n : \mathbb{R}^{n\cdot r} \to \mathbb{R}^n \tag{20}$$

Die Gleichung (19) kann für N = n in der Form

$$- \underline{\phi}^n \underline{x}_o = \underline{W}_n \, \underline{v} \; , \quad \underline{v} := \begin{bmatrix} \underline{u}_{n-1} \\ \vdots \\ \underline{u}_o \end{bmatrix} \in \mathbb{R}^{n\cdot r} \tag{21}$$

geschrieben werden. Ob diese Gleichung für jedes $\underline{\phi}^n \underline{x}_o \in \mathbb{R}^n$

eine Lösung hat, hängt von der Abbildung $\underline{W}_n$ ab. Ist

$$B(\underline{W}_n) = \mathbb{R}^n , \tag{22}$$

dann existiert für jedes $\underline{\phi}^n\ \underline{x}_o \in \mathbb{R}^n$ eine Lösung $\underline{v}$ von (21). Das diskrete System wäre vollständig steuerbar, da in höchstens n Abtastschritten der Nullzustand erreichbar ist.
Es sei nun

$$B(\underline{W}_n) \subset \mathbb{R}^n$$

ein Teilraum, dann gibt es Vektoren $\underline{\phi}^n\ \underline{x}_o$, zu denen keine Lösung von (21) existiert.
Es stellt sich nun die Frage, ob durch Hinzunahme von Summanden aus (19) für $N > n$ die Abbildung $\underline{W}_n$ erweitert werden kann ?
Die hinzukommenden Summanden unterscheiden sich von den vorhergehenden durch die höheren Potenzen der Matrix $\underline{\phi}$.

Satz 5: Das diskrete dynamische System (2) mit konstanten Matrizen $\underline{\phi}$ und $\underline{H}$ ist genau dann vollständig steuerbar, wenn der

$$r(\underline{W}_n) = n$$

ist.

Beweis: Nach den vorangegangenen Erläuterungen muß nur noch gezeigt werden, daß gilt

$$\underline{\phi}^{\nu}(B(\underline{W}_n)) \subset B(\underline{W}_n) \qquad \text{für alle endlichen } \nu$$

Wenn $B(\underline{W}_n) \subset \mathbb{R}^n$, dann sind die ersten n Vektoren

$$\underline{\phi}^{n-\nu}\ \underline{H}\ \underline{u}_{\nu-1} \qquad \nu = 1 \dots n$$

für beliebige $\underline{u}_{\nu} \in \mathbb{R}^r$ linearabhängig. Es gibt also Zahlen $\alpha_1 \cdots \alpha_n$, die nicht alle verschwinden und die Gleichung

$$\underline{0} = \sum_{\nu=1}^{n} \underline{\phi}^{n-\nu} \underline{H}\, \underline{u}_{\nu-1}\, \alpha_{\nu-1}$$

erfüllen. Somit läßt sich $\underline{\phi}^{n-1}\, \underline{H}\, \underline{u}_o$ durch die restlichen (n-1) Vektoren $\underline{\phi}^{n-1-\nu} \underline{H}\, \underline{u}_\nu$, $\nu = 1 \ldots (n-1)$, darstellen. Das bedeutet, daß jeder Vektor $\underline{\phi}^{\nu}\, \underline{H}\, \underline{u}$ durch diese (n-1) Vektoren bestimmt ist, indem man die Zerlegung

$$\underline{\phi}^{\nu} \underline{H}\, \underline{u} = \underline{\phi}^{\nu-n+1} \{\underline{\phi}^{n-1}\, \underline{H}\, \underline{u}\} = \ldots$$

vornimmt. Die Anwendung von $\underline{\phi}$ auf ein Bildelement der Abbildung $\underline{W}_n$ führt nicht aus dem Teilraum $B(\underline{W}_n)$ heraus. Die Bedingung (22) ist damit notwendig und hinreichend für die vollständige Steuerbarkeit.

∇∇

<u>Beispiel 4:</u> Gegeben sei das Abtastsystem

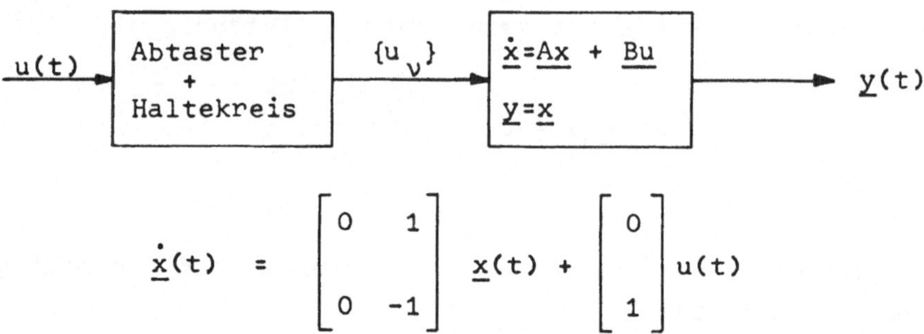

$$\dot{\underline{x}}(t) = \begin{bmatrix} 0 & 1 \\ 0 & -1 \end{bmatrix} \underline{x}(t) + \begin{bmatrix} 0 \\ 1 \end{bmatrix} u(t)$$

Es ist das diskrete dynamische System aufzustellen und zu prüfen, ob das diskrete System vollständig steuerbar ist.

Die Berechnung der Transitionsmatrix mit der Abtastzeit T ergibt

$$\underline{\phi}(T) = \begin{bmatrix} 1 & (1 - e^{-T}) \\ 0 & e^{-T} \end{bmatrix}$$

und für die Eingangsmatrix erhält man

$$\underline{H}(T) = \int_0^T \underline{\phi}(\tau)\underline{B}\, d\tau = \begin{bmatrix} T + e^{-T} - 1 \\ 1 - e^{-T} \end{bmatrix} .$$

Daraus folgt

$$\underline{\phi}(T)\, \underline{H}(T) = \begin{bmatrix} T - e^{-T} + e^{-2T} \\ e^{-T}(1-e^{-T}) \end{bmatrix} .$$

Sind die Vektoren $(\underline{H}, \underline{\phi}\ \underline{H})$ linearunabhängig ? Es ist zu prüfen, ob es eine Abtastzeit $T > 0$ gibt, so daß $\underline{H} = \alpha\ \underline{\phi}\ \underline{H}$ ist. Aus

$$(1 - e^{-T}) = \alpha(1 - e^{-T})\, e^{-T} \quad \rightarrow \quad \alpha = e^{T}$$

$$(T + e^{-T} - 1) = \alpha(T - e^{-T} + e^{-2T}) \quad \rightarrow \quad e^{T} = 1$$

Diese Bedingungen sind nur für $T = 0$ erfüllbar.
Damit ist gezeigt, daß für jedes $T > 0$ unser diskretes dynamisches System vollständig steuerbar ist.
Zu Abschnitt 4.2 vgl. Literatur (1, 7, 20, 22, 23).

4.3 Beobachtbarkeit

4.3.1 Definitionen

Eine Eigenschaft, die ein Maß für den Zusammenhang zwischen dem Ausgangsraum und dem Zustandsraum angibt, ist die Beobachtbarkeit. Träger dieser Eigenschaft muß die im Bild 1 eingeführte Abbildung

$$L : \mathbb{R}^n \rightarrow C^p(t_o, t_1)$$

sein. Der Prozeß wird durch die Zustandsfunktion $\underline{x}(\cdot)$ beschrieben, während sich das Verhalten des Prozesses nur aus dem Verlauf der gemessenen Ausgangsgrößen zusammen mit der zugehörigen Eingangsfunktion bestimmen läßt.

Definition 5: Ein Zustand $\underline{x}_o$ zum Zeitpunkt t_o in einem dynamischen System heißt *beobachtbar* , wenn es für alle $\underline{u}(\cdot) \in U$ ein $t > t_o$ gibt, so daß nach Kenntnis des Verlaufs der Ausgangsgröße

$$\underline{y}(\cdot) = \underline{\gamma}(\cdot, \underline{x}(\cdot), \underline{u}(\cdot))$$

über dem Zeitintervall (t_o, t) der Zustand $\underline{x}_o$ eindeutig bestimmbar ist.

In der Definition ist der Fall ohne Eingangsfunktion ($\underline{u}(t) \equiv \underline{0}$) enthalten.
Beim Entwurf von Steuerungs- und Regelungssystemen ist die Beobachtbarkeit einer offenen Zustandsmenge des Arbeitspunktes bzw. des gesamten Zustandsraums erforderlich.

Definition 6: Ein dynamisches System heißt *vollständig beobachtbar* zum Zeitpunkt t_o, wenn alle $\underline{x}_o \in \mathbb{R}^n$ beobachtbar sind.

4.3.2 Beobachtbarkeit bei zeitvariablen linearen Systemen

Die allgemeine Lösung des Zustandsmodells (1) wurde im dritten Kapitel , Gl.(3.47) , angegeben.

$$\underline{y}(t) = \underline{C}(t)\underline{\phi}(t,t_o)\underline{x}_o + \int_{t_o}^{t} \underline{C}(t)\underline{\phi}(t,\tau)\underline{B}(\tau)\underline{u}(\tau)d\tau \qquad (23)$$

Durch Umformung dieser Gleichung erhält man die Vorschrift für die lineare Abbildung

$$L(\underline{x}_o) := \underline{C}(\cdot)\underline{\phi}(\cdot,t_o)\underline{x}_o = \underline{y}(\cdot) - \int_{t_o}^{\cdot} \underline{C}(\cdot)\underline{\phi}(\cdot,\tau)\underline{B}(\tau)\underline{u}(\tau)d\tau \; . \qquad (24)$$

Erinnern wir uns an die Steuerbarkeit, die mit der Eigenschaft der Abbildung F , Gl.(3) , verbunden war. Die Abbildung L wäre hier vergleichbar mit der Abbildung F^* , Gl.(5). Die Steuerbarkeit und Beobachtbarkeit lassen sich daher auch dual zueinander betrachten.

Ein dynamisches System (23) wäre genau dann vollständig beobachtbar, wenn L eine injektive Abbildung ist, d.h. es muß gelten

$$N(L) = \{\underline{0}\} \quad . \tag{25}$$

Nach Satz 3.4 im Abschnitt 3.2.6 wäre

$$N(L^*L) = \{\underline{0}\} \tag{25a}$$

eine äquivalente Aussage zur Bedingung (25). Die lineare Abbildung L^*L bildet jedoch den Zustandsraum in sich ab , $L^*L\colon \mathbb{R}^n \to \mathbb{R}^n$. Diese Abbildung ist also durch eine (nxn)-Matrix $\underline{M}$ darstellbar. Aus dem Beispiel 3.11 im Abschnitt 3.2.6 entnehmen wir bei einem Vergleich mit (24) die Darstellung

$$\underline{M}(t_o,t_1) = \int_{t_o}^{t_1} \underline{\phi}'(\tau,t_o)\underline{C}'(\tau)\underline{C}(\tau)\underline{\phi}(\tau,t_o)d\tau \quad . \tag{26}$$

<u>Satz 6:</u> Ein lineares dynamisches System (1) ist genau dann vollständig beobachtbar zum Zeitpunkt t_o, wenn es ein $t_1 > t_o$ gibt, so daß die

$$\det\left(\underline{M}(t_o,t_1)\right) \neq 0$$

ist.

Beweis: Es gilt die folgende Aussagenkette:

$\det\left(\underline{M}(t_o,t_1)\right) \neq 0 \leftrightarrow N(L^*L) = \{\underline{0}\} \leftrightarrow N(L) = \{\underline{0}\} \leftrightarrow L$ ist eine

injektive Abbildung. Der Zustand $\underline{x}_o$ ist dann eindeutig durch den Verlauf von $\underline{y}(\cdot)$ über dem Zeitintervall $\left(t_o,t_1\right)$ bestimmt. Kürzt man die rechte Seite von (24) mit $\tilde{\underline{y}}(\cdot)$ ab, so geht (24) über in

$$L(\underline{x}_o) = \tilde{\underline{y}}(\cdot)$$

Die Anwendung von L^* , vgl.Beispiel 3.11, ergibt

$$L^*L(\underline{x}_o) = L^*(\tilde{\underline{y}}(\cdot)) = \int_{t_o}^{t_1} \underline{\phi}'(\tau,t_o)\underline{C}'(\tau)\tilde{\underline{y}}(\tau)d\tau \quad .$$

Da die Darstellung der Abbildung $\underline{L}^* L$ unter der Voraussetzung von Gl.(25a) in einem endlichdimensionalen Vektorraum eine Inverse besitzt, läßt sich die letzte Gleichung nach $\underline{x}_o$ auflösen.

$$\underline{x}_o = \underline{M}^{-1}(t_o,t_1) \int_{t_o}^{t_1} \underline{\phi}'(\tau,t_o)\underline{C}'(\tau)\tilde{\underline{y}}(\tau)d\tau \tag{27}$$

Es gibt somit keinen anderen Zustand $\underline{x}_1 \neq \underline{x}_o$, der durch den gleichen Verlauf von $\underline{y}(\cdot)$ und $\underline{u}(\cdot)$ über dem Zeitintervall $[t_o,t_1]$ bestimmt wird.

∇∇

Die Beziehung (27)liefert eine Vorschrift zur Ermittlung des Anfangszustandes $\underline{x}_o$. Bei zeitvariablen Systemen läßt sich (27) nur numerisch auswerten.

Der Leser zeige, daß die Matrix $\underline{M}(t_o,t_1)$ die folgenden Eigenschaften besitzt:

a) $\underline{M}(t_o,t_1)$ ist symmetrisch

b) $\underline{M}(t_o,t_1)$ ist für $t_1 > t_o$ mindestens positiv semidefinit.

c) $\underline{M}(t_o,t_1)$ ist Lösung der linearen Matrixdifferentialgleichung

$$\frac{d}{dt}\underline{M}(t,t_1) = -\underline{A}'(t)\underline{M}(t,t_1) - \underline{M}(t,t_1)\underline{A}(t) - \underline{C}'(t)\underline{C}(t)$$

und $\underline{M}(t_1,t_1) = \underline{0}$

d) $\underline{M}(t_o,t_1)$ erfüllt die Gleichung

$$\underline{M}(t_o,t_1) = \underline{M}(t_o,t) + \underline{\phi}'(t,t_o)\underline{M}(t,t_1)\underline{\phi}(t,t_o) \text{ für } t_o \leq t \leq t_1$$

<u>Bemerkung 6:</u> Die Beobachtbarkeit bei zeitvariablen diskreten Systemen läßt sich in Analogie zur Steuerbarkeit , Satz 3 , behandeln. Es sei das freie System

$$\underline{x}_{\nu+1} = \underline{\phi}(t_{\nu+1}, t_\nu)\underline{x}_\nu$$
$$\underline{y}_\nu = \underline{C}_\nu \underline{x}_\nu$$

gegeben. Nach n Abtastschritten erhält man das Gleichungssystem

$$\begin{aligned} \underline{y}_1 &= \underline{C}_1 \underline{\phi}(t_1,t_o)\underline{x}_o \\ \underline{y}_2 &= \underline{C}_2 \underline{\phi}(t_2,t_1)\underline{x}_1 = \underline{C}_2 \underline{\phi}(t_2,t_o)\underline{x}_o \\ &\vdots \\ \underline{y}_n &= \underline{C}_n \underline{\phi}(t_n,t_o)\underline{x}_o \end{aligned}$$

oder in Matrixform geschrieben

$$\begin{bmatrix} \underline{C}_1\underline{\phi}(t_1,t_o) \\ \cdot \\ \cdot \\ \cdot \\ \underline{C}_n\underline{\phi}(t_n,t_o) \end{bmatrix} \underline{x}_o = \begin{bmatrix} \underline{y}_1 \\ \cdot \\ \cdot \\ \cdot \\ \underline{y}_n \end{bmatrix} \quad \text{bzw. } \underline{L}_d(t_o,t_n)\underline{x}_o = \underline{Y} \; .$$

Wenn $\underline{x}_o$ eindeutig aus den Messungen $\underline{y}_1 \ldots \underline{y}_n$ berechenbar sein soll, dann muß die Abbildung $\underline{L}_d(t_o,t_n)$ injektiv sein. Da $\underline{L}_d(t_o,t_n) : \mathbb{R}^n \to \mathbb{R}^{n \cdot p}$ auf endlichdimensionalen Vektorräumen erklärt ist, würde aus der Injektivität nach Satz 3.4 , Abschnitt 3.2.6 , die Regularität der (nxn)-Matrix

$$\underline{M}_d(t_o,t_n) := \underline{L}_d'(t_o,t_n)\underline{L}_d(t_o,t_n)$$

folgen und der Anfangszustand wäre eindeutig bestimmbar.

$$\underline{x}_o = \left(\underline{M}_d(t_o,t_n)\right)^{-1} \underline{L}_d'(t_o,t_n) \underline{Y}$$

Wir haben damit gezeigt, daß ein zeitvariables diskretes System genau dann vollständig beobachtbar zum Zeitpunkt t_o ist, wenn die Matrix

$$\underline{M}_d(t_o,t_n) = \sum_{\nu=1}^{n} \underline{\phi}'(t_\nu,t_o)\underline{C}_\nu' \underline{C}_\nu\underline{\phi}(t_\nu,t_o)$$

den Rang n besitzt.

<u>Bemerkung 7:</u> Die Beobachtbarkeit wurde bisher in Abhängigkeit vom Anfangszeitpunkt t_o untersucht. Die Klasse der zeitvariablen Systeme, bei denen die Beobachtbarkeit für alle $\underline{x} \in \mathbb{R}^n$ nicht vom Anfangszeitpunkt t_o abhängt, heißen <u>gleichmäßig vollständig beobachtbar</u>.

4.3.3 Beobachtbarkeit bei zeitinvarianten linearen Systemen

Kontinuierliche Systeme

Bei den zeitinvarianten Systemen lassen sich, ähnlich der Steuerbarkeit, einfache algebraische Kriterien für die Beobachtbarkeit angeben.

<u>Satz 7:</u> Ein zeitinvariantes lineares dynamisches System (1) ist genau dann vollständig beobachtbar, wenn die nx(p·n)-Matrix

$$\underline{M}_n := (\underline{C}', \underline{A}'\underline{C}', \ldots, (\underline{A}')^{n-1}\underline{C}') , \quad \underline{M}_n : \mathbb{R}^{p\cdot n} \to \mathbb{R}^n$$

den Rang n besitzt.

Beweis: Es gilt unter Verwendung von Satz 3.4 und Satz 6 für jedes t_o, t_1 die Aussagenkette

$$N(L) = \{\underline{O}\} \leftrightarrow B(L^*) = \mathbb{R}^n \leftrightarrow B(\underline{M}_n) = \mathbb{R}^n .$$

Die letzte Aussage wird äquivalent zum Beweis des Satzes 4 im Abschnitt 4.2.3 gezeigt. Dort wurde für die Steuerbarkeit die Behauptung $N(F^*) = \{\underline{O}\} \leftrightarrow B(\underline{W}_n) = \mathbb{R}^n$ bewiesen.
Da $B(\underline{M}_n) = \mathbb{R}^n \leftrightarrow r(\underline{M}_n) = n$ gilt, ist die Behauptung des Satzes bewiesen.

∇∇

<u>Beispiel 5:</u> Für welche δ und ω_n ist das dynamische System

$$\begin{aligned}\dot{x}_1(t) &= x_2(t)\\ \dot{x}_2(t) &= -2\delta x_2(t) - \omega_n^2\, x_1(t) + u(t)\\ y(t) &= x_1(t)\end{aligned}$$

vollständig beobachtbar ?

Die konstanten Matrizen $\underline{A}$ und $\underline{C}$ lauten

$$\underline{A} = \begin{bmatrix} 0 & 1 \\ -\omega_n^2 & -2\delta \end{bmatrix} \quad \text{und} \quad \underline{C} = (1\ ,\ 0)\ .$$

Bei vollständiger Beobachtbarkeit des Systems muß gelten

$$r((\underline{C}',\ \underline{A}'\ \underline{C}')) = 2\ .$$

Es ist

$$\underline{C}' = \begin{bmatrix} 1 \\ 0 \end{bmatrix} \quad ; \quad \underline{A}'\ \underline{C}' = \begin{bmatrix} 0 & -\omega_n^2 \\ 1 & -2\delta \end{bmatrix} \begin{bmatrix} 1 \\ 0 \end{bmatrix} = \begin{bmatrix} 0 \\ 1 \end{bmatrix}$$

Diese beiden Vektoren sind für alle ω_n, $\delta \in \mathbb{R}$ linearunabhängig. Die Matrix $\underline{M}_2$ hat den Rang zwei, d.h. das System ist für alle t_o, t_1 vollständig beobachtbar.

Es sei hier im Zusammenhang mit der Beobachtbarkeit und der Übertragungsfunktion, ähnlich den Ausführungen des Beispiels 3, eine zweite Standardform bei einer Eingangs- und einer Ausgangsgröße eingeführt.

<u>Beispiel 6:</u> Es ist zu zeigen, daß ein zeitinvariantes Zustandsmodell (1) genau dann durch eine Ähnlichkeitstransformation $\underline{x}(t) = \underline{T}\ \underline{z}(t)$ in die zweite Standardform

$$\underline{\dot{z}}(t) = \begin{bmatrix} -a_{n-1} & 1 & & & \\ & 0 & \cdot & & \underline{0} \\ \vdots & & \cdot & \cdot & \\ \cdot & \underline{0} & & \cdot & \\ & & & \cdot & 1 \\ -a_o & & & & 0 \end{bmatrix} \underline{z}(t) + \underline{T}^{-1}\underline{B}\, u(t)$$

$$y(t) = \underline{C}\,\underline{T}\,\underline{z}(t) = (1, 0 \ldots, 0)\,\underline{z}(t)$$

sich bringen läßt, wenn es vollständig beobachtbar ist. Die beiden Modelle besitzen die gleiche Übertragungsfunktion - siehe Beispiel 3.

Die Transformation $\underline{T}$ habe die Form

$$\underline{T} = (\underline{A}^{n-1}\underline{t}, \ldots \underline{A}\,\underline{t}, \underline{t}) \tag{28}$$

und der Vektor $\underline{t}$ stehe auf den (n-1) Zeilenvektoren $\underline{C}$, $\underline{C}\,\underline{A}$, ..., $\underline{C}\,\underline{A}^{n-2}$ senkrecht. Mit $\underline{C}\,\underline{A}^{n-1}\underline{t} = 1$ findet man $\underline{t}$ als Lösung des linearen Gleichungssystem

$$\begin{bmatrix} \underline{C}\,\underline{A}^{n-1} \\ \cdot \\ \cdot \\ \cdot \\ \underline{C}\,\underline{A} \\ \underline{C} \end{bmatrix} \underline{t} = \begin{bmatrix} 1 \\ 0 \\ \cdot \\ \cdot \\ \cdot \\ 0 \end{bmatrix} \quad \text{bzw.} \begin{cases} \underline{C}\,\underline{T} = \underline{e}_1' \\ \text{oder} \\ \underline{M}_n'\underline{t} = \underline{e}_n \end{cases}$$

Das Gleichungssystem besitzt genau dann eine eindeutige Lösung, wenn $r(M_n) = n$ ist , d.h. das System muß vollständig beobachtbar sein. Andernfalls gehört $\underline{t}$ zum Nullraum von $\underline{M}_n'$, da $\underline{C}\,\underline{A}^{n-1}$ dann von den Vektoren $\underline{C}, \ldots, \underline{C}\,\underline{A}^{n-2}$ linear abhängt.

Bei der zweiten Standardform legt man den Vektor $\underline{t}$ so fest, daß bei einem vollständig beobachtbaren System $\underline{C}\,\underline{T} = \underline{e}_1'$ und für $r(\underline{M}_n) < n$ $\underline{C}\,\underline{T} = \underline{0}$ ist.

Die Transformation $\underline{x}(t) = \underline{T}\ \underline{z}(t)$ spaltenweise geschrieben, lautet

$$\underline{x}(t) = \underline{A}^{n-1}\underline{t}\ z_1(t) + \ldots + \underline{t}\ z_n(t) \ .$$

Wendet man auf diese Gleichung nacheinander die Zeilenvektoren $\underline{C}, \ldots, \underline{C}\ \underline{A}^{n-1}$ an und berücksichtigt den Satz von Caley-Hamilton

$$\underline{A}^n = - \sum_{\nu=0}^{n-1} a_\nu \underline{A}^\nu \quad ,$$

dann gilt

$$\begin{aligned} \dot{z}_1(t) &= \underline{C}\ \dot{\underline{x}}(t) = \underline{C}\ \underline{A}\ \underline{T}\ \underline{z}(t) + \underline{C}\ \underline{B}\ u(t) \\ &= \underline{C}\ \underline{A}^n\underline{t}\ z_1(t) + \underline{C}\ \underline{A}^{n-1}\underline{t}\ z_2(t) + \underline{C}\ \underline{B}\ u(t) \end{aligned}$$

$$\dot{z}_1(t) = - a_{n-1}z_1(t) + z_2(t) + \underline{C}\ \underline{B}\ u(t)$$

$$\vdots$$

$$\begin{aligned} \dot{z}_n(t) &= \underline{C}\ \underline{A}^{n-1}\dot{\underline{x}}(t) - \underline{C}\ \underline{A}^{n-1} \sum_{\nu=1}^{n-1} \underline{A}^{n-\nu}\underline{t}\ \dot{z}_\nu(t) \\ &= \underline{C}\ \underline{A}^n\underline{x}(t) - \underline{C}\ \underline{A}^{n-1} \sum_{\nu=1}^{n-1} \underline{A}^{n-\nu}\underline{t} \Big[-a_{n-\nu}z_1(t) + z_{\nu+1}(t) + \\ &\qquad + \sum_{\mu=1}^{\nu} a_{n+\mu-\nu}\underline{C}\ \underline{A}^{\mu-1}\underline{B}\ u(t) \Big] + \underline{C}\ \underline{A}^{n-1}\underline{B}\ u(t) \\ &= \underline{C}\ \underline{A}^{n-1} \sum_{\nu=0}^{n-1} \underline{A}^{n-\nu}\underline{t}\ z_{\nu+1}(t) - \underline{C}\ \underline{A}^{n-1} \ldots \\ &= \underline{C}\ \underline{A}^{n-1}\underline{A}^n\underline{t}z_1(t) + \underline{C}\ \underline{A}^{n-1} \sum_{\nu=1}^{n-1} a_{n-\nu}\underline{A}^{n-\nu}\underline{t}\ z_1(t) + \ldots \\ &= \underline{C}\ \underline{A}^{n-1} \Big[- \sum_{\nu=0}^{n-1} a_\nu \underline{A}^\nu + \sum_{\nu=1}^{n-1} a_\nu \underline{A}^\nu \Big] \underline{t}\ z_1(t) + \ldots \end{aligned}$$

$$\dot{z}_n(t) = - a_0 z_1(t) + \sum_{\mu=0}^{n-1} a_{\mu+1}\ \underline{C}\ \underline{A}^\mu\ \underline{B}\ u(t)$$

Damit ist gezeigt, daß ein vollständig beobachtbares zeitinvariantes Zustandsmodell (1) in die zweite Standardform

$$\underline{\tilde{A}} = \underline{T}^{-1}\underline{A}\,\underline{T}\ ,\quad \underline{\tilde{B}} = \underline{T}^{-1}\underline{B} = \begin{bmatrix} \tilde{\tilde{b}}_1 \\ \vdots \\ \tilde{\tilde{b}}_n \end{bmatrix}\ ,\qquad \underline{\tilde{\tilde{C}}} = \underline{C}\,\underline{T} = \underline{e}_1' \tag{29}$$

gebracht werden kann. Liegt umgekehrt diese Form des Zustandsmodells vor, dann ist dieses vollständig beobachtbar.
Die Ermittlung der Übertragungsfunktion G(s) erfordert hier die Berechnung der ersten Zeile der inversen Matrix $(\underline{E}s - \underline{\tilde{\tilde{A}}})^{-1}$:

$$\underline{\tilde{\tilde{C}}}(\underline{E}s - \underline{\tilde{\tilde{A}}})^{-1} = \underline{\tilde{\tilde{C}}} \begin{bmatrix} (s+a_{n-1}) & -1 & & \underline{0} \\ a_{n-2} & s & \ddots & \\ \vdots & \underline{0} & \ddots & -1 \\ a_o & & & s \end{bmatrix}^{-1} = \frac{1}{\Delta_n(s)}\,\underline{\tilde{\tilde{C}}} \begin{bmatrix} s^{n-1} & \dots & s & 1 \\ & & & \\ & & & \end{bmatrix}$$

$$= \frac{1}{\Delta_n(s)} \left[s^{n-1}, \dots, 1 \right] \tag{30}$$

Damit erhält man als Übertragungsfunktion

$$G(s) = \underline{\tilde{\tilde{C}}}(\underline{E}s-\underline{\tilde{\tilde{A}}})^{-1}\underline{\tilde{\tilde{B}}} = \frac{\tilde{\tilde{b}}_1\, s^{n-1} + \tilde{\tilde{b}}_2\, s^{n-2} + \dots + \tilde{\tilde{b}}_n}{s^n + a_{n-1}s^{n-1} + \dots + a_1 s + a_o} \tag{31}$$

Die Koeffizienten des Zählerpolynoms von G(s) sind bei der zweiten Standardform die Komponenten der Eingangsmatrix $\underline{\tilde{\tilde{B}}}$.

Diskrete Systeme

Ein Zustand $\underline{x}_o$ zum Zeitpunkt t_o eines zeitinvarianten diskreten Systems ist nach Definition 5 beobachtbar, wenn es ein NT und eine beliebige Eingangsfolge $\{\underline{u}_o \dots \underline{u}_{N-1}\}$ gibt, so daß nach Kenntnis der Ausgangsfolge $\{\underline{y}_o \dots \underline{y}_N\}$ der Zustand $\underline{x}_o$ eindeutig bestimmbar ist.

Bei den zeitinvarianten Systemen ist die Beobachtung eines Zustands vom Anfangszeitpunkt unabhängig.

Satz 8: Das diskrete dynamische System (2) mit konstanten Matrizen $\underline{\phi}$ und $\underline{C}$ ist dann und nur dann vollständig beobachtbar, wenn die Matrix

$$\underline{M}_n := \left(\underline{C}', \underline{\phi}' \underline{C}', \ldots, (\underline{\phi}')^{n-1}\underline{C}'\right), \quad \underline{M}_n : \mathbb{R}^{p \cdot n} \to \mathbb{R}^n$$

den Rang n hat.

Beweis: Die Ausgangsgröße $\underline{y}_\nu$ des Systems

$$\underline{x}_{\nu+1} = \underline{\phi}\, \underline{x}_\nu$$
$$\underline{y}_\nu = \underline{C}\, \underline{x}_\nu$$

ohne Eingangsfolge sei für n Abtastschritte in Abhängigkeit von $\underline{x}_o$ dargestellt.

$$\begin{aligned} \underline{y}_o &= \underline{C}\, \underline{x}_o \\ \underline{y}_1 &= \underline{C}\, \underline{x}_1 = \underline{C}\, \underline{\phi}\, \underline{x}_o \\ &\vdots \\ \underline{y}_{n-1} &= \underline{C}\, \underline{x}_{n-1} = \ldots = \underline{C}\, \underline{\phi}^{n-1}\, \underline{x}_o \end{aligned}$$

Die Zusammenfassung der n Gleichungen in Matrixform führt zu der Beziehung

$$\begin{bmatrix} \underline{y}_o \\ \vdots \\ \underline{y}_{n-1} \end{bmatrix} = \begin{bmatrix} \underline{C} \\ \vdots \\ \underline{C}\, \underline{\phi}^{n-1} \end{bmatrix} \underline{x}_o = \underline{M}_n' \underline{x}_o \quad . \tag{32}$$

Auch bei diesem Beweis gibt es eine Aussagenkette , vgl. Beweis zu Satz 7:

$r(\underline{M}_n) = n \leftrightarrow B(\underline{M}_n) = \mathbb{R}^n \leftrightarrow N(\underline{M}_n') = \{\underline{0}\} \leftrightarrow \underline{M}_n'$ ist eine injektive Abbildung.

Im übrigen trägt, entsprechend dem Satz 5, kein $\underline{C}\ \underline{\phi}^{\nu-1}$ mit $\nu \geq n$ zur Rangerhöhung von $\underline{M}_n$ bei.

∇∇

Beispiel 7: Im Beispiel 4 wurde das Abtastsystem

$$\underline{x}_{\nu+1} = \begin{bmatrix} 1 & (1-e^{-T}) \\ 0 & e^{-T} \end{bmatrix} \underline{x}_\nu + \begin{bmatrix} T+e^{-T}-1 \\ 1 - e^{-T} \end{bmatrix} u_\nu$$

(T Abtastzeit) ermittelt. Es sei in diesem System nur die erste Komponente des Zustandes meßbar (zugänglich), dann lautet die Gleichung für die Ausgangsgröße

$$y_\nu = (1,\ 0)\ \underline{x}_\nu \rightarrow \underline{C} = (1,\ 0).$$

Das diskrete dynamische System ist auf vollständige Beobachtbarkeit zu untersuchen. Es ist nachzuprüfen, ob $r((\underline{C}',\ \underline{\phi}'\ \underline{C}')) = 2$ ist. Bilden wir

$$\underline{C}' = \begin{bmatrix} 1 \\ 0 \end{bmatrix}; \quad \underline{\phi}'\underline{C}' = \begin{bmatrix} 1 & 0 \\ (1-e^{-T}) & e^{-T} \end{bmatrix} \begin{bmatrix} 1 \\ 0 \end{bmatrix} = \begin{bmatrix} 1 \\ (1-e^{-T}) \end{bmatrix},$$

so ist zu erkennen, daß beide Vektoren für alle $T \neq 0$ linearunabhängig sind. Dieses System ist also vollständig beobachtbar. Haben wir die Werte der Ausgangsgröße an den Stellent $= 0$ mit y_0 und $t = T$ mit y_1 gemessen, so kann der Zustand $\underline{x}_0$ nach (32) berechnet werden.

$$\begin{bmatrix} y_o \\ y_1 \end{bmatrix} = \begin{bmatrix} \underline{C} \\ \underline{C}\ \underline{\Phi} \end{bmatrix} \underline{x}_o = \begin{bmatrix} 1 & 0 \\ 1 & (1-e^{-T}) \end{bmatrix} \underline{x}_o$$

Löst man diese Gleichung nach dem gesuchten Zustand $\underline{x}_o$ auf, indem mit der inversen Matrix von $\underline{M}_n'$ multipliziert wird, so ist

$$\underline{x}_o = \frac{1}{(1-e^{-T})} \begin{bmatrix} (1-e^{-T}) & 0 \\ -1 & 1 \end{bmatrix} \begin{bmatrix} y_o \\ y_1 \end{bmatrix} .$$

Hieraus ist zu erkennen, daß bei sehr kleinen Abtastzeiten T in der numerischen Berechnung von $\underline{x}_o$, insbesondere bei Systemen höherer Ordnung , erhebliche Fehler auftreten können.

Zu Abschnitt 4.3 vgl. Literatur (1, 7, 20, 22, 23).

4.4 Stabilität

Durch die Einführung von Stabilitätsbegriffen bei dynamischen Systemen klassifiziert man die Verläufe der Zustandsgrößen bzw. Ausgangsgrößen über das gesamte Zeitintervall $[t_o, +\infty)$ - oder der zeitdiskreten Menge I_d. Die Vorgabe verschiedener Schrankenfunktionen für $||\underline{x}(\cdot)||$ bzw. $||\underline{y}(\cdot)||$ führt zu verschiedenen Stabilitätsdefinitionen. Eine Aufgabe in der Synthese von dynamischen Systemen ist die Verkleinerung dieser Schranken für $||\underline{x}(\cdot)||$. Dadurch werden quantitative Aussagen über die Stabilität eines Systems gemacht. Man führt in diesem Zusammenhang den Begriff der Stabilitätsgüte ein.

Die Stabilitätsdefinitionen hängen weiterhin von der zugelassenen Klasse der Eingangsfunktionen ab:

a) Bei der Untersuchung der Eigenbewegung eines Systems auf Anfangsstörungen $\underline{x}_o \neq \underline{0}$ ist

$$\underline{u}(\cdot) = \underline{0}(\cdot) \in C^r[t_o, \infty)$$

und unsere nichtlineare Zustandsgleichung (2.23) lautet dann

$$\dot{\underline{x}}(t) = \underline{f}[t, \underline{x}(t)] \quad . \tag{33}$$

Hierauf beziehen sich die Stabilitätsdefinitionen von Ljapunov.

b) Die Menge der beschränkten Eingangsfunktionen

$$\sup_{t \in [t_o, \infty)} ||\underline{u}(t)|| \leq m_o < \infty$$

oder die Menge der q-absolut integrierbaren Eingangsfunktionen

$$\int_{t_o}^{\infty} ||\underline{u}(t)||^q \, dt \leq m_q < \infty \qquad q \geq 1$$

werden bei der Definition der Eingangs-Ausgangsstabilität zugelassen, die damit technische oder physikalische Mindestanforderungen an das dynamische System erfüllen.

In diesem Abschnitt wird fast ausschließlich die Stabilität von linearen kontinuierlichen Systemen und der Zusammenhang zwischen der Ljapunov- und Eingangs-Ausgangs-Stabilität behandelt. Auf die Stabilität der diskreten Systeme gehen wir nur in einem Satz bei der direkten Methode ein. Eine ausführliche Behandlung der Stabilität bei diskreten Systemen findet der Leser in den Büchern von FÖLLINGER [25] und HARTMANN/DELF [26].

Dem Leser sei zur Vertiefung der Kenntnisse über gewöhnliche Differentialgleichungen (33) und insbesondere über die Ljapunov-Stabilität das Buch von KNOBLOCH/KAPPEL [20] empfohlen.

4.4.1 Stabilität im Sinne von Ljapunov

Bei der Linearisierung im Abschnitt 2.4 betrachteten wir Lösungen $\underline{x}(t)$ der Zustandsgleichung (33) , $\underline{u}(t) \equiv \underline{0}$, die einen Abstand $\Delta\underline{x}(t)$ von einer Sollbewegung $\underline{x}_s(t)$ hatten

$$\underline{x}(t) = \underline{x}_s(t) + \Delta\underline{x}(t) .$$

Unterläßt man die Linearisierung in der Gleichung (2.25), dann genügt die Abweichung $\Delta\underline{x}(t)$ der Differentialgleichung (DGL)

$$\begin{aligned} \frac{d}{dt}\left(\Delta\underline{x}(t)\right) &= \underline{f}\left(t,\underline{x}_s(t) + \Delta\underline{x}(t)\right) - \underline{f}\left(t,\underline{x}_s(t)\right) \\ &= \underline{\tilde{f}}\left(t,\Delta\underline{x}(t)\right) \end{aligned} \tag{34}$$

mit $\underline{\tilde{f}}(t, \underline{0}) = \underline{0}$ für alle t. Die DGL (34) besitzt eine Ruhelage im Punkt $\Delta\underline{x} = \underline{0}$. Sind zum Anfangszeitpunkt t_o Störungen gegenüber der Sollbewegung aufgetreten

$$\Delta\underline{x}(t_o) = \underline{x}(t_o) - \underline{x}_s(t_o) \neq \underline{0} ,$$

dann geben die Lösungen der DGL (34) darüber Auskunft, ob die gestörte Bewegung $\underline{x}(t)$ in der Nähe der Sollbewegung $\underline{x}_s(t)$ verbleibt.

Läßt sich die rechte Seite der DGL (34) in die Form

$$\underline{\tilde{f}}(t,\Delta\underline{x}(t)) = \underline{A}(t)\Delta\underline{x}(t) + \underline{g}(t,\Delta\underline{x}(t))$$

mit der Bedingung

$$\lim_{\Delta\underline{x}\to o} \frac{||\underline{g}(t,\Delta\underline{x}(t))||}{||\Delta\underline{x}(t)||} = 0$$

bringen, dann stimmt das Stabilitätsverhalten der linearisierten Zustandsgleichung (2.26) ($\underline{u}(t) \equiv 0$) mit dem der nichtlinearen DGL (34) in einer hinreichend kleinen Umgebung von $\Delta\underline{x} = \underline{0}$ überein. Den Beweis dieser Behauptung kann der Leser der Literaturstelle [20] entnehmen.
Die Aussagen über das Stabilitätsverhalten der freien linearisierten Zustandsgleichung

$$\dot{\underline{x}}(t) = \underline{A}(t)\underline{x}(t) \quad ; \quad \underline{x}_o := \underline{x}(t_o) \qquad (35)$$

lassen sich unter den oben angegebenen Voraussetzungen auf die zugehörige nichtlineare Zustandsgleichung in einer Umgebung des Arbeitspunktes $\underline{x} = \underline{0}$ übertragen.

<u>Definition 7:</u> Der Zustand $\underline{x}_r$ heißt *Ruhelage* des dynamischen Systems (33), wenn für alle $t \in (t_o, \infty)$

$$\underline{f}(t,\underline{x}_r) = \underline{0}$$

gilt.

Bei linearen Systemen ist $\underline{x}_r$ Lösung des homogenen Gleichungssystems

$$\underline{A}(t)\underline{x}_r = \underline{0} \qquad \text{für alle } t \in (t_o, \infty) .$$

Im zeitinvarianten Fall gilt:

a) $\underline{A}$ ist regulär $\leftrightarrow r(\underline{A}) = n \leftrightarrow$ Nullraum $N(A) = \{\underline{0}\}$. Das bedeutet, daß $\underline{x}_r = \underline{0}$ die einzige Ruhelage des Systems ist.

b) Es sei $r(\underline{A}) = m < n$ und $\underline{A}$ nicht die Nullmatrix. Dann ist der Nullraum $N(\underline{A})$ ein echter Teilraum von der Dimension $(n-m)$ im $\mathbb{R}^n$. Jedes $\underline{x} \in N(\underline{A})$ ist Ruhelage des Systems. Der Zustand $\underline{x} \in N(\underline{A})$ unterliegt keiner zeitlichen Veränderung.

Definition 8: Es sei $\underline{x}_s(t)$ eine Lösung des dynamischen Systems (33), die auf dem Intervall (τ,∞) existiert. Die Lösung $\underline{x}_s(t)$ heißt *stabil*, wenn es zu jedem $\varepsilon>0$ und jedem $t_o \in (\tau,\infty)$ ein $\delta(\varepsilon,t_o) > 0$ mit den Eigenschaften gibt:

Zu jedem $\underline{x}_o$, das die Bedingung

$$||\underline{x}_s(t_o) - \underline{x}_o|| < \delta(\varepsilon,t_o)$$

erfüllt, existiert die Lösung $\underline{x}(t) = \underline{\psi}(t,t_o,\underline{x}_o,\underline{0})$ und es gilt die Ungleichung

$$||\underline{x}_s(t) - \underline{\psi}(t,t_o,\underline{x}_o,\underline{0})|| < \varepsilon \qquad \text{für alle } t \geq t_o$$

Zu jeder maximalen Abweichung ε^- einer gestörten Bewegung von der stabilen Sollbewegung $\underline{x}_s(\cdot)$ muß es eine Umgebung von $\underline{x}_s(t_o)$ geben, in der gestörte Bewegungen mit den Anfangszuständen $\underline{x}_o$ beginnen können und innerhalb eines Schlauches mit dem Abstand ε von $\underline{x}_s(\cdot)$ verlaufen.

Definition 9: Die Lösung $\underline{x}_s(t)$ eines dynamischen Systems heißt *asymptotisch stabil* im Sinne von Ljapunov, wenn gilt:

a) $\underline{x}_s(t)$ ist stabil

b) Zu jedem $t_o \in (\tau,\infty)$ gibt es ein $\eta(t_o) > 0$, so daß für alle $\underline{x}_o$ mit der Bedingung $||\underline{x}_s(t_o) - \underline{x}_o|| < \eta(t_o)$ die Lösung $\underline{\psi}(t,t_o,\underline{x}_o,\underline{0})$ für alle $t \geq t_o$ existiert und

$$\lim_{t\to\infty} ||\underline{x}_s(t) - \underline{\psi}(t,t_o,\underline{x}_o,\underline{0})|| = 0$$

erfüllt ist.

Alle $\underline{x}_o \in \mathbb{R}^n$, die die Bedingung (b) erfüllen, bilden die Menge $\mathbb{E}(t_o)$, die *Einzugsbereich* von $\underline{x}_s(t)$ für $t = t_o$ heißt.

Bemerkung 8: Die Abschätzungen von $||\underline{x}_s(t) - \underline{x}(t)||$ in den Stabilitätsdefinitionen sind die gleichen wie für $||\Delta\underline{x}(t)||$ in der DGL (34) mit der Ruhelage $\Delta\underline{x} = \underline{0}$. Im weiteren beziehen wir aus Gründen der Einfachheit unsere Stabilitätseigenschaften auf eine Ruhelage des Systems, da zu jeder Sollbewegung $\underline{x}_s(\cdot)$ sich eindeutig eine Ruhelage mit Hilfe der DGL (34) bestimmen läßt.

Bemerkung 9: Bei zeitinvarianten Systemen hängt die DGL (33) nicht explizit von der Zeit ab. Das hat zur Folge, daß die Größen δ und η in den Stabilitätsdefinitionen unabhängig vom Anfangszeitpunkt t_o sind.

Gehen bei zeitvariablen Systemen die Anfangszeitpunkte t_o nicht in die Größen δ und η ein, dann heißt die Lösung $\underline{x}_s(t)$ in der Definition 8 gleichmäßig stabil und in der Definition 9 gleichmäßig asymptotisch stabil.

Bemerkung 10: Die Ruhelage $\underline{x}_r$ eines dynamischen Systems heißt instabil im Sinne von Ljapunov, wenn die Ruhelage nach Definition 8 nicht stabil ist.

Die gleichmäßige Stabilität spielt eine wesentliche Rolle beim Entwurf von Regelungssystemen. Eine Abhängigkeit der Stabilitätseigenschaften vom Anfangszeitpunkt t_o würde zu einem unterschiedlichen Zeitverhalten der Zustands- und Ausgangsgrößen bei gleichem Anfangszustand $\underline{x}_o$ führen.

Bemerkung 11: Jede Lösung eines linearen Systems besitzt dieselben Stabilitätseigenschaften. Diese Behauptung folgt unter Verwendung der allgemeinen Lösung der DGL (35) $\underline{x}(t) = \underline{\phi}(t,t_o)\underline{x}_o$; denn sei z.B. die Ruhelage $\underline{x}_r = \underline{0}$ stabil, so gibt es zu jedem $\varepsilon>0$ eine Ungleichung $||\underline{x}_o|| < \delta(\varepsilon)$ mit der Bedingung

$$||\underline{\phi}(t,t_o)\underline{x}_o|| < \varepsilon \qquad \text{für alle } t \geq t_o \quad .$$

Ein beliebiger Zustand $\tilde{\underline{x}}_o$ läßt sich durch ein $\underline{x}_o$, das der Stabilitätsbedingung genügt, darstellen:

$$\tilde{\underline{x}}_o = \delta_1 \underline{x}_o \qquad\qquad \delta_1 > 0$$

Es gibt dann zu jedem $\tilde{\varepsilon} := \varepsilon\, \delta_1 > 0$ ein $\tilde{\delta}(\tilde{\varepsilon}) := \delta_1 \delta(\varepsilon)$ mit denen die Stabilitätsbedingungen für jedes $\tilde{\underline{x}}_o \in \mathbb{R}^n$ erfüllt werden können.

<u>Satz 9:</u> Die Ruhelage $\underline{x}_r = \underline{0}$ eines linearen Systems (35) ist genau dann

a) gleichmäßig stabil, wenn ein vom Anfangszeitpunkt t_o unabhängiges $\alpha>0$ existiert, so daß

$$||\underline{\phi}(t,t_o)|| \leq \alpha \qquad \text{für alle } t \geq t_o$$

ist.

b) gleichmäßig asymptotisch stabil, wenn zwei von t_o unabhängige positive Konstanten ß und γ existieren, so daß

$$||\underline{\phi}(t,t_o)|| \leq ß\, e^{-\gamma(t-t_o)} \qquad \text{für alle } t \geq t_o$$

gilt.

Beweis: Die Lösung der homogenen DGL (35) lautet:

$$\underline{x}(t) = \underline{\phi}(t,t_o)\underline{x}_o$$

und es gilt für jedes $\underline{x}_o \in \mathbb{R}^n$ die Abschätzung

$$||\underline{x}(t)|| \leq ||\underline{\phi}(t,t_o)||\ ||\underline{x}_o|| \quad . \tag{36}$$

Wenn die Bedingung (a) des Satzes erfüllt ist, dann folgt aus der Ungleichung (36) mit $||\underline{x}_o|| < \delta(\varepsilon)$ die gleichmäßige Stabilität der Ruhelage $\underline{x}_r = \underline{0}$, nämlich

$$||\underline{x}(t)|| \leq \alpha ||\underline{x}_o|| < \alpha\, \delta = \varepsilon \quad .$$

Ist umgekehrt die Ruhelage gleichmäßig stabil, so folgt aus der Norm einer Matrix

$$||\underline{\phi}(t,t_o)|| = \max_{\underline{x}_o \varepsilon \mathbb{R}^n} \frac{||\underline{\phi}(t,t_o)\underline{x}_o||}{||\underline{x}_o||}$$

und $\underline{x}_o = \delta_1 \tilde{\underline{x}}_o$ mit $||\tilde{\underline{x}}_o|| = 1$ für beliebiges $\underline{x}_o \varepsilon \mathbb{R}^n$ die Bedingung (a) des Satzes

$$||\underline{\phi}(t,t_o)|| = \max_{||\tilde{\underline{x}}_o||=1} ||\underline{x}(t)|| < \delta_1 \varepsilon = \alpha \quad ,$$

wobei $||\underline{x}_o|| = \delta_1 < \delta(\varepsilon)$ ist.

Setzt man die Bedingung (b) des Satzes in die Ungleichung (36) ein

$$||\underline{x}(t)|| \leq ß\ e^{-\gamma(t-t_o)}||\underline{x}_o|| \xrightarrow{t\to\infty} 0$$

dann folgt hieraus die gleichmäßige asymptotische Stabilität - $ß \cdot \delta = \varepsilon$. Die Umkehrung hierzu wird im Beweis zum Satz 10 gezeigt.

∇∇

Die gleichmäßige asymptotische Stabilität impliziert nach Satz 9 bei linearen Systemen eine exponentielle Stabilität.

Einen weiteren Zusammenhang zwischen der exponentiellen Stabilität und der Transitionsmatrix liefert der Satz 10. Bei der allgemeinen Lösung der linearen Zustandsgleichung , Gl.(3.47), tritt die Transitionsmatrix zusammen mit der Eingangsfunktion unter dem Integral auf. Daher ist bei Stabilitätsdefinitionen mit nichtverschwindenden Eingangsfunktionen der folgende Satz von Bedeutung.

Satz 10: Es sei $\underline{A}(t)$ beschränkt für alle $t\ \varepsilon [t_o,\infty)$. Dann ist die exponentielle Stabilität eines linearen Systems äquivalent mit der Bedingung

$$\int_{t_o}^{t_1} ||\underline{\phi}(t_1,t)||dt \leq m < \infty \quad \text{für alle } t_1 \geq t_o \qquad (37)$$

Beweis: Aus der exponentiellen Stabilität des Systems (35) folgt durch Integration der Bedingung (b) aus Satz 9 die Ungleichung (37):

$$\int_{t_o}^{t_1} ||\underline{\phi}(t_1,t)||dt \leq \int_{t_o}^{t_1} \beta\, e^{-\gamma(t_1-t)} dt = \frac{\beta}{\gamma}\left[1-e^{-\gamma(t_1-t_o)}\right] \leq \frac{\beta}{\gamma} = m$$

Wir zeigen nun umgekehrt, daß die Bedingung (37) zusammen mit den Voraussetzungen des Satzes die exponentielle Stabilität eines linearen Systems (35) impliziert. Der Beweis erfolgt in drei Schritten, nämlich aus

a) $\int_{t_o}^{t_1} ||\underline{\phi}(t_1,t)\ dt \leq m \rightarrow ||\underline{\phi}(t_1,t_o)|| \leq \varepsilon_1$ für jedes $t_1 \geq t_o$.

b) der Bedingung (37), $||\ \underline{A}(t)|| \leq c_1$ und Schritt (a) $\longrightarrow$ gleichmäßige asymptotische Stabilität der Ruhelage $\underline{x}_r = \underline{0}$.

c) der gleichmäßigen asymptotischen Stabilität $\longrightarrow$ exponentielle Stabilität.

Zu a) Für $\underline{\phi}^{-1}(t,t_1) = \underline{\phi}(t_1,t)$ haben wir im Abschnitt 3.4, Satz 3.15 , die Gleichung

$$\dot{\underline{\phi}}(t_1,t) = -\ \underline{\phi}(t_1,t)\underline{A}(t)$$

hergeleitet. Unter Verwendung von $||\underline{A}(t)|| \leq c_1$ erhält man die Abschätzung

$$||\dot{\underline{\phi}}(t_1,t)|| \leq c_1\ ||\underline{\phi}(t_1,t)|| \quad . \tag{38}$$

Weiterhin gilt unter Berücksichtigung von (37) und (38) die Ungleichung

$$||\int_{t_o}^{t_1} \dot{\underline{\phi}}(t_1,t)dt|| = ||\underline{E} - \underline{\phi}(t_1,t_o)||$$

$$\leq \int_{t_o}^{t_1} ||\dot{\underline{\phi}}(t_1,t)||dt$$

$$\leq c_1 \int_{t_o}^{t_1} ||\underline{\phi}(t_1,t)||dt \leq c_1 \cdot m$$

und somit ist:

$$||\underline{\phi}(t_1,t_o)|| = ||\underline{E} -(\underline{E} - \underline{\phi}(t_1,t_o))|| \leq ||\underline{E}|| + ||\underline{E} - \underline{\phi}(t_1,t_o)||$$

$$\leq (1 + c_1 \cdot m) \text{ ;für jedes } t_1 \geq t_o,$$

d.h. nach Satz 9 , Bedingung (a) , ist die Ruhelage $\underline{x}_r = \underline{0}$ gleichmäßig stabil.

Zu b)

Wir dürfen schreiben , vgl. Abschnitt 3.4,Satz 3.15 ,

$$\underline{\phi}(t_1,t_o) = \underline{\phi}(t_1,\tau)\, \underline{\phi}(\tau,t_o)$$

und

$$\int_{t_o}^{t_1} \underline{\phi}(t_1,t_o)d\tau = \int_{t_o}^{t_1} \underline{\phi}(t_1,\tau)\, \underline{\phi}(\tau,t_o)d\tau \quad .$$

Eine Abschätzung der letzten Beziehung ergibt

$$(t_1-t_o)||\underline{\phi}(t_1,t_o)|| \leq \int_{t_o}^{t_1} ||\underline{\phi}(t_1,\tau)||\ ||\underline{\phi}(\tau,t_o)||d\tau$$

$$\leq (1 + c_1 m) \int_{t_o}^{t_1} ||\underline{\phi}(t_1,\tau)||d\tau$$

$$\leq (1 + c_1 m)\, m = c_2 \tag{39}$$

Setzt man

$$(t_1 - t_o) = \tau(\varepsilon,\delta) = \frac{c_2}{\varepsilon}\,\delta$$

dann gibt es zu jedem $\varepsilon > 0$ ein von t_o unabhängiges $\delta(\varepsilon)$ mit $||\underline{x}_o|| < \delta(\varepsilon)$ und der Bedingung

$$\frac{c_2\,\delta}{\varepsilon}\,||\underline{\phi}(t_1,t_o)||\;||\underline{x}_o|| \leq c_2\,||\underline{x}_o|| \quad ,$$

die aus der Ungleichung (39) durch Multiplikation mit $||\underline{x}_o||$ hervorgeht. Die Umformung ergibt

$$||\underline{x}(t_1)|| \leq ||\underline{\phi}(t_1,t_o)||\;||\underline{x}_o|| < \varepsilon \; .$$

Da nun mit $\varepsilon \to 0$ unabhängig von t_o die Zeit $\tau \to \infty$ strebt, liegt gleichmäßige asymptotische Stabilität der Ruhelage $\underline{x}_r = \underline{0}$ vor.

<u>Zu c)</u>

Da die Ruhelage $\underline{x}_r = \underline{0}$ des Systems gleichmäßig asymptotisch stabil ist, muß es ein $T > 0$ unabhängig von t_o geben, so daß

$$||\underline{\phi}(t_o + T,t_o)|| \leq \frac{1}{2}$$

ist.

Die Zerlegung der Matrix $\underline{\phi}(t_o + \nu T,t_o)$ in ein Produkt von ν $\underline{\phi}$ Matrizen über die ν Zeitintervalle der Länge T erlaubt die Abschätzung

$$\begin{aligned}||\underline{\phi}(t_o+ \nu T,t_o)|| &\leq ||\underline{\phi}(t_o+ \nu T,t_o+ (\nu-1)T)||\ldots ||\underline{\phi}(t_o+ T,t_o)||\\ &\leq 2^{-\nu}\end{aligned}$$

Wählen wir mit $\nu T = t_1 - t_o$, $2^{-\nu} = \beta\, e^{-\gamma\nu T} = \beta\, e^{-\gamma(t_1-t_o)}$ für $t_1 \geq t_o$,

dann gilt für die Transitionsmatrix die Abschätzung

$$||\underline{\phi}(t_1,t_o)|| \leq \beta\, e^{-\gamma(t_1-t_o)} \quad ,$$

d.h. es liegt exponentielle Stabilität vor.

∇∇

Besonders einfache Bedingungen erhält man für die exponentielle Stabilität der Lösungen von linearen zeitinvarianten Systemen.

Satz 11: Die Ruhelage $\underline{x}_r = \underline{0}$ eines linearen zeitinvarianten Systems $\dot{\underline{x}}(t) = \underline{A}\,\underline{x}(t)$ ist genau dann exponentiell stabil, wenn alle Eigenwerte der Matrix $\underline{A}$ einen negativen Realteil haben.

Beweis: Durch die Transformation $\underline{x}(t) = \underline{T}\,\underline{z}(t)$ werde die Matrix $\underline{A}$ in der DGL auf Jordansche Normalform gebracht:

$$\underline{T}\,\dot{\underline{z}}(t) = \underline{A}\,\underline{T}\,\underline{z}(t)$$

$$\dot{\underline{z}}(t) = \underline{T}^{-1}\,\underline{A}\,\underline{T}\,\underline{z}(t) = \underline{J}\,\underline{z}(t)$$

Die Untersuchung eines Jordanblockes $\underline{J}_\nu$, Gl.(3.34) , reicht zum Nachweis der Behauptung aus. Für einen Jordanblock $\underline{J}_\nu$, zu dem ein κ_ν-facher Eigenwert λ_ν gehört, lautet die DGL.

$$\dot{\underline{z}}^{(\nu)} = \underline{J}_\nu\,\underline{z}^{(\nu)} \qquad \underline{J}_\nu : \tilde{\mathbb{R}}^{\kappa_\nu} \to \tilde{\mathbb{R}}^{\kappa_\nu} \quad .$$

Die Transitionsmatrix dieser DGL hat unter Berücksichtigung der Darstellung (3.34) die Form

$$\underline{\Phi}_\nu(t) = e^{\underline{J}_\nu t} = e^{(\lambda_\nu \underline{E} + \underline{V})t}$$

Da die Einheitsmatrix $\underline{E}$ mit der Matrix $\underline{V}$ vertauschbar ist, darf auch

$$\underline{\Phi}_\nu(t) = e^{\lambda_\nu \underline{E} t}\, e^{\underline{V} t}$$

geschrieben werden. Aufgrund der Beziehung (3.5o) für eine zeitinvariante Transitionsmatrix ergeben sich die folgenden Umformungen:

$$e^{\lambda_\nu \underline{E} t} = \sum_{i=o}^{\infty} \frac{t^i}{i!}\,\lambda_\nu^i\,\underline{E}^i = \underline{E} \sum_{i=o}^{\infty} \frac{t^i}{i!}\,\lambda_\nu^i = \underline{E}\,e^{\lambda_\nu t}$$

und
$$e^{\underline{V}t} = \sum_{i=o}^{\infty} \frac{t^i}{i!} \underline{V}^i = \sum_{i=o}^{\kappa_\nu-1} \frac{t^i}{i!} \underline{V}^i .$$

Im letzten Ausdruck bricht die Reihe nach dem κ_ν-ten Summanden ab, da wegen

$$\underline{V}^i = \begin{bmatrix} 0 & 1 & & \underline{0} & \\ & \cdot & \underline{0} & \cdot & \\ & & \cdot & \cdot & 1 \\ & \underline{0} & & \cdot & \\ & & & & 0 \end{bmatrix}$$

die i-te Nebendiagonale
Es gibt insgesamt $(\kappa_\nu-1)$ Nebendiagonalen.

die Matrizen von der κ_ν-ten Potenz an zur Nullmatrix werden.

$$\underline{V}^{\kappa_\nu+i} = \underline{0} \qquad \text{für } i = 0, 1,...$$

Unsere Transitionsmatrix für den ν-ten Jordan-Block geht nach Berücksichtigung der Umformungen über in

$$\underline{\Phi}_\nu(t) = \underline{E}\, e^{\lambda_\nu t}\left[\underline{E} + t\underline{V} + \ldots + \frac{t^{\kappa_\nu-1}}{(\kappa_\nu-1)!} \underline{V}^{\kappa_\nu-1}\right] .$$

Jedes Element der Matrix $\underline{\Phi}_\nu(t)$ kann mit geeigneten positiven Konstanten β_ν, γ_ν durch den Ausdruck

$$0 \leq \frac{t^{\kappa_\nu-1}}{(\kappa_\nu-1)!} e^{\lambda_\nu t} \leq \beta_\nu e^{-\gamma_\nu t} \qquad \text{für alle } t \geq 0, \quad \beta_\nu, \gamma_\nu > 0$$

genau dann abgeschätzt werden, wenn der Realteil von λ_ν negativ ist. Dann liegt auch für den ν-ten Jordan-Block die exponentielle Stabilität vor, da

$$||\underline{\Phi}_\nu(t)|| \leq \beta_\nu e^{-\gamma_\nu t} \qquad \text{für alle } t \geq 0$$

gilt.

Es sei nun angenommen, daß der Realteil von λ_ν nicht negativ ist, dann folgt für

$$\lim_{t\to\infty} \frac{t^{\kappa_\nu-1}}{(\kappa_\nu-1)!}\, e^{\lambda_\nu t} \begin{cases} \neq 0 & \text{für } \kappa_\nu = 1 \text{ und } \mathrm{Re}(\lambda_\nu) = 0 \\ = \infty & \text{für } \kappa_\nu = 1 \text{ und } \mathrm{Re}(\lambda_\nu) > 0 \\ = \infty & \text{für } \kappa_\nu > 1 \text{ und } \mathrm{Re}(\lambda_\nu) \geq 0 \end{cases}$$

d.h. in keinen dieser Fälle läßt sich eine exponentiell abfallende Schranke angeben.
Diese Aussagen gelten für jeden Jordan-Block und die zugehörige Lösung der DGL ist

$$\underline{z}^{(\nu)}(t) = \underline{\phi}_\nu(t)\underline{z}_o^{(\nu)}$$

Die gesamte Lösung der DGL baut sich entsprechend der Jordanschen Normalform auf , $\sum_{\nu=1}^{m} \kappa_\nu = n$:

$$\underline{z}(t) = \begin{bmatrix} \underline{z}^{(1)}(t) \\ \vdots \\ \underline{z}^{(m)}(t) \end{bmatrix} = \underbrace{\begin{bmatrix} \underline{\phi}_1(t) & & \underline{0} \\ & \ddots & \\ \underline{0} & & \underline{\phi}_m(t) \end{bmatrix}}_{\underline{\phi}^z(t)} \begin{bmatrix} \underline{z}_o^{(1)} \\ \vdots \\ \underline{z}_o^{(m)} \end{bmatrix}$$

Die Lösung $\underline{x}(t)$ unserer DGL $\dot{\underline{x}}(t) = \underline{A}\,\underline{x}(t)$ ist durch

$$\underline{x}(t) = \underline{T}\,\underline{z}(t) = \underline{T}\,\underline{\phi}^z(t)\,\underline{T}^{-1}\underline{x}_o$$

gegeben. Da die Norm der Matrix $\underline{T}$ eine feste endliche Zahl ist, liegt genau dann exponentielle Stabilität der Lösung $\underline{x}(t)$ vor, wenn in der Abschätzung

$$||\underline{x}(t)|| \leq ||\underline{T}||\; ||\underline{\phi}^z(t)||\; ||\underline{T}^{-1}||\; ||\underline{x}_o||$$

$$\leq c\; ||\underline{\phi}^z(t)||\; ||\underline{x}_o||$$

die Transitionsmatrix $\underline{\phi}^z(t)$ die Bedingung $||\underline{\phi}^z(t)|| \leq \beta e^{-\gamma t}$ erfüllt.

Die Abschätzungen der Lösungen von allen $\underline{\dot{z}}^{(\nu)} = J_\nu \underline{z}^{(\nu)}(t)$ führen gleichzeitig zu einer Abschätzung der Lösung $\underline{x}(t)$. Es wurden die folgenden Aussagen bewiesen:

$$Re(\lambda_\nu) < 0 \leftrightarrow \|\underline{\phi}_\nu(t)\| \leq \beta_\nu e^{-\gamma_\nu t} \leftrightarrow \|\underline{\phi}^z(t)\| \leq \beta\, e^{-\gamma t} \leftrightarrow$$

für alle ν

$\leftrightarrow$ Lösung $\underline{x}(t)$ exponentiell stabil

∇∇

<u>Bemerkung 12:</u> Bei zeitinvarianten linearen Systemen folgt schon aus Satz 9 , Bedingung (b), daß die exponentielle Stabilität der asymptotischen Stabilität äquivalent ist.

<u>Beispiel 8:</u> Welche Stabilitätseigenschaften haben die folgenden Systeme ?

a)
$$\underline{\dot{x}}(t) = \begin{bmatrix} 0 & 1 \\ -1 & -2\delta \end{bmatrix} \underline{x}(t) \qquad \delta > 0$$

b)
$$\underline{\dot{x}}(t) = \begin{bmatrix} 0 & 1 \\ -1 & 0 \end{bmatrix} \underline{x}(t)$$

Im Fall (a) ist die Transitionsmatrix für $0<\delta<1$

$$\underline{\phi}(t) = \begin{bmatrix} \cos\omega t + \frac{\delta}{\omega}\sin\omega t \ , & \frac{1}{\omega}\sin\omega t \\ -\frac{1}{\omega}\sin\omega t \ , & \cos\omega t - \frac{\delta}{\omega}\sin\omega t \end{bmatrix} e^{-\delta t}$$

und die Matrix $\underline{A}$ hat die Eigenwerte:

$$\lambda_{1,2} = -\delta \mp \sqrt{\delta^2 - 1} = -\delta \mp j\,\omega;\ \omega = \sqrt{1-\delta^2}$$

Die Eigenwerte λ_1, λ_2 sind für $\delta \geq 1$ negativ und für $0<\delta<1$ komplex mit negativem Realteil. Nach Satz 11 und Bemerkung 11 sind alle Lösungen von (a) exponentiell stabil bzw. die

Ruhelage $\underline{x}_r = \underline{0}$ ist asymptotisch stabil mit dem Einzugsbereich $E = \mathbb{R}^2$. Andererseits sieht man, daß die Transitionsmatrix im Falle $0<\delta<1$ durch

$$||\underline{\phi}(t)|| < \gamma\, e^{-\delta t}$$

abgeschätzt werden kann, da der Betrag der Elemente in der Matrix eine bestimmte endliche Schranke nicht überschreitet.

Im Falle (b) lautet die Transitionsmatrix

$$\underline{\phi}(t) = \begin{bmatrix} \cos t & , & \sin t \\ -\sin t & , & \cos t \end{bmatrix}$$

und die Eigenwerte der Matrix $\underline{A}$ sind

$$\lambda_{1,2} = \mp j \ .$$

Die Ruhelage $\underline{x}_r = \underline{0}$ des Systems (b) kann nach Satz 11 nicht exponentiell stabil sein, da $Re(\lambda_\nu) = 0$ ist. Die Ruhelage ist jedoch stabil im Sinne von Ljapunov, da

$$\underline{\phi}'(t)\ \underline{\phi}(t) = \underline{E}$$

gilt, d.h. die Eigenwerte dieser Matrix sind 1, woraus für die Norm

$$||\underline{\phi}(t)|| \leq 1$$

folgt, so daß aus Satz 9 die Behauptung folgt.

4.4.2 Direkte Methode nach Ljapunov

Die Stabilitätsuntersuchungen eines linearen Systems erforderten eine Bestimmung der Transitionsmatrix oder der Eigenwerte der Systemmatrix $\underline{A}$. In beiden Fällen wächst der Rechenaufwand mit zunehmender Ordnung des Systems.
Es soll daher noch eine weitere Methode hergeleitet werden, die bei linearen zeitinvarianten Systemen auf die Lösung eines linearen Gleichungssystems führt, und selbst bei nichtlinearen Systemen eine hinreichende Bedingung für die Stabilität liefert.

Die Grundlage dieser Methode, auch direkte Methode genannt, bilden die Sätze von Ljapunov.

Bei der direkten Methode versucht man ohne Kenntnis der Lösung der Differentialgleichung eine Aussage über die Stabilität einer Ruhelage zu gewinnen. Mit Hilfe von definiten Funktionen führt man einen verallgemeinerten Abstand zwischen dem Trajektorienverlauf $\underline{x}(\cdot)$ des Systems und der Ruhelage $\underline{x}_r$ ein. Nimmt dieser Abstand über dem ganzen Zeitintervall $[t_o, \infty)$ nicht zu bzw. monoton ab, dann liegt Stabilität bzw. asymptotische Stabilität der Ruhelage vor.

Bevor wir zu den Sätzen von Ljapunov kommen, müssen die definiten Funktionen erklärt werden.

Definition 10: Es sei $\Gamma(\alpha) = \{\underline{x} \mid \underline{x} \in \mathbb{R}^n, 0 \leq ||\underline{x}|| < \alpha\}$ eine Umgebung des Nullzustandes. Es ist $\Gamma(\alpha) \subset \mathbb{R}^n$ für $\alpha < \infty$ und $\Gamma(\infty) = \mathbb{R}^n$.
Eine Abbildung $V(\cdot) : \Gamma(\alpha) \to \mathbb{R}$ heißt *positiv (negativ) definit* auf $\Gamma(\alpha)$, wenn für alle $\underline{x} \in \Gamma(\alpha)$

$$V(\underline{x}) > 0 \qquad (V(\underline{x}) < 0) \qquad \text{und } V(\underline{0}) = 0$$

ist. Gilt für alle $\underline{x} \in \Gamma(\alpha)$

$$V(\underline{x}) \geq 0 \qquad (V(\underline{x}) \leq 0)$$

so heißt diese positiv (negativ) *semidefinit* auf $\Gamma(\alpha)$.

Eine definite Funktion, die der Gleichung

$$V(\underline{x}) = c \qquad c \in \mathbb{R} \text{ const.}$$

genügt, stellt in $\Gamma(\alpha) \subset \mathbb{R}^n$ eine geschlossene Hyperfläche dar, die das $\underline{0}$ Element enthält , siehe Bild 8.

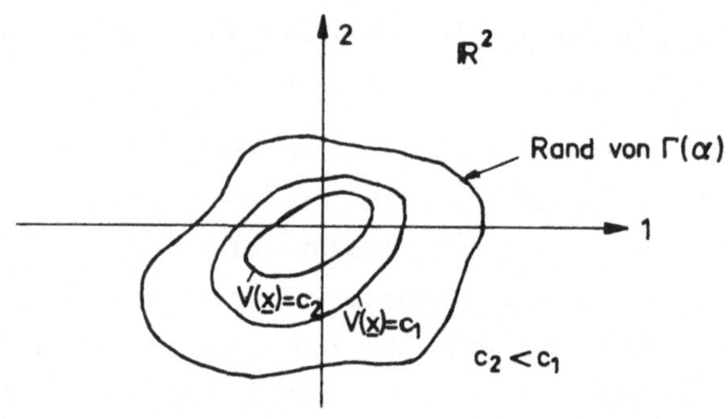

Bild 8: Höhenlinien des verallgemeinerten Abstandes $V(\underline{x})$ im $\mathbb{R}^2$

Bemerkung 13: Bei der Stabilitätsuntersuchung von linearen Systemen verwenden wir nur die quadratischen positiv (negativ) definiten Funktionen

$$V(\underline{x}) = \langle \underline{x}, \underline{Q}\, \underline{x} \rangle \quad . \tag{40}$$

Hierbei ist $\underline{Q}$ eine definite (nxn)-Matrix. Es gilt $\underline{Q} = \underline{Q}'$ und alle Eigenwerte $\lambda_\nu(\underline{Q})$ sind reell und positiv (negativ).

Beispiel 9: Man prüfe nach, ob die quadratische Form $V(\cdot) : \mathbb{R}^2 \to \mathbb{R}^1$

$$V(\underline{x}) = \underline{x}^T \underline{Q}\, \underline{x} \qquad \text{mit } \underline{Q} = \begin{bmatrix} 6 & 2 \\ 2 & 3 \end{bmatrix}$$

positiv definit ist, d.h. $V(\underline{x}) > 0$ für alle $\underline{x} \in \mathbb{R}^2$ und $\underline{x} \neq \underline{0}$.

Eine Möglichkeit besteht in der Bestimmung der Eigenwerte der symmetrischen Matrix $\underline{Q}$

$$\det(\underline{Q} - \lambda\underline{E}) = 0 \rightarrow \left\| \begin{bmatrix} (6-\lambda) & 2 \\ 2 & (3-\lambda) \end{bmatrix} \right\| = 0$$

Hieraus berechnet man die Eigenwerte $\lambda_1 = 2$ und $\lambda_2 = 7$. Die vorgegebene quadratische Form $V(\underline{x})$ ist somit auf dem ganzen $\mathbb{R}^2$ positiv definit.

Die Hyperflächen $V(\underline{x}) = c$ stellen im $\mathbb{R}^2$ Ellipsen dar, die das $\underline{0}$ Element umschließen. Die Hauptachsen der Ellipse stimmen genau dann mit den Koordinatenachsen überein, wenn die Koeffizienten außerhalb der Hauptdiagonalen der $\underline{Q}$-Matrix null sind.

Ein anderes Kriterium für die Definitheit einer quadratischen Form wäre die Bedingung, daß alle Hauptunterdeterminanten der Matrix $\underline{Q}$ positiv sein müssen, d.h.

$$|\underline{Q}_1| = q_{11} > 0 \; ; \quad |\underline{Q}_2| = \left\| \begin{bmatrix} q_{11} & q_{12} \\ q_{12} & q_{22} \end{bmatrix} \right\| > 0 \quad \ldots$$

$$|\underline{Q}_\nu| = \left\| \begin{bmatrix} q_{11} & \cdots & q_{1\nu} \\ \vdots & & \\ q_{\nu 1} & \cdots & q_{\nu\nu} \end{bmatrix} \right\| > 0 \qquad \nu = 1 \ldots n \qquad (41)$$

Im Beispiel 9 wäre

$$q_{11} = 6 > 0 \quad \text{und} \; (q_{11}\, q_{22} - q_{12}^2) = 18 - 4 > 0$$

und daraus folgt, daß die quadratische Form $V(\underline{x})$ unseres Beispiels für jedes $\underline{x} \in \mathbb{R}^2$ positiv definit ist.

Die direkte Methode soll hier nur für zeitinvariante Systeme formuliert werden. In der mathematischen Literatur bezeichnet man diese Systeme häufig auch als autonom. Die Stabilitätsbegriffe hängen bei diesen Systemen nicht vom Anfangszeitpunkt t_o ab, so daß stabil und gleichmäßig stabil nicht zu unterscheiden sind , entsprechend die anderen Stabilitätsbegriffe.

<u>Satz 12:</u> Gegeben ist ein zeitinvariantes dynamisches System , $f(\cdot,\cdot) : \mathbb{R}^n \times \mathbb{R}^r \to \mathbb{R}^n$:

$$\dot{\underline{x}} = \underline{f}(\underline{x}, \underline{0}) \tag{42}$$

und es existiere für die nachfolgenden Fälle (a) und (b) eine positiv definite Funktion $V(\underline{x})$ auf $\Gamma(\alpha) \subset \mathbb{R}^n$ mit stetigen partiellen Ableitungen nach allen $x_\nu (\nu = 1 \ldots n)$. Die Ruhelage $\underline{x}_r = \underline{0}$ des dynamischen Systems (42) ist

a) stabil, wenn auf $\Gamma(\alpha) \subset \mathbb{R}^n$ zu einer negativ semidefiniten Funktion

$$\dot{V}(\underline{x}) = \langle \text{grad } V(\underline{x}), \dot{\underline{x}} \rangle = \langle \text{grad } V(\underline{x}), \underline{f}(\underline{x},\underline{0}) \rangle$$

eine positiv definite Funktion $V(\underline{x})$ gehört.

b) asymptotisch stabil, wenn auf $\Gamma(\alpha) \subset \mathbb{R}^n$ zu einer negativ semidefiniten Funktion

$$\dot{V}(\underline{x}) = \langle \text{grad } V(\underline{x}), \underline{f}(\underline{x},\underline{0}) \rangle$$

die längs eines Trajektorienstücks $\underline{x}(t)$ nicht identisch verschwindet, eine positiv definite Funktion $V(\underline{x})$ gehört.

In den Fällen (a) und (b) wird $V(\underline{x})$ Ljapunov-Funktion genannt , siehe Bild 9 und 10.
Die Bedingungen (a) und (b) sind für lineare Systeme $\underline{f}(\underline{x}, \underline{0}) = \underline{A}\ \underline{x}$ notwendig und hinreichend. Für den Einzugsbereich gilt $\mathbb{E} = \mathbb{R}^n$.

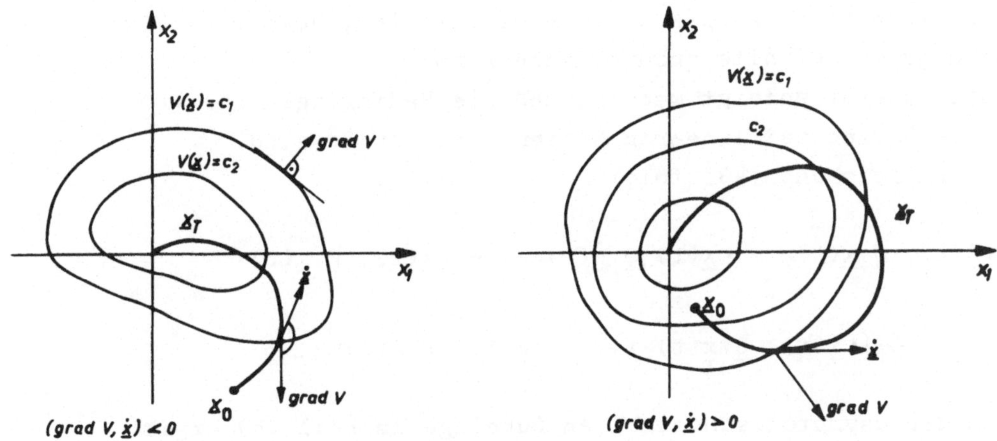

Bild 9: Ljapunov-Funktion

Bild 10: Keine Ljapunov-Funktion

Beweis: Der Satz wird nur für lineare dynamische Systeme bewiesen, sonst siehe Literaturstelle (20).

Im linearen Fall genügt es, für $V(\underline{x})$ eine quadratische Form

$$V(\underline{x}) = \underline{x}' \underline{Q} \underline{x}$$

mit $\underline{Q}$ als zeitunabhängige (nxn)-Matrix anzusetzen.
Die totale zeitliche Ableitung von $V(\underline{x})$ ist

$$\dot{V}(\underline{x}) = \dot{\underline{x}}' \underline{Q} \underline{x} + \underline{x}' \underline{Q} \dot{\underline{x}} \quad . \tag{43}$$

Berücksichtigt man $\dot{\underline{x}} = \underline{A} \underline{x}$, so folgt

$$\begin{aligned} \dot{V}(\underline{x}) &= \underline{x}'(\underline{A}'\underline{Q} + \underline{Q} \underline{A})\underline{x} \\ &= - \underline{x}' \underline{P} \underline{x} \quad . \end{aligned}$$

Hieraus entsteht die Matrixgleichung

$$\underline{A}' \underline{Q} + \underline{Q} \underline{A} = - \underline{P} \quad . \tag{44}$$

Wir stellen fest, wenn $\underline{P}$ positiv definit ist, dann wäre $\dot{V}(x)$ eine negativ definite quadratische Form.
Es soll zuerst gezeigt werden, daß die Bedingungen (a) und (b) des Satzes bei linearen Systemen notwendig sind.
Aus der Gleichung (43) folgt

$$<\underline{\dot{x}}(t),\ \underline{Q}\ \underline{x}(t)> + <\underline{x}(t), \underline{Q}\ \underline{\dot{x}}(t)> = -<\underline{x}(t),\ \underline{P}\ \underline{x}(t)>$$

$$\frac{d}{dt}\left(<\underline{x}(t),\ \underline{Q}\ \underline{x}(t)>\right) = -<\underline{x}(t),\ \underline{P}\ \underline{x}(t)> .$$

Wegen der asymptotisch stabilen Ruhelage im Fall (b) ergibt $\lim_{t\to\infty} \underline{x}(t) = \underline{0}$ und es gilt

$$\int_{\underline{x}_o}^{\underline{o}} d\left(<\underline{x}(t),\ \underline{Q}\ \underline{x}(t)>\right) = -\int_0^\infty <\underline{x}(t),\ \underline{P}\ \underline{x}(t)>dt \tag{45}$$

$$<\underline{x}_o,\ \underline{Q}\ \underline{x}_o> = \int_0^\infty <\underline{x}(t),\ \underline{P}\ \underline{x}(t)>dt .$$

Im Fall (a) ist $\lim_{t\to\infty} \underline{x}(t) = \underline{x}_1 \neq \underline{0}$, so daß die linke Seite der letzten Beziehung unter Berücksichtigung der Stabilitätsdefinition lautet:

$$<\underline{x}_1,\ \underline{Q}\ \underline{x}_1> - <\underline{x}_o,\ \underline{Q}\ \underline{x}_o> \leq 0$$

Das Integral in (45) existiert bei asymptotisch stabiler Ruhelage, da $<\underline{x}_o, \underline{Q}\ \underline{x}_o>$ endlich ist.

Es sei nun $<\underline{x}(t), \underline{P}\ \underline{x}(t)> \geq 0$ und verschwinde nicht identisch längs eines Trajektorienstücks, dann folgt die Behauptung

$$<\underline{x}_o,\ \underline{Q}\ \underline{x}_o> > 0 \qquad \text{für jedes } \underline{x}_o \in \mathbb{R}^n \quad (\underline{x}_o \neq \underline{0})$$

also $\underline{Q}$ positiv definit.
Bei einer stabilen Ruhelage darf das Integral in (45) verschwinden.

Die hinreichende Bedingung verlangt, daß $\underline{P}$ mindestens positiv semidefinit und $\underline{Q}$ positiv definit bei einer asymptotisch stabilen Ruhelage sind. Es sei $\underline{x}(t)$ Lösung der DGL $\dot{\underline{x}} = \underline{A}\,\underline{x}$, dann gilt

$$\frac{dV(\underline{x})}{dt} = -<\underline{x}(t),\ \underline{P}\,\underline{x}(t)> \ \leq 0 \ .$$

Die Integration über das Zeitintervall $[0, +\infty)$ ergibt

$$V(\underline{x}_\infty) - V(\underline{x}_o) = -\int_0^\infty <\underline{x}(t),\ \underline{P}\,\underline{x}(t)>dt \leq 0 \ . \qquad (46)$$

Da laut Voraussetzung $V(\underline{x}) > 0$ für $\underline{x} \neq 0$ und die Norm von $||\underline{Q}||$ endlich ist, gelten die Abschätzungen

$$0 \leq V(\underline{x}_\infty) \leq V(\underline{x}_o)$$

$$V(\underline{x}_o) \leq ||\underline{Q}||\ ||\underline{x}_o||^2 \qquad \text{für alle } \underline{x}_o \in \mathbb{R}^n$$

$$\int_0^\infty <\underline{x}(t),\ \underline{P}\,\underline{x}(t)>dt \leq ||\underline{Q}||\ ||\underline{x}_o||^2 < \infty \ .$$

Aus der letzten Ungleichung folgt:

$$\lim_{t\to\infty} <\underline{x}(t),\ \underline{P}\,\underline{x}(t)> = 0 \ ,$$

da sonst das Integral nicht endlich ist.
Laut Voraussetzung ist $<\underline{x}(t), \underline{P}\,\underline{x}(t)>$ mindestens positiv semidefinit und verschwindet längs eines Trajektorienstücks nicht identisch. Also muß

$$\lim_{t\to\infty} ||\underline{x}(t)|| = 0$$

sein.
Die Ruhelage $\underline{x}_r = \underline{0}$ ist asymptotisch stabil mit dem Einzugsbereich $\mathbb{E} = \mathbb{R}^n$. Den Fall (a) des Satzes beweist man in analoger Weise.

$\nabla\nabla$

Beispiel 10: Gegeben ist das dynamische System

$$\dot{\underline{x}}(t) = \underline{A}\,\underline{x}(t) \qquad \underline{x}(t) \in \mathbb{R}^n$$

in dem die Systemmatrix die Form

$$\underline{A} = -\alpha\,\underline{E} + \underline{A}_a \qquad \alpha > 0,\ A_a = -A_a'$$

hat. Da eine schiefsymmetrische Matrix $\underline{A}_a$ nur imaginäre Eigenwerte besitzt, erhalten wir für die Systemmatrix $\underline{A}$ Eigenwerte mit negativem Realteil. Um dies zu zeigen, wenden wir die direkte Methode an.

Wählt man

$$V(\underline{x}) = \frac{1}{2} <\underline{x}, \underline{x}> ,$$

dann ist

$$\dot{V}(\underline{x}) = -\alpha <\underline{x}, \underline{x}> + <\underline{x}, \underline{A}_a \underline{x}> .$$

Der letzte Summand verschwindet für jedes $\underline{x} \in \mathbb{R}^n$, da

$$<\underline{x}, \underline{A}_a\underline{x}> = - <\underline{x}, \underline{A}_a' \underline{x}> = - <\underline{A}_a \underline{x}, \underline{x}> \neq 0$$

ein Widerspruch wäre , siehe auch Abschnitt 3.3.5. Somit ist

$$\dot{V}(\underline{x}) = -\alpha <\underline{x}, \underline{x}> < 0 \qquad \underline{x} \in \mathbb{R}^n,\ \underline{x} \neq \underline{0} .$$

Das bedeutet ($\dot{V}(\underline{x}) < 0$; $V(\underline{x}) > 0$) nach Satz 12, daß die Ruhelage $\underline{x}_r = \underline{0}$ asymptotisch stabil ist.
Bei diesem Beispiel kann es sich physikalisch z.B. um einen starren Rotationskörper mit dem Reibungskoeffizienten α handeln.

Zeitinvariante diskrete Systeme

Die Bedingungen im Satz 9 an die Transitionsmatrix sind notwendig und hinreichend für die gleichmäßige (asymptotische) Stabilität. Die linearen diskreten Zustandsgleichungen

$$\underline{x}_{\nu+1} = \underline{\phi}_\nu \underline{x}_\nu + \underline{H}_\nu \underline{u}_\nu$$

enthalten die Transitionsmatrix als Systemmatrix. Wenn im zeitinvarianten kontinuierlichen Fall λ_ν die Eigenwerte der Systemmatrix $\underline{A}$ sind, dann besitzt $\underline{\phi}(T)$ die Eigenwerte

$$\chi_\nu(\underline{\phi}) = e^{\lambda_\nu T} \tag{47}$$

Es seien $\underline{z}_\nu$ Eigenvektoren der Matrix $\underline{A}$ mit den zugehörigen Eigenwerten λ_ν, dann gilt:

	Multiplikation mit
$\underline{E}\,\underline{z}_\nu = \underline{z}_\nu$	1
$\underline{A}\,\underline{z}_\nu = \lambda_\nu \underline{z}_\nu$	T
$\vdots$	$\vdots$
$\underline{A}^k \underline{z}_\nu = \lambda_\nu^k \underline{z}_\nu$	$\frac{T^k}{k!}$
$\vdots$	

Die Addition aller Gleichungen ergibt

$$\sum_{i=o}^{\infty} \frac{T^i}{i!} \underline{A}^i \underline{z}_\nu = \left[\sum_{i=o}^{\infty} \frac{T^i}{i!} \lambda_\nu^i \right] \underline{z}_\nu$$

und hieraus folgt:

$$\underline{\phi}(T)\underline{z}_\nu = e^{\lambda_\nu T} \underline{z}_\nu .$$

Die Definitionen über gleichmäßige Stabilität im Sinne von Ljapunov lauten für diskrete Systeme , $\underline{u}_\nu \equiv \underline{0}$:

a) Gleichmäßige Stabilität

$$\bigwedge_{\varepsilon>0}\ \bigvee_{\delta>0}\ \bigwedge_{k\in\mathbb{Z}}\ \bigwedge_{\substack{\underline{x}_k\\ ||\underline{x}_k||\leq\delta}}\ \sup_{\nu>k} ||\underline{x}_\nu|| \leq \varepsilon \qquad (48)$$

b) Gleichmäßige asymptotische Stabilität

$\underline{x}_{\nu+1} = \underline{\Phi}_\nu \underline{x}_\nu$ ist gleichmäßig stabil und

$$\lim_{\nu\to\infty} ||\underline{x}_\nu|| = 0 \quad \text{konvergiert gleichmäßig} \qquad (49)$$

Aus diesen Stabilitätsdefinitionen und in Anlehnung an Satz 11 folgt für zeitinvariante lineare diskrete Systeme, daß asymptotische Stabilität der Ruhelage $\underline{x}_r = \underline{0}$ genau dann vorliegt, wenn alle Eigenwerte der Matrix $\underline{\phi}(T)$ im Einheitskreis liegen.

$$\text{asymptotische Stabilität mit Einzugsbereich } \mathbb{R}^n \longleftrightarrow \bigwedge_{\nu=1...n} |e^{\lambda_\nu T}| < 1$$

Der Beweis hierzu ergibt sich direkt aus den Überlegungen zum Satz 11 und wird daher dem Leser überlassen.
Im folgenden Satz wird die direkte Methode zum Nachprüfen der Stabilitätseigenschaften bei linearen zeitinvarianten diskreten Systemen benutzt.

Satz 13: Die Ruhelage $\underline{x}_r = \underline{0}$ des zeitinvarianten diskreten Systems

$$\underline{x}_{\nu+1} = \underline{\phi}(T)\underline{x}_\nu \qquad (50)$$

ist genau dann asymptotisch stabil mit dem Einzugsbereich $\mathbb{R}^n$, wenn zu einer negativen definiten Funktion

$$\Delta V(\underline{x}_\nu) := V(\underline{x}_{\nu+1}) - V(\underline{x}_\nu) = - \underline{x}_\nu' \underline{P}\, \underline{x}_\nu$$

eine positiv definite Funktion (Ljapunov-Funktion)

$$V(\underline{x}_\nu) = \underline{x}_\nu' \underline{Q}\, \underline{x}_\nu$$

gehört.

Beweis: Die Berechnung von $\Delta V(\underline{x}_\nu)$ unter Verwendung von (50) führt uns auf die Beziehung

$$V(\underline{x}_{\nu+1}) - V(\underline{x}_\nu) = \underline{x}_\nu' \underline{\Phi}' \underline{Q} \underline{\Phi} \underline{x}_\nu - \underline{x}_\nu' \underline{Q} \underline{x}_\nu = - \underline{x}_\nu' \underline{P} \underline{x}_\nu$$

$\underline{Q}$ muß also eindeutige Lösung der Matrixgleichung

$$\underline{\Phi}' \underline{Q} \underline{\Phi} - \underline{Q} = - \underline{P} \tag{51}$$

sein.
Es seien nun $\underline{P}$ und $\underline{Q}$ positiv definite Matrizen, dann folgt aus $\Delta V(\underline{x}_\nu) < 0$, daß die Folge

$$\left[V(\underline{x}_\nu)\right] \xrightarrow{\nu\to\infty} 0$$

strebt, denn aus $\lim\limits_{\nu\to\infty} V(\underline{x}_\nu) = c>0$ würde $\Delta V(\underline{x}_\infty) = 0$ folgen und das ist wegen der Definitheit von ΔV nur für $\underline{x} = \underline{0}$ möglich. Da $V(\underline{0}) = 0$ ist, ergibt sich daraus die Behauptung. Die Ruhelage $\underline{x}_r = \underline{0}$ ist asymptotisch stabil mit dem Einzugsbereich $\mathbb{R}^n$.

Liegt umgekehrt asymptotische Stabilität der Ruhelage $\underline{x}_r = \underline{0}$ vor, also $\{\underline{x}_\nu\} \xrightarrow{\nu\to\infty} \underline{0}$, dann folgt aus $\Delta V(\underline{x}_\nu) < 0$ für alle $\underline{x}_\nu \in \mathbb{R}^n$, daß $V(\underline{x}_\nu)$ positiv definit ist. Gäbe es nämlich ein $\underline{x}_\mu \neq 0$ mit

$$V(\underline{x}_\mu) < 0$$

dann würde aus $\Delta V(\underline{x}_\mu) < 0$

$$\lim_{\mu\to\infty} V(\underline{x}_\mu) = c < 0$$

folgen, im Gegensatz zur Voraussetzung, daß die Ruhelage $\underline{x}_r = \underline{0}$ asymptotisch stabil mit Einzugsbereich $\mathbb{R}^n$ sein soll.

∇∇

<u>Beispiel 11:</u> Unter welchen Bedingungen ist die Ruhelage $\underline{x}_r = \underline{0}$ des diskreten Systems

$$\underline{x}_{\nu+1} = \begin{bmatrix} 0 & 1 \\ -a_o & -a_1 \end{bmatrix} \underline{x}_\nu$$

asymptotisch stabil ?

Es ist

$$\underline{\Phi}' \, \underline{Q} \, \underline{\Phi} - \underline{Q} = \begin{bmatrix} a_o^2 \, q_{22} - q_{11} & , - a_o q_{12} + a_1 a_o \, q_{22} - q_{12} \\ -a_o \, q_{12} + a_1 \, a_o \, q_{22} - q_{12} & , \, q_{11} - 2a_1 q_{12} + a_1^2 \, q_{22} - q_{22} \end{bmatrix}$$

Wählen wir für die $\underline{P}$ - Matrix in der Gleichung (51) die Einheitsmatrix, so ergibt die Berechnung der Elemente q_{ik}:

$$\begin{aligned} q_{22} &= \frac{2(1+a_o)}{(1-a_o)\left((1+a_o)^2 - a_1^2\right)} \\ q_{11} &= 1 + a_o^2 \, q_{22} \\ q_{12} &= \frac{a_1 \, a_o}{(1 + a_o)} \, q_{22} \end{aligned} \qquad (52)$$

Nach Satz 13 muß bei asymptotischer Stabilität der Ruhelage die $\underline{Q}$-Matrix positiv definit sein, d.h.

$$q_{11}, \, q_{22} > 0 \qquad \text{und} \qquad q_{11} \, q_{22} - q_{12}^2 > 0 \quad .$$

Wir erhalten so aus den Gleichungen (52) die Stabilitätsbedingungen

$$\begin{aligned} (1 + a_o)^2 - a_1^2 &> 0 \\ 1 - a_o^2 &> 0 \quad . \end{aligned}$$

Beachtet man, daß $a_o = \det(\underline{\phi})$ und $a_1 = -\,\mathrm{Spur}(\underline{\phi})$ ist, dann gilt

$$|\det(\underline{\phi})| < 1$$

$$|\mathrm{Spur}(\underline{\phi})| < |1 + \det(\underline{\phi})| < 2 \quad ,$$

d.h. wenn λ_1, λ_2 die Eigenwerte von $\underline{\phi}$ sind, muß

$$|\lambda_1 \cdot \lambda_2| < 1 \quad \text{und} \quad |\lambda_1 + \lambda_2| < 2$$

erfüllt sein. Das bedeutet

$$|\lambda_\nu| < 1 \qquad \nu = 1,2 \quad .$$

4.4.3 Eingangs-Ausgangsstabilität

Das Stabilitätsverhalten von dynamischen Systemen läßt sich erst dann vollständig beurteilen, wenn der Verlauf der Ausgangsgröße $\underline{y}(\cdot)$ in Abhängigkeit von beschränkten zulässigen Eingangsfunktionen untersucht wurde. Aus dem Bild 1 entnehmen wir, daß die Abbildungen F, L und $\underline{\phi}(t,t_o)$ jeweils das Erreichbarkeits- Beobachtbarkeits- und Zustandstabilitätsverhalten bestimmen. Das asymptotische Verhalten der Ausgangsgröße in Abhängigkeit von den Eingangsgrößen hängt von allen drei Eigenschaften ab. Insbesondere wird der Zusammenhang zwischen der Zustands- und Eingangs-Ausgangs-Stabilität von der Erreichbarkeit und Beobachtbarkeit des dynamischen Systems mitbestimmt.

Das Eingangs- Ausgangsverhalten eines linearen kontinuierlichen Systems erhalten wir durch Multiplikation der Ausgangsmatrix $\underline{C}(t)$ mit der Lösung $\underline{x}(t)$ der Zustandsgleichung , Gl.(3.47), Abschnitt 3.4:

$$\underline{y}(t) = \underline{C}(t)\underline{\phi}(t,t_o)\underline{x}_o + \int_{t_o}^{t} \underline{C}(t)\,\underline{\phi}(t,\tau)\underline{B}(\tau)\underline{u}(\tau)d\tau$$

Untersucht wird das Verhalten aus dem Anfangszustand $\underline{x}_o = \underline{0}$ heraus, so daß bei linearen Systemen die Abbildung zwischen dem

Eingangs- und Ausgangsraum durch

$$\underline{y}(\cdot) = \int_{t_o}^{\cdot} \underline{C}(\cdot)\underline{\phi}(\cdot,\tau)\underline{B}(\tau)\underline{u}(\tau)d\tau = L\circ F\left(\underline{u}(\cdot)\right) = T\left(\underline{u}(\cdot)\right) \qquad (53)$$

erklärt ist.

$$T : C^r\left(t_o,t_1\right) \to C^p\left(t_o,t_1\right) \qquad \text{für alle } t_1 \geq t_o \qquad (54)$$

Definition 11: Ein dynamisches System in *Eingangs-Ausgangsdarstellung* ist eine Abbildung T vom Typ (54), die kausal auf $C^r\left(t_o, \infty\right)$ ist.

Die Kausalität bedeutet, daß aus $\underline{u}_1(t) = \underline{u}_2(t)$ für $t \leq t_1$ mit $t_1 \varepsilon \left(t_o, +\infty\right)$ $(T\,\underline{u}_1)(t) = (T\,\underline{u}_2)(t)$ für $t \leq t_1$ folgt.

Bei der Steuerbarkeit und der Beobachtbarkeit wurden die dynamischen Systeme über ein endliches Zeitintervall betrachtet. Es genügte in den Untersuchungen die Stetigkeit bei den Eingangs-, Zustands- und Ausgangsfunktionen vorauszusetzen.
Aus der Beziehung (53) entnehmen wir, daß bei Stabilitätsuntersuchungen das Integral über einem unendlichen Intervall $\left(t_o, +\infty\right)$ existieren muß. Nicht jede stetige Funktion ist über ein unendliches Intervall integrierbar.
Wir betrachten daher die Menge aller Funktionen $\underline{u}(\cdot)$, $\underline{x}(\cdot)$ und $\underline{y}(\cdot)$, die in der q-ten Potenz über das Intervall $\left(t_o, +\infty\right)$ integrierbar sind, d.h.

$$\int_{t_o}^{\infty} \|\underline{u}(t)\|_{\mathbb{R}^r}^{q} \, dt < m_q < \infty \qquad 1 \leq q < \infty$$

bzw.

$$\sup_{t\,\varepsilon\left(t_o,\infty\right)} \|\underline{u}(t)\|_{\mathbb{R}^r} < m_\infty < \infty \qquad q = \infty \quad ,$$

entsprechendes soll für die Funktionen $\underline{x}(\cdot)$ und $\underline{y}(\cdot)$ gelten.

Die Menge dieser Funktionen, die mit L_q bezeichnet wird, bildet einen linearen Raum. Der Leser prüfe diese Aussage anhand der Definition 3.3 , im Abschnitt 3.1 , nach und verwende dabei die Ungleichung

$$||\underline{u}_1(t) + \underline{u}_2(t)||^q \leq (2 \max\{||\underline{u}_1(t)||, ||\underline{u}_2(t)||\})^q$$
$$\leq 2^q(||\underline{u}_1(t)||^q + ||\underline{u}_2(t)||^q) \quad .$$

Der lineare Raum L_q wird durch Einführung der Norm

$$||\underline{u}(\cdot)||_q := \left[\int_{t_o}^{\infty} ||\underline{u}(t)||^q_{\mathbb{R}^r}\, dt\right]^{\frac{1}{q}} \qquad 1 \leq q < \infty$$

bzw.

$$||\underline{u}(\cdot)||_\infty := \sup_{t\varepsilon(t_o,\infty)} ||\underline{u}(t)||_{\mathbb{R}^r}$$

zu einem normierten Raum , vgl. Definition 3.6.

Die Zugehörigkeit eines Funktionenelements zum L_q-Raum beinhaltet somit gleichzeitig, daß das Element eine endliche q-Norm besitzt. Eingangs- und Ausgangsfunktionen, die zu einem L_q-Raum gehören, sind z.B. für $q = \infty$ in der Amplitude und für $q = 2$ in der Energie beschränkt.

Stabilität läßt sich danach unter Berücksichtigung bestimmter physikalischer Forderungen in einer sehr allgemeinen Form festlegen.

Definition 12: T sei die Abbildung eines dynamischen Systems in Eingangs- Ausgangsform und es gelte $T(0) = 0$. Dann heißt das System *Lq-eingangs-ausgangsstabil* , *Lq-stabil* , $1 \leq q \leq \infty$, wenn eine endliche Konstante k existiert, so daß für alle $\underline{u}(\cdot) \varepsilon L_q$ folgt, daß $\underline{y}(\cdot) = (T\,\underline{u})(\cdot) \varepsilon L_q$ und

$$||\underline{y}(\cdot)||_q \leq k\, ||\underline{u}(\cdot)||_q$$

erfüllt ist.

Einen Zusammenhang zwischen der L_q-Stabilität und der Zustandsstabilität im Sinne von Ljapunov stellt der folgende Satz her. Damit ist eine Möglichkeit zum Nachweis der Eingangs- Ausgangsstabilität gegeben.

Satz 14: Das dynamische System

$$\dot{\underline{x}}(t) = \underline{A}(t)\underline{x}(t) + \underline{B}(t)\underline{u}(t) \; ; \quad \underline{x}_o := \underline{x}(t_o)$$

$$\underline{y}(t) = \underline{C}(t)\underline{x}(t)$$

sei gleichmäßig vollständig erreichbar und gleichmäßig vollständig beobachtbar.Dann sind die exponentielle Stabilität und die L_q-Stabilität äquivalent.

Beweis: Zuerst verschaffen wir uns einen Überblick über die Bedeutung der Voraussetzungen und der Behauptung

a) Die gleichmäßige vollständige Erreichbarkeit bedeutet, siehe Bemerkung 3 , daß es eine Eingangsfunktion $\underline{u}(\cdot)$ und ein $\Delta > 0$ unabhängig von t_o gibt, so daß der Zustand $\underline{x}_o = \underline{0}$ zum Zeitpunkt $t_o = \tau - \Delta$ in einen Zustand $\underline{x}_\tau := \underline{x}(\tau)$ überführt werden kann. Diese Aussage gilt wegen der Vollständigkeit bei geeignetem Δ und $\underline{u}(\cdot)$ für jedes $\underline{x} \in \mathbb{R}^n$. Aus der Beziehung (8) und der Bemerkung 3 folgt dann , hier für q = 2:

$$||\underline{u}(\cdot)||^2 = \langle \underline{W}^{-1}(\tau-\Delta,\tau)\underline{\phi}(\tau,\tau-\Delta)\underline{x}_\tau , \underline{\phi}(\tau,\tau-\Delta)\underline{x}_\tau \rangle$$

$$\leq ||\underline{\phi}'\underline{W}^{-1}\underline{\phi}|| \; ||\underline{x}_\tau||^2 = \alpha ||\underline{x}_\tau||^2$$

Wählen wir die Eingangsfunktion

$$\underline{u}(\cdot) = \begin{cases} \underline{u}(t) & \text{für } \tau-\Delta \leq t < \tau \\ \underline{0} & \text{für } t \geq \tau \end{cases}$$

so läßt sich jeder Zustand $\underline{x} \in \mathbb{R}^n$ in endlicher Zeit erreichen und $||\underline{u}(\cdot)||^2$ hat eine von t_o unabhängige obere Schranke.

b) Die gleichmäßige vollständige Beobachtbarkeit , Bemerkung 7 und Satz 6 , besagt, daß es eine 1-1-Zuordnung zwischen den Zuständen und den Ausgangsfunktionen unabhängig von t_o gibt

$$\underline{x}_\tau \leftrightarrow \underline{y}(\cdot) \qquad \text{für } \tau \leq t \leq \tau+\Delta \quad .$$

Für die Stabilität ist nur noch zu zeigen, daß die Abbildung $(L\,\underline{x})(\cdot) = y(\cdot)$ eine endliche Norm $||L||$ im L_2 besitzt.

Annahme: Das System sei L_q-stabil $(q = 2)$, dann hat die Ausgangsfunktion eine obere Schranke.

$$V(\tau-\Delta) := ||\underline{y}(\cdot)||^2 = \int_{\tau-\Delta}^{\infty} \langle \underline{y}(t), \underline{y}(t)\rangle_{\mathbb{R}^p}\, dt \leq k||\underline{u}(\cdot)||^2$$

Wegen der gleichmäßigen Erreichbarkeit hat $||\underline{u}(\cdot)||$ eine obere Schranke und es gilt

$$V(\tau) \leq V(\tau-\Delta) \leq k\,\alpha\,||\underline{x}_\tau||^2 \quad . \tag{55}$$

Andererseits hat $V(\tau-\Delta)$ wegen der gleichmäßigen Beobachtbarkeit eine von t_o unabhängige untere Schranke. Da für $t \geq \tau$ $\underline{u}(t) = \underline{0}$ und $\underline{x}(t) = \underline{\phi}(t,\tau)\underline{x}_\tau$ ist, gilt mit $\underline{y}(t) = \underline{C}(t)\underline{x}(t)$:

$$\begin{aligned} V(\tau) - V(\tau+\Delta) &= \int_{\tau}^{\tau+\Delta} \langle \underline{C}(t)\underline{x}(t), \underline{C}(t)\underline{x}(t)\rangle dt \\ &= \int_{\tau}^{\tau+\Delta} \langle \underline{x}_\tau, \underline{\phi}'(t,\tau)\underline{C}'(t)\underline{C}(t)\underline{\phi}(t,\tau)\underline{x}_\tau\rangle dt \\ &= \langle \underline{x}_\tau, \underline{M}(\tau,\tau+\Delta)\underline{x}_\tau\rangle \end{aligned}$$

$M(\tau,\tau+\Delta)$ ist nach Satz 6 eine positiv definite Matrix, so daß die Abschätzung

$$\beta||\underline{x}_\tau||^2 \leq V(\tau) - V(\tau+\Delta) \leq k\,\alpha||\underline{x}_\tau||^2 \tag{56}$$

erlaubt ist. Daraus ergibt sich unter Berücksichtigung von (55) die Ungleichung

$$V(\tau+\Delta) \leq -\beta\,||\underline{x}_\tau||^2 + V(\tau) \leq \left(1 - \frac{\beta}{k\alpha}\right)V(\tau) \quad .$$

Für $\beta < k\alpha$ gilt

$$0 < \gamma := (1 - \frac{\beta}{k\alpha}) < 1 \ ,$$

so daß

$$V(\tau+\Delta) \leq \gamma \, V(\tau)$$

ist und wegen der Unabhängigkeit von t_o auch

$$V(\tau+2\Delta) \leq \gamma \, V(\tau+\Delta) \leq \gamma^2 \, V(\tau)$$

$$V(\tau+\nu\Delta) \leq \gamma^\nu \, V(\tau)$$

gilt. Setzt man $\gamma = e^{-\alpha\Delta}$ und $\nu\Delta = t_1 - t_o$, so folgt die exponentielle Stabilität aus

$$V(\tau+\nu\Delta) \leq e^{-\alpha(t_1-t_o)} \, V(\tau) \ ,$$

denn aufgrund von (56) ist $V(\infty) = 0$ nur für $\underline{x}_\tau = \underline{0}$ möglich. Jetzt nehmen wir an, daß exponentielle Stabilität vorliegt und zeigen, daß unter den angegebenen Voraussetzungen L_q-Stabilität daraus folgt. Es gibt also positive Konstanten β, γ, so daß

$$||\underline{\phi}(t,t_o)|| \leq \beta \, e^{-\gamma(t-t_o)} \qquad t \geq t_o$$

gilt. Da $\underline{C}(t)$ und $\underline{B}(t)$ wegen der Gleichmäßigkeit beschränkt sein müssen, erhalten wir die Abschätzung

$$||\underline{C}(t)\underline{\phi}(t,t_o)\underline{B}(t)|| \leq ||\underline{C}(t)|| \; ||\underline{\phi}(t,t_o)|| \; ||\underline{B}(t)|| \leq c \, e^{-\gamma(t-t_o)} .$$

Unter Verwendung der Eingangs-Ausgangsbeziehung (53) folgt damit die Bedingung für die L_q-Stabilität:

$$||\underline{y}(\cdot)||^q = \int_{t_o}^{\infty} ||\underline{y}(t)||^q dt \leq \int_{t_o}^{\infty} \left[\int_{t_o}^{t} ||\underline{C}(\tau)\underline{\phi}(\tau,t_o)\underline{B}(\tau)\underline{u}(\tau)|| d\tau \right]^q dt$$

$$\leq k \, ||\underline{u}(\cdot)||^q$$

∇∇

Beispiel 12: Das dynamische System

$$\underline{\dot{x}} = \begin{bmatrix} 0 & 1 & & \underline{0} \\ & \ddots & \ddots & \\ \underline{0} & & 0 & 1 \\ -a_o & \cdot & \cdot & -a_{n-1} \end{bmatrix} \underline{x}(t) + \begin{bmatrix} 0 \\ \cdot \\ \cdot \\ \cdot \\ 0 \\ 1 \end{bmatrix} u(t)$$

$$y(t) = (1, 0, \ldots, 0)\underline{x}(t)$$

in dem die Systemmatrix $\underline{A}$ nur Eigenwerte mit negativem Realteil hat, ist auf L_q-Stabilität zu untersuchen.

Da aus $\operatorname{Re}(s_\nu(\underline{A})) < 0$ $(\nu = 1 \ldots n)$ nach Satz 11 die exponentielle Stabilität folgt und das dynamische System gleichmäßig vollständig erreichbar und beobachtbar ist , siehe Beispiel 3 und 6, liegt nach Satz 14 L_q-Stabilität für jedes $1 \leq q \leq \infty$ vor. Die Übertragungsfunktion G(s) zu diesem Zustandsmodell wurde im Beispiel 3 und 6 , Gln.(18) und (31) , ermittelt.

$$G(s) = \frac{1}{s^n + a_{n-1}s^{n-1} + \ldots + a_o}$$

Die Eigenwerte der Systemmatrix $\underline{A}$ bestimmen also das Stabilitätsverhalten von G(s).

Zu Abschnitt 4.4 vgl. Literatur [2, 7, 20, 22-26].

5. Realisierung

Der Begriff "Realisierung" soll hier als die Ermittlung eines dynamischen Systems in Zustandsform aus dem (beobachteten) Eingangs- Ausgangsverhalten verstanden werden.

Die Entwurfsmethoden bei der Optimierung von Regelkreisen und die Verfahren in der Filtertheorie (Schätzung des Zustandes) hängen weitgehend von der Kenntnis des dynamischen Systems in der Zustandsform ab. Die On-line-Daten eines realen Prozesses entsprechen jedoch denen, die sich aus der Beschreibung eines Systems in der Eingangs- Ausgangs-Form ergeben.

Die Realisierungstheorie findet auch Anwendung in der Netzwerksynthese und bei rekursiven Algorithmen. Sie steht in enger Beziehung zu den Problemen der Identifizierung (Systemerkennung).

Ein Verständnis der gesamten Realisierungstheorie erfordert eine gründliche Untersuchung der Struktur der (linearen) dynamischen Systeme. Es soll hier nur ein gesicherter Ausschnitt aus dieser Theorie gebracht werden.

Die wesentlichsten Beiträge zur Realisierung wurden zuerst von KALMAN und HO [27] 1965 veröffentlicht.

5.1 Realisierung bei zeitvariablen Systemen

Im vorangegangenen Kapitel , Definition 4.11 , wurde die Eingangs-Ausgangsdarstellung eines kontinuierlichen dynamischen Systems definiert. Zwischen der Ausgangs- und der Eingangsgröße ergab sich die Beziehung

$$\underline{y}(t) = \underline{C}(t)\underline{\phi}(t,t_o)\underline{x}_o + (T\,\underline{u})(t) \qquad (1)$$

mit

$$(T\,\underline{u})(t) = \int_{t_o}^{t} \underline{C}(t)\underline{\phi}(t,\tau)\underline{B}(\tau)\underline{u}(\tau)d\tau \qquad (2)$$

Der Ausdruck unter dem Integral in (2) soll wie üblich in Form einer Gewichtsmatrix geschrieben werden.

$$\underline{G}(t,\tau) := \underline{C}(t)\underline{\phi}(t,\tau)\underline{B}(\tau) \qquad (3)$$

Wir interessieren uns bei der Realisierung für die Zusammenhänge zwischen der Eingangs-Ausgangsdarstellung $\Sigma(u/y)$ und dem Zustandsmodell $\Sigma_x = (\underline{A},\underline{B},\underline{C})$ eines dynamischen Systems. Hierzu die

<u>Definition 1:</u> Eine Darstellung eines dynamischen Systems in Zustandsform Σ_x heißt eine *Realisierung* der Gewichtsmatrix von $\Sigma(u/y)$, wenn $\underline{G}(t,\tau)$ in der Form (3) zerlegbar ist. Wenn es einen Zustandsraum von endlicher Dimension gibt, und eine Zustandsform Σ_x mit stetigen Matrizen $\underline{A}(t),\underline{B}(t)$ und $\underline{C}(t)$ existiert, dann nennt man $\underline{G}(t,\tau)$ eine *realisierbare Gewichtsmatrix*.

Σ_x mit n-dimensionalen Zustandsraum heißt eine *Minimalrealisierung* der Gewichtsmatrix $\underline{G}(t,\tau)$ von $\Sigma(u/y)$, wenn es keine andere Realisierung von $\underline{G}(t,\tau)$ gibt, deren zugehöriger Zustandsraum eine kleinere Dimension als n hat.

<u>Bemerkung 1:</u> Wenn ein dynamisches System $\Sigma(u/y)$ in Eingangs-Ausgangsform vorliegt, dann lassen sich mehrere Darstellungen Σ_x in der Zustandsform finden. Unter diesen stellt die Minimalrealisierung die physikalisch interessanteste Form dar. Die Bestimmung der kleinsten Dimension des Zustandsraumes wird also eine wichtige Aufgabe bei der Realisierung sein. Hierzu müssen die folgenden Fragen beantwortet werden:

1. Unter welchen Bedingungen ist eine gegebene Matrix $\underline{G}(t,\tau)$ eine realisierbare Gewichtsmatrix eines linearen endlichdimensionalen dynamischen Systems ?
2. Welche Kriterien müssen bei einer Minimalrealisierung vorliegen ?

Die erste Frage beantwortet der

<u>Satz 1:</u> Eine gegebene Matrix $\underline{G}(t,\tau)$ ist genau dann eine realisierbare Gewichtsmatrix eines linearen endlichdimensionalen dynamischen Systems, wenn es für alle $t,\tau \in \mathbb{R}$ eine Zerlegung (Faktorisierung)

$$\underline{G}(t,\tau) = \underline{K}(t)\underline{V}(\tau)$$

für endlichdimensionale Matrizen $\underline{K}$ und $\underline{V}$ gibt.

Beweis: Wir nehmen an, daß für eine gegebene Matrix $\underline{G}(t,\tau)$ die im Satz angegebene Zerlegung durchführbar ist. Dann stellt das System Σ_x

$$\dot{\underline{x}}(t) = \underline{V}(t)\underline{u}(t)$$

$$\underline{y}(t) = \underline{K}(t)\underline{x}(t)$$

eine mögliche Realisierung dar, denn es gilt

$$\underline{x}(t) = \underline{x}_o + \int_{t_o}^{t} \underline{V}(\tau)\underline{u}(\tau)d\tau$$

$$\underline{y}(t) = \underline{K}(t)\underline{x}_o + \int_{t_o}^{t} \underline{K}(t)\underline{V}(\tau)\underline{u}(\tau)d\tau$$

$$= \underline{K}(t)\underline{x}_o + \int_{t_o}^{t} \underline{G}(t,\tau)\underline{u}(\tau)d\tau \ .$$

Ist umgekehrt $\underline{G}(t,\tau)$ die Gewichtsmatrix eines linearen dynamischen Systems Σ_x in Zustandsform, dann liegt die Beziehung (3) vor

$$\underline{G}(t,\tau) = \underline{C}(t)\underline{\phi}(t,\tau)\underline{B}(\tau) \ .$$

Unter Verwendung der Halbgruppeneigenschaft der Transitionsmatrizen (Abschnitt 3.4, Satz 15)

$$\underline{\phi}(t,\tau) = \underline{\phi}(t,t_o)\underline{\phi}(t_o,\tau)$$

erhält man die Faktorisierung von $\underline{G}(t,\tau)$, indem

$$\underline{K}(t) = \underline{C}(t)\underline{\phi}(t,t_o) \text{ und } \underline{V}(\tau) = \underline{\phi}(t_o,\tau)\underline{B}(\tau) \qquad (4)$$

gesetzt wird.

Beispiel 1: Gegeben sei die konstante Systemmatrix $\underline{A}$ und die Gewichtsmatrix mit der Zerlegung

$$\underline{G}(t,\tau) = \underline{K}(t)\,\underline{V}(\tau)$$

Man ermittele eine endlichdimensionale lineare Realisierung Σ_x.

Zu der konstanten Matrix $\underline{A}$ gehört die Transitionsmatrix (t_o = 0)

$$\underline{\phi}(t) = e^{\underline{A}t}$$

Nach Einsetzen von $\underline{\phi}(t)$ in die Gleichungen (4) bestimmt man die Matrizen

$$\underline{C}(t) = \underline{K}(t)\underline{\phi}(-t) \quad \text{und} \quad \underline{B}(\tau) = \underline{\phi}(\tau)\underline{V}(\tau) \tag{5}$$

Wir erhalten dann die Realisierung

$$\dot{\underline{x}}(t) = \underline{A}\,\underline{x}(t) + \underline{\phi}(t)\underline{V}(t)\underline{u}(t)$$
$$\underline{y}(t) = \underline{K}(t)\underline{\phi}(-t)\underline{x}(t) \quad .$$

Beispiel 2: Gegeben sind die Systemmatrix

$$\underline{A} = \begin{bmatrix} \alpha & 1 \\ 0 & \alpha \end{bmatrix} \qquad \alpha \neq 0$$

und die 1x1-Gewichtsmatrix

$$G(t,\tau) = e^{\alpha(t-\tau)}$$

Gesucht ist eine endlichdimensionale lineare Realisierung Σ_x.

Zu der angegebenen Systemmatrix $\underline{A}$ gehört die 2x2-Transitionsmatrix

$$\underline{\phi}(t) = \begin{bmatrix} 1 & t \\ 0 & 1 \end{bmatrix} e^{\alpha t} \quad .$$

Die Faktorisierung von G(t,τ) läßt die folgenden Möglichkeiten zu:

a) K(t), V(τ) sind (1x1)-Matrizen (Skalare)

b) $\underline{K}(t)$ ist eine (1x2)- und $\underline{V}(\tau)$ eine (2x1)-Matrix.

Im ersten Fall würde aus den Gleichungen (5) folgen, daß $\underline{C}(t)$ und $\underline{B}(\tau)$ 2x2-Matrizen sind. Diese führen jedoch zu einer (2x2)-Gewichtsmatrix $\underline{G}(t,\tau) = \underline{C}(t)\underline{\phi}(t,\tau)\underline{B}(\tau)$ im Widerspruch zur vorgegebenen (1x1)-Matrix $G(t,\tau)$.

Wir verfolgen daher nur noch den Fall (b) und kommen so auf die mögliche Faktorisierung

$$\underline{K}(t) = \begin{bmatrix} 0, & 1 \end{bmatrix} e^{\alpha t} \quad \text{und} \quad \underline{V}(\tau) = \begin{bmatrix} g(\tau) \\ 1 \end{bmatrix} e^{-\alpha\tau} .$$

$g(\tau)$ ist hier noch eine beliebige stetige Funktion in τ.

Die Ausgangs- und Eingangsmatrix lassen sich aus den Beziehungen (5) bestimmen.

$$\underline{C}(t) = \underline{K}(t)\underline{\phi}(-t) = \begin{bmatrix} 0, & 1 \end{bmatrix}$$

$$\underline{B}(t) = \underline{\phi}(t)\underline{V}(t) = \begin{bmatrix} g(t) + t \\ 1 \end{bmatrix}$$

Fordern wir zusätzlich eine zeitinvariante Realisierung Σ_x, dann muß für $g(t) = -t$ gewählt werden, so daß unser dynamisches System in Zustandsform lautet:

$$\dot{\underline{x}}(t) = \begin{bmatrix} \alpha & 1 \\ 0 & \alpha \end{bmatrix} \underline{x}(t) + \begin{bmatrix} 0 \\ 1 \end{bmatrix} u(t)$$

$$y(t) = \begin{bmatrix} 0, & 1 \end{bmatrix} \underline{x}(t)$$

Eine andere Wahl von $g(t)$ hätte zu einer zeitvariablen linearen Realisierung geführt.

Wir gehen nun auf die eingangs gestellte Frage nach den Kriterien für eine Minimalrealisierung ein.

<u>Satz 2:</u> Das dynamische System Σ_x

$$\dot{\underline{x}}(t) = \underline{A}(t)\underline{x}(t) + \underline{B}(t)\underline{u}(t)$$

$$\underline{y}(t) = \underline{C}(t)\underline{x}(t)$$

ist genau dann eine Minimalrealisierung der Gewichtsmatrix $\underline{G}(t,\tau)$, wenn Σ_x vollständig erreichbar und vollständig beobachtbar für mindestens einen Anfangszeitpunkt t_o ist.

Beweis: Die vollständige Erreichbarkeit bedeutet nach Satz 4.1, daß es ein t_o und t_1 gibt, so daß

$$r\left(\underline{W}(t_o,t_1)\right) = n \tag{6}$$

ist.
Entsprechendes gilt für die vollständige Beobachtbarkeit nach Satz 4.6.

$$r\left(\underline{M}(t_o,t_1)\right) = n \tag{7}$$

Zuerst zeigen wir, daß die Bedingungen (6) und (7) nicht erfüllt werden können, wenn Σ_x keine Minimalrealisierung ist.

Wir nehmen an, daß es zu der Gewichtsmatrix $\underline{G}(t,\tau)$ eine Realisierung Σ_z mit einem Zustandsraum der Dimension $m < n$ gibt.
Es muß aufgrund von Satz 1 die Faktorisierung

$$\underline{G}(t,\tau) = \underline{K}_z(t)\underline{V}_z(\tau) = \underline{K}_x(t)\underline{V}_x(\tau) \tag{8}$$

bezüglich Σ_z und Σ_x möglich sein. Nach Gleichung (4) gilt

$$\underline{K}_x(t) = \underline{C}(t)\underline{\phi}(t,t_o)$$

und

$$\underline{V}_x(\tau) = \underline{\phi}(t_o,\tau)\underline{B}(\tau) \quad .$$

Die Multiplikation von links mit $\underline{K}_x'(t)$ und von rechts mit $\underline{V}_x'(\tau)$ in der Gleichung (8) ergibt

$$\underline{K}_x'(t)\underline{K}_z(t)\underline{V}_z(\tau)\underline{V}_x'(\tau) = \underline{K}_x'(t)\underline{K}_x(t)\underline{V}_x(\tau)\underline{V}_x'(\tau) \ . \tag{9}$$

Durch Einsetzen der Beziehung (4) für $\underline{K}_x$ und $\underline{V}_x$ in die rechte Seite von (9) und Integration über das Intervall $\left(t_o,t_1\right)$ nach t und τ erhalten wir

$$\left[\int_{t_o}^{t_1} \underline{K}_x'(t)\underline{K}_z(t)dt\right]\left[\int_{t_o}^{t_1} \underline{V}_z(\tau)\underline{V}_x'(\tau)d\tau\right] =$$

$$= \left[\int_{t_o}^{t_1} \underline{\Phi}'(t,t_o)\underline{C}'(t)\underline{C}(t)\underline{\Phi}(t,t_o)dt\right]\left[\int_{t_o}^{t_1} \underline{\Phi}(t_o,\tau)\underline{B}(\tau)\underline{B}'(\tau)\underline{\Phi}'(t_o,\tau)d\tau\right]$$

$$= \underline{M}(t_o,t_1)\underline{W}(t_o,t_1) \qquad (10)$$

Da $\underline{K}_x' \ \underline{K}_z$ eine (nxm)- und $\underline{V}_z \ \underline{V}_x'$ eine (mxn)-Matrix mit $m<n$ ist, kann der Rang dieser Matrizen nicht größer als m sein und damit gilt

$$r(\underline{M}) < n \quad \text{und/oder} \quad r(\underline{W}) < n \ .$$

Das bedeutet, daß der Zustandsraum der Realisierung Σ_z mindestens die Dimension n haben muß, wenn die Bedingungen (6) und (7) gelten sollen.

Umgekehrt sei nun Σ_x eine Minimalrealisierung von $\underline{G}(t,\tau)$. Aus (10) folgen durch Vergleich die Beziehungen

$$\underline{W}(t_o,t_1) = \int_{t_o}^{t_1} \underline{V}(\tau)\underline{V}'(\tau)d\tau$$

und

$$\underline{M}(t_o,t_1) = \int_{t_o}^{t_1} \underline{K}'(t)\underline{K}(t)d\tau$$

mit $\underline{G}(t,\tau) = \underline{K}(t)\underline{V}(\tau)$. Ist nun der Rang von $\underline{W}$ oder $\underline{M}$ gleich $m < n$, dann gibt es $\underline{x} \in \mathbb{R}^n$, die entweder nicht erreichbar oder nicht beobachtbar sind. In beiden Fällen würde $\underline{G}(t,\tau)$ diese Zustände nicht erfassen, da diese entweder zum Nullraum von $\underline{V}(\tau)$ oder nicht zum Bildraum von $\underline{K}(t)$ gehören. Zu der Gewichtsmatrix $\underline{G}(t,\tau)$ ließe sich in diesem Fall eine Realisierung mit einem Zustandsraum der Dimension $m < n$ konstruieren im Widerspruch zur Annahme, daß Σ_x eine Minimalrealisierung ist.

∇∇

Beispiel 3: Wir wollen nachprüfen, ob die im Beispiel 2 gegebene (zeitinvariante) Realisierung Σ_x minimal ist.

Nach Satz 2 muß das System im Beispiel 2 auf Erreichbarkeit und Beobachtbarkeit untersucht werden.

Es gilt für die Erreichbarkeits-Matrix

$$r(\underline{W}_n) = r\left([\underline{B}, \underline{A}\ \underline{B}]\right) = r\begin{bmatrix} 0 & 1 \\ 1 & \alpha \end{bmatrix} = 2 \qquad \text{für} \quad \alpha \in \mathbb{R}$$

und für die Beobachtbarkeits-Matrix

$$r(\underline{M}_n) = r\left([\underline{C}', \underline{A}'\underline{C}']\right) = r\begin{bmatrix} 0 & 0 \\ 1 & \alpha \end{bmatrix} = 1 \qquad \text{für alle } \alpha \in \mathbb{R}\ .$$

Das System ist also nicht vollständig beobachtbar und damit liegt keine Minimalrealisierung der realisierbaren Gewichtsmatrix $G(t,\tau)$ vor.

Gehen wir nun von $G(t,\tau) = e^{\alpha(t-\tau)}$ aus, so führt der Fall (a) des Beispiels 2 (dort mußte er ausgeschlossen werden, weil noch die (2x2)-Systemmatrix $\underline{A}$ vorgegeben wurde) zu der folgenden möglichen Realisierung

$$\underline{C}(t) = \underline{K}(t)\underline{\phi}(-t) = e^{\alpha t}\,\phi(-t)$$

$$\underline{B}(t) = \underline{\phi}(t)\underline{V}(t) = \phi(t)e^{-\alpha t}\ .$$

Wenn eine Minimalrealisierung existiert, dann muß der zugehörige Zustandsraum in unserem Beispiel die Dimension n=1 haben. Wählt man $\phi(t) = e^{\beta t}$ mit $\beta \in \mathbb{R}$, so lautet das dynamische System in Zustandsform

$$\dot{x}(t) = \beta\, x(t) + e^{(\beta-\alpha)t}\, u(t)$$

$$y(t) = e^{-(\beta-\alpha)t}\, x(t)\ .$$

Diese Realisierung ist vollständig erreichbar und beobachtbar und das bedeutet, daß diese minimal ist. Für $\beta = \alpha$ liegt eine zeitinvariante Realisierung vor.

5.2 Realisierung bei zeitinvarianten Systemen

Zu einer realisierbaren Gewichtsmatrix $\underline{G}(t,\tau)$ können immer mehrere Minimalrealisierungen gefunden werden. Für zeitinvariante Systeme wollen wir die Frage beantworten, wie sich zwei Minimalrealisierungen unterscheiden, die zur gleichen Gewichtsmatrix gehören.

Satz 3: Gegeben seien zwei beliebige zeitinvariante Minimalrealisierungen mit der gleichen Gewichtsmatrix von $\Sigma(u/y)$

$$\Sigma_x^{(1)} : \quad \dot{\underline{x}}(t) = \underline{A}_1\underline{x}(t) + \underline{B}_1\underline{u}(t) \qquad \underline{x} \in \mathbb{R}^n$$
$$\underline{y}(t) = \underline{C}_1\underline{x}(t)$$

$$\Sigma_x^{(2)} : \quad \dot{\underline{z}}(t) = \underline{A}_2\underline{z}(t) + \underline{B}_2\underline{u}(t) \qquad \underline{z} \in \mathbb{R}^n$$
$$\underline{y}(t) = \underline{C}_2\underline{z}(t)$$

Es gibt dann eine konstante reguläre (nxn)-Matrix $\underline{P}$, die die Zustandsmodelle durch die Transformation

$$\underline{A}_1 = \underline{P}^{-1}\,\underline{A}_2\underline{P} \quad ; \quad \underline{B}_1 = \underline{P}^{-1}\,\underline{B}_2 \quad ; \quad \underline{C}_1 = \underline{C}_2\underline{P}$$

ineinander überführt.

Beweis: Unsere Eingangs-Ausgangsbeziehung lautet

$$\underline{y}(t) = \int_0^t \underline{G}(t,\tau)\underline{u}(\tau)d\tau = \underline{K}(t) \int_0^t \underline{V}(\tau)\underline{u}(\tau)d\tau$$

Unter Verwendung der Beziehung (4) ist die Zerlegung für

$$\underline{K}(t) = \underline{C}\ \underline{\phi}(t,0)$$

und

$$(F\ \underline{u})(t) = \int_0^t \underline{\phi}(0,\tau)\underline{B}\ \underline{u}(\tau)d\tau$$

erlaubt, wobei F die lineare Abbildung (4.3) zwischen Eingangs- und Zustandsraum ist , Bild 4.1.

Für die beiden Minimalrealisierungen gilt dann

$$\underline{y}(t) = \underline{K}_1(t)(F_1\underline{u})(t) = \underline{K}_2(t)(F_2\underline{u})(t)$$

wobei $\underline{K}_1$, F_1 durch Σ_x und $\underline{K}_2$, F_2 durch Σ_z bestimmt sind.
Bei festem t, d.h. $\underline{y}(t) \in \mathbb{R}^p$ können wir das Diagramm , Bild 1, aufstellen. Die Zustandsräume von Σ_x und Σ_z haben die gleiche Dimension, da beide eine Minimalrealisierung von $\Sigma(u/y)$ sind. Die Aussage des Satzes läßt sich nun anhand des Diagramms durch

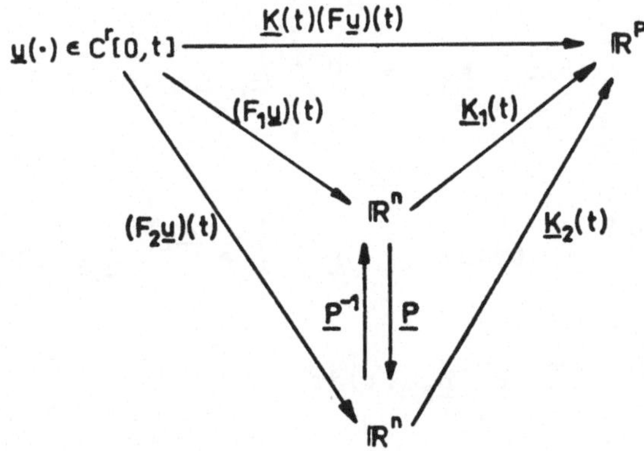

Bild 1: Diagramm der Abbildungen eines linearen Systems

die Forderung ausdrücken, daß das Diagramm kommutiert. Es muß gelten

$$(F_1\underline{u})(t) = \underline{P}^{-1}(F_2\underline{u})(t) \qquad \text{für jedes } \underline{u}(\cdot) \in C^r(0,t)$$

$$\underline{K}_1(t)\underline{x} = \underline{K}_2(t)\underline{P}\ \underline{x} \qquad \text{für jedes } \underline{x} \in \mathbb{R}^n \quad .$$

Jeder Weg vom $C^r(0,t)$ in den $\mathbb{R}^n$ und vom $\mathbb{R}^n$ in den $\mathbb{R}^p$ muß zum gleichen Element führen.

Die explizite Ausführung der Kommutation ergibt die Beziehungen

$$\underline{K}_1(t)\underline{x} = \underline{C}_1 e^{\underline{A}_1 t} \underline{x} = \underline{C}_2 e^{\underline{A}_2 t} \underline{P}\,\underline{x}$$

$$= \underline{C}_2\underline{P}\,\underline{P}^{-1} e^{\underline{A}_2 t} \underline{P}\,\underline{x} \quad .$$

Beachtet man hier, daß

$$\underline{P}^{-1} e^{\underline{A}_2 t} \underline{P} = \underline{P}^{-1} \{ \sum_{\nu=0}^{\infty} \frac{t^\nu}{\nu!} \underline{A}_2^\nu \}\underline{P} = e^{\underline{P}^{-1}\underline{A}_2\underline{P}\, t}$$

geschrieben werden kann, so liefert der Vergleich für jedes $\underline{x} \in \mathbb{R}^n$ die Transformationsgleichungen

$$\underline{C}_1 = \underline{C}_2\underline{P} \quad \text{und} \quad \underline{A}_1 = \underline{P}^{-1} \underline{A}_2 \underline{P} \quad . \tag{11}$$

Weiterhin gilt dann

$$(F_1\underline{u})(t) = \int_0^t e^{-\underline{A}_1\tau} \underline{B}_1\underline{u}(\tau)d\tau = \underline{P}^{-1} \int_0^t e^{-\underline{A}_2\tau} \underline{B}_2\underline{u}(\tau)d\tau$$

$$= \int_0^t e^{-\underline{P}^{-1}\underline{A}_2\underline{P}\tau} \underline{P}^{-1}\underline{B}_2\underline{u}(\tau)d\tau$$

und hieraus leitet sich die Transformation der Eingangsmatrizen

$$\underline{B}_1 = \underline{P}^{-1} \underline{B}_2 \tag{12}$$

ab. Damit sind die Aussagen des Satzes bewiesen.

Zu einer vorhandenen Minimalrealisierung Σ_x und einer beliebigen regulären Matrix $\underline{P} : \mathbb{R}^n \to \mathbb{R}^n$ läßt sich mit Hilfe der Beziehungen (11) und (12) eine weitere Minimalrealisierung finden, die das gleiche Eingangs-Ausgangsverhalten hat wie Σ_x.

∇∇

Im Folgenden beschränken wir unsere Betrachtungen auf eine Eingangs- und eine Ausgangsgröße. Dann ist $\underline{B}$ eine (nx1)- und $\underline{C}$ eine (1xn)-Matrix.

Im Abschnitt 4.2.3 wurde die Übertragungsfunktion (Beispiel 3, Gl.(4.18))

$$G(s) = \frac{\tilde{c}_{n-1}s^{n-1} + \ldots + \tilde{c}_1 s + \tilde{c}_o}{s^n + a_{n-1}s^{n-1} + \ldots + a_1 s + a_o} \tag{13}$$

aus der ersten Standardform $\Sigma_x(\underline{\tilde{A}}, \underline{\tilde{B}}, \underline{\tilde{C}})$ und im Abschnitt 4.3.3, wurde die Übertragungsfunktion (Beispiel 6, Gl.(4.31))

$$G(s) = \frac{\tilde{\tilde{b}}_1 s^{n-1} + \tilde{\tilde{b}}_2 s^{n-2} + \ldots + \tilde{\tilde{b}}_n}{s^n + a_{n-1}s^{n-1} + \ldots + a_1 s + a_o} \tag{14}$$

aus der zweiten Standardform $\Sigma_x(\underline{\tilde{\tilde{A}}}, \underline{\tilde{\tilde{B}}}, \underline{\tilde{\tilde{C}}})$ abgeleitet, wobei die Koeffizienten $\underline{\tilde{\tilde{b}}}_\nu(\underline{C}\ \underline{A}^\mu \underline{B})$ die Komponenten der Eingangsmatrix $\underline{\tilde{\tilde{B}}}$ sind. Andererseits ist $\Sigma_x(\underline{A}, \underline{B}, \underline{C})$ das Zustandsmodell, das durch die Transformation Gl.(4.17) (Gl.(4.28)) genau dann in die erste (zweite) Standardform überführt werden kann, wenn es vollständig steuerbar (vollständig beobachtbar) ist.

Fordern wir vollständige Beobachtbarkeit (vollständige Steuerbarkeit) von der ersten (zweiten) Standardform, dann ist $\Sigma_x(\underline{\tilde{A}}, \underline{\tilde{B}}, \underline{\tilde{C}})$ $\{\Sigma_x(\underline{\tilde{\tilde{A}}}, \underline{\tilde{\tilde{B}}}, \underline{\tilde{\tilde{C}}})\}$ nach Satz 2 eine Minimalrealisierung der Übertragungsfunktion (13) (14). Es sei erinnert, daß G(s) die Laplacetransformierte der Gewichtsfunktion $g(t) = \underline{C}\ \underline{\Phi}(t)\underline{B}$ ist, siehe Abschnitt 3.4.1 im Zusammenhang mit Gl.(3).

Aus dem Satz 3 folgt, daß auch $\Sigma_x(\underline{A}, \underline{B}, \underline{C})$ - das ursprüngliche Zustandsmodell-eine Minimalrealisierung ist.

Da der Satz 2 eine notwendige und hinreichende Bedingung für eine Minimalrealisierung angibt, muß sich diese Eigenschaft auch an der Übertragungsfunktion G(s) ablesen lassen.

<u>Bemerkung 2:</u> Ist eine Realisierung zu einer Übertragungsfunktion mit einer kleineren Dimension des Zustandsraums als der Grad des Nennerpolynoms von $G_n(s)$ angibt möglich, dann muß das Zähler- und Nennerpolynom gemeinsame Nullstellen besitzen.

Sei $j < n$ die Dimension des Zustandsraums der Realisierung, dann ist der Grad des charakteristischen Polynoms der $(j x j)$-Systemmatrix $\underline{A}$ gleich j.

$$\Delta_j(s) = \det(s\underline{E} - \underline{A})$$

Eine Berechnung der Übertragungsfunktion aus dem Zustandsmodell, nach Gl.(2.37), Abschnitt 2.5.2 ,

$$\underline{G}_j(s) = \underline{C}(\underline{E}s - \underline{A})^{-1}\underline{B}$$

führt zu dem Nennerpolynom $\Delta_j(s)$, also vom Grade j. Andererseits gehört die Realisierung zum Eingangs-Ausgangsverhalten mit der Übertragungsfunktion $G_n(s)$. Dieser Widerspruch kann nur aufgelöst werden, wenn das Zähler- und Nennerpolynom von $G_n(s)$ $(n-j)$ gemeinsame Nullstellen besitzt.
Ist umgekehrt die Realisierung Σ_x mit $\underline{A} : \mathbb{R}^n \to \mathbb{R}^n$ vollständig steuerbar und beobachtbar, dann kann die Übertragungsfunktion $G_n(s)$ keine gemeinsamen Nullstellen im Zähler und Nenner haben, da nach Satz 2 eine Minimalrealisierung vorliegt und damit zu $G_n(s)$ kein Zustandsraum mit einer Dimension kleiner n gehören kann.

<u>Beispiel 4:</u> (KALMAN) Gegeben sei das in Bild 2 dargestellte Netzwerk mit zwei Energiespeichern - Kapazität C und Induktivität L, in dem e(t) die Eingangsgröße und i(t) die Aus-

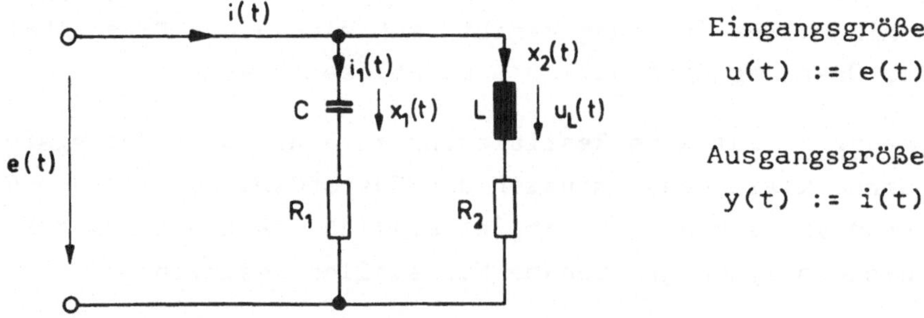

Bild 2: Netzwerk zweiter Ordnung

gangsgröße ist. Für welche Parameterwerte des Systems ist die Dimension des Zustandsraums kleiner als zwei ?

Das Zustandsmodell bestimmt sich aus den Kirchhoffschen Gesetzen

$$u(t) = x_1(t) + i_1(t)R_1 = u_L(t) + x_2(t)R_2$$

und aus

$$\dot{x}_1(t) = \frac{1}{C}\, i_1(t)$$

$$u_L(t) = L\,\dot{x}_2(t) \quad .$$

Die Umformung in ein Zustandsmodell mit der Eingangsgröße $u(t)$ und der Ausgangsgröße $y(t) = i_1(t) + x_2(t)$ ergibt

$$\frac{d}{dt}\begin{bmatrix} x_1(t) \\ x_2(t) \end{bmatrix} = \begin{bmatrix} -\frac{1}{R_1C} & 0 \\ 0 & -\frac{R_2}{L} \end{bmatrix} \begin{bmatrix} x_1(t) \\ x_2(t) \end{bmatrix} + \begin{bmatrix} \frac{1}{R_1C} \\ \frac{1}{L} \end{bmatrix} u(t)$$

$$y(t) = \begin{bmatrix} -\frac{1}{R_1} & 1 \end{bmatrix} \underline{x}(t) + \frac{1}{R_1}\, u(t) \quad .$$

Die Übertragungsfunktion (siehe Gl.(14) oder Gl.(3.6o),Abschnitt 3.4.1)

$$G_2(s) = \frac{s\,\underline{C}\,\underline{B} + \{a_1\underline{C}\,\underline{B} + \underline{C}\,\underline{A}\,\underline{B}\}}{s^2 + a_1 s + a_o} + d \quad ,$$

die sich aus dem Zustandsmodell ergibt, lautet

$$G_2(s) = \frac{1}{R_1^2CL}\,\frac{s(R_1^2C-L) + (R_1 - R_2)}{\left[s + \frac{1}{R_1C}\right]\left[s + \frac{R_2}{L}\right]} + \frac{1}{R_1} \quad .$$

Die Nullstelle des Zählerpolynoms liegt bei

$$s_1 = -\frac{R_1 - R_2}{R_1^2C - L} \quad .$$

Das System nach Bild 2 ist genau dann keine Minimalrealisierung, wenn die Parameter des Netzwerkes die Bedingung

$$R_1 C = \frac{L}{R_2}$$

erfüllen. In diesem Fall erhalten wir die gekürzte Übertragungsfunktion

$$G_1(s) = \frac{R_1 - R_2}{R_1 L} \cdot \frac{1}{\left[s + \frac{R_2}{L}\right]} + \frac{1}{R_1}$$

und das oben angegebene Zustandsmodell ist keine Minimalrealisierung von $G_2(s)$.

Die Kriterien der Steuerbarkeit (Satz 4.4) und der Beobachtbarkeit (Satz 4.7) liefern die gleiche Bedingung. Der Leser bestimme den Rang der Matrizen $(\underline{B},\ \underline{A}\ \underline{B})$ und $(\underline{C}',\ \underline{A}'\underline{C}')$ und leite die obige Bedingung ab.

Erfüllen die Parameter die Bedingungen

$$R_1 = R_2 \quad \text{und} \quad R_1 C = \frac{L}{R_2} \longrightarrow R_1 = \sqrt{\frac{L}{C}} \quad ,$$

dann ist die Übertragungsfunktion

$$G_o(s) = \frac{1}{R_1} = \sqrt{\frac{C}{L}}$$

konstant. Diese Bedingungen finden beim Entwurf von Filtern Anwendung.

5.2.1 Algorithmus für diskrete Systeme

Die Sätze in diesem Kapitel lassen sich ohne Schwierigkeit auf diskrete Systeme übertragen. Die Realisierungen der Zustandsmodelle setzten jedoch bisher die analytische Kenntnis der Gewichtsmatrix bei kontinuierlichen und die Gewichtsfolge bei diskreten Systemen (siehe Gl.(2.42), Abschnitt 2.6) voraus.

Die Eingangs- Ausgangsdarstellung eines diskreten Systems Gl.(2.42)

$$\underline{y}_N = \sum_{\nu=1}^{N} \underline{C}\ \underline{\phi}^{N-\nu}\ \underline{H}\ \underline{u}_{\nu-1} \tag{15}$$

wurde im Abschnitt 2.6 hergeleitet. Die Gewichtsfolge

$$\{\ \underline{C}\ \underline{\phi}^{\mu}\ \underline{H}\}_{\nu=o}^{N-1} \tag{16}$$

steht dabei in Analogie zur Gewichtsmatrix (3) des kontinuierlichen Systems. Es wird also zu einer realisierbaren Gewichtsfolge eine Realisierung $\Sigma_x(\underline{\phi},\ \underline{H},\underline{C})$ in der Zustandsform gesucht.

Es soll nun ein Algorithmus entwickelt werden, der aus den Eingangs- und Ausgangsdaten eines linearen diskreten Systems eine Realisierung Σ_x bestimmt.

Bei der Herleitung des Algorithmus beschränken wir uns auf Systeme mit einer Eingangs- und einer Ausgangsgröße.

Unsere Aufgabe lautet:

> Zu der Ausgangsfolge $\{y_\nu\}$, die durch Anwendung der Eingangsfolge $\{\ 1,\ \ 0,\ \ldots\ \}$ bei einem linearen zeitinvarianten diskreten System mit dem Anfangszustand $\underline{x}_o = \underline{0}$ entstanden sein soll, wird eine Realisierung $\Sigma_x(\underline{\phi},\ \underline{H}\ \underline{C})$ gesucht.

Aus der Beziehung (15) ergeben sich unter der Voraussetzung, daß $\underline{C}$ eine (1xn)- und $\underline{H}$ eine (nx1)-Matrix sind, die Elemente der Ausgangsfolge

$$y_\nu = \underline{C}\ \underline{\phi}^{\nu-1}\ \underline{H} \qquad \nu = 1,2,\ldots.$$

Da man aus einer möglichst geringen Anzahl von Ausgangsdaten y_ν auf eine brauchbare Realisierung schließen möchte und nicht ohne weitere Annahmen weiß, ob hinzukommende Daten die Dimension des Zustandsraums erhöhen, spricht man hier von einer partiellen Realisierung.

Ausgangspunkt der bisher bekannten Algorithmen beim diskreten sowie kontinuierlichen System ist die aus den Ausgangsdaten gebildete Hankelmatrix (siehe GANTMACHER (17) ,Teil II)

$$\underline{R}(\mu,\cdot) \;=\; \begin{bmatrix} y_1, \dots & y_\nu & y_{\nu+1} \dots \\ y_2, \dots & y_{\nu+1} & y_{\nu+2} \dots \\ \vdots & & \vdots \\ y_\mu, \dots & y_{\nu+\mu-1}, & y_{\nu+\mu} \dots \end{bmatrix} \quad . \tag{17}$$

Diese Matrix hat die folgende Eigenschaft:

<u>Satz 4:</u> Kürzt man die Zeilen von $\underline{R}(\mu,\cdot)$ mit

$$\underline{y}^{(\mu)'} \;=\; (y_\mu, \dots\, y_{\nu+\mu-1}, \dots) \;\varepsilon\; \mathbb{R}^N \qquad N \geq \nu+\mu-1$$

ab und ist der

$$\mathrm{Rang}\{\underline{y}^{(1)},\, \underline{y}^{(2)},\, \dots\} \;=\; n \;,$$

dann sind die ersten n Vektoren $\underline{y}^{(\mu)}$ linear unabhängig. Weiterhin gilt

$$\mathrm{Rang}\;\{\underline{R}(\mu,N)\} \;=\; n \qquad\qquad \text{für } \mu \geq n$$

Beweis: Es seien $\{\underline{y}^{(1)},\dots\underline{y}^{(n)}\}$ linearunabhängig und $\underline{y}^{(n+1)}$ linearabhängig von den ersten n Vektoren, so daß es einige von Null verschiedene $\alpha_\mu \;\varepsilon\; \mathbb{R}$ gibt, die die Gleichung

$$\alpha_{n+1}\, \underline{y}^{(n+1)} + \alpha_n\, \underline{y}^{(n)} + \dots + \alpha_1 \underline{y}^{(1)} \;=\; \underline{0} \tag{18}$$

erfüllen. Die Vektoren $\underline{y}^{(\mu)}$ werden alle aus dem ersten Vektor $\underline{y}^{(1)}$ durch eine nacheinander folgende Verschiebungsoperation erzeugt. Es sei

$$\underline{\Omega} := \begin{bmatrix} 0 & 1 & \cdot & & \underline{0} \\ & & \cdot & \cdot & \\ & \underline{0} & & \cdot & \cdot \\ & & & & 1 \\ & & & & 0 \end{bmatrix} \quad \text{eine NxN-Matrix}$$

dann gilt

$$\underline{y}^{(2)} = \underline{\Omega}\,\underline{y}^{(1)}, \ldots, \underline{y}^{(\mu+1)} = \underline{\Omega}\,\underline{y}^{(\mu)}$$

Durch Anwendung von $\underline{\Omega}$ auf die Gleichung (18) erhalten wir

$$\alpha_{n+1}\,\underline{y}^{(n+2)} + \alpha_n\,\underline{y}^{(n+1)} + \ldots + \alpha_1\,\underline{y}^{(2)} = \underline{0}$$

Da $\underline{y}^{(n+1)}$ von $\underline{y}^{(1)},\ldots,\underline{y}^{(n)}$ abhängt, folgt aus der letzten Beziehung, daß auch $\underline{y}^{(n+2)}$ durch die ersten n Vektoren dargestellt werden kann. Für jedes $\underline{y}^{(m)}$ $m>n$ kann diese Abhängigkeit durch wiederholtes Anwenden gezeigt werden. Es sind also in der Matrix $\underline{R}(\mu,\nu)$ nur die ersten n Zeilen für $\nu \geq n$ linearunabhängig und damit $\text{Rang}\{\underline{R}(n,\nu)\} = n$. Stehen nur ν Daten zur Verfügung, dann werden die Elemente $y_{\nu+1} = \ldots = y_{\nu+n-1} = 0$ gesetzt.

∇∇

Die Matrix $\underline{R}(\mu,\nu)$ läßt nun die folgende Faktorisierung zu:

$$\underline{R}(\mu,\nu) = \underline{P}(\mu,\mu)\underline{Q}(\mu,\nu) = \begin{bmatrix} 1 & 0 & & & \\ p_{21} & 1 & \cdot & & \underline{0} \\ \cdot & \cdot & \cdot & \cdot & \\ \cdot & & \cdot & \cdot & \\ \cdot & & & \cdot & 0 \\ p_{\mu 1} & \cdots & p_{\mu,\mu-1} & & 1 \end{bmatrix} \begin{bmatrix} q_{11} & \cdots & q_{1\nu} \\ \cdot & & \cdot \\ \cdot & & \cdot \\ \cdot & & \cdot \\ q_{\mu 1} & \cdots & q_{\mu,\nu} \end{bmatrix} \qquad (19)$$

Die Dreiecksmatrix $\underline{P}(\mu,\mu)$ hat den Rang μ, so daß sich der Rang von $\underline{R}$ durch den Rang von $\underline{Q}$ bestimmen läßt. Die Elemente der Matrizen $\underline{P}$ und $\underline{Q}$ in der Zerlegung (19) sind nicht eindeutig festgelegt. Ein Element y_ν der Matrix $\underline{R}$ läßt sich aus den Elementen der Matrizen $\underline{P}$ und $\underline{Q}$ nach der Formel

$$y_{i+\rho-1} = \sum_{j=1}^{i} p_{ij}\, q_{j\rho} \;, \quad \rho = 1\ldots\nu \;;\; i = 1\ldots\mu$$

berechnen. Der Index i gibt an, aus welcher Zeile und ρ aus welcher Spalte von $\underline{R}$ die Daten y_ν zu entnehmen sind. Hieraus leitet sich ab für

$$\begin{aligned} i = 1 &: \; y_\rho = q_{1\rho} && \rho = 1\ldots\nu \\ i = 2 &: \; y_{\rho+1} = p_{21}\, q_{1\rho} + q_{2\rho} && \rho = 1\ldots\nu \end{aligned} \tag{20}$$

bei der kleinsten Zahl ρ_1, für die $q_{1\rho_1} = 0$ ist, ist $q_{j\rho_1} = 0$ $(j = 2\ldots\mu)$ zu setzen.

Dadurch können p_{21} und alle übrigen $q_{2\rho}$ berechnet werden.

u.s.w.

Beispiel 5: Gegeben sei

$$\underline{R}(4,5) = \begin{bmatrix} 1 & 1 & 1 & 2 & 1 \\ 1 & 1 & 2 & 1 & 3 \\ 1 & 2 & 1 & 3 & 2 \\ 2 & 1 & 3 & 2 & 3 \end{bmatrix}$$

Es sollen die Koeffizienten der Matrizen $\underline{P}$ und $\underline{Q}$ in der Beziehung (19) ermittelt werden.

$i = 1$: $q_{11} = 1$; $q_{12} = 1$; $q_{13} = 1$; $q_{14} = 2$; $q_{15} = 1$

$i = 2$: Aus $q_{11} \neq 0$ folgt $\rho_1 = 1$ und damit ist

$$q_{21} = q_{31} = q_{41} = 0 \;.$$

Damit läßt sich $p_{21} = \dfrac{y_2}{q_{11}} = 1$

und

$$q_{2\rho} = y_{\rho+1} - p_{21}\, q_{1\rho} \qquad \text{für } \rho = 2,3,4,5$$

berechnen - $y_{\rho+1}$ sind die Elemente der zweiten Zeile von $\underline{R}$:

$$q_{22} = 0 \;;\quad q_{23} = 1 \;;\quad q_{24} = -1 \;;\quad q_{25} = 2 \quad .$$

i = 3 : Aus $q_{23} \neq 0$ folgt $\rho_2 = 3$ und damit ist $q_{33} = q_{43} = 0$. Die anderen Elemente werden aus der Gleichung

$$y_{\rho+2} = p_{31}\, q_{1\rho} + p_{32}\, q_{2\rho} + q_{3\rho} \qquad \rho = 1\,.\,.\,.5$$

bestimmt - $y_{\rho+2}$ sind Elemente der dritten Zeile von $\underline{R}$:

$$p_{31} = 1 \;;\quad p_{32} = 0$$

$$q_{32} = 1 \;;\quad q_{34} = 1 \;;\quad q_{35} = 1$$

i = 4 : Hier ist wegen $q_{32} \neq 0$ $\rho_3 = 2$ zu setzen , also $q_{42} = 0$, und die Berechnung der anderen Elemente ergibt sich aus

$$y_{\rho+3} = p_{41}\, q_{1\rho} + p_{42}\, q_{2\rho} + p_{43}\, q_{3\rho} + q_{4\rho} \quad .$$

Als Faktorisierung erhalten wir

$$\underline{R}(4,5) = \begin{bmatrix} 1 & 0 & 0 & 0 \\ 1 & 1 & 0 & 0 \\ 1 & 0 & 1 & 0 \\ 2 & 1 & -1 & 1 \end{bmatrix} \begin{bmatrix} 1 & 1 & 1 & 2 & 1 \\ 0 & 0 & 1 & -1 & 2 \\ 0 & 1 & 0 & 1 & 1 \\ 0 & 0 & 0 & 0 & 0 \end{bmatrix} .$$

Aus den beiden Matrizen $\underline{P}$ und $\underline{Q}$ wollen wir nun eine Realisierung des Eingangs- Ausgangsverhalten , gegeben durch $\{y_\nu\}$, ermitteln. Da es mehrere Minimalrealisierungen gibt (siehe Satz 3) muß die Form der Zustandsdarstellung vorgegeben werden, um die Elemente der Matrizen $\underline{P}$ und $\underline{Q}$ eindeutig festzulegen. Wir geben uns daher die Matrizen $\underline{H}$ und $\underline{C}$ in der Form

$$\underline{H} = \begin{bmatrix} q_{11} \\ \vdots \\ q_{\mu-1,1} \end{bmatrix} \quad \text{und} \quad \underline{C} = \begin{bmatrix} 1 & 0 & \ldots & 0 \end{bmatrix} \quad . \tag{21}$$

vor.

Weiterhin sei die Matrix

$$\underline{\Gamma}(\mu-1,\mu-1) = \begin{bmatrix} p_{21} & 1 & 0 & & \\ \cdot & \cdot & \cdot & \cdot & \underline{0} \\ \cdot & & & \cdot & 0 \\ \cdot & & & \cdot & 1 \\ p_{\mu,1} & \cdot & \cdot & \cdot & p_{\mu,\mu-1} \end{bmatrix}$$

eingeführt. Der Algorithmus von RISSANEN (29) folgt dann aus

<u>Satz 5:</u> Man bilde die Hankelmatrix $\underline{R}(\mu,\nu)$ aus der speziellen Ausgangsfolge $\{y_\nu\}$, die auch Impulsantwort genannt wird. Die Matrix $\underline{R}(\mu,\nu)$ habe den Rang $(\mu-1)$ für $\nu \geq \mu$. Dann ist die Realisierung der Folge $\{y_1,\ldots,y_{\nu+\mu-1}\}$ minimal, wenn $\underline{H}$ und $\underline{C}$ nach (21) und die $\{(\mu-1)x(\mu-1)\}$ - Systemmatrix

$$\underline{\Phi} = \underline{P}^{-1}(\mu-1,\mu-1)\underline{\Gamma}(\mu-1,\mu-1) \tag{22}$$

berechnet wird.

Beweis: Da nach Voraussetzung der Rang von $\underline{R}(\mu,\nu)$ $(\mu-1)$ sein soll, können die Elemente der $\underline{Q}(\mu,\nu)$-Matrix in der letzten Zeile null gesetzt werden.

Für alle ρ gelten die Beziehungen

$$\begin{bmatrix} y_{\rho+1} \\ \cdot \\ \cdot \\ \cdot \\ y_{\rho+\mu-1} \end{bmatrix} = \underline{\Gamma}(\mu-1,\mu-1) \begin{bmatrix} q_{1\rho} \\ \cdot \\ \cdot \\ \cdot \\ q_{\mu-1,\rho} \end{bmatrix} = \underline{P}(\mu-1,\mu-1) \begin{bmatrix} q_{1,\rho+1} \\ \cdot \\ \cdot \\ \cdot \\ q_{\mu-1,\rho+1} \end{bmatrix},$$

denn die letzten $(\mu-1)$ Komponenten der ρ-ten Spalte von $\underline{R}(\mu,\nu)$

$$\left.\begin{bmatrix} y_\rho \\ \hline y_{\rho+1} \\ \vdots \\ y_{\rho+\mu-1} \end{bmatrix}\right\} \mathrel{\hat{=}} \underline{\Gamma}(\mu-1,\mu-1)\underline{q}_\rho$$

stimmen mit den ersten $(\mu-1)$ Komponenten der $(\rho+1)$-ten Spalte von $\underline{R}(\mu,\nu)$

$$\left.\begin{bmatrix} y_{\rho+1} \\ \vdots \\ y_{\rho+\mu-1} \\ \hline y_{\rho+\mu} \end{bmatrix}\right\} \hat{=} \quad \underline{P}(\mu-1,\mu-1)\underline{q}_{\rho+1}$$

überein. Daraus leitet sich die Beziehung

$$\underline{q}_{\rho+1} = \underline{P}^{-1}(\mu-1,\mu-1)\underline{\Gamma}(\mu-1,\mu-1)\underline{q}_{\rho}$$

ab. Die inverse Matrix existiert, da $\underline{P}(\mu,\mu)$ eine Dreiecksmatrix ist. Unter Verwendung von (20) und (21) erhalten wir:

$$\underline{q}_{\rho} = (\underline{P}^{-1}\ \underline{\Gamma})^{\rho-1}\ \underline{q}_1 = (\underline{P}^{-1}\ \underline{\Gamma})^{\rho-1}\ \underline{H}$$

und

$$y_{\rho+1} = q_{1,\rho+1} = \underline{C}\ \underline{q}_{\rho+1} = \underline{C}(\underline{P}^{-1}\ \underline{\Gamma})^{\rho}\ \underline{H} \qquad \rho = 0\ \ldots\mu-\nu-2 \qquad (23)$$

Durch einen Vergleich von (23) mit dem Element der Impulsfolge $\underline{C}\ \underline{\Phi}^{\rho}\ \underline{H}$ folgt die Behauptung (22). Die partielle Realisierung $\Sigma_x(\underline{\Phi}, \underline{H}, \underline{C})$ liefert die Antwort $\{y_1,\ldots y_{\nu+\mu-1}\}$ auf die Eingangsfolge $\{1,0,\ldots\}$ und ist minimal, da sonst der Rang $(\underline{R}(\mu,\nu)) < \mu-1$ sein müßte.

Die Elemente q_{ij} und p_{ij} lassen sich nach (20) berechnen. Die Matrix $\underline{P}^{-1} = (\tilde{p}_{ij})$ errechnet sich rekursiv aus der Formel

$$\tilde{p}_{ij} = -\sum_{\rho=j}^{i-1} p_{i\rho}\ \tilde{p}_{\rho j} \qquad j = 1\ldots(i-1);\ i>j$$

$$\tilde{p}_{\rho\rho} = 1 \text{ und } \tilde{p}_{ij} = 0 \text{ für } j>i\ ,$$

die sich aus der Gleichung $\underline{P}\ \underline{P}^{-1} = \underline{E}$ ableitet. Man beachte, daß $\underline{P}$ und $\underline{P}^{-1}$ Dreiecksform besitzen.

∇∇

Der Ablauf des Algorithmus soll nun anhand der gegebenen Ausgangsfolge $\{y_1 \ldots y_8\} = \{1, 1, 1, 2, 1, 3, 2, 3\}$ des Beispiels (5) erklärt werden.

<u>Schritt 1:</u>

Die Folge $\{y_1 \ldots y_N\}$ werde eingelesen. Es sei k die kleinste Zahl für die $y_k \neq 0$ ist. Bildet man $\underline{R}(k+1,k+1)$, dann ist der

$$\mathrm{Rang}\{\underline{R}\} \geq k$$

denn mit der Bezeichnung im Satz 4 gilt:

$$\underline{y}^{(1)'} = (0 \; \ldots \; y_k \; \ldots)$$
$$\underline{y}^{(2)'} = (0 \ldots y_k \; \ldots \;)$$
$$\vdots$$
$$\underline{y}^{(k)'} = (y_k \; \ldots \qquad)$$
$$\vdots$$

Mindestens die ersten k Vektoren von $\underline{R}(k+1,k+1)$ sind linearunabhängig und daraus folgt die Behauptung.

<u>Beispiel 6:</u>

Für die Folge des Beispiels (5) soll hier eine Realisierung ermittelt werden. Hier ist k = 1, da $y_1 \neq 0$

$$\underline{R}(2,2) = \begin{bmatrix} 1 & 1 \\ 1 & 1 \end{bmatrix}$$

$$\mathrm{Rang}\{\underline{R}(2,2)\} = 1$$

<u>Schritt 2:</u>

Nach Gleichung (19) sind die Matrizen $\underline{P}(k+1,k+1)$ und $\underline{Q}(k+1,k+1)$ zu bestimmen. (Siehe auch Beispiel 5)

Aus dem Beispiel 5 können wir die Matrizen $\underline{P}(2,2)$ und $\underline{Q}(2,2)$ entnehmen, da diese rekursiv aufgebaut werden , siehe Gl.(20).

Wenn die letzte Zeile der Matrix $\underline{Q}$ von Null verschiedene Koeffizienten besitzt, dann ist bei der vorgeschlagenen Berechnung der q_{ij} nach Gl.(20) der Rang $(\underline{Q}) = k + 1$. In diesem Fall erhöhe man die Zeilen- und Spaltenzahl von $\underline{R}$ um eins, d.h. Bildung von $\underline{R}(k+2,k+2)$. Das wird solange wiederholt bis alle Koeffizienten der letzten Zeile von $\underline{Q}$ null sind.
Nehmen wir an, daß es für $\underline{Q}(n,n)$ gilt.

$$\underline{P}(2,2) = \begin{bmatrix} 1 & 0 \\ 1 & 1 \end{bmatrix}$$

$$\underline{Q}(2,2) = \begin{bmatrix} 1 & 1 \\ 0 & 0 \end{bmatrix}$$

<u>Schritt 3:</u>

Man erhöhe nacheinander solange die Spaltenzahl von $\underline{Q}$ um eins bis entweder in der letzten Zeile von Null verschiedene Koeffizienten auftreten oder keine neuen Daten y_i mehr zur Verfügung stehen , im letzteren Fall geht man zum vierten Schritt über.

Im ersten Fall bilde man $\underline{R}(n+1,\nu)\ldots\underline{R}(n',\nu)$ mit $n' \leq \nu$ solange bis entweder bei der Faktorisierung alle Koeffizienten der letzten Zeile von $\underline{Q}$ null sind - dann gehe man an den Anfang von Schritt 3 oder beginnt für $n' = \nu$ wieder mit dem zweiten Schritt.

$$\underline{R}(2,3) = \begin{bmatrix} 1 & 1 & 1 \\ 1 & 1 & 2 \end{bmatrix}$$

$\underline{P}(2,2)$, siehe Schritt 2 ,

$$\underline{Q}(2,3) = \begin{bmatrix} 1 & 1 & 1 \\ 0 & 0 & 1 \end{bmatrix}$$

ist aus Beispiel 5 abzulesen.

Wir müssen nun die Anzahl der Reihen von $\underline{R}$ erhöhen, da in der letzten Zeile von $\underline{Q}$ $q_{23} \neq 0$ ist.

$$\underline{R}(3,3) = \begin{bmatrix} 1 & 1 & 1 \\ 1 & 1 & 2 \\ 1 & 2 & 1 \end{bmatrix}$$

Faktorisierung:

$$\underline{P}(3,3) = \begin{bmatrix} 1 & 0 & 0 \\ 1 & 1 & 0 \\ 1 & 0 & 1 \end{bmatrix}$$

$$\underline{Q}(3,3) = \begin{bmatrix} 1 & 1 & 1 \\ 0 & 0 & 1 \\ 0 & 1 & 0 \end{bmatrix}$$

Da $q_{32} \neq 0$ ist, muß nach Schritt 2 $\underline{R}(4,4)$ berechnet werden.

Die Zerlegung $\underline{P}(4,4) \cdot \underline{Q}(4,4)$ können wir aus dem Beispiel 5 ablesen. Bei $\underline{Q}(4,4)$ sind alle Koeffizienten der letzten Zeile null, so daß nach Schritt 3 weiter verfahren wird.
Wir kommen so auf
$\underline{R}(4,5) = \underline{P}(4,4) \cdot \underline{Q}(4,5)$,
siehe Beispiel 5.

<u>Schritt 4:</u>

Die partielle Realisierung ist nach den Gleichungen (21) und (22) zu berechnen.
Diese ist dann minimal für die Folge $\{y_1 \ldots y_N\}$.
Es gibt keine Realisierung, die einen Zustandsraum mit kleinerer Dimension hat und die Folge $\{y_1 \ldots y_N\}$ erzeugt.

Es ist $\underline{P}^{-1}(3,3)$ zu berechnen. (siehe Beweis Satz 5).

$$\underline{P}^{-1}(3,3) = \begin{bmatrix} 1 & 0 & 0 \\ -1 & 1 & 0 \\ -1 & 0 & 1 \end{bmatrix}$$

Die Realisierung $\Sigma_x(\underline{\Phi},\underline{H},\underline{C})$ lautet:

$$\underline{\Phi} = \underline{P}^{-1}\underline{\Gamma} = \begin{bmatrix} 1 & 1 & 0 \\ 0 & -1 & 1 \\ 1 & 0 & -1 \end{bmatrix}$$

$$\underline{H} = \underline{q}_1 = \begin{bmatrix} 1 \\ 0 \\ 0 \end{bmatrix}$$

$$\underline{C} = \begin{bmatrix} 1, & 0, & 0 \end{bmatrix}$$

Die Nachteile der bisher bekannten Algorithmen - z.B. Literaturstellen (27) bis (31) - sind, daß aus einer gemessenen Impulsfolge $\{\underline{C}\ \underline{\Phi}^{\mu}\underline{H}\}$ nur eine Zustandsdarstellung bestimmt werden kann, die mit dem tatsächlichen Zustandsmodell bis auf eine reguläre Transformation nach Satz 3 äquivalent ist. Im Gegensatz zum HO-Algorithmus (27) wird beim Algorithmus von RISSANEN die Zustandsform vorab festgelegt. Das bedeutet jedoch kein Nachteil, solange die anderen Verfahren das tatsächliche Zustandsmodell nicht sicher ermitteln können.

5.2.2 Algorithmus für kontinuierliche Systeme

Eine partielle Realisierung $\Sigma_x(\underline{A}, \underline{B}, \underline{C})$ kann aus der Hankelmatrix (17) und dem Satz 5 in analoger Weise ermittelt werden.

Ausgangspunkt für den Aufbau der Hankelmatrix ist die Darstellung der Übertragungsfunktion (3.57) in Abschnitt 3.4.1

$$G(s) = \underline{C}\ \underline{B}\ \frac{1}{s} + \underline{C}\ \underline{A}\ \underline{B}\ \frac{1}{s^2} + \underline{C}\ \underline{A}^2\ \underline{B}\ \frac{1}{s^3} + \ldots \quad .$$

Für den Fall, daß $\underline{C}$ eine (1xn)- und $\underline{B}$ eine (nx1)-Matrix ist, erhält man für die Koeffizienten der Übertragungsfunktion G(s) die Zahlen

$$y_\nu = \underline{C}\ \underline{A}^{\nu-1}\underline{B} \qquad \nu = 1, 2, \ldots$$

die in die Hankelmatrix (17) eingesetzt werden. Der Algorithmus ist dann durch den Satz 5 festgelegt und läuft wie im diskreten Fall ab. In der Gleichung (22) ist $\underline{\Phi}$ durch $\underline{A}$ zu ersetzen.

Beispiel 7: Zu der Übertragungsfunktion

$$G(s) = \frac{(s+1)}{s(s+2)}$$

ist eine Minimalrealisierung $\Sigma_x(\underline{A}, \underline{B}, \underline{C})$ zu bestimmen.

Zuerst muß G(s) an der Stelle $|s| = \infty$ entwickelt werden, um die Folge $\{y_\nu\}$ zu bekommen.
Die Koeffizienten y_ν der Übertragungsfunktion

$$G(s) = \sum_{\nu=1}^{\infty} \frac{y_\nu}{s^\nu}$$

lassen sich rekursiv nach der Formel

$$y_\nu = \left[\{G(s) - \sum_{i=1}^{\nu-1} \frac{y_i}{s^i}\} s^\nu\right]_{|s|=\infty} \tag{24}$$

berechnen.
Für unser Beispiel erhalten wir die Entwicklung

$$G(s) = \frac{1}{s} - \frac{1}{s^2} + \frac{2}{s^3} - \frac{4}{s^4} + \frac{8}{s^5} - + \ldots \tag{25}$$

und damit $\{y_\nu\} = \{1, -1, 2, -4, +8\}$
Der Algorithmus wird nun schrittweise auf die Folge $\{y_\nu\}$ angewendet.

Schritt 1: Da $y_1 \neq 0$ ist, wird

$$\underline{R}(2,2) = \begin{bmatrix} 1 & -1 \\ -1 & 2 \end{bmatrix} \qquad \text{Rang } (\underline{R}) = 2$$

gebildet.

Schritt 2: Die Faktorisierung von $\underline{R}(2,2)$ ergibt

$$\underline{R}(2,2) = \underline{P}(2,2) \cdot \underline{Q}(2,2) = \begin{bmatrix} 1 & 0 \\ -1 & 1 \end{bmatrix} \begin{bmatrix} 1 & -1 \\ 0 & 1 \end{bmatrix}$$

Da in der Matrix $\underline{Q}$ die letzte Zeile von Null verschiedene Koeffizienten hat ($q_{22} \neq 0$), muß $\underline{R}$ um eine Zeile und eine Spalte erweitert werden.

Die Matrix

$$\underline{R}(3,3) = \begin{bmatrix} 1 & -1 & 2 \\ -1 & 2 & -4 \\ 2 & -4 & 8 \end{bmatrix}$$

führt dann zu der Zerlegung

$$\underline{R}(3,3) = \begin{bmatrix} 1 & 0 & 0 \\ -1 & 1 & 0 \\ p_{31} & p_{32} & 1 \end{bmatrix} \begin{bmatrix} 1 & -1 & 2 \\ 0 & 1 & q_{23} \\ 0 & 0 & q_{33} \end{bmatrix} .$$

Die Berechnung der Koeffizienten ergibt nacheinander

$$q_{23} = -2 \; ; \; p_{31} = 2 \; ; \; p_{32} = -2 \; ; \; q_{33} = 0 .$$

Da die Koeffizienten der letzten Zeile von $\underline{Q}(3,3)$ alle null sind und keine weiteren Daten in (25) zur Verfügung stehen , z.B. müßten wir sonst nach (24) weitere y_ν berechnen, bestimmen wir die partielle Realisierung nach (21) und (22). Es ist

$$\underline{\Gamma}(2,2) = \begin{bmatrix} -1 & 1 \\ 2 & -2 \end{bmatrix} \qquad \underline{P}^{-1}(2,2) = \begin{bmatrix} 1 & 0 \\ 1 & 1 \end{bmatrix}$$

und daraus findet man die Minimalrealisierung

$$\underline{A} = \underline{P}^{-1}\_ = \begin{bmatrix} -1 & 1 \\ 1 & -1 \end{bmatrix} \quad \underline{B} = \begin{bmatrix} 1 \\ 0 \end{bmatrix} \quad \underline{C} = \begin{bmatrix} 1, & 0 \end{bmatrix} .$$

Das dynamische System in Zustandsform

$$\dot{\underline{x}}(t) = \begin{bmatrix} -1 & 1 \\ 1 & -1 \end{bmatrix} \underline{x}(t) + \begin{bmatrix} 1 \\ 0 \end{bmatrix} u(t)$$

$$y(t) = \begin{bmatrix} 1, & 0 \end{bmatrix} \underline{x}(t)$$

ist vollständig erreichbar und beobachtbar.

Es besitzt die Übertragungsfunktion

$$G(s) = \underline{C}(\underline{E}s - \underline{A})^{-1}\underline{B} = \frac{(s+1)}{s(s+2)} \quad ,$$

wobei

$$(\underline{E}\ s - \underline{A})^{-1} = \frac{1}{s(s+2)} \begin{bmatrix} (s+1) & 1 \\ 1 & (s+1) \end{bmatrix}$$

ist. Der Algorithmus führte uns auf eine Realisierung, die die vorgegebene Übertragungsfunktion vollständig beschreibt.

Zu Kapitel 5 vgl. Literatur [27-31, sowie auch 1, 22].

6. Entwurf linearer Regelkreise im Zustandsraum

6.1 Aufgabenstellung

Nachdem in den vorangegangenen Kapiteln die wesentlichsten Eigenschaften eines gegebenen linearen Systems behandelt wurden, widmen wir uns jetzt der Aufgabe, ein gewünschtes zeitliches Verhalten der Zustands- und Ausgangsgrößen eines Modells durch Entwurf eines linearen Regelkreises zu erreichen.

Eine wesentliche Voraussetzung für den Entwurf ist die möglichst genaue Kenntnis der Zustandsgrößen des Modells. Im Abschnitt 4.3. (Gl.(4.27)) haben wir einen Zustand zu einem späteren Zeitpunkt $t > t_o$ aus den Messungen $y_{(t_o, t)}$ bestimmt. In diesem Kapitel soll der Zustand $\underline{x}(t)$ näherungsweise zum Zeitpunkt t ermittelt werden. Wir kommen so zu einem konstruktiven Entwurf eines dynamischen Beobachters , Bild 1, wenn das gegebene Modell vollständig beobachtbar ist.

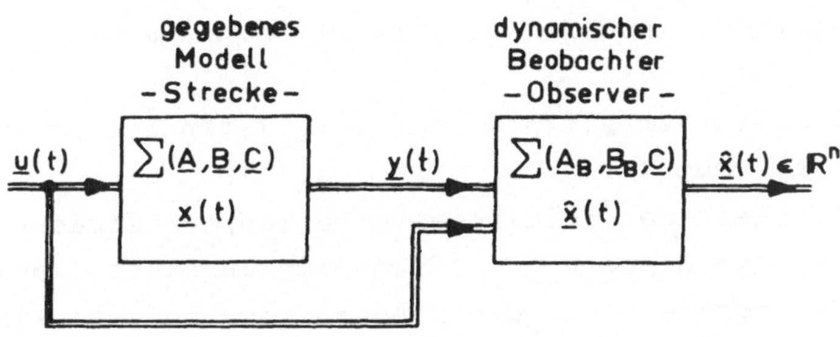

Bild 1: Schema zur dynamischen Beobachtung

Bei einer Regelung beobachtet man einen reduzierten Zustand $\hat{\underline{x}}_m(t) \in \mathbb{R}^m$ (m<n) und nutzt zusätzlich die Information aus, die in der Ausgangsgröße $\underline{y}(t)$ über den Zustand $\underline{x}(t)$ steckt. Das gewünschte zeitliche Verhalten der Ausgangsgröße $\underline{y}(t)$, Regelgröße , wird durch Rückführung des reduzierten Zustandes $\hat{\underline{x}}_m(t)$

und der Regelabweichung $\{\underline{w}(t) - \underline{y}(t)\}$ über einen Zustandsregler eingestellt , Bild 2. Bei Regelungssystemen mit einer Stellgröße $u(t) \in \mathbb{R}$ läßt sich auch nur eine Komponente von $\underline{y}(t)$ im allgemeinen führen. In diesen Fällen hat $\underline{w}(t)$ nur eine Komponente, die von Null verschieden ist.

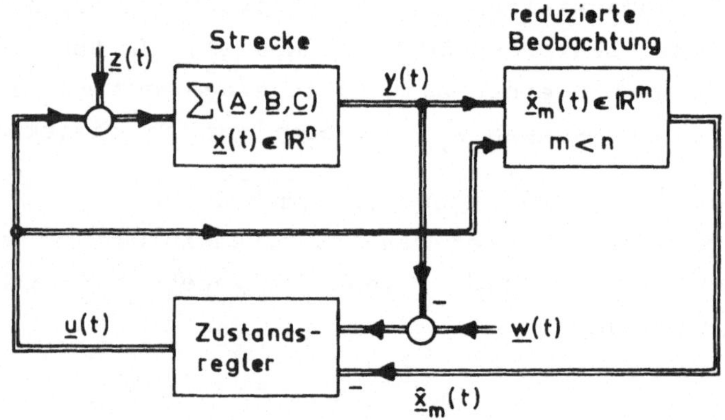

Bild 2: Regelkreis mit reduziertem dynamischem Beobachter

Beim Entwurf des Zustandsreglers wird die vollständige Steuerbarkeit der Strecke gefordert.
Eine andere Möglichkeit das zeitliche Verhalten der Strecke zu beeinflußen, wäre eine Steuerung , offene Wirkungskette, bei der unabhängig von der gerade vorhandenen Ausgangsgröße $\underline{y}(t)$ eine vorher berechnete Eingangsfunktion $\underline{u}(\cdot)$ auf die Strecke geschaltet wird. Die Nachteile einer Steuerung sind, daß

a) die vorher nicht bekannten Störungen $\underline{z}(t)$ keine Berücksichtigung finden

und

b) Parameterveränderungen in der Strecke zu einem falschen Ausgangsverhalten $\underline{y}(t)$ führen.

Eine Regelung wirkt diesen Einflüssen entgegen und kann sie innerhalb gewisser Genauigkeitsgrenzen, die durch den Entwurf eines Regelkreises festgelegt sind, unterdrücken.
Die Abhängigkeit der Regelgröße $\underline{y}(t)$ von der Störgröße $\underline{z}(t)$ ergibt das Störverhalten und bei Abhängigkeit von der Führungsgröße $\underline{w}(t)$ spricht man vom Führungsverhalten.

Zusammenfassend läßt sich sagen, daß

> bei der Regelung die zu regelnde Größe $\underline{y}(t)$ oder ein Teil der Komponenten von $\underline{y}(t)$ fortlaufend gemessen, mit der Führungsgröße $\underline{w}(t)$ verglichen und in Abhängigkeit dieses Vergleichs (Regelabweichung) an die Führungsgröße angeglichen wird.
> Bei konstanter Führungsgröße spricht man von einer Festwertregelung und wenn $\underline{w}(t)$ sich zeitlich ändert, liegt eine Folgeregelung vor.

Ein brauchbares Regelungssystem muß ein gutes Stör- und Führungsverhalten besitzen. Es sind daher beide Verhaltensweisen immer zu untersuchen.
In diesem Kapitel beschränken wir uns auf die Behandlung von zeitinvarianten kontinuierlichen Regelkreisstrukturen.

6.2 Regelkreis mit Zustandsregler

In diesem Abschnitt gehen wir von der Voraussetzung aus, daß

a) alle Zustände $x_\nu(t)$ $(\nu = 1...n)$ der Strecke gemessen werden können, so daß die Ausgangsgleichung $\underline{y}(t) = \underline{C}\,\underline{x}(t)$ mit $\underline{C} = \underline{E}$ entfällt.

b) die Störungen im Regelkreis sich nur durch Änderungen des Anfangszustandes $\underline{x}_o$ bemerkbar machen.

c) die Regelgröße $\underline{x}(t)$ nur auf einen festen Zustand $\underline{w}_n \in \mathbb{R}^n$ geregelt wird. Die Anzahl der von Null verschiedenen Komponenten in $\underline{w}_n$ hängt von der Dimension der Stellgröße $\underline{u}(t) \in \mathbb{R}^r$ und der Entkoppelung zwischen den Systemgrößen $\underline{y}(t)$ und $\underline{u}(t)$ ab.
$\underline{w}_n$ ist daher im allgemeinen nicht in allen Komponenten beliebig wählbar - bei einer Stellgröße $u(t) \in \mathbb{R}$ nur in einer Komponente von $\underline{w}_n$.

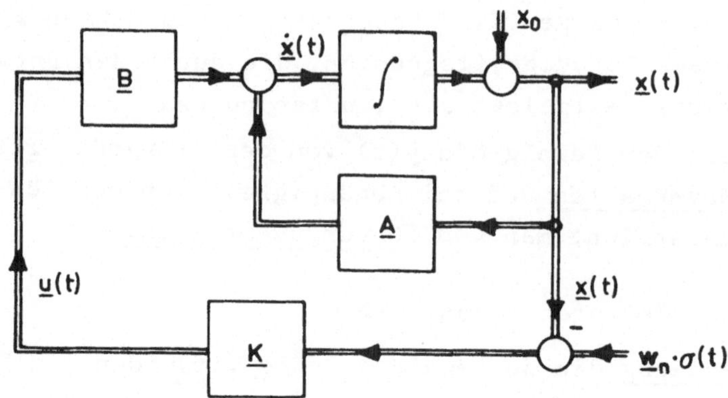

Bild 3: Regelkreis mit Zustandsregler

Daß die Voraussetzungen b) und c) zu gleichem Stabilitätsverhalten führen, wird im Unterabschnitt 6.2.2 gezeigt.
Es soll ein Zustandsregler entworfen werden, der einem gegebenen dynamischen System (Strecke)

$$\dot{\underline{x}}(t) = \underline{A}\ \underline{x}(t) + \underline{B}\ \underline{u}(t) \ ; \quad \underline{x}_0, \underline{x}(t) \in \mathbb{R}^n \tag{1}$$

ein vorgegebenes (zeitliches) Verhalten aufprägt.

Zuerst suchen wir jedoch nach einer Bedingung, die uns durch geeignete Wahl des Zustandsreglers einen beliebigen exponentiellen Verlauf der Zustandsgrößen im linearen Regelkreis (Bild 3) gewährleistet.

Es sei daran erinnert, daß die Eigenwerte der Systemmatrix des Regelkreises (nach Satz 4.9 und 4.11)die exponentielle Stabilität

$$||\underline{x}(t)|| \leq \beta\ e^{-\gamma t} \tag{2}$$

bestimmen. Die Schnelligkeit des Abklingens wird durch den

Realteil des Eigenwertes der Systemmatrix mit dem kleinsten Betrag und die Dämpfung durch ß festgelegt , siehe Beweis zu Satz 4.11.

6.2.1 Bestimmung des Zustandsreglers

Der Entwurf des Zustandsreglers nach Bild 3 macht einige Einschränkungen notwendig, um auf eine eindeutige Lösung unseres Problems zu kommen.
Es wird vorausgesetzt, daß

a) der Regelkreis linear und zeitinvariant ist

und

b) der einfachste Zusammenhang zwischen der Stellgröße $\underline{u}(t)$ und der Zustandsgröße $\underline{x}(t)$ Verwendung findet, ohne daß eine Einschränkung der Vorgabe des exponentiellen zeitlichen Verhaltens von $\underline{x}(t)$ damit verbunden wäre.

Es ist also zu prüfen, ob der einfachste Regler (Bild 3)

$$\underline{u}(t) = \underline{K}\,\{\underline{w}_n - \underline{x}(t)\} \qquad \underline{K} : \mathbb{R}^n \to \mathbb{R}^r \tag{3}$$

mit der konstanten (rxn)-Matrix $\underline{K}$ die Forderung b) erfüllt. Durch Einsetzen von (3) in die Zustandsgleichung (1) der Strecke erhalten wir die Regelkreisgleichung

$$\dot{\underline{x}}(t) = (\underline{A} - \underline{B}\,\underline{K})\underline{x}(t) + \underline{B}\,\underline{K}\,\underline{w}_n\,\sigma(t) \ . \tag{4}$$

Das Zustandsmodell des Regelkreises unterscheidet sich von dem der Strecke in der

Systemmatrix $\underline{A} \to (\underline{A} - \underline{B}\,\underline{K})$

und

Eingangsmatrix $\underline{B} \to \underline{B}\,\underline{K}$.

Zum Nachweis der Forderung b) genügt es zu zeigen, daß in Abhängigkeit von der Matrix $\underline{K}$ die Eigenwerte der Systemmatrix $(\underline{A} - \underline{B}\,\underline{K})$ eine beliebige reelle oder komplexe Zahl mit zugehörigem konjugiertem komplexem Eigenwert annehmen können.

Die Eigenwerte sind die Nullstellen des charakteristischen Polynoms

$$\Delta_R(s) = \det(\underline{E}s - \underline{A} + \underline{B}\,\underline{K}) = s^n + \gamma_{n-1}s^{n-1} + \ldots + \gamma_1 s + \gamma_o$$

$$= \prod_{\nu=1}^{n} (s-s_\nu) \quad . \tag{5}$$

$\Delta_R(s)$ läßt sich nach dem Herausziehen des charakteristischen Polynoms der Strecke $\Delta_n(s) = \det(\underline{E}s - \underline{A})$ in der Form

$$\Delta_R(s) = \Delta_n(s)\det(\underline{E}_n + \{\underline{E}_n s-\underline{A}\}^{-1}\underline{B}\,\underline{K})$$

schreiben, wobei der Index n bei der Einheitsmatrix auf eine (nxn)-Matrix hinweisen soll. Im Abschnitt 3.4.1 , Gl.(3.54), haben wir die Matrix $(\underline{E}_n s - \underline{A})^{-1}$ als Laplace-Transformierte der Transitionsmatrix $\underline{\phi}(t)$ erhalten -

$$\underline{\phi}(s) = (\underline{E}_n s - \underline{A})^{-1} \; .$$

<u>Hilfssatz:</u> Es gilt

$$\det(\underline{E}_n + \underline{\phi}(s)\underline{B}\,\underline{K}) = \det(\underline{E}_r + \underline{K}\,\underline{\phi}(s)\underline{B}) \tag{6}$$

und

$$\underline{L}(s) = \underline{K}\,\underline{\phi}(s)\underline{B} \tag{7}$$

ist die Kreisübertragungsfunktion des an der Stelle $\underline{u}(t)$ aufgeschnittenen Regelkreises, Bild 3.

Beweis: Die Transformation der Gleichungen (1) und (3) in den Laplace-Bereich (siehe Abschnitt 3.4.1), führt uns auf

$$s\,\underline{X}(s) - \underline{x}_o = \underline{A}\,\underline{X}(s) + \underline{B}\,\underline{U}(s)$$

$$\underline{U}(s) = -\,\underline{K}\,\underline{X}(s) + \frac{1}{s}\,\underline{K}\,\underline{w}_n \in \mathbb{R}^r \tag{8}$$

Die Auflösung der ersten Gleichung nach $\underline{X}(s)$ unter Berücksichtigung von $\underline{\phi}(s) = (\underline{E}_n s - \underline{A})^{-1}$ ergibt

$$\underline{X}(s) = \underline{\phi}(s)\underline{x}_o + \underline{\phi}(s)\underline{B}\ \underline{U}(s) \in \mathbb{R}^n \ . \tag{9}$$

Eliminiert man in (8) den Zustand $\underline{X}(s)$ und in (9) die Stellgröße $\underline{U}(s)$, dann entstehen die beiden Beziehungen

$$\underline{U}(s) = -\left(\underline{E}_r + \underline{K}\ \underline{\phi}(s)\underline{B}\right)^{-1} \underline{K}\ \underline{\phi}(s)\underline{x}_o + \frac{1}{s}\left(\underline{E}_r + \underline{K}\ \underline{\phi}(s)\underline{B}\right)^{-1}\underline{K}\ \underline{w}_n \tag{10}$$

und

$$\underline{X}(s) = \left(\underline{E}_n + \underline{\phi}(s)\underline{B}\ \underline{K}\right)^{-1}\underline{\phi}(s)\underline{x}_o + \frac{1}{s}\left(\underline{E}_n + \underline{\phi}(s)\underline{B}\ \underline{K}\right)^{-1}\underline{\phi}(s)\underline{B}\ \underline{K}\ \underline{w}_n \ . \tag{11}$$

Das Einsetzen von (11) in die Reglergleichung (8) führt auf die Stellgröße

$$\underline{U}(s) = -\underline{K}\left(\underline{E}_n + \underline{\phi}(s)\underline{B}\ \underline{K}\right)^{-1}\underline{\phi}(s)\underline{x}_o + \frac{1}{s}\underline{K}\left\{\underline{E}_n - \left(\underline{E}_n + \underline{\phi}(s)\underline{B}\ \underline{K}\right)^{-1}\underline{\phi}(s)\underline{B}\ \underline{K}\right\}\underline{w}_n \ .$$

Diese Stellgröße muß mit der in (10) übereinstimmen. Der Vergleich liefert die Identitäten

$$\left(\underline{E}_r + \underline{K}\ \underline{\phi}(s)\underline{B}\right)^{-1}\underline{K} = \underline{K}\left(\underline{E}_n + \underline{\phi}(s)\underline{B}\ \underline{K}\right)^{-1}$$

und (12)

$$\left(\underline{E}_r + \underline{K}\ \underline{\phi}(s)\underline{B}\right)^{-1}\underline{K} = \underline{K}\left\{\underline{E}_n - \left(\underline{E}_n + \underline{\phi}(s)\underline{B}\ \underline{K}\right)^{-1}\underline{\phi}(s)\underline{B}\ \underline{K}\right\} \ .$$

Insbesondere müssen die Nenner der beiden Seiten gleich sein. Hieraus folgt die Behauptung (6)

$$\det(\underline{E}_r + \underline{K}\ \underline{\phi}(s)\underline{B}) = \det(\underline{E}_n + \underline{\phi}(s)\underline{B}\ \underline{K})$$

bzw. mit $\underline{\phi}(s) = \frac{1}{\Delta_n(s)}\underline{\Gamma}(s)$ (siehe Gl.(3.55))

$$\det(\Delta_n(s)\underline{E}_r + \underline{K}\ \underline{\Gamma}(s)\underline{B}) = \det(\Delta_n(s)\underline{E}_n + \underline{\Gamma}(s)\underline{B}\ \underline{K}) \ . \tag{13}$$

Um die zweite Behauptung zu zeigen, schneiden wir den Regelkreis, Bild 3 , bei $\underline{U}(s)$ auf, so daß die beiden Stellgrößen in (8) und (9) zu unterscheiden sind. Eliminiert man in (8) und (9) den

Zustand $\underline{X}(s)$ und werden die Eingangsgrößen $\underline{w}_n = \underline{x}_o = \underline{0}$ gesetzt, dann folgt aus der Beziehung

$$\underline{U}(s) = -\underline{K}\,\underline{\phi}(s)\underline{B}\,\tilde{\underline{U}}(s) = -\underline{L}(s)\tilde{\underline{U}}(s)$$

die Kreisübertragungsfunktion $\underline{L}(s)$.

Wir können nun den Zusammenhang zwischen den Koeffizienten $\gamma_o \ldots \gamma_{n-1}$ des charakteristischen Polynoms eines Regelkreises und der Matrix $\underline{K}$ des Zustandsreglers angeben.

Satz 1: Die Koeffizienten $\gamma_o \ldots \gamma_{n-1}$ des Polynoms (5)

$$\Delta_R(s) = \det(\underline{E}_n s - \underline{A} + \underline{B}\,\underline{K}) = \Delta_n(s)\det(\underline{E}_n + \underline{\phi}(s)\underline{B}\,\underline{K}) \qquad (14)$$

können genau dann beliebige reelle Werte in Abhängigkeit der (rxn)-Matrix $\underline{K}$ annehmen, wenn das dynamische System (Strecke)

$$\dot{\underline{x}}(t) = \underline{A}\,\underline{x}(t) + \underline{B}\,\underline{u}(t)$$

vollständig steuerbar ist.

Beweis: s_ν sei eine beliebige Zahl aus der Menge der komplexen Zahlen, jedoch kein Eigenwert der Matrix $\underline{A}$, so daß $\Delta_n(s_\nu) \neq 0$ gilt. Es gibt dann eine Matrix $\underline{K}$, die n beliebig gewählte s_ν zu Eigenwerten der Systemmatrix $(\underline{A} - \underline{B}\,\underline{K})$ des Regelkreises macht. Aus (14) folgt

$$\Delta_R(s_\nu) = 0 \leftrightarrow \det(\underline{E}_n + \underline{\phi}(s_\nu)\underline{B}\,\underline{K}) = 0 \qquad \nu = 1 \ldots n \qquad (15)$$

Wir zeigen zuerst die Notwendigkeit und nehmen an, daß die n Eigenwerte s_ν verschieden sind. Dann gibt es n linearunabhängige Eigenvektoren $\underline{v}_\nu$ der Matrix $(\underline{A} - \underline{B}\,\underline{K})$ (Abschnitt 3.3, Satz 3.7)

$$(\underline{A} - \underline{B}\,\underline{K})\underline{v}_\nu = s_\nu \underline{v}_\nu \qquad \nu = 1 \ldots n$$

Hieraus folgt

$$(\underline{E}_n s_\nu - \underline{A})(\underline{E}_n + \underline{\phi}(s_\nu)\underline{B}\ \underline{K})\underline{v}_\nu = \underline{0} \quad .$$

Nach Voraussetzung soll $(\underline{E}_n s_\nu - \underline{A})$ regulär sein, so daß

$$\underline{\phi}(s_\nu)\underline{B}\ \underline{K}\ \underline{v}_\nu = -\ \underline{v}_\nu \tag{16}$$

gelten muß. Für die Matrix $\underline{\phi}(s_\nu)\underline{B}$ verwenden wir die Gleichung (3.6o) aus dem Abschnitt 3.4.1

$$\underline{\phi}(s)\underline{B} = \frac{1}{\Delta_n(s)} \sum_{\nu=o}^{n-1} s^\nu \left[\sum_{\mu=1}^{n-\nu} a_{\mu+\nu}\underline{A}^{\mu-1}\ \underline{B} \right] .$$

Hierbei ist $a_n = 1$ zu setzen. Durch Umordnung der Summanden erhält man

$$\underline{\phi}(s)\underline{B} = \frac{1}{\Delta_n(s)} \sum_{\mu=1}^{n} \underline{A}^{\mu-1}\ \underline{B} \left[\sum_{\nu=o}^{n-\mu} a_{\mu+\nu} s^\nu \right] .$$

Mit der Abkürzung

$$p_\mu(s) := \frac{1}{\Delta_n(s)} \sum_{\nu=o}^{n-\mu} a_{\mu+\nu} s^\nu \qquad \mu = 1\ldots n \tag{17}$$

und der Steuerbarkeitsmatrix (Abschnitt 4.2.3 , Satz 4.4)

$$\underline{W}_n = \left[\underline{B}, \underline{A}\ \underline{B}, \ldots \underline{A}^{n-1}\underline{B} \right]$$

ist

$$\underline{\phi}(s)\underline{B} = \underline{W}_n \begin{bmatrix} p_1(s)\underline{E}_r \\ \vdots \\ p_n(s)\underline{E}_r \end{bmatrix} . \tag{18}$$

Nach Einsetzen dieses Ausdrucks in die Eigenwertgleichung (16) ergibt sich die Beziehung

$$\underline{W}_n \begin{bmatrix} p_1(s_\nu)\underline{K}\ \underline{v}_\nu \\ \vdots \\ p_n(s_\nu)\underline{K}\ \underline{v}_\nu \end{bmatrix} = -\ \underline{v}_\nu \qquad \nu = 1\ldots.n \quad .$$

Da die Eigenvektoren $\{\underline{v}_1 \ldots \underline{v}_n\}$ den $\mathbb{R}^n$ aufspannen, muß die Abbildung $\underline{W}_n$ surjektiv sein. Es gäbe sonst Eigenvektoren $\underline{v}_\nu$, die nicht im Bildbereich der Matrix $\underline{W}_n$ liegen , im Widerspruch zur letzten Gleichung. Hieraus folgt die Notwendigkeit der Behauptung

$$\begin{matrix} s_\nu \neq s_\mu \text{ beliebig} \\ \text{jedoch } \Delta_n(s_\nu) \neq 0 \end{matrix} \quad \rightarrow \quad B(\underline{W}_n) = \mathbb{R}^n \leftrightarrow r(\underline{W}_n) = n \quad \text{(vollständige Steuerbarkeit)}$$

Die Notwendigkeit läßt sich auch für mehrfache Eigenwerte der Systemmatrix $(\underline{A} - \underline{B}\ \underline{K})$ zeigen. Entsprechend den Ausführungen des Abschnittes 3.3.4, in dem eine Basis im invarianten Teilraum zum mehrfachen Eigenwert s_ν angegeben wurde, wird der Beweis in analoger Weise durchgeführt.

Um die hinreichende Bedingung zu zeigen, verwenden wir die Beziehung (6), mit der die Bedingung (15) in

$$\det(\underline{E}_r + \underline{K}\ \underline{\phi}(s_\nu)\underline{B}) = 0 \qquad \nu = 1\ldots n \tag{19}$$

übergeht. Die Matrix in der Determinante muß einen echten Nullraum für jedes zulässige s_ν , $\Delta_n(s_\nu) \neq 0$, besitzen. Es sei $\underline{t}_\nu \in \mathbb{R}^r$ $(\underline{t}_\nu \neq \underline{0})$ ein Vektor aus einem solchen Nullraum. Wir erhalten so die Beziehung

$$\underline{K}\ \underline{\phi}(s_\nu)\underline{B}\ \underline{t}_\nu = -\ \underline{t}_\nu \qquad \nu = 1\ldots.n\ . \tag{20}$$

Die Bedingung (19) läßt sich dann für jedes zulässige s_ν erfüllen, wenn die Steuerbarkeitsmatrix $\underline{W}_n$ den Rang n hat. Um diese Behauptung zu zeigen, formen wir die Gleichung (20) unter Berücksichtigung von (18) um und fassen die n Gleichungen zusammen in

$$\underline{K}\ \underline{W}_n \underbrace{\begin{bmatrix} p_1(s_1)\underline{t}_1 & \cdots & p_1(s_n)\underline{t}_n \\ \vdots & & \\ p_n(s_1)\underline{t}_1 & \cdots & p_n(s_n)\underline{t}_n \end{bmatrix}}_{=\ \underline{P}} = -\left[\ \underline{t}_1 \ \cdots\ \underline{t}_n\right] \tag{21}$$

.

Die $(r \cdot nxn)$-Matrix $\underline{P}$ läßt sich für $r = 1$, d.h. $\underline{t}_\nu = 1$, $\nu = 1 \ldots n$, unter Verwendung der Beziehung (17) zerlegen in

$$\underline{P}(r=1) = \begin{bmatrix} a_1 & \cdots & a_{n-1} & 1 \\ \vdots & & \cdot & \\ \vdots & \cdot & & \underline{0} \\ a_{n-1} & \cdot & & \\ 1 & & & \end{bmatrix} \begin{bmatrix} \tilde{\Delta}_1 & \cdots & \tilde{\Delta}_n \\ \tilde{s}_1 & & \tilde{s}_n \\ \vdots & & \vdots \\ \tilde{s}_1^{n-1} & & \tilde{s}_n^{n-1} \end{bmatrix} \quad \text{mit} \quad \begin{cases} \tilde{\Delta}_\nu = \dfrac{1}{\Delta_n(s_\nu)} \\ \tilde{s}_\nu^\mu = \dfrac{s_\nu^\mu}{\Delta_n(s_\nu)} \end{cases}$$

Die erste Matrix der rechten Seite hat den Rang n. Sind alle Eigenwerte $s_1 \ldots s_n$ voneinander verschieden, dann besitzt auch die zweite Matrix der rechten Seite den Rang n und somit die Matrix $\underline{P}$. Für $r > 1$ wächst die Anzahl der Zeilen von $\underline{P}$ auf $n \cdot r$. Da jedes Element einer Spalte von $\underline{P}$ $(r=1)$ mit einem gemeinsamen Vektor $\underline{t}_\nu$ multipliziert wird, ändert sich der Rang von $\underline{P}$ nicht.

Die Matrix $\underline{W}_n$ hat wegen der vorausgesetzten vollständigen Steuerbarkeit ebenfalls den Rang n, so daß die (nxn)-Matrix $\underline{W}_n\underline{P}$ invertierbar ist. Im Fall, daß alle Eigenwerte verschieden aber beliebig bis auf $\Delta_n(s_\nu) \neq 0$ sind, läßt sich die Matrix für den Zustandsregler eindeutig nach der Formel

$$\underline{K} = - \left[\underline{t}_1 \ \cdots \ \underline{t}_n \right] (\underline{W}_n \underline{P})^{-1} \tag{22}$$

berechnen. Die $\underline{t}_\nu$ können als Einheitsvektoren angesetzt werden. Es gilt nämlich $\underline{t}_\nu = \underline{K}\ \underline{v}_\nu$ - vergleiche Gl.(16) und Gl.(20), wobei r Vektoren $\underline{t}_1 \ldots \underline{t}_r$ linearunabhängig sind, wenn $\underline{K}$ den Rang r besitzt. Damit können in (20) immer r Gleichungen angegeben werden, so daß die Spalten der Matrix $\underline{K}\ \underline{\phi}(s_\nu)\underline{B}$ mit dem negativen Vorzeichen der entsprechenden Spalte der Einheitsmatrix $\underline{E}_r$ übereinstimmen.

Tritt im charakteristischen Polynom $\Delta_R(s)$ ein κ-facher Eigenwert auf, dann ist nicht nur $\Delta_R(s_\nu) = 0$, sondern auch

$$\left. \frac{d^j \Delta_R(s)}{d\, s^j} \right|_{s=s_\nu} = 0 \qquad j = 1 \ldots (\kappa-1)$$

Aus den Bedingungen (15), (19) und (20) folgt nach Differentiation an der Stelle $s = s_\nu$

$$\underline{K}\left[\frac{d^j}{ds^j}\,\underline{\Phi}(s)\right]_{s=s_\nu}\underline{B}\,\underline{t}_\nu = \underline{0} \qquad j = 1\ldots(\kappa-1)$$

bzw. mit $p_\mu^{(j)}(s_\nu)$ als j-te Ableitung des Polynoms $p_\mu(s)$

$$\underline{K}\,\underline{W}_n\begin{bmatrix} p_1^{(j)}(s_\nu)\underline{t}_\nu \\ \vdots \\ p_n^{(j)}(s_\nu)\underline{t}_\nu \end{bmatrix} = \underline{0} \qquad j = 1\ldots(\kappa-1). \quad (23)$$

In der Matrix $\underline{K}\,\underline{W}_n\underline{P}$ der Gleichung (21) müssen in diesem Fall die entsprechenden Spalten durch (23) ausgetauscht werden. Die Matrix $\underline{P}$ hat dann weiterhin den Rang n. Auf der rechten Seite der Gleichung (21) sind die entsprechenden Spalten wegen (23) durch den Nullvektor zu ersetzen.

Die Matrix $\underline{K}$ des Zustandsreglers läßt sich nach entsprechender Modifikation ebenfalls aus der Formel (22) berechnen.

∇∇

In den Beispielen untersuchen wir nur Systeme mit einer (nx1)-Eingangsmatrix (r = 1), Regelungssysteme mit mehreren Eingangsgrößen (r>1) der Strecke heißen Mehrgrößenregelungssysteme. Dieser Systemtyp steht mit Problemen im Zusammenhang, die über den Rahmen dieses Buches hinausgehen und eine gesonderte Behandlung erfordern, um einen tieferen Einblick in die Strukturen dieser Systeme zu bekommen. In den Veröffentlichungen [35],[36] und [37] werden die Probleme der Mehrgrößenregelungen ausführlich behandelt.

Im Gegensatz zur Mehrgrößenregelung spricht man von einem Einfachregelkreis, wenn nur eine Eingangsgröße auf die Strecke wirkt.

Bemerkung 1: Bei Einfachregelkreisen (r=1) geht die Bedingung (19) für $\underline{K} \to \underline{k}'$ und $\underline{B} \to \underline{b}$ in

$$\det(1 + \underline{k}'\underline{\Phi}(s_\nu)\underline{b}) = 1 + \underline{k}'\underline{\Phi}(s_\nu)\underline{b} = 0 \qquad \nu = 1\ldots n \quad (24)$$

über. Im Satz 1 wurde die Bedingung (19) zur Berechnung der Matrix $\underline{K}$ des Zustandsreglers benutzt. Für verschiedene Eigenwerte läßt sich (24) nach Zusammenfassung aller n Gleichungen wieder unter Berücksichtigung von (18) in der Form

$$\underbrace{\begin{bmatrix} p_1(s_1) & \dots & p_n(s_1) \\ \vdots & & \vdots \\ p_1(s_n) & \dots & p_n(s_n) \end{bmatrix}}_{= \underline{P}'} \underline{W}'_n \underline{k} = - \begin{bmatrix} 1 \\ \vdots \\ 1 \end{bmatrix} \quad , \text{ Gl.(21) für } r=1 \; ,$$

schreiben. Da $\underline{P}$ nach Satz 1 den Rang n besitzt (alle s_ν verschieden), kann bei vollständiger Steuerbarkeit der Strecke der Zustandsregler bestimmt werden aus

$$\underline{k} = - \underline{W}'^{-1}_n \; \underline{P}'^{-1} \begin{bmatrix} 1 \\ \vdots \\ 1 \end{bmatrix} \quad . \tag{25}$$

Entsprechend den Ausführungen zur Gl.(23) im Satz 1 ersetzt man Spalten von $\underline{P}$ und Komponenten der rechten Seite von (25) bei mehrfachen Eigenwerten.

Diese Formel wird man dann zur Bestimmung des Zustandsreglers heranziehen, wenn die Eigenwerte $s_1 \dots s_n$ des Regelkreises vorliegen. Werden die Koeffizienten $\gamma_o \dots \gamma_{n-1}$ des charakteristischen Polynoms des Regelkreises vorgegeben, so läßt sich die im Folgenden abgeleitete Beziehung verwenden.

Die Gleichung (24) in (14) unter Beachtung von (6) eingesetzt, ergibt

$$\Delta_R(s) = \Delta_n(s) \left(1 + \underline{k}' \; \underline{\phi}(s)\underline{b}\right) .$$

Bei Berücksichtigung der Gleichung 3.6o aus dem Abschnitt 3.4.1 erhalten wir den Ausdruck

$$\Delta_R(s) - \Delta_n(s) = \sum_{\nu=o}^{n-1} s^\nu \left[\sum_{\mu=1}^{n-\nu} a_{\mu+\nu} \; \underline{k}'\underline{A}^{\mu-1}\underline{b}\right] \quad .$$

Ein Koeffizientenvergleich bezüglich der Potenzen von s führt auf das Gleichungssystem

$$\begin{aligned} \gamma_o - a_o &= \sum_{\mu=1}^{n} a_\mu \, \underline{k}'\underline{A}^{\mu-1}\underline{b} \\ &\vdots \\ \gamma_{n-1} - a_{n-1} &= \underline{k}'\underline{b} \quad . \end{aligned}$$

Die Zusammenfassung dieses Gleichungssystems liefert uns die Matrixbeziehung

$$\underbrace{\begin{bmatrix} a_1 & \cdots & a_{n-1} & 1 \\ a_2 & \cdots a_{n-1} & 1 & \\ \vdots & & & \underline{0} \\ a_{n-1} & & & \\ 1 & & & \end{bmatrix}}_{= \underline{D}} \underline{W}_n' \, \underline{k} = \begin{bmatrix} \gamma_o - a_o \\ \vdots \\ \gamma_{n-1} - a_{n-1} \end{bmatrix}$$

Für eine vollständig steuerbare Strecke darf somit der Zustandsregler nach der Formel

$$\underline{k} = \underline{W}_n'^{-1} \, \underline{D}^{-1} \begin{bmatrix} \gamma_o - a_o \\ \vdots \\ \gamma_{n-1} - a_{n-1} \end{bmatrix} \qquad (26)$$

berechnet werden. Die Dreiecksmatrix $\underline{D}$ besitzt für jedes $a_\nu \in \mathbb{R}$ eine Inverse.

Die inverse Matrix $\underline{D}^{-1}$ ist eine untere Dreiecksmatrix und die Koeffizienten $\tilde{a}_\mu$ berechnen sich rekursiv aus der Formel

$$\tilde{a}_\mu = - \sum_{\nu=o}^{n-\mu-1} a_{\nu+\mu} \, \tilde{a}_{n-\nu} \qquad \mu = 1 \ldots (n-1) \quad . \qquad (27)$$

Der Leser zeige, daß $\underline{D} \, \underline{W}_n' = \underline{E}_n$ gilt, wenn die Strecke in der ersten Standardform vorliegt.

Hinweis: Die Regelkreisgl.(4) hat in diesem Fall ebenfalls die erste Standardform.

Das Reglergesetz für einen Einfachregelkreis nach Bild 3 lautet nun für $t > 0$

$$u(t) = \underline{k}'\{\underline{w}_n - \underline{x}(t)\} = \left((\gamma_o - a_o)\dots(\gamma_{n-1} - a_{n-1})\right)\underline{D}^{-1}\underline{W}_n^{-1}\{\underline{w}_n - \underline{x}(t)\} \quad \text{Gl.}(26)$$

$$= -\left(1 \;\dots\; 1\right)\, \underline{P}^{-1}\underline{W}_n^{-1}\{\underline{w}_n - \underline{x}(t)\} \;. \quad \text{Gl.}(25)$$

In der Praxis ist die Amplitude der Stellgröße beschränkt, also

$$|u(t)| \leq d < \infty \;.$$

Diese Beschränkung kann verletzt werden, wenn

a) die Eigenwertkonfiguration des Regelkreises gegenüber der der Strecke stark verändert wurde , $|\gamma_\nu - a_\nu|$ zu groß.
   Anders ausgedrückt: Die Bandbreiten der beiden Systeme (Strecke, Regelkreis) sind zu unterschiedlich, oder

b) die Steuerbarkeit der Strecke zu schlecht ist - $\det(\underline{W}_n)$ zu klein, die im Nenner des Reglergesetzes bei $\underline{W}_n^{-1}$ auftritt.

Der Satz 1 und damit das Reglergesetz (25) bzw. (26) legen uns zwar alle Möglichkeiten eines Entwurfs des Zustandsreglers dar, jedoch sind die Nebenbedingungen der Praxis zusätzlich zu berücksichtigen.

6.2.2 Regelkreis mit vorgegebener Stabilitätsgüte

Das Zustandsmodell (4) für den Regelkreis nach Bild 3 mit einer Eingangsgröße der Strecke (r=1) lautet

$$\dot{\underline{x}}(t) = (\underline{A} - \underline{b}\;\underline{k}')\underline{x}(t) + \underline{b}\;\underline{k}'\underline{w}_n\sigma(t) \qquad (28)$$

Für die Berechnung von $\underline{k}$ im Reglergesetz ist in (26) die Kenntnis der Koeffizienten $\gamma_o \dots \gamma_{n-1}$ des charakteristischen Polynoms $\Delta_R(s)$ oder in (25) die Eigenwerte der Systemmatrix $(\underline{A} - \underline{b}\;\underline{k}')$

des Regelkreises erforderlich. Die Koeffizienten $\gamma_o \ldots \gamma_{n-1}$ lassen sich aus den Eigenwerten $s_1 \ldots s_n$ durch Ausmultiplizieren des Produkts der Linearfaktoren berechnen ($\gamma_n = 1$)

$$\Delta_R(s) = \sum_{\nu=o}^{n} \gamma_\nu s^\nu = \prod_{\nu=1}^{n} (s-s_\nu) = s^n - s^{n-1} \sum_{\nu=1}^{n} s_\nu + \ldots + (-1)^n \prod_{\nu=1}^{n} s_\nu . \quad (29)$$

Um den Zusammenhang mit der klassischen Regelungstechnik herzustellen, leiten wir die Laplace-Transformierten U(s) und $\underline{X}(s)$ aus dem Zustandsmodell (28) in Abhängigkeit vom Anfangszustand $\underline{x}_o$ (Störung) und von der Führungsgröße $\underline{w}_n \sigma(t)$ ab.

Die im Hilfssatz angegebene Kreisübertragungsfunktion (7) ist bei einer Eingangsgröße der Strecke (r=1) eine skalare Größe

$$L(s) = \underline{k}'\underline{\phi}(s)\underline{b} = \frac{\underline{k}'\underline{\Gamma}(s)\underline{b}}{\Delta_n(s)} \quad (30)$$

$\underline{\Gamma}(s)$ ist die adjunkte Matrix von $(\underline{E}s-\underline{A})$, siehe Gl.(3.16) oder Abschnitt 3.4.1, Gl.(3.59).
Die Gleichung (10) geht für r=1 unter Berücksichtigung von (30) über in

$$U(s) = - \left(1 + L(s)\right)^{-1} \underline{k}'\underline{\phi}(s)\underline{x}_o + \frac{1}{s} \left(1 + L(s)\right)^{-1} \underline{k}'\underline{w}_n$$

$$= - \frac{\underline{k}'\underline{\Gamma}(s)\underline{x}_o}{\left(\Delta_n(s)+\underline{k}'\underline{\Gamma}(s)\underline{b}\right)} + \frac{1}{s} \frac{\Delta_n(s)\underline{k}'\underline{w}_n}{\left(\Delta_n(s)+\underline{k}'\underline{\Gamma}(s)\underline{b}\right)} . \quad (31)$$

Aus den Beziehungen (14) und (6) folgt

$$\Delta_R(s) = \Delta_n(s)\left(1 + L(s)\right) = \Delta_n(s) + \underline{k}'\underline{\Gamma}(s)\underline{b} , \quad (32)$$

so daß die Nullstellen des in Klammern stehenden Nennerpolynoms von (31) mit den Eigenwerten der Systemmatrix des Regelkreises übereinstimmen.
Die Transformation der Zustandsgleichung (28) in den Laplace-Bereich und die Auflösung nach $\underline{X}(s)$ ergibt

$$\underline{X}(s) = \left(\underline{E}s - \underline{A} + \underline{b}\,\underline{k}'\right)^{-1}\underline{x}_o + \frac{1}{s} \left(\underline{E}s - \underline{A} + \underline{b}\,\underline{k}'\right)^{-1}\underline{b}\,\underline{k}'\underline{w}_n .$$

Die Transitionsmatrix des Regelkreises lautet

$$\underline{\Phi}_R(s) = \left(\underline{E}s - \underline{A} + \underline{b}\ \underline{k}'\right)^{-1} = \frac{\underline{\Gamma}_R(s)}{\Delta_R(s)} \quad .$$

Die Lösung der Zustandsgleichung im Laplace-Bereich hat damit die Form

$$\underline{X}(s) = \frac{\underline{\Gamma}_R(s)\underline{x}_o}{\Delta_R(s)} + \frac{1}{s}\ \frac{\underline{\Gamma}_R(s)\underline{b}\ \underline{k}'\underline{w}_n}{\Delta_R(s)} \quad . \tag{33}$$

In diesem Abschnitt bezieht sich die Untersuchung des Regelkreises auf das Verhalten der Stellgröße U(s) und einer angenommenen Regelgröße $Y(s) = \underline{c}'\underline{X}(s)$.

a) Führungsverhalten

Das Verhalten von U(s) für $\underline{x}_o = \underline{0}$ kann entweder aus der Gl.(31) oder aus Gl.(33) nach Multiplikation mit $\underline{k}'$ und Verwendung der Beziehung $U(s) = \left(\frac{1}{s}\ \underline{k}'\underline{w}_n - \underline{k}'X(s)\right)$ abgeleitet werden. Es gilt daher nach einer Umformung

$$\frac{U(s)}{\frac{1}{s}\ \underline{k}'\underline{w}_n} = \frac{\Delta_R(s) - \underline{k}'\underline{\Gamma}_R(s)\underline{b}}{\Delta_R(s)} \quad , \text{ folgt aus Gl.(33),}$$

$$= \frac{\Delta_n(s)}{\Delta_R(s)} \quad , \text{ entsprechend Gl.(31)} \ . \tag{34}$$

Ein Vergleich der letzten beiden Gleichungen liefert unter Berücksichtigung von (32) die Beziehung

$$\underline{k}'\underline{\Gamma}_R(s)\underline{b} = \underline{k}'\underline{\Gamma}(s)\underline{b} \quad . \tag{35}$$

Hieraus folgt, daß die Nullstellen der Zählerpolynome von L(s) und $\underline{k}'\underline{X}(s)$ (mit $\underline{x}_o = \underline{0}$) in Gl.(33) übereinstimmen.

Die Übertragungsfunktion der Strecke mit einer Ausgangs- und Eingangsgröße ist durch

$$G(s) = \frac{Y(s)}{U(s)} = \frac{\underline{c}'\underline{\Gamma}(s)\underline{b}}{\Delta_n(s)}$$

gegeben (Gl.(3.60)). Die Führungsübertragungsfunktion lautet dann unter Berücksichtigung von Gl.(34)

$$\tilde{T}(s) = \frac{Y(s)}{\frac{1}{s}\underline{k}'\underline{w}_n} = \frac{\underline{c}'\underline{\Gamma}(s)\underline{b}}{\Delta_R(s)} \tag{36}$$

Die Zählerpolynome von $\tilde{T}(s)$ und $G(s)$ haben die gleichen Nullstellen. Durch den Zustandsregler $\underline{k}$ können nur die Polstellen der Strecke verändert werden.

b) Stellgröße in Abhängigkeit von Anfangsstörungen

Die Beziehung (31) geht für $\underline{w}_n = \underline{0}$ unter Verwendung von (32) über in

$$U(s) = -\frac{\underline{k}'\underline{\Gamma}(s)\underline{x}_o}{\Delta_R(s)} .$$

Der Leser zeige, in ähnlicher Weise wie Gl.(35), daß der Zusammenhang

$$\underline{k}'\underline{\Gamma}_R(s)\underline{x}_o = \underline{k}'\underline{\Gamma}(s)\underline{x}_o$$

gilt.

Das Stabilitätsverhalten des Regelkreises bezüglich der Führungsgröße und den Anfangsstörungen wird unter den gemachten Annahmen (Bild 3) durch die Nullstellen von $\Delta_R(s)$ festgelegt.

Den stationären Regelfehler, der auf eine angenommene Regelgröße $Y(s) = \underline{c}'\underline{X}(s)$ bezogen wird, berechnen wir unter Verwendung des Grenzwertsatzes der Laplace-Transformation [13].

$$\lim_{t\to\infty}\{\underline{c}'\underline{w}_n\,\sigma(t) - y(t)\} = \lim_{s\to o} s\,\{\tfrac{1}{s}\,\underline{c}'\underline{w}_n - \underline{c}'\underline{X}(s)\}$$

Nach Einsetzen der Gl.(33) ermittelt man einen stationären Wert

$$\lim_{s\to o}\{\underline{c}'\underline{w}_n - s\,\underline{c}'\underline{X}(s)\} = \underline{c}'\underline{w}_n - \frac{1}{\gamma_o}\,\underline{c}'\underline{\Gamma}(0)\underline{b}\,\underline{k}'\underline{w}_n ,$$

der im allgemeinen von Null verschieden ist. Durch ein dem

$\underline{w}_n\sigma(t)$ vorgeschaltetes Filter $\underline{g}_v(o)$ läßt sich eine Unterdrückung des Fehlers bezüglich $\tilde{w}\sigma(t)$ mit $\underline{w}_n = \underline{g}_v(o)\tilde{w}$ erreichen. Es gilt dann

$$\lim_{s \to o} s\{\frac{1}{s}\tilde{w} - Y(s)\} = \tilde{w} - \frac{1}{\gamma_o}\underline{c}'\underline{\Gamma}(o)\underline{b}\ \underline{k}'\underline{g}_v(o)\tilde{w} = 0$$

d.h.

$$\underline{k}'\underline{g}_v(o) = \frac{\gamma_o}{\underline{c}'\underline{\Gamma}(o)\underline{b}} \tag{37}$$

Stabilitätsgüte

Es ist nun zu klären, nach welchen Gesichtspunkten die Koeffizienten $\gamma_o \dots \gamma_{n-1}$ oder die Eigenwerte der Systemmatrix $(\underline{A}-\underline{b}\ \underline{k}')$ zu wählen sind.

In der klassischen Regelungstechnik wird das Einschwingverhalten der Zustandsgrößen im wesentlichen durch die Anstiegszeit t_r, das Überschwingen M_p und den stationären Regelfehler charakterisiert, LANDGRAF/SCHNEIDER (13).

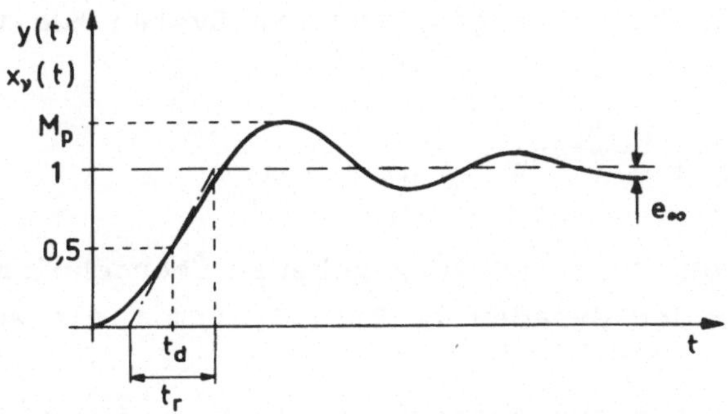

Bild 4: Kenngrößen des Einschwingverhaltens

Der Zusammenhang zwischen den Kenngrößen des Einschwingverhaltens und den Eigenwerten einer (2x2)-Systemmatrix $(\underline{A}-\underline{b}\ \underline{k}')$ sei im Folgenden erläutert:

Das charakteristische Polynom des Regelkreises

$$\Delta_R(s) = s^2 + 2\zeta\omega_n s + \omega_n^2$$

hat die konjugiert komplexen Nullstellen

$$s_{1,2} = -\zeta\omega_n \mp j\,\omega_n\sqrt{1-\zeta^2} \qquad 0<\zeta<1 \tag{38}$$

mit negativem Realteil. Der Parameter ζ kennzeichnet die Dämpfung in der s-Ebene , Bild 5. Mit wachsendem Winkel α nimmt die

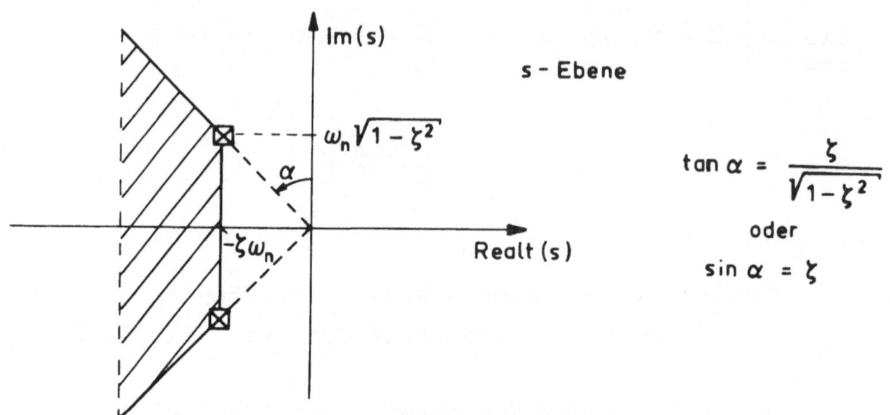

Bild 5: Wahl des Eigenwertbereichs der Systemmatrix

Dämpfung zu. Die Berechnung des ersten Maximums M_p der Übergangsfunktion y(t) in Bild 4 ergibt für ein System zweiter Ordnung

$$M_p = 1 + e^{-\pi \tan\alpha} \quad . \tag{39}$$

Aus dieser Formel kann zu einer vorgegebenen Überschwingweite M_p der Neigungswinkel α der Geraden im Bild 5 ermittelt werden.

Der Realteil des Eigenwertes entspricht einer reziproken Abklingzeitkonstanten

$$\tau_o = \frac{1}{\zeta\omega_n} \tag{40}$$

und die Lösungen $x_\nu(t)$ unserer Zustandsgleichung setzen sich aus den Termen

$$e^{-\frac{t}{\tau_o}} \cos\left[\sqrt{1-\zeta^2}\,\omega_n t\right] \; ; \quad e^{-\frac{t}{\tau_o}} \sin\left[\sqrt{1-\zeta^2}\,\omega_n t\right]$$

zusammen. Eine Verkleinerung der Abklingzeitkonstanten τ_o hat auch eine Abnahme der Anstiegszeit t_r zur Folge.
Durch die Kenngrößen (τ_o,α), die sich aus den Eigenwerten (38) bestimmen lassen, kann das Einschwingverhalten mit den Parametern (t_r,M_p) charakterisiert werden. τ_o darf gegenüber der Abklingzeitkonstanten der Strecke nicht wesentlich kleiner gemacht werden, da sonst unzulässige Stellgrößenamplituden auftreten , siehe Diskussion zum Reglergesetz (26), Abschnitt 6.2.1.

Bei Regelkreisen höherer Ordnung (n>2) bestimmt man zuerst für ein konjugiert komplexes Eigenwertpaar die Kenngrößen (τ_o,α) des Einschwingverhaltens, um einen Anhaltspunkt für den schraffierten Bereich im Bild 5 zu bekommen. In diesem Bereich sollen dann alle Eigenwerte des Regelkreises liegen. Soweit der Stellgrößenaufwand es zuläßt, sind die restlichen Eigenwerte gegenüber dem konjugiert komplexen Eigenwertpaar mit den Kenngrößen (τ_o,α) möglichst weit nach links zu legen, so daß ein <u>dominierendes Eigenwertpaar</u> entsteht.

<u>Beispiel 1:</u> Es ist ein Zustandsregler für die Strecke

$$\underline{\dot{x}}(t) = \begin{bmatrix} 0 & 1 \\ -a_o & -a_1 \end{bmatrix} \underline{x}(t) + \begin{bmatrix} 0 \\ 1 \end{bmatrix} u(t)$$

$$y(t) = \begin{bmatrix} 1, & 0 \end{bmatrix} \underline{x}(t)$$

und der Führungsgröße $\underline{w}_2' = \begin{bmatrix} w_1, & 0 \end{bmatrix} \cdot \sigma(t)$ zu entwerfen. Der Regelkreis soll ein Einschwingverhalten mit den Kenngrößen (τ_o,α) , $\sin\alpha = \zeta$, haben.

Da das Zustandsmodell in der ersten Standardform vorliegt, ist die Strecke vollständig steuerbar (Beispiel 4.3, Abschnitt 4.2.3).

Das charakteristische Polynom des Regelkreises ergibt sich unter Verwendung von (40) und $\sin\alpha = \zeta$ aus den Kenngrößen (τ_o,α)

$$\Delta_R(s) = s^2 + 2\zeta\omega_n s + \omega_n^2$$

Das Reglergesetz (26) führt zu dem Ausdruck

$$u(t) = (\omega_n^2 - a_o)\{w_1 - x_1(t)\} + (2\zeta\omega_n - a_1)\ \{0 - x_2(t)\} \ .$$

Aus dem zweiten Summanden folgt unter Berücksichtigung von (40)

$$\tau_o = \frac{2}{k_2 + a_1} \quad .$$

Zu kleine Abklingzeitkonstanten (kleine Anstiegszeit t_r) machen eine hohe Verstärkung k_2 erforderlich und führen zu entsprechend großen Zustands- und Stellamplituden.
Die Führungsübertragungsfunktion

$$T(s) := \frac{Y(s)}{\frac{1}{s}\, w_1}$$

und Anfangs-Störübertragungsfunktion

$$T_{zo}(s) := \frac{\underline{c}'\underline{\Gamma}_R(s)\underline{x}_o}{\Delta_R(s)}$$

berechnen wir mit Hilfe der Gleichung (33) und (36). Es gilt $Y(s) = \underline{c}'\underline{X}(s)$ und nach Gl.(3.60) ist

$$\underline{c}'(\underline{E}s - \underline{A} + \underline{b}\ \underline{k}')^{-1}\underline{b} = \frac{s\ \underline{c}'\ \underline{b} + \left(\underline{c}'(\underline{A}-\underline{b}\ \underline{k}')\underline{b} + \gamma_1\underline{c}'\underline{b}\right)}{\Delta_R(s)}$$

$$= \frac{1}{s^2 + 2\zeta\omega_n s + \omega_n^2}$$

$$= \underline{c}'\ \underline{\Phi}_R(s)\underline{b} \quad .$$

Daraus folgt

$$T(s) = \frac{k_1}{\Delta_R(s)} \qquad \text{Führungsverhalten}$$

und

$$T_{zo}(s) = \frac{sx_{1o} + \left(\gamma_1 x_{1o} + x_{2o}\right)}{\Delta_R(s)} \qquad \text{Anfangs-Störverhalten} \ .$$

Der stationäre Regelfehler ergibt sich aus

$$w_1 - y_\infty = w_1 - T(0)w_1 = w_1 - \frac{k_1}{\gamma_o} w_1$$

$$= \frac{\omega_n^2 - k_1}{\omega_n^2} = \frac{a_o}{\omega_n^2} \quad .$$

Um bezüglich $\tilde{w}$ mit $\underline{w}_2 = \underline{g}_v \tilde{w}$ den Regelfehler 0 zu erhalten, muß der Vorfaktor nach (37) berechnet werden. Aus $w_2 = 0$ folgt $g_{2v} = 0$, so daß gilt

$$g_v = \frac{\gamma_o}{k_1} = \frac{\omega_n^2}{\omega_n^2 - a_o} \quad .$$

Die Führungsgröße $w_1\sigma(t)$ lautet somit

$$w_1\sigma(t) = \frac{\omega_n^2}{\omega_n^2 - a_o} \tilde{w}_1 \sigma(t)$$

Im Bild 6 ist das Strukturbild des Regelkreises dargestellt.

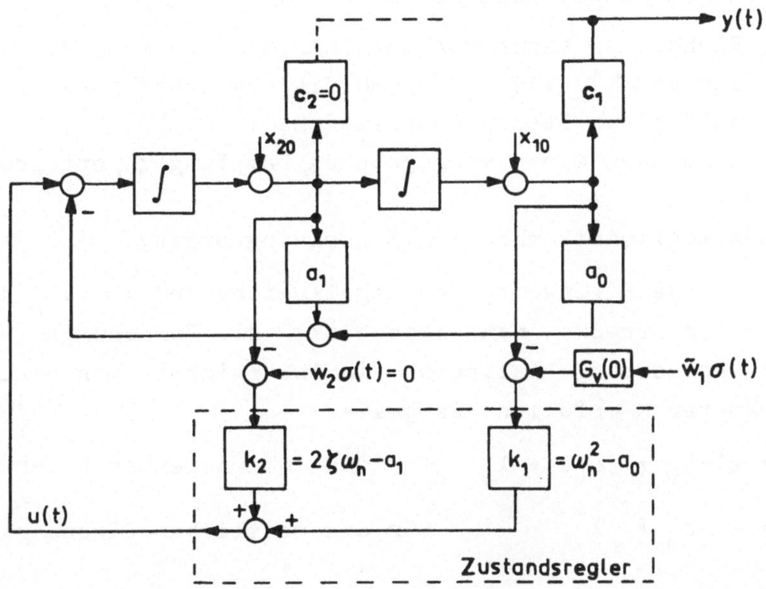

Bild 6: Regelkreis zweiter Ordnung mit Zustandsregler

6.2.3 Zustandsregler unter Berücksichtigung der Stellgrößenbeschränkung

Im Rahmen einer linearen zeitinvarianten Theorie lassen sich Beschränkungen der Systemgrößen insoweit berücksichtigen, daß der u.U. nur zu einem Zeitpunkt auftretende maximale Wert einer Systemgröße die Beschränkung nicht überschreitet. Der zulässige Stellgrößenaufwand wird bei einem solchen Regelkreisentwurf sehr schlecht ausgenutzt. Eine hinreichend gute Ausnutzung läßt sich erreichen, wenn die Reglerparameter stückweise (in gewissen Zeitabständen) in Abhängigkeit vom Zustand verstellt werden. Dieser Entwurf ist dann erheblich weniger aufwendig und wirksamer als eine exakte Behandlung dieses Problems mit Hilfe der nichtlinearen Theorie.

Die Idee eines Entwurfs des Zustandsreglers unter Berücksichtigung der Stellgrößenbeschränkung sei kurz skizziert.
Die Reglerparameter im Reglergesetz (26) lassen sich bei einer vorgegebenen Strecke nur durch die Koeffizienten $\gamma_o \dots \gamma_{n-1}$ des charakteristischen Polynoms des Regelkreises $\Delta_R(s)$ verändern.
Der Wert der Stellgröße $u(t)$ hängt nach Vorliegen des Zustandes $\underline{x}(t)$ auch nur von den Eigenwerten des Regelkreises ab.
Die Forderungen an den Regelkreis seien:

a) Die Einhaltung einer vorgegebenen Beschränkung der Stellgröße ($|u(t)| \leq d$) und die möglichst gute Ausnutzung des zulässigen Stellgrößenbereichs.
b) Das Erreichen einer vorgegebenen Dämpfung ζ, entsprechend Bild 5.
c) Einen möglichst schnellen Einschwingvorgang.

Sind $s_1 \dots s_n$ die Eigenwerte des Regelkreises und $\lambda_1 \dots \lambda_n$ die Eigenwerte der Strecke, dann lassen sich die Forderungen a) bis c) durch Veränderung aller s_ν in Abhängigkeit von einem positiven Parameter κ erfüllen. Es gelte

$$s_\nu = \kappa(-\delta_\nu \mp j\omega_\nu) + \lambda_\nu \qquad \text{für die dominierenden Eigenwerte}$$

und

$$s_\nu = -\kappa\delta_\nu + \lambda_\nu \qquad \text{für die restlichen Eigenwerte}$$

Die Parameter δ_ν und ω_ν werden durch die Forderung b) festgelegt. Für das charakteristische Polynom des Regelkreises $\Delta_R(s,\kappa)$ und den Reglerparametern $\underline{k}(\kappa)$ (Gl.(26)) gilt

$$\Delta_R(s,0) = \Delta_n(s)$$
$$\underline{k}(0) = \underline{0} \quad .$$

Die Forderung a) läßt sich für $\underline{w}(t) = \underline{0}$ in der Form

$$|u(t_\kappa)| = |\underline{k}'(\kappa)\underline{x}(t_\kappa)| = d$$

schreiben, wobei t_κ der Zeitpunkt ist, in dem eine Neuberechnung der Reglerparameter $\underline{k}(\kappa)$ beginnt. Diese sollte ungefähr in Abständen der halben Anstiegszeit der Strecke durchgeführt werden.

Die Bestimmung der Reglerparameter wollen wir in den folgenden Beispielen aufzeigen.

Beispiel 2: Die Lageregelstrecke , Beispiel 2.4, Abschnitt 2.2,

$$\dot{\underline{x}}(t) = \begin{bmatrix} 0 & 1 & 0 \\ 0 & 0 & 1 \\ 0 & 0 & -a_2 \end{bmatrix} \underline{x}(t) + \begin{bmatrix} 0 \\ 0 \\ 1 \end{bmatrix} u(t) \qquad a_2 > 0$$

$$y(t) = \begin{bmatrix} 1, & 0, & 0 \end{bmatrix} \underline{x}(t)$$

soll unter Einhaltung der Forderungen a) bis c) ($d = 1; \zeta = 0{,}707$) mit einem Zustandsregler $\underline{k}(\kappa)$ Anfangsstörungen in den Nullzustand regeln. Die Gleichung zur Bestimmung von $\kappa > 0$ ist zu ermitteln.

Die Eigenwerte der Strecke lauten $\lambda_{1,2} = 0$; $\lambda_3 = -a_2$ und das charakteristische Polynom $\Delta_3(s) = s^3 + a_2 s^2$.

Die Eigenwerte des Regelkreises sind durch ($\zeta = 0{,}707 \rightarrow \alpha = 45^\circ$)

$$s_{1,2} = \kappa(-1 \mp j) \; ; \quad s_3 = -\kappa - a_2 \quad (\delta_3 = 1 \text{ angenommen})$$

gegeben und das charakteristische Polynom hat damit die Form $\Delta_R(s) = s^3 + (3\kappa+a_2)s^2 + (4\kappa^2 + 2\kappa a_2)s + 2\kappa^2(\kappa+a_2)$. Da die Strecke in der ersten Standardform vorliegt, folgt hieraus direkt die vollständige Steuerbarkeit. Die Berechnung der beiden Matrizen $\underline{W}_3^{-1}$ und $\underline{D}^{-1}$ im Reglergesetz (26) ergibt

$$(\underline{D}\ \underline{W}_3')^{-1} = \underline{E} \quad ,$$

so daß wir als Reglerparameter

$$\underline{k}(\kappa) = \begin{bmatrix} \gamma_0 \\ \gamma_1 \\ \gamma_2 - a_2 \end{bmatrix} = \begin{bmatrix} 2\kappa^2(\kappa+a_2) \\ 4\kappa^2 + 2\kappa a_2 \\ 3\kappa \end{bmatrix}$$

erhalten. Die Bestimmungsgleichung für $\kappa > 0$ lautet

$$|\underline{k}'(\kappa)\underline{x}| = |x_1\{2\kappa^2(\kappa+a_2)\} + x_2\{4\kappa^2+2\kappa a_2\} + x_3 3\kappa| = 1$$

Es sei darauf hingewiesen, daß bei einer Anwendung des Algorithmus in der Praxis zusätzlich eine Beschränkung der Stellgrößengeschwindigkeit erforderlich ist.

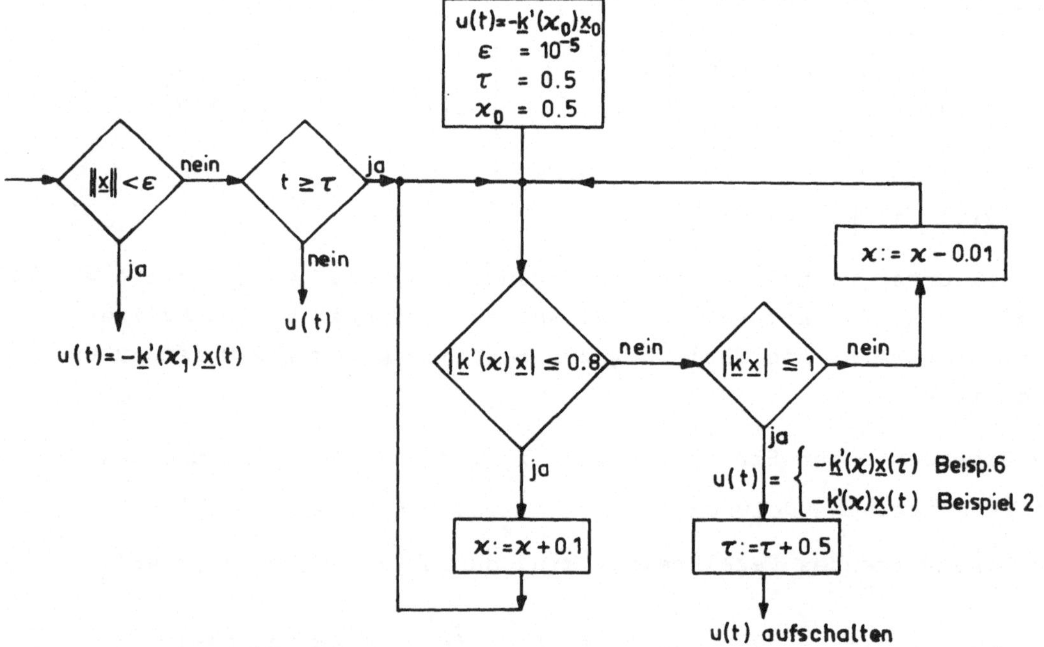

Bild 7: Algorithmus, der die Forderungen a) bis c) annähernd erfüllt.

Für $a_2 = 1$ ist die Zeit im Modell auf die maximale Beschleunigungszeitkonstante (z.B. T_b = 50 ms; S.143) und die Systemgrößen auf ihre Maximalwerte normiert. Die Neuberechnung von $\underline{k}(\kappa)$ sollte ungefähr alle 0,5 Zeiteinheiten erfolgen. Dem Bild 7 ist die vereinfachte Berechnung der Stellgröße für dieses Beispiel zu entnehmen.
Im Bild 8 ist der Verlauf der Systemgrößen des Lageregelkreises für zwei verschiedene Zustandsregler dargestellt. Das Bild 9 zeigt die Systemgrößen des Lageregelkreises bei Beschränkung der Stellgröße , Algorithmus nach Bild 7. Gegenüber dem konstanten Zustandsregler hat sich im Bild 9 das Einschwingverhalten und die Ausnutzung des zulässigen Stellbereichs verbessert.

<u>Beispiel 3:</u> Es ist für die Lageregelstrecke aus dem Beispiel 2 mit der Ausgangsgleichung

$$y(t) = \left[0{,}2 \;,\; 1 \;,\; 0\right] \underline{x}(t)$$

und einem P-Regler ein Dämpfungsverhalten des Regelkreises entsprechend dem Beispiel 2 zu erreichen. Der Wurzelort des charakteristischen Polynoms $\Delta_R(s)$ ist zum Vergleich zu den Wurzelorten von $\Delta_R(s,\kappa)$ aus dem Beispiel 2 zu zeichnen.

Die Kreisübertragungsfunktion lautet in diesem Fall

$$L(s) = V\, \underline{c}'\underline{\phi}(s)\underline{b} = V \frac{\underline{c}'\underline{\Gamma}(s)\underline{b}}{\Delta_3(s)} \quad ,$$

wobei V der Verstärkungsfaktor des P-Reglers ist. Das charakteristische Polynom des Regelkreises und damit die Gleichung für den Wurzelort in Abhängigkeit von V wird entsprechend der Gl.(32) bestimmt.

$$\begin{aligned} \Delta_R(s,V) &= \Delta_3(s) + V\, \underline{c}'\underline{\Gamma}(s)\underline{b} \\ &= s^2(s+1) + V(s+0{,}2) = 0 \end{aligned}$$

Im Bild 10 ist der Wurzelort von $\Delta_R(s,V)$ im Vergleich zu $\Delta_R(s,\kappa)$ aus Beispiel 2 dargestellt. Die Dämpfung $\zeta = 0{,}707$ läßt sich nur annähernd für V = 0,5 erreichen. In Analogie zum Zustandsregler aus Beispiel 2 ist hier der Ausdruck

$$u(t) = -\,V\, \underline{c}'\underline{x}(t) = -\,V\, \{0{,}2\, x_1(t) + x_2(t)\}$$

zu betrachten.

Die Eigenwerte des Regelkreises liegen für V = 0,5 bei

$$s_{1,2} = -0,3 \mp j\,0,4 \quad \text{und} \quad s_3 = -0,4 .$$

Das Einschwingverhalten von y(t) mit einem Verstärkungsfaktor V = 0,5...1,0 (Bild 10) ist schlechter als das aus Bild 9, das mit dem Algorithmus erreicht wurde.

Eine Verwendung des Regleralgorithmus wie im Beispiel 2 ist in der Praxis kaum möglich, da die hierzu erforderlichen Stellgeschwindigkeiten zu groß sind und extreme Geschwindigkeitsänderungen zu häufig innerhalb eines Ausregelintervalls auftreten. In diesem Beispiel wurde auch nur die Arbeitsweise des Algorithmus gezeigt, wobei die großen Stellgeschwindigkeiten jeweils nach der Neuberechnung der Reglerparameter $\underline{k}(\kappa)$ auftreten , hier jeweils nach t = 0,5.

Im Beispiel 6 (Seite 306) wurde eine verbesserte Version des Regleralgorithmus benutzt, indem die Stellgröße zwischen zwei aufeinanderfolgenden Neuberechnungen konstant gehalten wird.

Der Abstand zwischen zwei Neuberechnungen ergibt sich aus der Forderung, daß eine Veränderung der Regelkreisstruktur durch $\underline{k}(\kappa)$ dann möglich ist, wenn mit $(t_\mu - t_{\mu-1})$ als zeitlichen Abstand der Neuberechnungen gilt

$$||\underline{x}(t_\mu)|| < \beta^\mu \; ||\underline{x}(t_{\mu-1})|| \quad .$$

Hieraus folgt mit $\underline{x}(t_\mu) = \underline{\Phi}_\mu(t_\mu - t_{\mu-1})\underline{x}(t_{\mu-1})$

$$||\underline{\Phi}_\mu|| = \max_{\underline{x}} \frac{||\underline{\Phi}_\mu \underline{x}(t_{\mu-1})||}{||\underline{x}(t_{\mu-1})||} < \beta^\mu \quad .$$

$\underline{\Phi}_\mu$ ist die Transitionsmatrix des Regelkreises im Zeitintervall $(t_\mu - t_{\mu-1})$ mit der Systemmatrix $\left(\underline{A} - \underline{b}\;\underline{k}'(\kappa_\mu)\right)$. Der Faktor β sollte in Abhängigkeit von der Steuerbarkeit (vgl.S.144-149) zwischen 0,6...0,95 liegen. Damit ist sicher die asymptotische Stabilität der Ruhelage des Regelkreises mit Algorithmus (Bild 7) gewährleistet.

Ähnliche Überlegungen hat KIENDL in [39] angestellt.

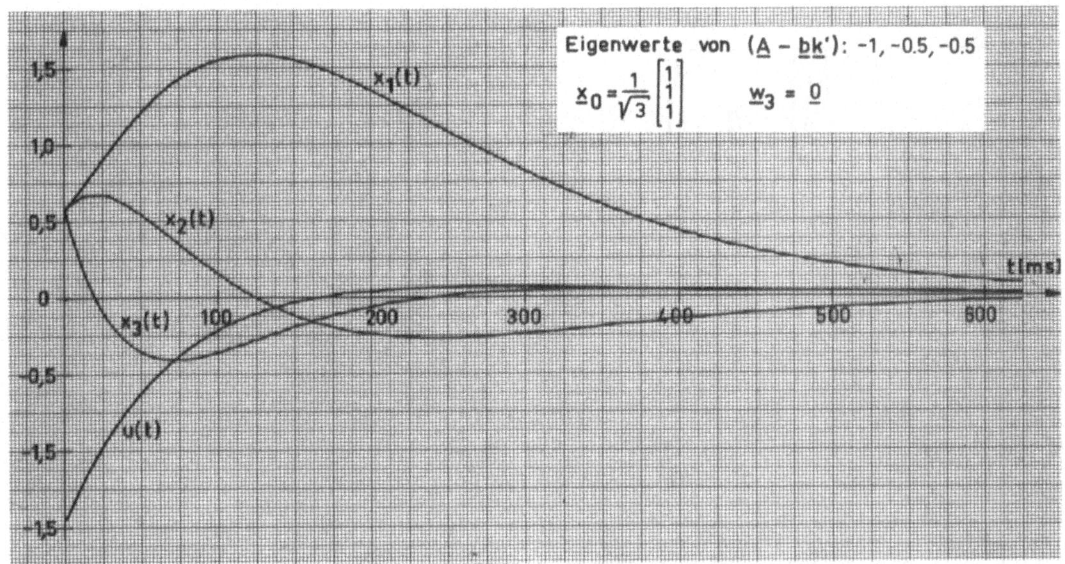

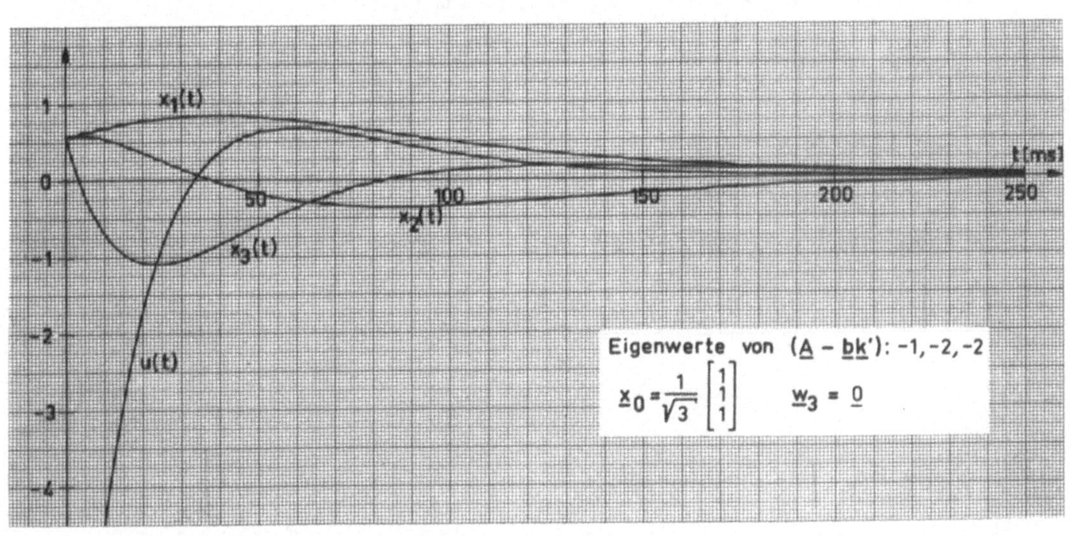

Bild 8: Verlauf der Systemgrößen aus Beispiel 2
mit konstantem Zustandsregler

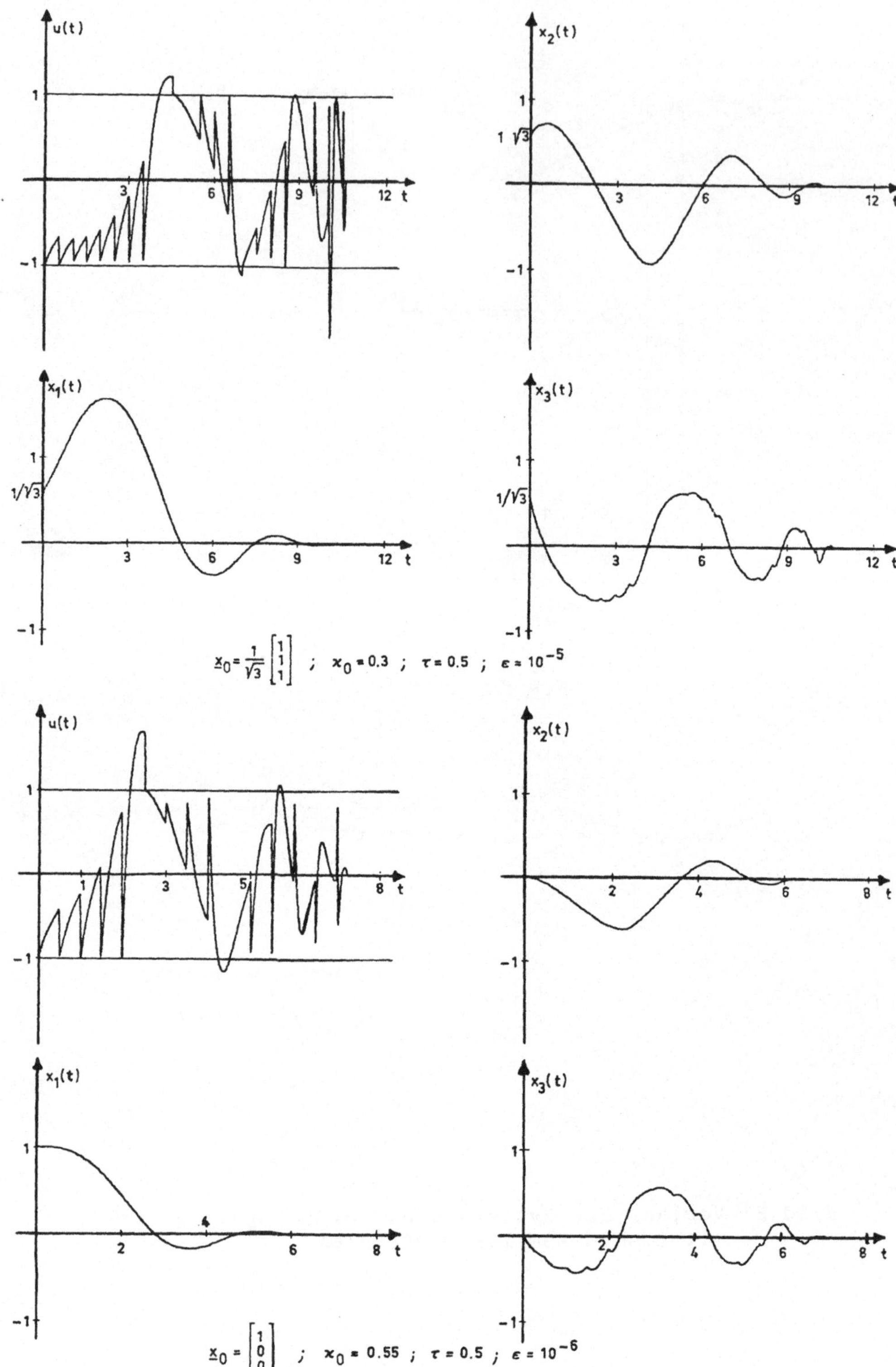

Bild 9: Verlauf der Systemgrößen aus Beispiel 2 mit Algorithmus nach Bild 7

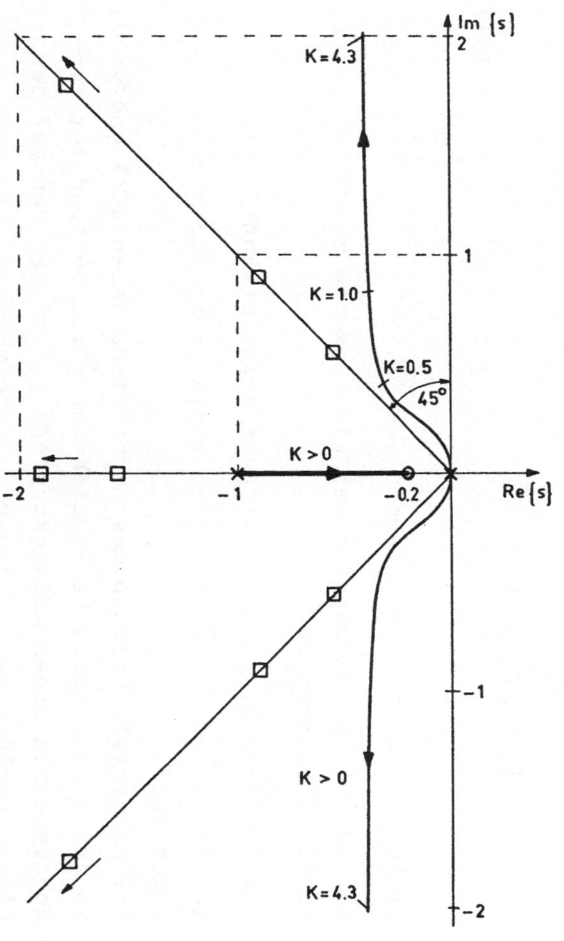

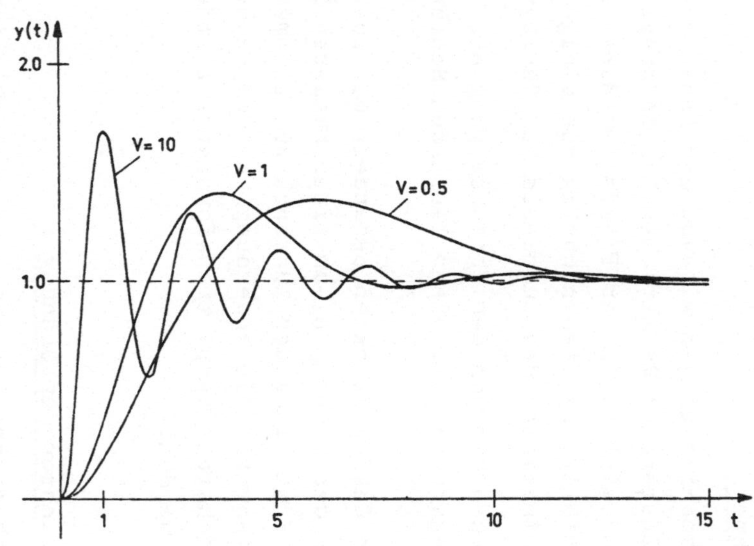

Bild 10: Wurzelort und Sprungantwort sowie Kennzeichnung der Systemeigenwerte aus Beispiel 2.

6.3 Dynamische Beobachter

Im vorangegangenen Abschnitt gingen wir von der Annahme aus, daß alle Komponenten der Zustandsgröße $\underline{x}(t)$ dem Zustandsregler als Meßgrößen zur Verfügung stehen. In der Praxis ist diese Annahme jedoch selten erfüllt. Es stehen häufig nur einige Komponenten oder Linearkombinationen des Zustandes zur Verfügung.

In diesem Abschnitt gehen wir von der Voraussetzung aus, daß alle Komponenten der Ausgangsgröße $\underline{y}(t)$ einer laufenden Messung zugänglich sind.
Aus mehr pädagogischen Gesichtspunkten behandeln wir zuerst den dynamischen Beobachter der Ordnung n, um einen besseren Einblick in die näherungsweise Ermittlung der Zustände zu bekommen.
Die eigentliche Bedeutung für die Anwendung hat der reduzierte Beobachter, bei dem höchstens (n-p) transformierte Zustände approximativ bestimmt werden.

6.3.1 Dynamischer Beobachter der Ordnung n

Beim Entwurf eines Beobachters für das lineare kontinuierliche dynamische System (Strecke)

$$\begin{aligned} \dot{\underline{x}}(t) &= \underline{A}\,\underline{x}(t) + \underline{B}\,\underline{u}(t) \\ \underline{y}(t) &= \underline{C}\,\underline{x}(t) \end{aligned} \qquad \underline{x}_o, \underline{x}(t) \in \mathbb{R}^n \qquad (41)$$

gehen wir von den folgenden Annahmen aus:

a) Der dynamische Beobachter sei ein lineares zeitinvariantes kontinuierliches System.

b) Die Matrizen $\underline{A}$, $\underline{B}$, $\underline{C}$ der Strecke seien bekannt.

c) Der Fehler $\underline{e}(t) = \hat{\underline{x}}(t) - \underline{x}(t)$ konvergiere für $t \to \infty$ gegen Null.

d) Die Eingangsfunktionen des Beobachters seien $\underline{u}(\cdot)$ und $\underline{y}(\cdot)$, so daß eine dynamische Beobachtung $\hat{\underline{x}}$ zum Zeitpunkt t eindeutig durch einen Anfangszustand $\hat{\underline{x}}_o$ und den Verlauf der Eingangsgrößen $\underline{u}_{(t_o,t)}$ und $\underline{y}_{(t_o,t)}$ festgelegt ist.

Die dynamische Beobachtung $\hat{\underline{x}}(t)$ wird durch Daten aus dem vergangenen Zeitintervall $[t_o,t]$ bestimmt. Dadurch ist die Möglichkeit ausgeschlossen, die Beziehung (4.27) (aus Abschnitt 4.3.2)

$$\underline{x}(t) = \underline{M}^{-1}(t,t+T) \int_t^{t+T} \underline{\Phi}'(\tau,t)\underline{C}' \, \tilde{\underline{y}}(\tau)d\tau \qquad T>0$$

als Grundlage für den Entwurf des Beobachters zu nehmen. In der Gleichung (4.27) wird $\underline{x}(t)$ aus dem zukünftigen Verlauf der Größen $\underline{u}_{[t,t+T]}$ und $\underline{y}_{[t,t+T]}$ bestimmt. In diesem Fall handelt es sich um eine stationäre Beobachtung.

Als Ansatz für den dynamischen Beobachter wählen wir unter Beachtung der obigen Annahmen

$$\begin{aligned} \dot{\hat{\underline{x}}}(t) &= \underline{A}\,\hat{\underline{x}}(t) + \underline{B}\,\underline{u}(t) + \underline{S}\{\underline{y}(t) - \hat{\underline{y}}(t)\}\,; \quad \hat{\underline{x}}_o = \underline{0} \\ \hat{\underline{y}}(t) &= \underline{C}\,\hat{\underline{x}}(t) \qquad\qquad \underline{S} : \mathbb{R}^p \rightarrow \mathbb{R}^n \;. \end{aligned} \qquad (42)$$

Dieser Ansatz geht davon aus, daß bei vollständiger Beobachtbarkeit der Strecke $\underline{x}(t) = \hat{\underline{x}}(t)$ genau dann gilt, wenn $\underline{y}^{(\nu)}(t) = \hat{\underline{y}}^{(\nu)}(t)$, $\nu = 0,1,\ldots$ ist. In dem Fall $\underline{y}(t) = \hat{\underline{y}}(t)$ stimmt der dynamische Beobachter (42) mit dem Zustandsmodell (41) überein.

Um diese Behauptung zu beweisen, nehmen wir an, daß die Strecke vollständig beobachtbar ist und für $\underline{y}(t) = \hat{\underline{y}}(t) \ldots \underline{y}^{(n-1)}(t) = \hat{y}^{(n-1)}(t)$ gelte $\underline{x}(t) \neq \hat{\underline{x}}(t)$.
Hieraus folgt

$$\underline{y}(t) = \underline{C}\,\underline{x}(t) = \hat{\underline{y}}(t) = \underline{C}\,\hat{\underline{x}}(t)$$

und damit

$$\underline{C}\{\hat{\underline{x}}(t) - \underline{x}(t)\} = \underline{C}\,\underline{e}(t) = \underline{0} \quad . \qquad (43)$$

Der Fehler $\underline{e}(t) \neq \underline{0}$ der Beobachtung liegt danach im Nullraum der Abbildung $\underline{C}$. Die Differentiation des Ausdrucks (43) ergibt

$$\begin{aligned} \underline{C}\{\dot{\hat{\underline{x}}}(t) - \dot{\underline{x}}(t)\} &= \underline{C}\,\underline{A}\,\hat{\underline{x}}(t) + \underline{C}\,\underline{B}\,\underline{u}(t) - \underline{C}\,\underline{A}\,\underline{x}(t) - \underline{C}\,\underline{B}\,\underline{u}(t) \\ &= \underline{C}\,\underline{A}\{\hat{\underline{x}}(t) - \underline{x}(t)\} = \underline{C}\,\underline{A}\,\underline{e}(t) = \underline{0} \;. \end{aligned} \qquad (44)$$

Damit liegt der Fehler $\underline{e}(t)$ auch im Nullraum der Abbildung $\underline{C}\,\underline{A}$. Die wiederholte Differentiation von (44) führt uns auf die Gleichungen

$$\begin{aligned} \underline{C}\,\underline{A}^2\,\underline{e}(t) &= \underline{0} \\ &\vdots \\ \underline{C}\,\underline{A}^{n-1}\,\underline{e}(t) &= \underline{0} \quad . \end{aligned} \tag{45}$$

Nach der Zusammenfassung der Beziehungen (43),(44) und (45) zu einer Matrixgleichung und bei Verwendung der Beobachtbarkeitsmatrix $\underline{M}_n$ (Satz 4.7, Abschnitt 4.3.3) erhalten wir die Aussage

$\underline{M}_n'\,\underline{e}(t) = \underline{0} \rightarrow r(\underline{M}_n) < n \leftrightarrow$ nicht vollständig beobachtbar. Diese steht im Widerspruch zur Annahme. Ist die Strecke vollständig beobachtbar, dann kann der Fehler $\underline{e}(t) \neq \underline{0}$ der Beobachtung nicht im Nullraum der Ausgangsmatrix $\underline{C}$ liegen und aus $\underline{y}(t) = \hat{\underline{y}}(t) \rightarrow \underline{x}(t) = \hat{\underline{x}}(t)$. Die Umkehrung der Behauptung, daß aus

$$\underline{x}(t) = \hat{\underline{x}}(t) \qquad \rightarrow \qquad \underline{y}(t) = \hat{\underline{y}}(t)$$

finden wir durch Anwendung der Ausgangsgleichung.

$$\hat{\underline{y}}(t) - \underline{y}(t) = \underline{C}\,\hat{\underline{x}}(t) - \underline{C}\,\underline{x}(t) = \underline{C}\{\hat{\underline{x}}(t) - \underline{x}(t)\} = \underline{C}\,\underline{0} = \underline{0}$$

∇∇

Der Fehler der Beobachtung unterliegt einer dynamischen Veränderung, denn es gilt

$$\begin{aligned} \dot{\underline{e}}(t) = \dot{\hat{\underline{x}}}(t) - \dot{\underline{x}}(t) &= \underline{A}\,\hat{\underline{x}}(t) + \underline{B}\,\underline{u}(t) + \underline{S}\{\underline{y}(t) - \hat{\underline{y}}(t)\} - \underline{A}\,\underline{x}(t) - \underline{B}\underline{u}(t) \\ &= (\underline{A} - \underline{S}\,\underline{C})\,\hat{\underline{x}}(t) - (\underline{A} - \underline{S}\,\underline{C})\,\underline{x}(t) \quad . \end{aligned}$$

Der Fehler läßt sich als Zustand des dynamischen Systems

$$\dot{\underline{e}}(t) = (\underline{A} - \underline{S}\,\underline{C})\,\underline{e}(t)\,; \qquad \underline{e}_o, \underline{e}(t) \in \mathbb{R}^n \tag{46}$$

auffassen.

Nachdem die Beobachtbarkeit der Strecke schon bei der Begründung zum Ansatz des Beobachters (42) verwendet wurde, spielt diese Eigenschaft bei der Wahl der Eigenwerte der Systemmatrix ($\underline{A}$- $\underline{S}$ $\underline{C}$) die gleiche Rolle wie die vollständige Steuerbarkeit der Strecke im Satz 1.
Um die Annahme c) für den Beobachter erfüllen zu können, muß die Ruhelage des Systems (46) asymptotisch stabil sein. Daraus folgt, daß alle Eigenwerte von ($\underline{A}$ - $\underline{S}$ $\underline{C}$) mindestens einen negativen Realteil besitzen müssen. Da die Matrizen $\underline{A}$ und $\underline{C}$ vorgegeben sind, können die Eigenwerte der Systemmatrix ($\underline{A}$ - $\underline{S}$ $\underline{C}$) nur durch geeignete Wahl der Matrix $\underline{S}$ in gewünschter Weise eingestellt werden. Hierzu der

<u>Satz 2:</u> Die Eigenwerte der reellen Matrix ($\underline{A}$ - $\underline{S}$ $\underline{C}$) bzw. die reellen Koeffizienten des charakteristischen Polynoms

$$\Delta_B(s) = \det(\underline{E}s - \underline{A} + \underline{S}\,\underline{C}) = s^n + ß_{n-1}s^{n-1} + \ldots + ß_1 s + ß_o$$

sind in Abhängigkeit der (nxp)-Matrix $\underline{S}$ genau dann beliebig wählbar, wenn das dynamische System (41) vollständig beobachtbar ist.

Der Beweis wird wegen der Dualität der beiden Eigenschaften steuerbar und beobachtbar in analoger Weise zum Satz 1 durchgeführt. Es gilt (Abschnitt 3.2.4)

$$\det(\underline{E}s - \underline{A} + \underline{S}\,\underline{C}) = \det(\underline{E}s - \underline{A}' + \underline{C}'\,\underline{S}')$$

und nach Austausch der Matrizen $\underline{A}' \to \underline{A}$, $\underline{C}' \to \underline{B}$, $\underline{S}' \to \underline{K}$, $M_n \to \underline{W}_n$ geht Satz 2 in den Satz 1 über.
Im Bild 11 ist das Strukturbild der Strecke mit dem dynamischen Beobachter n-ter Ordnung dargestellt.

Der im Bild 11 angesetzte Anfangszustand $\underline{\hat{x}}_o = \underline{0}$ ist in dem Sinne gewählt, daß bei einem Anfangszustand $\underline{x}_o = \underline{0}$ der Strecke der

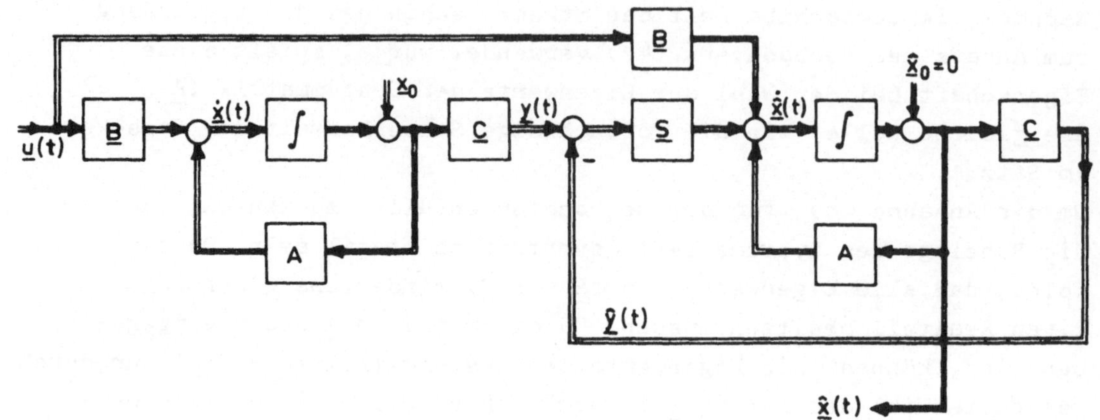

Bild 11: Strecke mit Beobachter n-ter Ordnung

Fehler der Beobachtung für alle $t \geq t_o$ Null ist, denn die in den Laplace-Bereich transformierte DGL (46) besitzt die Lösung

$$\underline{E}(s) = \left(\underline{E}s - \underline{A} + \underline{S}\ \underline{C}\right)^{-1} \underline{e}_o = \underline{\phi}_{A-SC}(s)\underline{e}_o$$

und für $\underline{e}_o = \underline{0}$ erhalten wir die Nullösung $\underline{e}(t) = \underline{0}$, $t \geq t_o$.

Ein Problem bei der Bestimmung der Matrix $\underline{S}$ ist die Wahl der Eigenwerte der Matrix $(\underline{A} - \underline{S}\ \underline{C})$. Es liegt eigentlich nahe, den Realteil der Eigenwerte möglichst negativ zu wählen, damit der Fehler $\underline{e}(t)$ schnell gegen Null konvergiert , siehe Stabilitätsgüte. Da beim Entwurf von Regelkreisen noch weitere Gesichtspunkte zu berücksichtigen sind, gehen wir hierauf erst im Abschnitt 6.4 ein.

Bemerkung 2: Die im Hilfssatz und Satz 1 abgeleitete Formel für die Berechnung der Matrix $\underline{K}$ des Zustandsreglers läßt sich auch für die Matrix $\underline{S}$ des Beobachters verwenden. Es gilt (Satz 2)

$$\begin{aligned}\Delta_B(s) &= \det(\underline{E}_n s - \underline{A} + \underline{S}\ \underline{C}) \\ &= \Delta_n(s) \det(\underline{E}_n + \underline{\phi}(s)\underline{S}\ \underline{C}) \\ &= \Delta_n(s) \det(\underline{E}_p + \underline{C}\ \underline{\phi}(s)\ \underline{S}) \qquad \text{Hilfssatz Gl.(6)} \\ &= \Delta_n(s) \det(\underline{E}_p + \underline{S}'\underline{\phi}'(s)\underline{C}') \quad .\end{aligned}$$

Damit haben wir den gleichen Ausdruck vorzuliegen wie im Beweis des Satzes 1 , Gl.(19). Die Beobachtbarkeitsmatrix lautet, Abschnitt 4.3.3, Satz 4.7,

$$\underline{M}_n = \left[\underline{C}', \underline{A}'\ \underline{C}', \ldots, (\underline{A}')^{n-1}\underline{C}'\right] \quad ,$$

so daß mit der (p·nxn)-Matrix

$$\underline{P} = \left[p_\mu(s_\nu)\underline{t}_\nu\right] \qquad \underline{t}_\nu \in \mathbb{R}^p$$

(s_ν Nullstelle von $\Delta_B(s)$ und $p_\mu(s_\nu)$ entsprechend Gl.(17)) sich der Ausdruck

$$\underline{S}' = - \left[\underline{t}_1 \cdots \underline{t}_n\right] (\underline{M}_n \underline{P})^{-1} \tag{47a}$$

ergibt. Die $\underline{t}_\nu$ sind entsprechend den Ausführungen zur Gleichung (22) Einheitsvektoren im $\mathbb{R}^p$.

Für den Fall p = 1 läßt sich in analoger Weise zur Bemerkung 1 aus

$$\Delta_B(s) = \Delta_n(s)\left(1 + \underline{S}'\underline{\phi}'(s)\underline{C}'\right)$$

die Beziehung (26) herleiten.

$$\underline{S} = \underline{M}_n'^{-1}\ \underline{D}^{-1} \begin{bmatrix} \beta_o - a_o \\ \vdots \\ \beta_{n-1} - a_{n-1} \end{bmatrix} \tag{47b}$$

Der Leser zeige, daß $\underline{D}\ \underline{M}_n' = \underline{E}_n$ gilt, wenn die Strecke in der zweiten Standardform vorliegt, vgl. hierzu Gl.(26).

<u>Beispiel 4:</u> Zu der gegebenen Strecke

$$\dot{\underline{x}}(t) = \begin{bmatrix} 0 & 1 \\ -a_o & -a_1 \end{bmatrix} \underline{x}(t) + \begin{bmatrix} 0 \\ 1 \end{bmatrix} u(t)$$

$$y(t) = \begin{bmatrix} 1, & 0 \end{bmatrix} \underline{x}(t)$$

mit den Eigenwerten

a) $\lambda_1(\underline{A}) = -\,0{,}1$
$\lambda_2(\underline{A}) = -\,0{,}5$ $\rightarrow \quad a_o = 5\cdot 10^{-2}\ , \quad a_1 = 0{,}6$

b) $\lambda_{1,2}(\underline{A}) = -0{,}2 \mp j\ 0{,}4 \rightarrow a_o = 20\cdot 10^{-2},\quad a_1 = 0{,}4$

ist ein dynamischer Beobachter mit den Eigenwerten der Matrix $(\underline{A} - \underline{S}\ \underline{C})$

α) $\lambda_{1,2}(\underline{A}-\underline{S}\ \underline{C}) = -1 \rightarrow \Delta_B(s) = s^2 + 2s + 1$

ß) $\lambda_{1,2}(\underline{A}-\underline{S}\ \underline{C}) = -2 \rightarrow \Delta_B(s) = s^2 + 4s + 4$

γ) $\lambda_{1,2}(\underline{A}-\underline{S}\ \underline{C}) = -1 \mp j \rightarrow \Delta_B(s) = s^2 + 2s + 2$

zu entwerfen.

In unserem Beispiel ist $\underline{S}$ eine (2x1)-Matrix.
Berechnung der Matrix:

$$(\underline{A}-\underline{S}\ \underline{C}) = \begin{bmatrix} 0 & 1 \\ -a_o & -a_1 \end{bmatrix} - \begin{bmatrix} \sigma_{11} \\ \sigma_{21} \end{bmatrix} \begin{bmatrix} 1, & 0 \end{bmatrix} = \begin{bmatrix} -\sigma_{11} & 1 \\ -\sigma_{21}-a_o & -a_1 \end{bmatrix}$$

Das charakteristische Polynom dieser Matrix lautet

$$\Delta_B(s) = \det(\underline{E}s - \underline{A} + \underline{S}\ \underline{C}) = s^2 + (\sigma_{11} + a_1)s + \sigma_{21} + a_o + \sigma_{11}a_1 \ .$$

Durch Koeffizientenvergleich mit den geforderten Polynomen $\Delta_B(s)$ der Aufgabe erhalten wir:

1. System $\Sigma_a + \Sigma_\alpha$: $\sigma_{11} = 1,4$, $\sigma_{21} = 0,11$

2. System $\Sigma_a + \Sigma_\beta$: $\sigma_{11} = 3,4$, $\sigma_{21} = 1,91$

3. System $\Sigma_b + \Sigma_\gamma$: $\sigma_{11} = 1,4$, $\sigma_{21} = 1,11$

4. System $\Sigma_b + \Sigma_\alpha$: $\sigma_{11} = 1,6$, $\sigma_{21} = 0,16$

5. System $\Sigma_b + \Sigma_\beta$: $\sigma_{11} = 3,6$, $\sigma_{21} = 2,36$

6. System $\Sigma_b + \Sigma_\gamma$: $\sigma_{11} = 1,6$, $\sigma_{21} = 1,16$

Damit liegt die Matrix $\underline{S}$ für die entsprechenden dynamischen Beobachter fest und zu dem Strukturbild 11 läßt sich ein Programm für den Rechner erstellen. In den Bildern 12 bis 17 wurde der Fehler $\underline{e}(t)$ für verschiedene Anfangszustände auf dem Einheitskreis von den jeweiligen Systemen (Strecke + Beobachter) aufgezeichnet. In allen Fällen ist die Eingangsgröße $u(t) \equiv 0$ gesetzt worden.

Der Beobachtungsfehler ist ungefähr nach 0,1 bis 0,25 Zeiteinheiten der Einschwingzeit vernachlässigbar. Ein konjugiert komplexes Eigenwertpaar im Beobachter bedeutet gegenüber Σ_α und Σ_β eine Verschlechterung der Beobachtung.

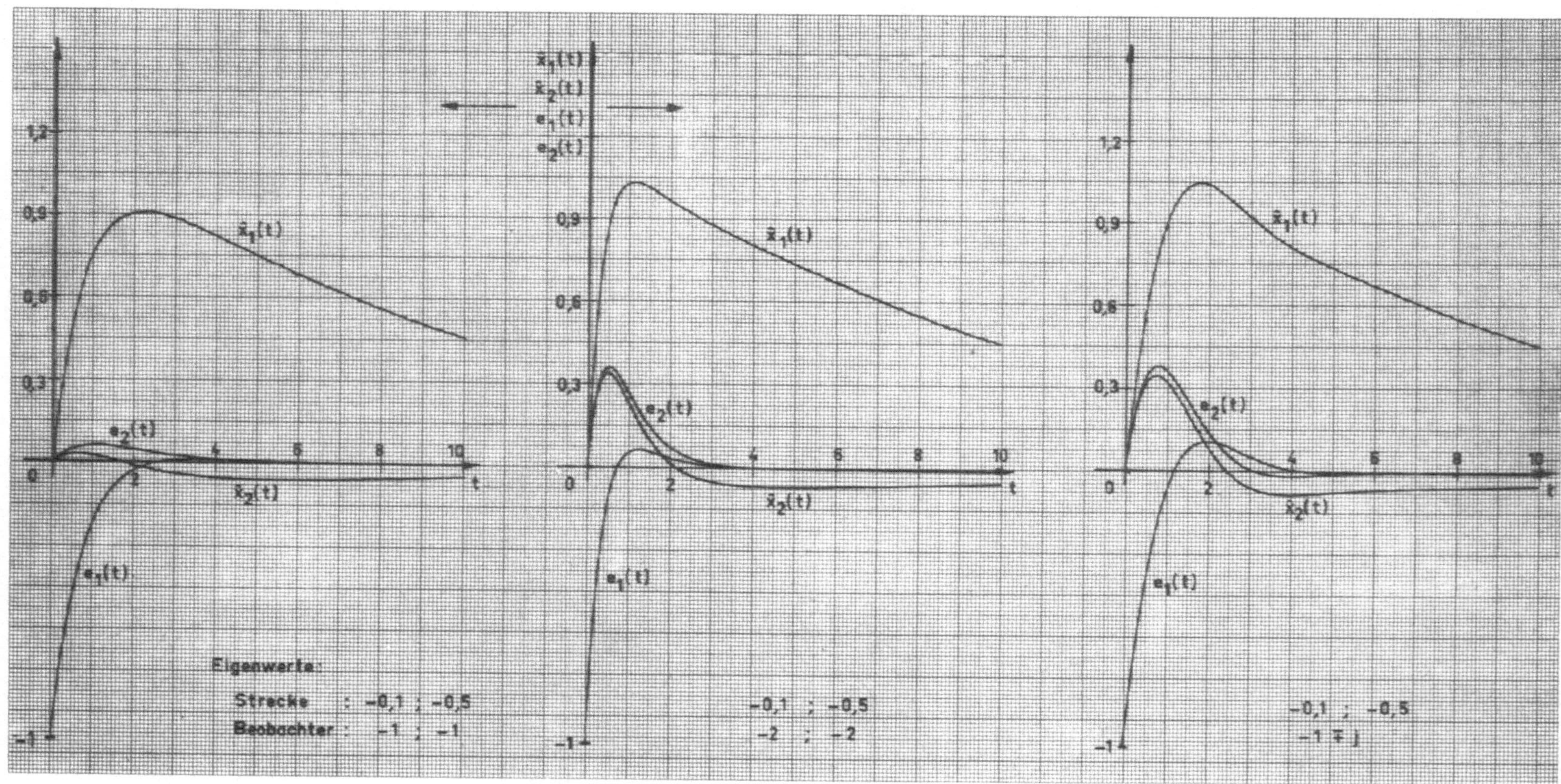

Bild 12: Verlauf der Beobachtungsfehler zu Σ_a mit dem Anfangszustand $\underline{x}_o' = (1, 0)$

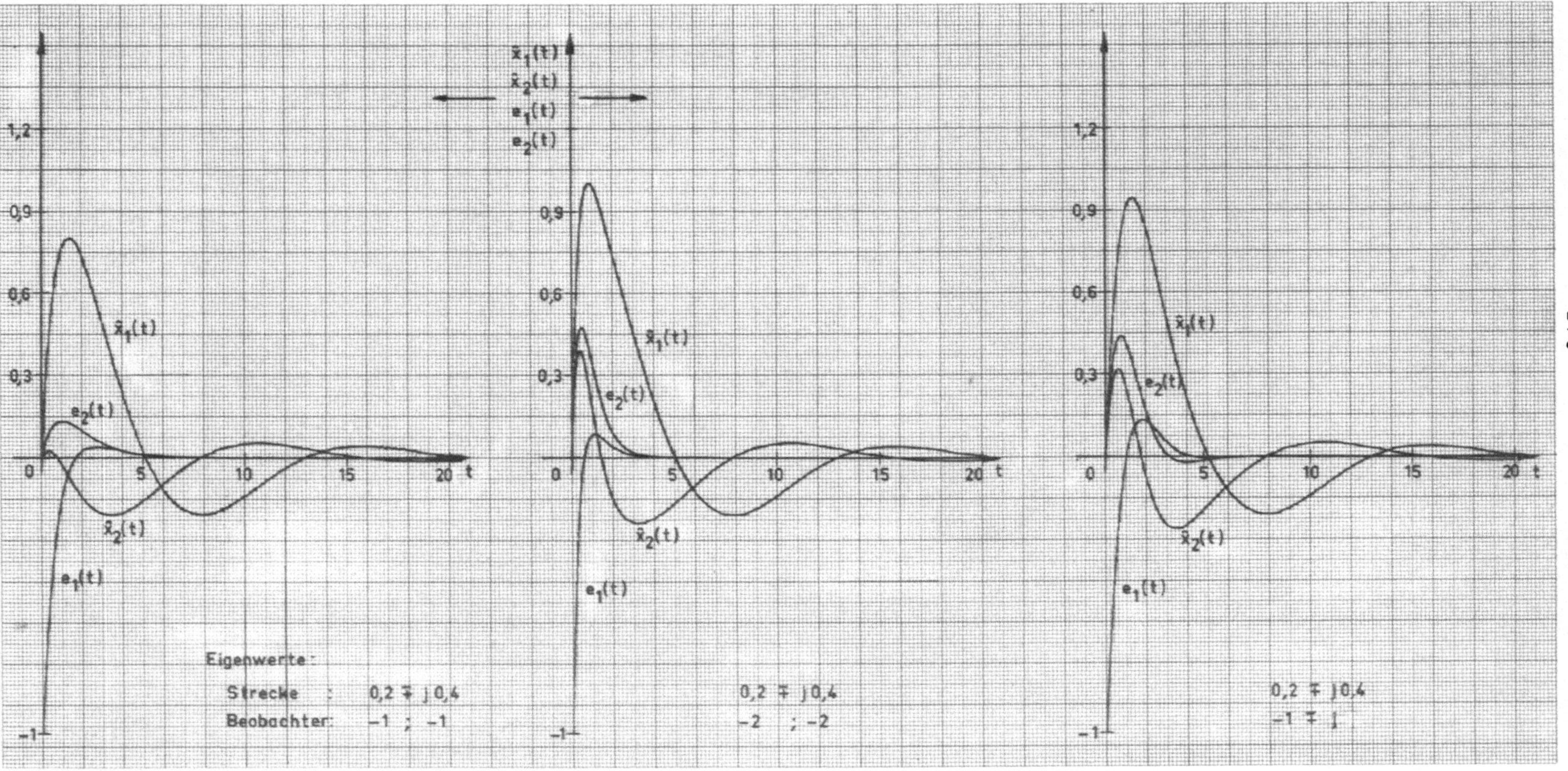

Bild 13: Verlauf der Beobachtungsfehler zu Σ_b mit dem Anfangszustand $\underline{x}_o' = (1, 0)$

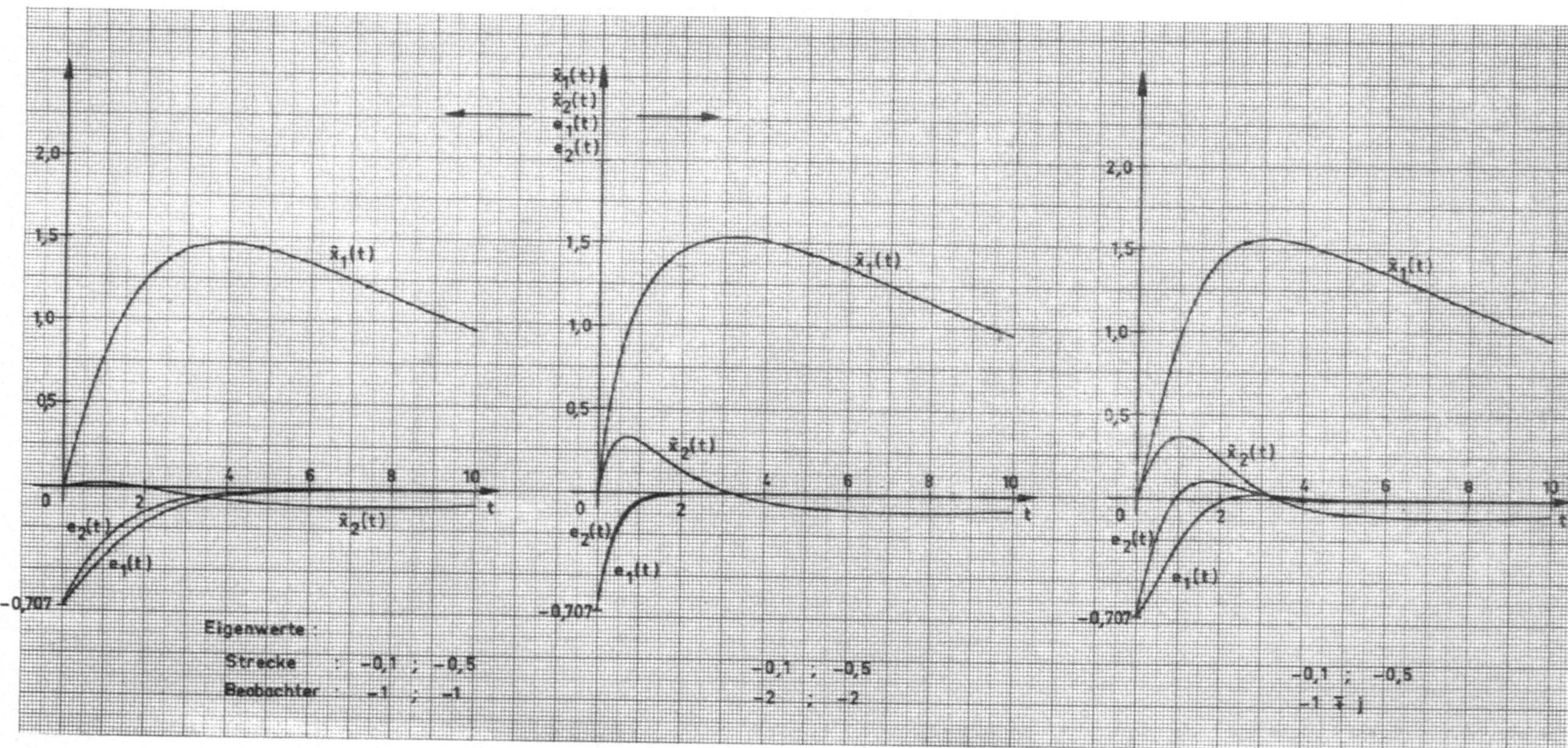

Bild 14: Verlauf der Beobachtungsfehler zu Σ_a mit dem Anfangszustand $\underline{x}_o' = \frac{1}{\sqrt{2}}(1,\ 1)$

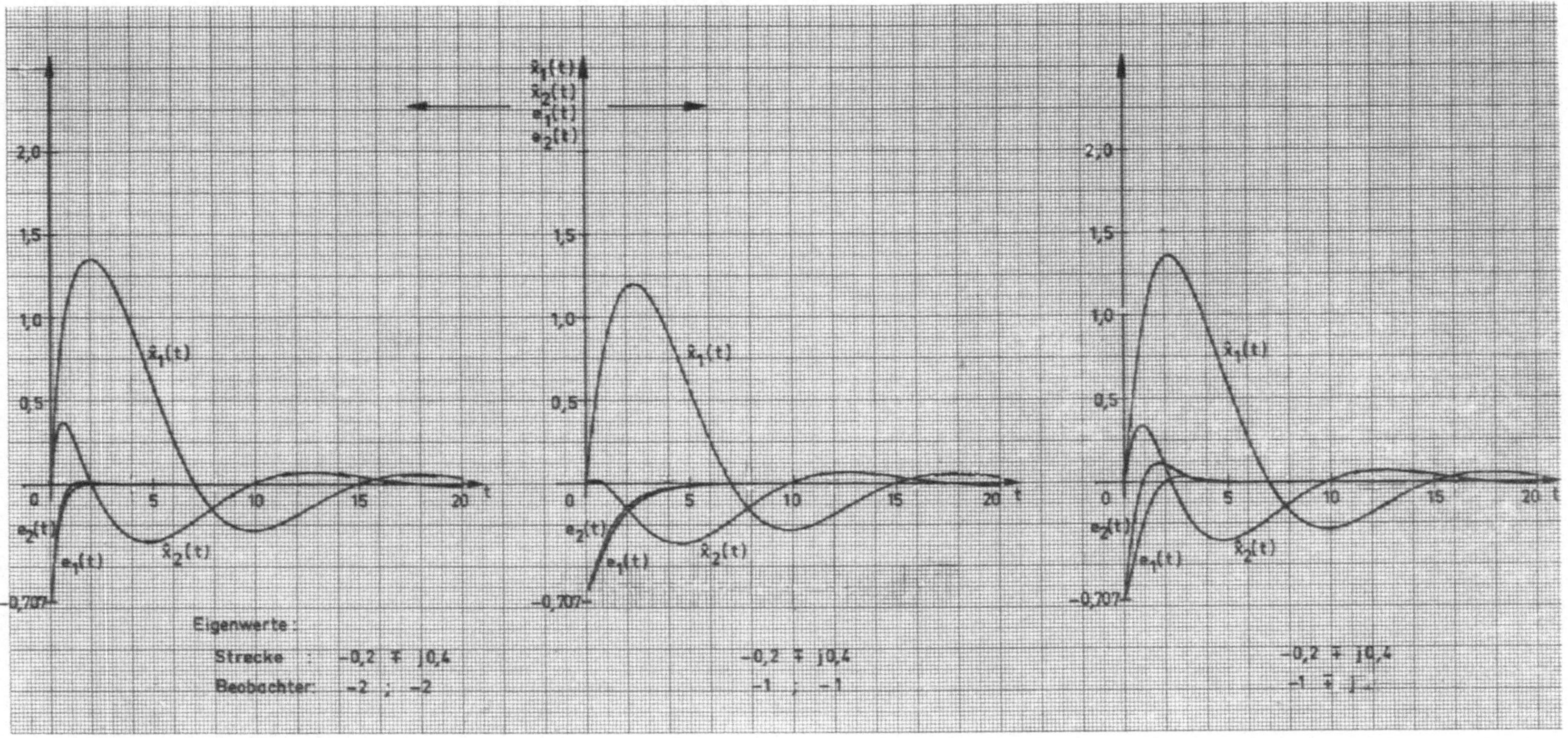

Bild 15: Verlauf der Beobachtungsfehler zu Σ_b mit dem Anfangszustand $\underline{x}_o' = \frac{1}{\sqrt{2}}(1, \; 1)$

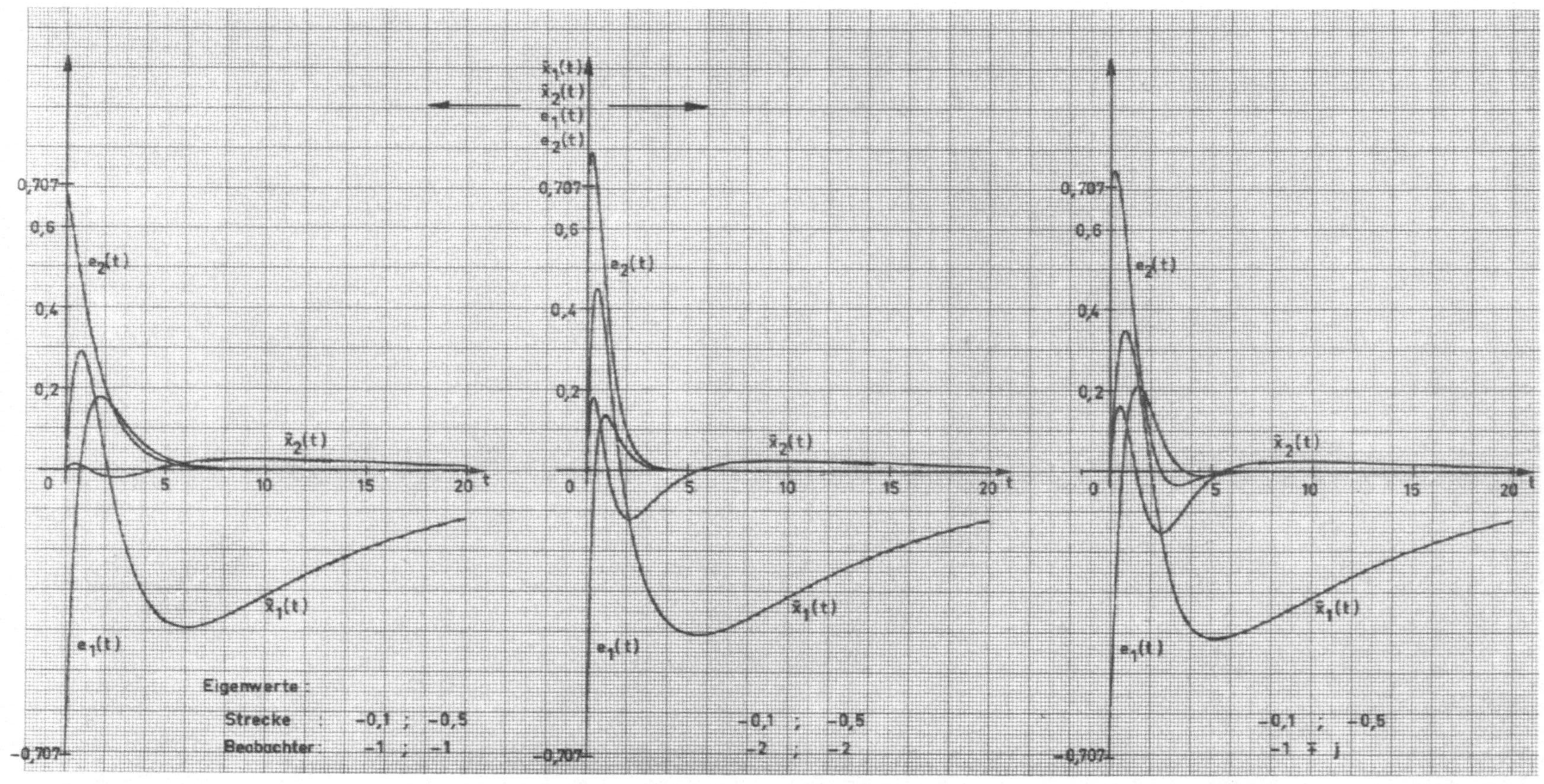

Bild 16: Verlauf der Beobachtungsfehler zu Σ_a
mit dem Anfangszustand $\underline{x}_o' = \frac{1}{\sqrt{2}}(1, \ -1)$

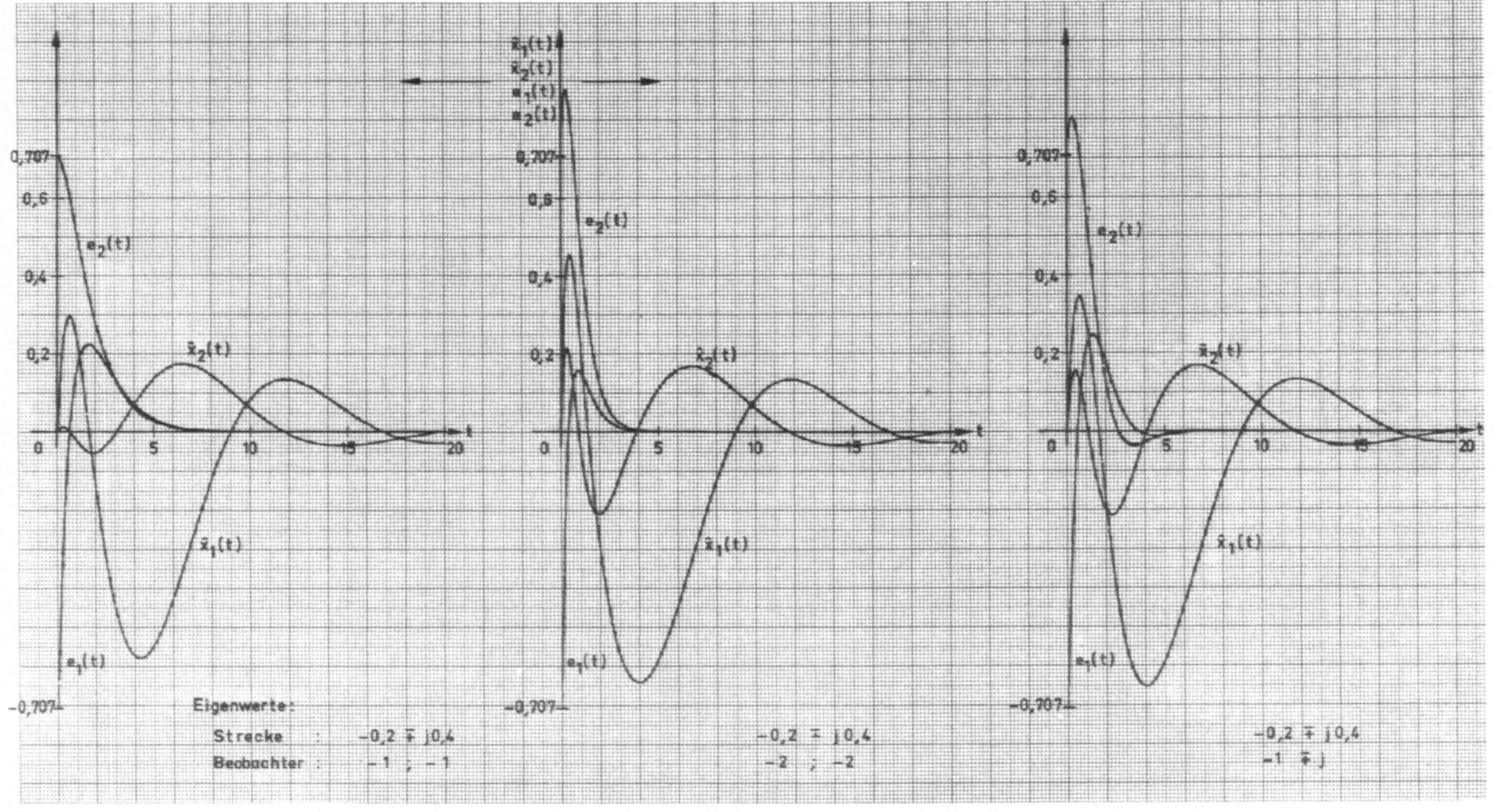

Bild 17: Verlauf der Beobachtungsfehler zu Σ_b mit dem Anfangszustand $\underline{x}_o' = \frac{1}{\sqrt{2}} (1, \quad -1)$

6.3.2 Reduzierter dynamischer Beobachter

Beim reduzierten Beobachter geht man davon aus, daß die p-dimensionale Ausgangsgröße eine Teilinformation über den Zustand enthält, die nicht erst approximiert werden muß. Die Ausgangsgleichung

$$\underline{y}(t) = \underline{C}\,\underline{x}(t) \qquad \underline{C} : \mathbb{R}^n \to \mathbb{R}^p \qquad p<n$$

läßt sich auch in der Form

$$\underline{y}(t) = \underline{c}_1\, x_1(t) + \ldots + \underline{c}_n\, x_n(t)$$

schreiben, wobei die $\underline{c}_\nu$ die Spaltenvektoren der Matrix $\underline{C}$ sind. In diesem Abschnitt gehen wir von der Annahme aus, daß

$$r(\underline{C}) = p \tag{48}$$

ist. Dann gibt es p linearunabhängige Spaltenvektoren $\underline{c}_\nu$, so daß sich p Komponenten des Zustandes $\underline{x}(t)$ in Abhängigkeit von $\underline{y}(t)$ und den restlichen (n-p) Komponenten des Zustandes darstellen lassen. Es müssen also nur (n-p) Komponenten des Zustandes approximativ bestimmt werden, um den gesamten Zustand $\underline{x}(t)$ beobachten zu können.

Es liefere

$$\underline{v}(t) = \underline{Q}\,\underline{x}(t) \qquad \underline{Q} : \mathbb{R}^n \to \mathbb{R}^{n-p} \tag{49}$$

die Kenntnis über den Zustand, die sich zum Zeitpunkt t nicht aus der Ausgangsgröße $\underline{y}(t)$ ergibt. Die notwendigen Bedingungen, die an die Matrix $\underline{Q}$ zu stellen sind, um den Zustand $\underline{x}(t)$ eindeutig zu bestimmen, lauten

$$\begin{aligned} &1. \quad r(\underline{Q}) = (n-p) \\ &2. \quad r\begin{bmatrix} \underline{C} \\ \underline{Q} \end{bmatrix} = n \;. \end{aligned} \tag{50}$$

Damit läßt sich der Zustand aus

$$\underline{x}(t) = \begin{bmatrix} \underline{C} \\ \underline{Q} \end{bmatrix}^{-1} \begin{bmatrix} \underline{y}(t) \\ \underline{v}(t) \end{bmatrix}$$

ermitteln. Da der (n-p)-dimensionale transformierte Zustand $\underline{v}(t)$ am Anfang einer Beobachtung unbekannt ist, muß eine dynamische Beobachtung $\hat{\underline{v}}(t)$ durchgeführt werden, so daß sich die Beobachtung des gesamten Zustandes aus

$$\hat{\underline{x}}(t) = \begin{bmatrix} \underline{C} \\ \underline{Q} \end{bmatrix}^{-1} \begin{bmatrix} \underline{y}(t) \\ \hat{\underline{v}}(t) \end{bmatrix} \tag{51}$$

ergibt.

Der reduzierte Beobachter für $\hat{\underline{v}}(t)$ leitet sich aus dem Beobachter n-ter Ordnung (42) durch Multiplikation von links mit der Matrix $\underline{Q}$ ab. Es gilt

$$\begin{aligned} \dot{\hat{\underline{v}}}(t) &= \underline{Q}\, \dot{\hat{\underline{x}}}(t) = \underline{Q}\, \underline{A}\, \hat{\underline{x}}(t) + \underline{Q}\, \underline{B}\, \underline{u}(t) + \underline{Q}\, \underline{S}\{\underline{y}(t) - \hat{\underline{y}}(t)\} \\ &= (\underline{Q}\, \underline{A} - \underline{Q}\, \underline{S}\, \underline{C})\, \hat{\underline{x}}(t) + \underline{Q}\, \underline{B}\, \underline{u}(t) + \underline{Q}\, \underline{S}\, \underline{y}(t) . \end{aligned}$$

Führt man die Matrix $\underline{F} : \mathbb{R}^{n-p} \to \mathbb{R}^{n-p}$ mit der Bedingung

$$\underline{Q}(\underline{A} - \underline{S}\, \underline{C}) = \underline{F}\, \underline{Q} \tag{52}$$

ein, dann erhalten wir unter Verwendung der Beziehung (49) als (n-p)-dimensionales Zustandsmodell für den reduzierten Beobachter mit dem Anfangszustand $\hat{\underline{v}}_o = \underline{0}$

$$\dot{\hat{\underline{v}}}(t) = \underline{F}\, \hat{\underline{v}}(t) + \underline{Q}\, \underline{B}\, \underline{u}(t) + \underline{Q}\, \underline{S}\, \underline{y}(t) \qquad \hat{\underline{v}}(t) \in \mathbb{R}^{n-p} . \tag{53}$$

Der Fehler der Beobachtung ist

$$\underline{e}(t) = \hat{\underline{v}}(t) - \underline{Q}\, \underline{x}(t) \in \mathbb{R}^{n-p} .$$

Damit $\underline{y}(t) = \hat{\underline{y}}(t)$ genau dann gilt, wenn $\underline{x}(t) = \hat{\underline{x}}(t)$ ist, muß, als weitere Bedingung an $\underline{Q}$, das Matrixpaar $(\underline{A},\underline{Q})$ vollständig beobachtbar sein, d.h.

$$r([\underline{Q}', \underline{A}'\underline{Q}', \ldots, \underline{A}'^{n-1}\underline{Q}']) = n \qquad (54)$$

Der Beweis wird analog zu den Überlegungen des Ansatzes (42) geführt. Denn mit

$$\underline{e}(t) = \underline{Q}[\hat{\underline{x}}(t) - \underline{x}(t)]$$

und $\underline{y}(t) = \hat{\underline{y}}(t)$ folgt hier:

$$\begin{aligned} \dot{\underline{e}}(t) &= \underline{Q}(\dot{\hat{\underline{x}}}(t) - \dot{\underline{x}}(t)) \\ &= \underline{Q}\ \underline{A}\ \hat{\underline{x}}(t) + \underline{Q}\ \underline{B}\ \underline{u}(t) + \underline{Q}\ \underline{S}(\underline{y}(t) - \hat{\underline{y}}(t)) - \underline{Q}\ \underline{A}\ \underline{x}(t) - \underline{Q}\ \underline{B}\ \underline{u}(t) \\ &= \underline{Q}\ \underline{A}(\hat{\underline{x}}(t) - \underline{x}(t)) = \underline{0} \end{aligned}$$

Entsprechend für $\ddot{\underline{e}}(t) \ldots \underline{e}^{(n-1)}(t)$, so daß daraus sich die Behauptung (54) ergibt.
Der Fehler $\underline{e}(t) \in \mathbb{R}^{n-p}$ ist Zustand des dynamischen Systems

$$\dot{\underline{e}}(t) = \underline{F}\ \underline{e}(t)\ , \qquad \underline{e}_o = -\ \underline{Q}\ \underline{x}_o\ , \qquad (55)$$

das wir unter Berücksichtigung von (52) aus

$$\begin{aligned} \dot{\underline{e}}(t) &= \dot{\hat{\underline{v}}}(t) - \underline{Q}\ \dot{\underline{x}}(t) \\ &= \underline{F}\ \hat{\underline{v}}(t) + \underline{Q}\ \underline{B}\ \underline{u}(t) + \underline{Q}\ \underline{S}\ \underline{y}(t) - \underline{Q}\ \underline{A}\ \underline{x}(t) - \underline{Q}\ \underline{B}\ \underline{u}(t) \\ &= \underline{F}\ \hat{\underline{v}}(t) + \underline{Q}\ \underline{S}\ \underline{y}(t) - \underline{F}\ \underline{Q}\ \underline{x}(t) - \underline{Q}\ \underline{S}\ \underline{C}\ \underline{x}(t) \\ &= \underline{F}\{\hat{\underline{v}}(t) - \underline{Q}\ \underline{x}(t)\} \end{aligned}$$

ableiten.
Der Fehler der reduzierten Beobachtung konvergiert mit $t \to \infty$ gegen Null, wenn alle Eigenwerte der Matrix $\underline{F}$ einen negativen Realteil besitzen , die Ruhelage des Systems (55) ist dann asymptotisch stabil.
Im reduzierten Beobachter sind die Matrizen $\underline{Q}$, $\underline{S}$ und $\underline{F}$ zu bestimmen. Da die Eigenwerte der Matrix $(\underline{A} - \underline{S}\ \underline{C})$ das Konvergenzverhalten des Fehlers für die Beobachtung n-ter Ordnung festlegen (Gl.(46)),

untersuchen wir unter Verwendung der Bedingung (52), ob damit auch die Eigenwerte der Matrix $\underline{F}$ bestimmt sind.
Es seien λ_ν die Eigenwerte und $\underline{\varphi}_\nu$ die zugehörigen Eigenvektoren der Matrix $(\underline{A} - \underline{S}\ \underline{C})$, dann gilt

$$\underline{F}\ \underline{Q}\ \underline{\varphi}_\nu = \underline{Q}(\underline{A} - \underline{S}\ \underline{C})\underline{\varphi}_\nu = \lambda_\nu\ \underline{Q}\ \underline{\varphi}_\nu .$$

Hieraus folgt, daß λ_ν für $\underline{\varphi}_\nu \notin N(\underline{Q})$ auch Eigenwert der Matrix $\underline{F}$ mit dem Eigenvektor $\underline{Q}\ \underline{\varphi}_\nu$ ist.
Bilden die Eigenvektoren $\underline{\varphi}_\nu$ eine Basis im $\mathbb{R}^n$, dann gibt es (n-p) Eigenvektoren $\underline{Q}\ \underline{\varphi}_\nu \neq \underline{0}$ der Matrix $\underline{F}$, da nach Voraussetzung die Dimension des Nullraums von $\underline{Q}$ gleich p ist.

Hat die Matrix $(\underline{A} - \underline{S}\ \underline{C})$ eine Jordan-Struktur,dann gilt für die Basis des invarianten Teilraums zum κ-fachen Eigenwert λ_ν (Abschnitt 3.3.4)

$$\underline{F}\ \underline{Q}\ \underline{\varphi}_\mu^{(\nu)} = \underline{Q}(\underline{A} - \underline{S}\ \underline{C})\underline{\varphi}_\mu^{(\nu)} = \underline{Q}\left(\lambda_\nu \underline{\varphi}_\mu^{(\nu)} + \underline{\varphi}_{\mu-1}^{(\nu)}\right) \qquad \mu = 2\ldots\kappa$$

$$= \lambda_\nu \underline{Q}\ \underline{\varphi}_\mu^{(\nu)} + \underline{Q}\ \underline{\varphi}_{\mu-1}^{(\nu)} .$$

Entweder ist $\underline{Q}\ \underline{\varphi}_\mu^{(\nu)} = \underline{0}$ für alle $\mu = 1\ldots\kappa \leq p$, so daß die $\underline{\varphi}_\mu^{(\nu)}$ zu einer Basis des Nullraums von $\underline{Q}$ gehören oder es gibt einige $\underline{Q}\ \underline{\varphi}_\mu^{(\nu)} \neq \underline{0}$, dann ist λ_ν Eigenwert der Matrix $\underline{F}$.

Die Menge der Vektoren $\underline{\varphi}_\mu^{(\nu)}$ für alle μ,ν bilden eine Basis im erweiterten Raum $\tilde{\mathbb{R}}^n$, Gl.(3.31). Zusammengefaßt folgt daraus, daß alle Eigenwerte von $\underline{F}$ auch Eigenwerte der Matrix $(\underline{A} - \underline{S}\ \underline{C})$ sind.

Satz 3: Die Eigenwerte der reellen Matrix $\underline{F}$ (Gl.(52)) lassen sich in Abhängigkeit der Matrix $\underline{S}$ beliebig vorgeben, wenn das dynamische System (41) vollständig beobachtbar ist.

Der Beweis folgt aus Satz 2 und den vorangegangenen Überlegungen.

Im Bild 18 ist das Strukturbild des reduzierten Beobachters dargestellt. Im Gegensatz zum Beobachter n-ter Ordnung (Bild 11) werden hier p Integratoren weniger benötigt. Bei einer Verwendung des reduzierten Beobachters in einem Regelkreis wird nicht

$$\underline{\hat{x}}(t) = \begin{bmatrix} \underline{C} \\ \underline{Q} \end{bmatrix}^{-1} \begin{bmatrix} \underline{y}(t) \\ \underline{\hat{v}}(t) \end{bmatrix}$$

als Eingangsgröße des Reglers verwendet, sondern die transformierten Zustandsgrößen $\underline{y}(t)$, $\underline{\hat{v}}(t)$ und die Führungsgröße $\underline{w}_n(t)$, so daß sich der Zustandsregler aus

$$\underline{K} \begin{bmatrix} \underline{C} \\ \underline{Q} \end{bmatrix}^{-1}$$

zusammensetzt.

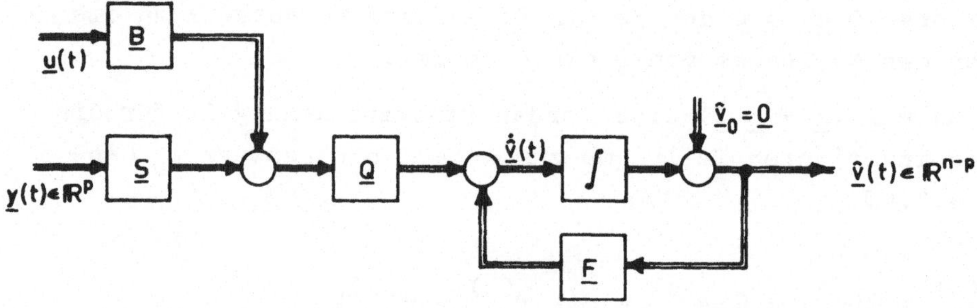

Bild 18: Reduzierter Beobachter

Die $\{(n-p)x(n-p)\}$-Matrix $\underline{F}$ in der Bedingung (52) darf in der Jordan-Form

$$\underline{F} = \begin{bmatrix} \lambda & 1 & & \underline{0} \\ & \ddots & \ddots & \\ & \underline{0} & \ddots & 1 \\ & & & \lambda \end{bmatrix}$$

angesetzt werden, wenn die Matrix $(\underline{A} - \underline{S}\ \underline{C})$ in (52) einen n-fachen Eigenwert besitzt, wie es bei der Festlegung von $(\underline{A} - \underline{S}\ \underline{C})$ bisher üblich ist.

Um diese Behauptung zu zeigen, gehen wir von der Bedingung (52) aus

$$\underline{\tilde{Q}}(\underline{A} - \underline{S}\ \underline{C}) = \underline{\tilde{F}}\ \underline{\tilde{Q}} \quad .$$

$\tilde{\underline{F}}$ sei eine {(n-p)x(n-p)} - Matrix mit einem (n-p)-fachen Eigenwert in einer beliebigen Form. Es gibt dann eine reguläre Transformation $\underline{T}$, die $\tilde{\underline{F}}$ durch

$$\underline{T}^{-1}\,\tilde{\underline{F}}\,\underline{T} = \underline{F} \quad \rightarrow \quad \tilde{\underline{F}} = \underline{T}\,\underline{F}\,\underline{T}^{-1}$$

in eine Jordansche Normalform $\underline{F}$ überführt.
Durch Einsetzen in die obige Beziehung erhalten wir

$$\tilde{\underline{Q}}(\underline{A} - \underline{S}\,\underline{C}) = \underline{T}\,\underline{F}\,\underline{T}^{-1}\tilde{\underline{Q}}$$
$$\underline{T}^{-1}\tilde{\underline{Q}}(\underline{A} - \underline{S}\,\underline{C}) = \underline{F}\,\underline{T}^{-1}\tilde{\underline{Q}}$$

und mit $\underline{Q} := \underline{T}^{-1}\tilde{\underline{Q}}$ bleibt die Bedingung (52)

$$\underline{Q}(\underline{A} - \underline{S}\,\underline{C}) = \underline{F}\,\underline{Q}$$

unverändert. Die {(n-p)x n}-Matrix $\underline{Q}$ ist hierbei unter Beachtung der Bedingungen (50) und (54) noch beliebig wählbar.

Mögliche Bestimmung der Matrizen $\underline{S}$, $\underline{F}$ und $\underline{Q}$

Unter der Voraussetzung, daß das dynamische System (41) vollständig beobachtbar ist, läßt sich

a) die (nxp)-Matrix $\underline{S}$ nach der Formel (47a) und im Fall p = 1 auch nach der Beziehung (47b) berechnen.
Dabei sind alle Nullstellen des Polynoms $\Delta_B(s)$ mit negativem Realteil vorzugeben.
Für p = 1 und $n \leq 3$ ist die Berechnung der Elemente von $\underline{S}$ durch Koeffizientenvergleich mit den Koeffizienten des Polynoms

$$\Delta_B(s) = \det(\underline{E}s - \underline{A} + \underline{S}\,\underline{C}) = s^n + \beta_{n-1}s^{n-1} + \ldots + \beta_o$$

einfacher.

b) die $\{(n-p)x(n-p)\}$-Matrix $\underline{F}$ in einer Jordanschen Normalform ansetzen. Insbesondere, wenn unter a) ein n-facher Eigenwert λ der Matrix $(\underline{A} - \underline{S}\ \underline{C})$ gewählt wurde, kann $\underline{F}$ als Jordanblock mit dem Eigenwert λ gesetzt werden (Satz 3).

c) die $\{(n-p)xn\}$ -Matrix $\underline{Q}$ aus dem homogenen Gleichungssystem

$$\underline{Q}(\underline{A} - \underline{S}\ \underline{C}) = \underline{F}\ \underline{Q}$$

bestimmen, wobei das Paar $(\underline{A},\underline{Q})$ vollständig beobachtbar sein muß , Bedingung (54).

Beispiel 5: Zu der Lageregelstrecke (Beispiel 2.4, Abschnitt 2.2)

$$\dot{\underline{x}}(t) = \begin{bmatrix} 0 & 1 & 0 \\ 0 & 0 & 1 \\ 0 & 0 & -1 \end{bmatrix} \underline{x}(t) \begin{bmatrix} 0 \\ 0 \\ 1 \end{bmatrix} u(t)$$

$$y(t) = \begin{bmatrix} 1 & 0 & 0 \end{bmatrix} \underline{x}(t)$$

soll ein reduzierter Beobachter entworfen werden. Die Eigenwerte der Matrix $(\underline{A} - \underline{S}\ \underline{C})$ haben die Werte $s_1 = s_2 = s_3 = -3$.

Die Systemmatrix $(\underline{A} - \underline{S}\ \underline{C})$ der Fehlergleichung (46) lautet

$$\underline{A} - \underline{S}\ \underline{C} = \begin{bmatrix} -\sigma_{11} & 1 & 0 \\ -\sigma_{21} & 0 & 1 \\ -\sigma_{31} & 0 & -1 \end{bmatrix}$$

und

$$\Delta_B(s) = \det\{\underline{E}s - \underline{A} + \underline{S}\ \underline{C}\} = s^3 + s^2(\sigma_{11} + 1) + s(\sigma_{11}+\sigma_{21}) + (\sigma_{21}+\sigma_{31}) \ .$$

Andererseits ist das charakteristische Polynom $\Delta_B(s)$ der Beobachtung durch

$$\Delta_B(s) = (s+3)^3 = s^3 + 9\ s^2 + 27s + 27$$

vorgegeben. Der Koeffizientenvergleich liefert die Werte

$\sigma_{11} = 8 \quad ; \qquad \sigma_{21} = 19 \quad ; \qquad \sigma_{31} = 8 \quad .$

Die (2x2)-Matrix $\underline{F}$ wird in der Jordanschen Normalform

$$\underline{F} = \begin{bmatrix} -3 & 1 \\ 0 & -3 \end{bmatrix}$$

angesetzt, so daß sich die Matrix $\underline{Q}$ aus dem homogenen Gleichungssystem

$$\underline{Q}(\underline{A} - \underline{S}\ \underline{C}) = \underline{F}\ \underline{Q}$$

berechnen läßt. Es ist

$$\underline{Q}(\underline{A} - \underline{S}\ \underline{C}) = \begin{bmatrix} (-8q_{11} - 19q_{12} - 8q_{13}) , & q_{11} & ,(q_{12} - q_{13}) \\ (-8q_{21} - 19q_{22} - 8q_{23}) , & q_{21} & ,(q_{22} - q_{23}) \end{bmatrix}$$

$$= \underline{F}\ \underline{Q} = \begin{bmatrix} (-3q_{11} + q_{21}) , & (-3q_{12} + q_{22}) & ,(-3q_{13} + q_{23}) \\ -3q_{21} , & -3q_{22} , & -3q_{23} \end{bmatrix} .$$

Wird $q_{13} = q_{23} = 1$ gewählt, dann erhält man die Matrix

$$\underline{Q} = \begin{bmatrix} 1 & -1 & 1 \\ 6 & -2 & 1 \end{bmatrix} ,$$

wobei $r(\underline{(Q', A'Q', A'^2Q')}) = 3$ ist.
Somit sind alle Matrizen des reduzierten Beobachters (Bild 18) bekannt.

6.4 Entwurf linearer Regelkreise

6.4.1 Allgemeines Entwurfsverfahren

Das Zustandsmodell des Regelkreises setzt sich aus der Strecke (41), dem Zustandsregler (3) (Satz 1,Gl.(22)) und dem reduzierten Beobachter (53) sowie (51) zusammen (Bild 19).

a) Strecke mit Anfangszustand $\underline{x}_o$ und Störung $\underline{z}(t)$:

$$\dot{\underline{x}}(t) = \underline{A}\,\underline{x}(t) + \underline{B}\{\underline{u}(t) + \underline{z}(t)\} \qquad \underline{x}(t) \in \mathbb{R}^n$$
$$\underline{y}(t) = \underline{C}\,\underline{x}(t) \qquad \underline{y}(t) \in \mathbb{R}^p \qquad (41)$$

b) Reduzierter Beobachter mit Anfangszustand $\hat{\underline{v}}_o = \underline{0}$:

$$\dot{\hat{\underline{v}}}(t) = \underline{F}\,\hat{\underline{v}}(t) + \underline{Q}\,\underline{B}\,\underline{u}(t) + \underline{Q}\,\underline{S}\,\underline{y}(t) \qquad \hat{\underline{v}}(t) \in \mathbb{R}^{n-p}$$

$$\hat{\underline{x}}(t) = \begin{bmatrix} \underline{C} \\ \underline{Q} \end{bmatrix}^{-1} \begin{bmatrix} \underline{y}(t) \\ \hat{\underline{v}}(t) \end{bmatrix}$$

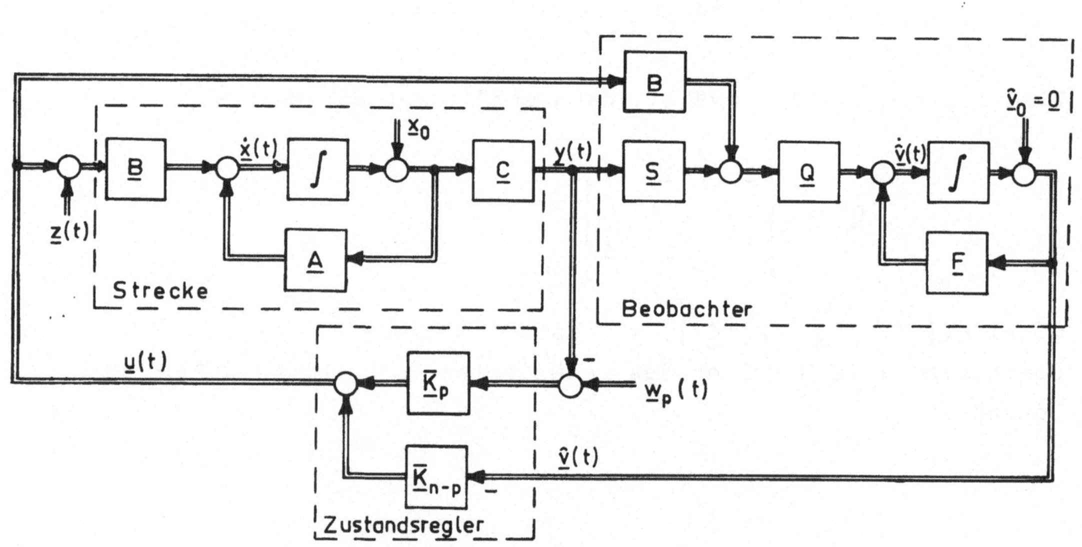

Bild 19: Regelkreis mit reduziertem Beobachter

c) Zustandsregler $\underline{K}$ mit Transformationsmatrix (51):

$$\underline{K} \begin{bmatrix} \underline{C} \\ \underline{Q} \end{bmatrix}^{-1} = [\underbrace{\underline{\bar{K}}_p}_{p} , \underbrace{\underline{\bar{K}}_{n-p}}_{(n-p)}] \quad \text{Spalten} \tag{56}$$

Für den Zustandsregler gilt dann

$$\underline{u}(t) = \underline{\bar{K}}_p \{\underline{w}_p(t) - \underline{y}(t)\} - \underline{\bar{K}}_{n-p}\underline{\hat{v}}(t) \quad . \tag{57}$$

Diese Regelkreisgleichung läßt sich unter Berücksichtigung des Fehlers $\underline{e}(t) = \underline{\hat{v}} - \underline{Q}\ \underline{x}(t)$ und der Fehlergleichung (55) zusammenfassen in das (2n-p)-dimensionale Zustandsmodell

$$\begin{aligned} \underline{\dot{x}}(t) &= (\underline{A} - \underline{B}\ \underline{K})\underline{x}(t) - \underline{B}\ \underline{\bar{K}}_{n-p}\underline{e}(t) + \underline{B}\ \underline{\bar{K}}_p\underline{w}_p(t) + \underline{B}\ \underline{z}(t) \\ \underline{\dot{e}}(t) &= \underline{F}\ \underline{e}(t) - \underline{Q}\ \underline{B}\ \underline{z}(t) \ ; \quad \underline{e}_o = -\underline{Q}\ \underline{x}_o \\ \underline{y}(t) &= \underline{C}\ \underline{x}(t) \end{aligned} \tag{58}$$

Für die Stellgröße wurde dabei die Beziehung

$$\begin{aligned} \underline{u}(t) &= -\underline{K} \begin{bmatrix} \underline{C} \\ \underline{Q} \end{bmatrix}^{-1} \begin{bmatrix} \underline{C}\ \underline{x}(t) \\ \underline{Q}\ \underline{x}(t) \end{bmatrix} + \underline{\bar{K}}_p\ \underline{w}_p(t) - \underline{\bar{K}}_{n-p}\underline{e}(t) \\ &= -\underline{K}\ \underline{x}(t) + \underline{\bar{K}}_p\underline{w}_p(t) - \underline{\bar{K}}_{n-p}\underline{e}(t) \end{aligned}$$

eingesetzt. In der Fehlergleichung (55) wurde bei der Ableitung keine Störung $\underline{z}(t)$ berücksichtigt. Liegt eine Störung $\underline{z}(t)$ am Eingang der Strecke vor, dann kommt in (55) zusätzlich ein additiver Term $-\underline{Q}\ \underline{B}\ \underline{z}(t)$ hinzu.

Die Struktur des Zustandsmodells (58) tritt deutlicher hervor, wenn es in der Form von Übermatrizen geschrieben wird.

$$\frac{d}{dt}\begin{bmatrix}\underline{x}(t)\\ \\ \underline{e}(t)\end{bmatrix} = \left[\begin{array}{c|c}(\underline{A}-\underline{B}\underline{K}) & -\underline{B}\,\bar{\underline{K}}_{n-p}\\ \hline \underline{0} & \underline{F}\end{array}\right]\begin{bmatrix}\underline{x}(t)\\ \\ \underline{e}(t)\end{bmatrix} + \left[\begin{array}{c}\underline{B}\,\bar{\underline{K}}_{p}\\ \hline \underline{0}\end{array}\right]\underline{w}_p(t) + \left[\begin{array}{c}\underline{B}\\ \hline -\underline{Q}\,\underline{B}\end{array}\right]\underline{z}(t)$$

$$y(t) = \underline{C}\,\underline{x}(t) \tag{59}$$

Die Anfangszustände sind $\underline{x}_o \in \mathbb{R}^n$ und $-\underline{Q}\,\underline{x}_o \in \mathbb{R}^{n-p}$.
Aus (59) entnehmen wir, daß das charakteristische Polynom der Systemmatrix des Regelkreises sich aus $\Delta_R(s)$ (Satz 1) und dem reduzierten $\Delta_B(s)$ vom Grade (n-p) (Satz 3) zusammensetzt, da die Übermatrix in (59) die Dreiecksform besitzt.

$$\begin{aligned}\Delta_{RB}(s) &= \det\{\underline{E}s - \underline{A} + \underline{B}\,\underline{K}\}\det\{\underline{E}s - \underline{F}\} \\ &= \Delta_R(s)\ \ \Delta_B(s)\end{aligned} \tag{60}$$

Bemerkung 3: Es sei die Strecke (41) vollständig steuerbar und beobachtbar, dann läßt sich der Entwurf eines linearen Regelkreises in zwei getrennten Schritten durchführen:

a) Zuerst lege man aufgrund einer vorgegebenen Stabilitätsgüte bzw. Einschwingverhalten , Abschnitt 6.2.2 , die Eigenwerte der Matrix $(\underline{A} - \underline{B}\,\underline{K})$ fest. Daraus ergeben sich die Koeffizienten des charakteristischen Polynoms $\Delta_R(s)$, Gl.(29).
Die Matrix $\underline{K}$ des Zustandsreglers wird nach der Gleichung (22) bzw. (23) bestimmt , für r=1 stehen zur Berechnung von $\underline{k}$ die Formeln (25) bzw. (26) zur Verfügung.

b) Die Eigenwerte der Matrix $(\underline{A} - \underline{S}\,\underline{C})$ und damit auch die der Matrix $\underline{F}$ werden alle so gelegt, daß die Eigenwerte von $(\underline{A} - \underline{B}\,\underline{K})$ dominierend für das dynamische Verhalten des Regelkreises sind. Hinweis: Es sei

$$d = \min_{\nu=1\ldots n} \mathrm{Re}\big(\lambda_\nu(\underline{A} - \underline{B}\,\underline{K})\big) \quad ,$$

dann wähle man

$$\lambda_\nu(\underline{A} - \underline{S}\ \underline{C}) = \{1,2...4\}d \qquad \nu = 1...n$$

Setzt man die Eigenwerte $\lambda_\nu(\underline{A} - \underline{S}\ \underline{C})$ noch negativer an, dann folgt der Fehler $\underline{e}(t)$ entsprechend der Differentialgleichung in (58)

$$\dot{\underline{e}}(t) = \underline{F}\ \underline{e}(t) - \underline{Q}\ \underline{B}\ \underline{z}(t)$$

sehr schnell rauschartigen Störungen (bzw. δ-Impulsen). Die Bandbreite des Beobachters wächst mit $|\lambda_\nu(\underline{A}-\underline{S}\ \underline{C})|$ an, so daß dieser gegenüber hochfrequenten Störungen (Rauschen) zunehmend empfindlicher wird.

Die Folge ist, daß die zeitlichen Abstände, in denen diese Beobachtungsfehler auftreten, wesentlich kleiner sind als die kleinste Zeitkonstante des Regelkreises ohne Beobachter, so daß der Zustandsregler ständig mit falschen Werten der Zustandsgrößen arbeitet.

Nach der Festlegung der Eigenwerte von $(\underline{A} - \underline{S}\ \underline{C})$ lassen sich die Koeffizienten des charakteristischen Polynoms $\Delta_B(s) = \det\{\underline{E}s - \underline{F}\}$ nach Gl.(29) berechnen.
Die Matrizen $\underline{S}$, $\underline{F}$ und $\underline{Q}$ können nach dem Schema im Abschnitt 6.3.2 , Seite 289 , ermittelt werden.

Im weiteren wollen wir nur noch Einfachregelkreise($r=p=1$) behandeln und dabei den Zusammenhang mit der klassischen Regelungstechnik herstellen. Die Übertragungsfunktionen des Regelkreises werden aus dem Zustandsmodell (59) abgeleitet.

Es gehen $\underline{B} \to \underline{b}$, $\underline{K} \to \underline{k}'$, $\underline{K}\begin{bmatrix}\underline{C}\\ \underline{Q}\end{bmatrix}^{-1} \to \underline{k}'\begin{bmatrix}\underline{c}'\\ \underline{Q}\end{bmatrix}^{-1} = (\bar{k}_1, \underline{\bar{k}}'_{n-1})$ und $\underline{C} \to \underline{c}'$ über.

6.4.2 Übertragungsfunktionen des Regelkreises

Das in den Laplace-Bereich transformierte Zustandsmodell (59) lautet

$$s\ \underline{X}(s) = \underline{x}_o + (\underline{A}-\underline{b}\ \underline{k}')\underline{X}(s) - \underline{b}\ \underline{\bar{k}}'_{n-1}\underline{E}(s) + \underline{b}\ \bar{k}_1 W(s) + \underline{b}\ Z(s)$$

$$s\ \underline{E}(s) = \underline{e}_o + \underline{F}\ \underline{E}(s) - \underline{Q}\ \underline{b}\ Z(s) \qquad \underline{e}_o = -\underline{Q}\ \underline{x}_o$$

$$Y(s) = \underline{c}'\ \underline{X}(s) \quad .$$

Die Auflösung der Gleichungen nach $\underline{X}(s)$ und $\underline{E}(s)$ liefert uns die Laplace-transformierten Lösungen

$$\underline{X}(s) = \underline{\Phi}_R(s)\underline{x}_o - \underline{\Phi}_R(s)\underline{b}\ \underline{\bar{k}}'_{n-1}\underline{E}(s) + \underline{\Phi}_R(s)\underline{b}\ \bar{k}_1 W(s) + \underline{\Phi}_R(s)\underline{b}\ Z(s) \qquad (61)$$

$$\underline{E}(s) = -\ \underline{\Phi}_B(s)\underline{x}_o - \underline{\Phi}_B(s)\underline{Q}\ \underline{b}\ Z(s)\quad . \qquad (62)$$

Hierbei sind

$$\underline{\Phi}_R(s) = \left(\underline{E}\ s - \underline{A} + \underline{b}\ \underline{k}'\right)^{-1} \qquad \underline{\Phi}_R(s) : \mathbb{R}^n \to \mathbb{R}^n \qquad (63)$$

und

$$\underline{\Phi}_B(s) = \left(\underline{E}\ s - \underline{F}\right)^{-1} \qquad \underline{\Phi}_B(s) : \mathbb{R}^{n-1} \to \mathbb{R}^{n-1} \qquad (64)$$

die entsprechenden Transitionsmatrizen der beiden Systeme im Laplace-Bereich.

Das <u>Führungsverhalten</u> ist durch

$$T(s) = \frac{Y(s)}{W(s)} \qquad \text{mit} \quad Z(s) \equiv 0 \quad \text{und} \quad \underline{x}_o = \underline{0}$$

definiert. Aus (61) ergibt sich nach Multiplikation mit $\underline{c}'$ dann unmittelbar die Führungsübertragungsfunktion

$$T(s) = \bar{k}_1\ \underline{c}'\ \underline{\Phi}_R(s)\underline{b}$$

Im Abschnitt 3.4.1 wurde für Übertragungsfunktionen die Formel (3.60) abgeleitet. Die Anwendung von (3.60) führt uns für T(s) auf den Ausdruck

$$T(s) = \bar{k}_1\ \frac{\sum\limits_{\nu=o}^{n-1} s^{\nu}\left[\sum\limits_{\mu=1}^{n-\nu} \gamma_{\mu+\nu}\underline{c}'(\underline{A} - \underline{b}\ \underline{k}')^{\mu-1}\underline{b}\right]}{\Delta_R(s)} \quad . \qquad (65)$$

Hierbei sind die $\gamma_{\mu+\nu}$ die Koeffizienten des charakteristischen Polynoms $\Delta_R(s)$. Da die Nullstellen von T(s) mit denen der Strecke G(s) übereinstimmen, vgl. Gl.(36), läßt sich das Führungsübertragungsverhalten mit

$$H(s) := \underline{c}'\,\underline{\Gamma}(s)\underline{b} = \sum_{\nu=0}^{n-1} s^{\nu} \sum_{\mu=1}^{n-\nu} a_{\mu+\nu}\,\underline{c}'\underline{A}^{\mu-1}\underline{b} \tag{66}$$

auch durch

$$T(s) = \bar{k}_1 \frac{H(s)}{\Delta_R(s)} \tag{67}$$

darstellen, das unabhängig vom Entwurf des Beobachters ist. Wenn die Störungen $z(t) \equiv 0$ und $\underline{x}_o = \underline{0}$ sind, dann wird das dynamische Verhalten des Regelkreises mit einem Beobachter allein durch die Nullstellen von $\Delta_R(s)$ bestimmt.

Das <u>Störverhalten</u> ist durch

$$T_z(s) = \frac{Y(s)}{Z(s)} \qquad \text{mit } W(s) \equiv 0 \qquad \text{und } \underline{x}_o = \underline{0}$$

definiert. Setzt man (62) in (61) ein und multipliziert die Gleichung (61) mit $\underline{c}'$, dann lautet die Störübertragungsfunktion

$$\begin{aligned} T_z(s) &= \underline{c}'\underline{\Phi}_R(s)\underline{b}\;\bar{\underline{k}}'_{n-1}\underline{\Phi}_B(s)\underline{Q}\;\underline{b} + \underline{c}'\underline{\Phi}_R(s)\underline{b} \\ &= \frac{1}{\bar{k}_1} T(s)\left[1 + \bar{\underline{k}}'_{n-1}\underline{\Phi}_B(s)\underline{Q}\;\underline{b}\right] \end{aligned}$$

Die Anwendung der Formel (3.60) auf den Beobachterteil der Übertragungsfunktion ergibt

$$\bar{\underline{k}}'_{n-1}\underline{\Phi}_B(s)\underline{Q}\;\underline{b} = \frac{H_B(s)}{\Delta_B(s)}$$

mit

$$H_B(s) = \sum_{\nu=0}^{n-2} s^{\nu}\left[\sum_{\mu=1}^{n-1-\nu} \beta_{\mu+\nu}\,\bar{\underline{k}}'_{n-1}\underline{F}^{\mu-1}\underline{Q}\;\underline{b}\right] \tag{68}$$

und

$$\Delta_B(s) = \det\{\underline{E}s - \underline{F}\} = s^{n-1} + ß_{n-2}s^{n-2} + \ldots + ß_1 s + ß_o \qquad (69)$$

Die Störübertragungsfunktion läßt sich somit durch

$$T_z(s) = \frac{H(s)\left[\Delta_B(s) + H_B(s)\right]}{\Delta_R(s)\ \Delta_B(s)} \qquad (70)$$

darstellen. $T_z(s)$ ist im allgemeinen um die Ordnung (n-1) größer als die Führungsübertragungsfunktion T(s). Die Nullstellen von H(s), die hinreichend weit in der linken s-Halbebene liegen, können durch Nullstellen des Beobachter-Polynoms $\Delta_B(s)$ kompensiert werden.

Das Verhalten gegenüber Anfangsstörungen , wenn $W(s) = Z(s) \equiv 0$ gesetzt wird, folgt aus den Beziehungen (61) und (62).

$$Y(s) = \underline{c}'\underline{\Phi}_R(s)\underline{x}_o + \underline{c}'\underline{\Phi}_R(s)\underline{b}\ \underline{\bar{k}}_{n-1}\underline{\Phi}_B(s)\underline{x}_o \qquad (71)$$

Der Einfluß des zweiten Summanden auf der rechten Seite von (71) wird schneller abgebaut als der des ersten Summanden.

Der stationäre Regelfehler einer Sprungantwort des Führungsverhaltens läßt sich wie im Abschnitt 6.2.2 , Gl.(37) , durch Einführung eines Vorfaktors g_v beseitigen. Es sei $w(t) = g_v\,\sigma(t)$, dann soll unter Verwendung des Grenzwertsatzes der Laplace-Transformation gelten:

$$\lim_{s\to o}\left[s\{\frac{1}{s} - Y(s)\}\right] = 1 - \lim_{s\to o}\left[s\ T(s)\ g_v\ \frac{1}{s}\right] \overset{!}{=} 0$$

Hieraus berechnet sich der Vorfaktor

$$g_v = \frac{1}{T(0)} = \frac{\Delta_R(0)}{\bar{k}_1 H(0)} .$$

Aus (66) bestimmt man

$$H(0) = \sum_{\mu=1}^{n} a_\mu \, \underline{c}'\underline{A}^{\mu-1}\underline{b} \quad , \tag{72}$$

so daß die Bestimmungsgleichung für den Vorfaktor lautet

$$g_v = \frac{\gamma_o}{\bar{k}_1 \sum_{\mu=1}^{n} a_\mu \, \underline{c}'\underline{A}^{\mu-1}\underline{b}} \quad . \tag{73}$$

Der stationäre Regelfehler einer Sprungantwort des Störverhaltens ist

$$\lim_{s \to o} s\, T_z(s) = T_z(0) = \frac{H(0)\,\left(\Delta_B(0) + H_B(0)\right)}{\Delta_R(0)\,\Delta_B(0)} \quad .$$

Aus (68) bestimmt man

$$H_B(0) = \sum_{\mu=1}^{n-1} \beta_\mu \, \underline{\bar{k}}'_{n-1}\underline{F}^{\mu-1}\underline{Q}\,\underline{b} \quad , \tag{74}$$

so daß bei einer sprungartigen Änderung der Störung $z(t) = \sigma(t)$ ein stationärer Regelfehler

$$T_z(0) = \frac{1}{\gamma_o \beta_o} \, H(0)\,\left(\beta_o + H_B(0)\right) \tag{75}$$

entsteht. Der entworfene Regelkreis mit dem Zustandsmodell (59) beseitigt keine sprungartige Störungen $\alpha\,\sigma(t)$. Der bleibende Fehler ist durch $\alpha\,T_z(0)$ gegeben.

Zusammenfassend können wir feststellen:

Das Nennerpolynom der Führungsübertragungsfunktion $T(s)$ wird durch $\Delta_R(s)$ bzw. $\underline{k}$ bestimmt, während das Zählerpolynom von $T(s)$ mit den Nullstellen der Strecke übereinstimmt und daher bis auf einen Faktor nicht verändert werden kann. Der Beobachter hat keinen Einfluß auf $T(s)$.

Die Störübertragungsfunktion $T_z(s)$ enthält Nullstellen der Strecke, die durch $\Delta_B(s)$ eventuell kompensiert werden können und führt insbesondere zu einem bleibenden Regelfehler bei einer Sprungantwort. Die Ordnung von $T_z(s)$ ist im allgemeinen um (n-1) größer als die von $T(s)$.

6.4.3 Zustandserweiterung und Beispiele

Der stationäre Regelfehler bei sprungartiger Änderung der Störgröße z(t) läßt sich, in der gleichen Weise wie in der klassischen Regelungstechnik, durch Einführung eines integralen Anteils im Zustandsregler beseitigen. Damit wird die Dimension des Zustandes im Regelkreis von n auf (n+1) erhöht , Zustandserweiterung.

Der Zustandsregler in einem Regelkreis mit reduziertem Beobachter habe nun die Form

$$u(t) = - \underline{k}'\underline{x}(t) - \underline{\bar{k}}'_{n-1}\underline{e}(t) + \bar{k}_1 w(t) + \bar{k}_{n+1} \int_0^t \big(w(\tau) - y(\tau)\big) d\tau \qquad (76)$$

mit $\underline{x}(t) \in \mathbb{R}^n$ und $\underline{e}(t) \in \mathbb{R}^{n-1}$. Der Leser vergleiche diesen Ansatz mit der Beziehung (57) unter Berücksichtigung von $\underline{e}(t) = \underline{v}(t) - \underline{Q}\ \underline{x}(t)$.

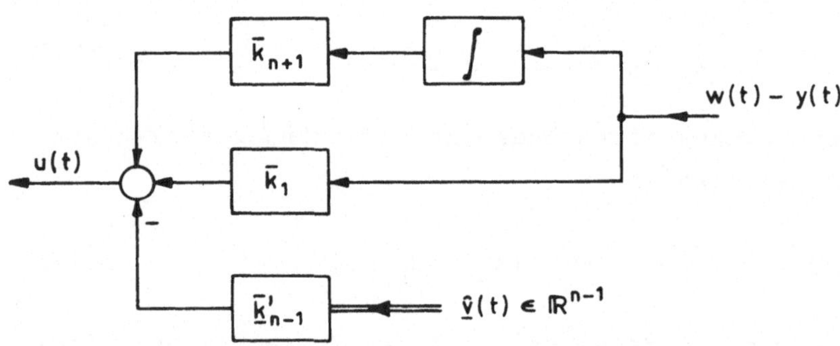

Bild 20: Zustandsregler mit I-Anteil (Gl.(76) u.(81))

Die Transformation des Zustandsreglers (76) in den Laplace-Bereich ergibt

$$U(s) = -\underline{k}'\underline{X}(s) - \underline{\bar{k}}'_{n-1}\underline{E}(s) + \bar{k}_1 W(s) + \frac{\bar{k}_{n+1}}{s} \big(W(s) - Y(s)\big) . \qquad (77)$$

Die Gleichungen der Strecke und des Beobachtungsfehlers lauten im Laplace-Bereich

$$s\,\underline{X}(s) = \underline{x}_o + \underline{A}\,\underline{X}(s) + \underline{b}\,U(s) + \underline{b}\,Z(s) \qquad (78)$$

$$Y(s) = \underline{c}'\underline{X}(s)$$

$$\underline{E}(s) = -\,\underline{\Phi}_B(s)\underline{x}_o - \underline{\Phi}_B(s)\,\underline{Q}\,\underline{b}\,Z(s) \qquad \text{Gl.}(62)$$

Um das Führungsverhalten T(s) ($Z(s) \equiv 0$, $\underline{x}_o = \underline{0}$) zu bestimmen, setzen wir U(s) aus (77) in die Streckengleichung (78) ein und lösen nach $\underline{X}(s)$ auf.

$$s\,\underline{X}(s) = \left(\underline{A} - \underline{b}\,\underline{k}'\right)\underline{X}(s) - \underline{b}\,\frac{\bar{k}_{n+1}}{s}\,Y(s) + \underline{b}\left(\bar{k}_1 + \frac{\bar{k}_{n+1}}{s}\right)W(s)$$

$$\underline{X}(s) = -\underline{\Phi}_R(s)\underline{b}\,\frac{\bar{k}_{n+1}}{s}\,Y(s) + \underline{\Phi}_R(s)\underline{b}\left(\bar{k}_1 + \frac{\bar{k}_{n+1}}{s}\right)W(s)$$

Nach der Multiplikation mit s $\underline{c}'$ von links läßt sich das Verhältnis von Ausgangsgröße zu Führungsgröße bilden.

$$T(s) = \frac{Y(s)}{W(s)} = \frac{\underline{c}'\underline{\Phi}_R(s)\underline{b}\left(s\bar{k}_1 + \bar{k}_{n+1}\right)}{s + \bar{k}_{n+1}\underline{c}'\underline{\Phi}_R(s)\underline{b}}$$

Durch die Zerlegung von $\underline{c}'\underline{\Phi}_R(s)\underline{b}$ in ein Zähler- und Nennerpolynom (entsprechend Gln.(66) und (67)) erhalten wir für die Führungsübertragungsfunktion

$$T(s) = \frac{H(s)\left(s\,\bar{k}_1 + \bar{k}_{n+1}\right)}{s\Delta_R(s) + \bar{k}_{n+1}H(s)} \qquad (79)$$

Es tritt bei einer Sprungantwort des Führungsverhaltens keine bleibende Regelabweichung auf, da

$$T(0) = 1$$

ist.

Die Störübertragungsfunktion $T_z(s)$ ($W(s) \equiv 0$, $\underline{x}_o = \underline{0}$) folgt aus (78), nachdem die Fehlergleichung (62) in die Regelgleichung (77) und das so erhaltene U(s) in die Streckengleichung (78) eingesetzt wurde.

$$s\,\underline{X}(s) = \left(\underline{A} - \underline{b}\,\underline{k}'\right)\underline{X}(s) - \underline{b}\,\frac{\bar{k}_{n+1}}{s}\,Y(s) + \left(\underline{b} + \underline{b}\,\underline{\bar{k}}'_{n-1}\underline{\Phi}_B(s)\underline{Q}\,\underline{b}\right) Z(s)$$

$$\underline{X}(s) = -\frac{\bar{k}_{n+1}}{s}\,\underline{\Phi}_R(s)\underline{b}\,Y(s) + \underline{\Phi}_R(s)\underline{b}\left(1 + \underline{\bar{k}}'_{n-1}\underline{\Phi}_B(s)\underline{Q}\,\underline{b}\right) Z(s)$$

Multipliziert man von links mit $s\,\underline{c}'$, dann läßt sich das Verhältnis von Ausgangsgröße zu Störgröße im Regelkreis bilden.

$$T_z(s) = \frac{Y(s)}{Z(s)} = \frac{s\,\underline{c}'\underline{\Phi}_R(s)\underline{b}\left(1 + \underline{\bar{k}}'_{n-1}\underline{\Phi}_B(s)\underline{Q}\,\underline{b}\right)}{s + \bar{k}_{n+1}\underline{c}'\underline{\Phi}_R(s)\underline{b}}$$

Mit der Zerlegung von $\underline{c}'\underline{\Phi}_R(s)\underline{b}$ und $\underline{\bar{k}}'_{n-1}\underline{\Phi}_B(s)\underline{Q}\,\underline{b}$ (Gln.(68) und (69)) in Zähler- und Nennerpolynome geht die Störübertragungsfunktion über in

$$T_z(s) = \frac{s\,H(s)\left(\Delta_B(s) + H_B(s)\right)}{\Delta_B(s)\left(s\,\Delta_R(s) + \bar{k}_{n+1}H(s)\right)} \qquad (80)$$

Die Sprungantwort des Störverhaltens mit dem Zustandsregler (76) hat keinen bleibenden Regelfehler, da

$$T_z(0) = 0$$

ist.

Die Dimension des Zustandsmodells des Regelkreises ohne Beobachter ist (n+1) und das charakteristische Polynom lautet

$$\tilde{\Delta}_R(s) = s\,\Delta_R(s) + \bar{k}_{n+1}H(s)$$

Die Bestimmung der (n+1) Komponenten des Zustandsreglers $\underline{\tilde{k}} : \mathbb{R}^{n+1} \to \mathbb{R}$ geht von dem erweiterten Zustandsmodell

$$\frac{d}{dt}\begin{bmatrix} \underline{x}(t) \\ x_{n+1}(t) \end{bmatrix} = \left[\begin{array}{c|c} \underline{A} & \underline{0} \\ \hline -\underline{c}' & 0 \end{array}\right]\begin{bmatrix} \underline{x}(t) \\ x_{n+1}(t) \end{bmatrix} + \begin{bmatrix} \underline{b} \\ \hline 0 \end{bmatrix} u(t) + \begin{bmatrix} \underline{0} \\ \hline 1 \end{bmatrix} w(t)$$

aus, das durch Hinzufügen der Zustandsgleichung

$$\dot{x}_{n+1}(t) = w(t) - y(t) = w(t) - \underline{c}'\underline{x}(t) \quad \text{, entspr.Gl.(76)} \quad ,$$

entsteht. Das charakteristische Polynom von $\tilde{\underline{A}}$ lautet

$$\tilde{\Delta}_{n+1}(s) = s\,\Delta_n(s) = s^{n+1} + a_{n-1}s^n + \ldots + a_1 s^2 + a_o s \; .$$

Damit können bei vollständiger Steuerbarkeit des erweiterten Zustandsmodells die Koeffizienten $\tilde{\gamma}_o \ldots \tilde{\gamma}_n$ des Polynoms $\tilde{\Delta}_R(s)$ beliebig vorgegeben werden und der Zustandsregler läßt sich nach der Formel (26)

$$\tilde{\underline{k}} = \underline{\tilde{W}}'^{-1}_{n+1}\,\underline{\tilde{D}}^{-1}\begin{bmatrix}\tilde{\gamma}_o\\ \tilde{\gamma}_1 - a_o\\ \vdots\\ \tilde{\gamma}_n - a_{n-1}\end{bmatrix} \quad ; \quad \tilde{\underline{k}}'\begin{bmatrix}\tilde{\underline{C}}\\ \tilde{\underline{Q}}\end{bmatrix}^{-1} = \left[\bar{k}_1, \bar{k}_{n+1}, \bar{\underline{k}}'_{n-1}\right] \qquad (81)$$

berechnen. Der reduzierte Beobachter wurde bei der Zustandserweiterung gegenüber dem Modell (58) nicht verändert. $\tilde{\underline{Q}}$ ist eine $(n-1)\times(n+1)$-Matrix, die in der letzten Spalte gegenüber $\underline{Q}$ mit Nullen ergänzt wurde. Die erweiterte Ausgangsmatrix hat die Form

$$\tilde{\underline{C}} = \left[\begin{array}{c|c}\underline{c}' & 0\\ \hline \underline{0}' & 1\end{array}\right]$$

<u>Beispiel 6:</u> Zu der Lageregelstrecke mit reduziertem Beobachter aus Beispiel 5 sollen Zustandsregler mit den folgenden Eigenwerten des Regelkreises entworfen werden:

a) $s_{1,2} = 0,5 \mp j\,0,5 \quad ; \quad s_3 = -\,1,5$

b) $s_{1,2} = 1 \mp j \quad ; \quad s_3 = -\,2$

c) Anwendung des Algorithmus nach Bild 7, in dem die Stellgrößenbeschränkung berücksichtigt wurde.

Es ist das zeitliche Verhalten der Regelgröße y(t) und der Stellgröße u(t) zu untersuchen.

Nach einigen Berechnungen erhält der Leser das Zustandsmodell des Regelkreises (59)

$$\begin{bmatrix} \dot{\underline{x}}(t) \\ \\ \\ \\ \dot{\underline{e}}(t) \end{bmatrix} = \begin{bmatrix} 0 & 1 & 0 & 0 & 0 \\ 0 & 0 & 1 & 0 & 0 \\ -2\kappa^2(\kappa+1) & -2\kappa(2\kappa+1) & -(3\kappa+1) & -4\kappa(\kappa+2) & \kappa(4\kappa+5) \\ 0 & 0 & 0 & -3 & 1 \\ 0 & 0 & 0 & 0 & -3 \end{bmatrix} \begin{bmatrix} \underline{x}(t) \\ \\ \\ \\ \underline{e}(t) \end{bmatrix}$$

$$+ \begin{bmatrix} 0 \\ 0 \\ 1 \\ -1 \\ -1 \end{bmatrix} z(t) + \begin{bmatrix} 0 \\ 0 \\ 2\kappa(\kappa^2+11\kappa+11) \\ 0 \\ 0 \end{bmatrix} w(t)$$

Hierbei entspricht $\kappa = 0{,}5$ dem Fall a) und $\kappa = 1$ dem Fall b).

Das Führungs- und Störverhalten des Regelkreises lauten mit

$$\begin{aligned} \Delta_R(s) &= s^3 + \gamma_2 s^2 + \gamma_1 s + \gamma_o \\ &= s^3 + (3\kappa+1)s^2 + (4\kappa^2+2\kappa)s + 2\kappa^2(\kappa+1) \end{aligned}$$

und

$$\Delta_B(s) = s^2 + 6s + 9$$

als charakteristische Polynome

$$T(s) = \frac{\bar{k}_1}{\Delta_R(s)} = \frac{2\kappa(\kappa^2+11\kappa+11)}{\Delta_R(s)}$$

$$T_z(s) = \frac{s^2 + s(6+3\kappa) + 9 + 17\kappa + 4\kappa^2}{\Delta_R(s)\,\Delta_B(s)} .$$

Die stationären Regelfehler ergeben sich aus

$$T(0) = \frac{2\kappa(\kappa^2+11\kappa+11)}{2\kappa^3 + 2\kappa^3}$$

und

$$T_z(0) = \frac{9 + 17\kappa + 4\kappa^2}{(2\kappa^3 + 2\kappa^2)\cdot 9}$$

Mit wachsendem κ strebt $T(0) \to 1$, $T_z(0) \to 0$ und die Stellgrößenamplitude nimmt entsprechend zu.
Dem Bild 21 ist das Einschwingverhalten mit den jeweiligen Zustandsreglern bei einer Anfangsstörung zu entnehmen. Der Algorithmus nach Bild 7 zeigt dabei das beste Einschwingverhalten und überschreitet nicht den zulässigen Stellgrößenbereich im Gegensatz zu den Fällen a) und b).
Beim Regelkreis mit I-Anteil wurden die Eigenwerte

$$s_{1,2} = \kappa(-1 \mp j) \quad ; \quad s_3 = -\kappa\cdot 3 \quad ; \quad s_4 = -\kappa - 1$$

angesetzt. Nach Gl.(81) erhalten wir die Reglerparameter für den Regelkreis ohne Beobachter

$$\underline{\tilde{k}}' = \left(14\kappa^3 + 8\kappa^2 \ ; \ 13\kappa^2 + 5\kappa \ ; \ 6\kappa \ ; \ -6\kappa^3(\kappa+1)\right)$$

und für den Regelkreis mit Beobachter

$$\bar{k}_1 = 14\kappa^3 + 73\kappa^2 + 49\kappa \ ; \ \bar{k}_{n+1} = -6\kappa^4 - 6\kappa^3$$

$$\underline{\bar{k}}_2' = \left(13\kappa^2 + 17\kappa \ ; \ -13\kappa^2 - 11\kappa\right) .$$

Im Algorithmus nach Bild 7 muß beim Vorhandensein eines I-Anteils die Stellgröße (76) abgefragt werden.
Im Bild 22 ist die Sprungantwort des Störungsverhaltens mit und ohne I-Anteil (Bild 20) für die Fälle $\kappa = 0{,}5$ und Algorithmus nach Bild 7 aufgetragen. Auch hier ist das Einschwingverhalten bei Verwendung des Algorithmus besser.
Im Bild 22 (rechts unten) wurde das Führungsverhalten für $\kappa = 0{,}5$ aufgezeichnet. Die Stellgrößenamplitude überschreitet am Anfang den zulässigen Bereich. Auch hier kommt die Anwendung des Algorithmus zu günstigeren Ergebnissen.

In den Fällen a) und b) macht sich der Einfluß des Beobachters bemerkbar. Der Leser vergleiche Bild 8 mit Bild 21 , größeres Einschwingintervall.

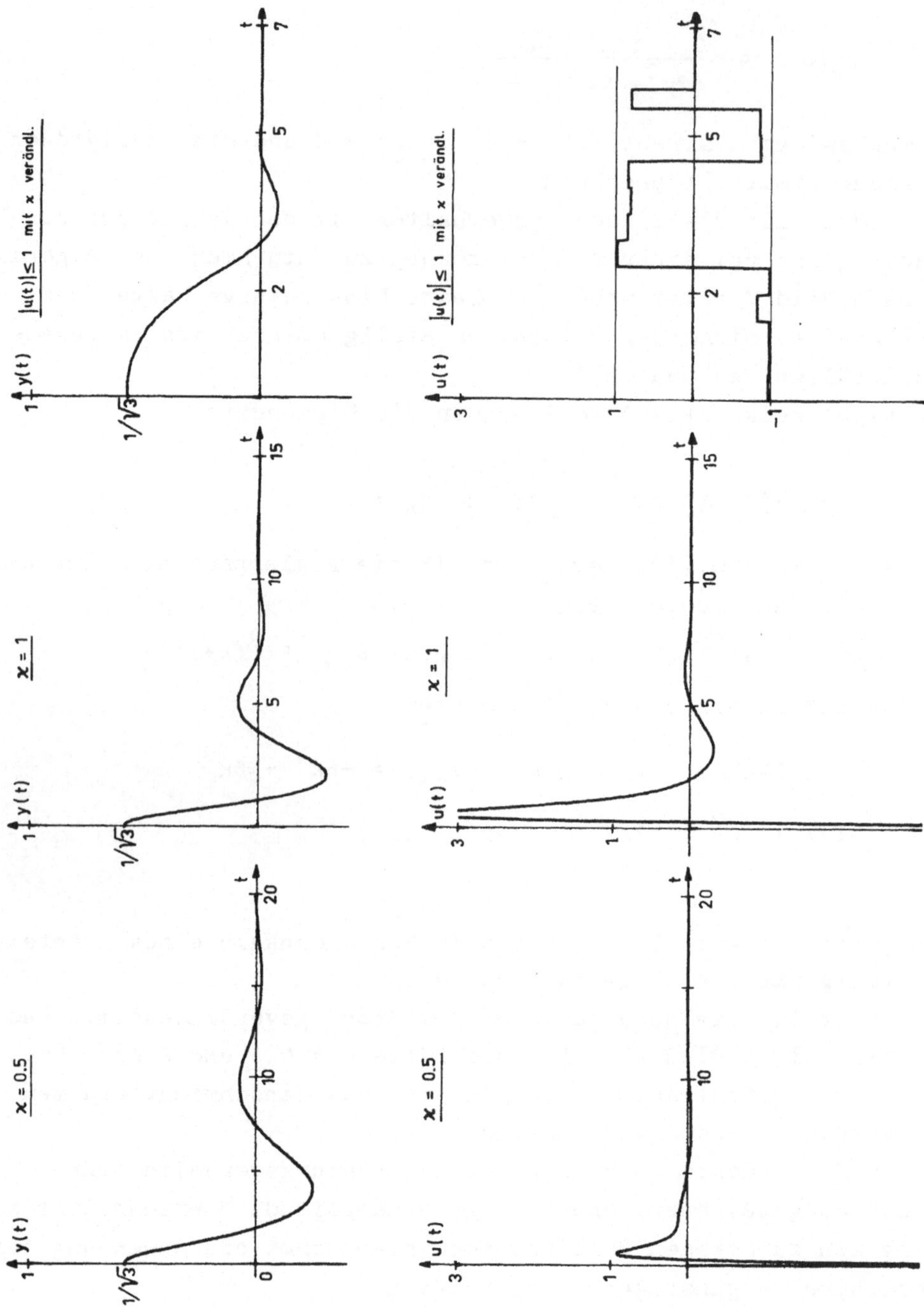

Bild 21: Einschwingverhalten der Regelgröße im Lageregelkreis mit verschiedenen Zustandsreglern

$\underline{x}'_o = (\frac{1}{\sqrt{3}}, 0, 0)$

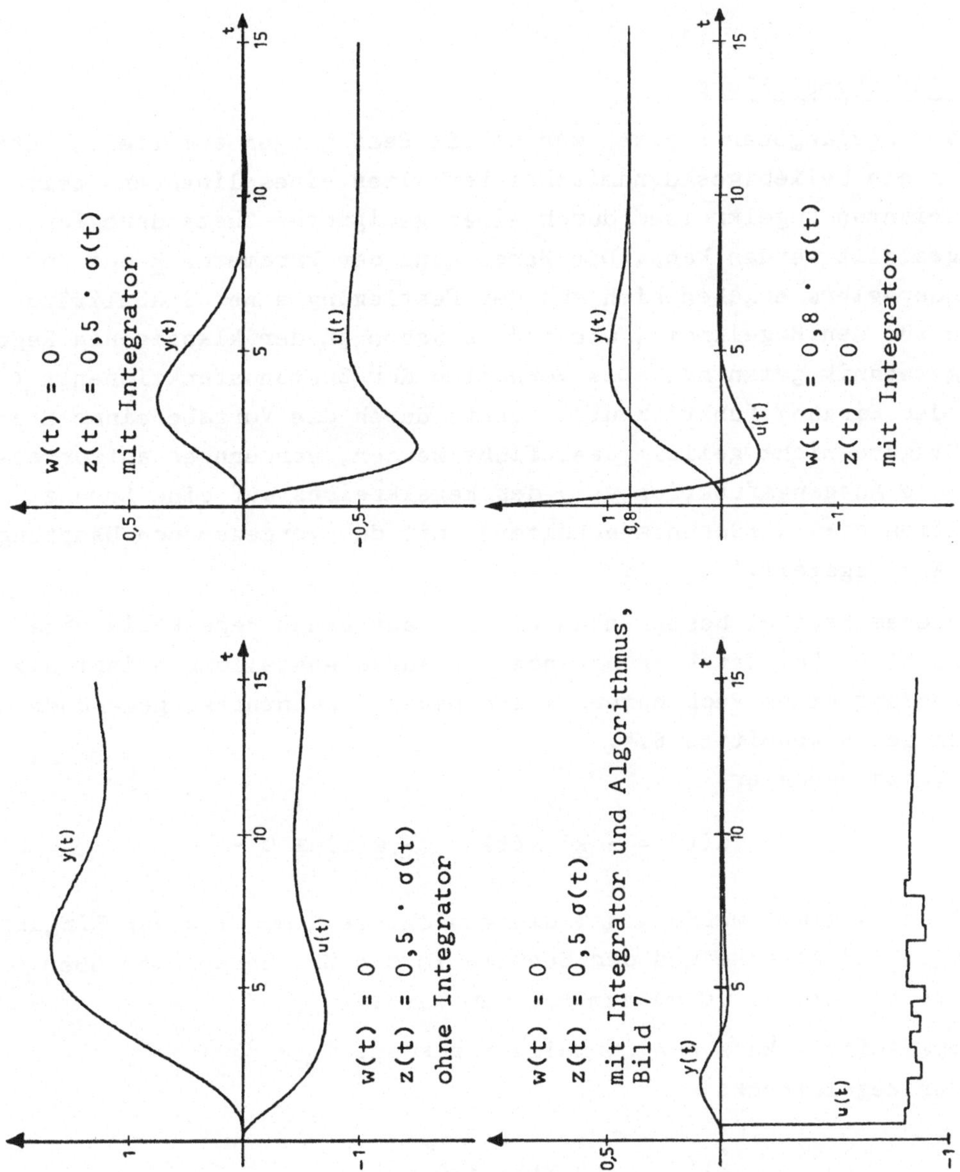

Bild 22: Führungs- und Störverhalten des Lageregelkreises mit und ohne I-Anteil in den Zustandsreglern.

7. Optimale lineare zeitinvariante Einfachregelkreise

7.1 Aufgabenstellung

Im vorangegangenen Kapitel wurden die Bedingungen ermittelt, unter denen ein beliebiges dynamisches Verhalten eines linearen, zeitinvarianten Regelkreises durch einen geeigneten Zustandsregler eingestellt werden kann. Die Berechnung der Parameter $\underline{k}$ des Zustandsreglers ergaben sich aus der Festlegung einer Stabilitätsgüte für den Regelkreis, wie man es schon in der klassischen Regelungstechnik getan hat. Das Verhalten der Zustandsfunktionen $x_\nu(\cdot)$ und der Eingangsfunktion $u(\cdot)$ konnte durch die Vorgabe einer Stabilitätsgüte nicht gezielt beeinflußt werden, sondern es antwortete nur die Ausgangsfunktion $y(\cdot)$ des Regelkreises auf eine Sprungfunktion $\sigma(\cdot)$ (Führungsverhalten) mit der vorgegebenen Dämpfung und Anstiegszeit.

In diesem Kapitel beschränken wir uns auf einen Regelkreis ohne Beobachter. Bei der hier behandelten Aufgabenstellung bringt die Verwendung eines Beobachters keine neuen Erkenntnisse gegenüber denen des Abschnittes 6.4.
Der Zustandsregler

$$u(t) = -\underline{k}'\,\underline{x}(t) \qquad - \underline{w}(t) \equiv \underline{0} -$$

soll so bestimmt werden, daß die gewichtete Summe aus der Eingangsenergie der Strecke und der Energie in den Zustandsgrößen über dem Zeitintervall $[0,\infty)$ zum Minimum wird.

Unsere Aufgabe kann nun formuliert werden.
Zu der Regelstrecke

$$\begin{aligned} \dot{\underline{x}}(t) &= \underline{A}\,\underline{x}(t) + \underline{b}\,u(t) \\ y(t) &= \underline{c}'\,\underline{x}(t) \end{aligned} \tag{1}$$

mit dem Anfangszustand $\underline{x}_0$ soll ein Zustandsregler

$$u(t) = -\underline{k}'\,\underline{x}(t) \tag{2}$$

konstruiert werden, der das Funktional

$$J\{u(\cdot)\} = \int_0^\infty \{<\underline{x}(t), \underline{Q}\,\underline{x}(t)> + u^2(t)\}dt \qquad (3)$$

mit positiv semidefinierter Matrix $\underline{Q}$ zum Minimum macht. Die sich daraus ergebende Lösung heißt die optimale Steuerfunktion $u^*(\cdot)$ bzw. optimaler Zustandsregler (2).

7.2 Grundlegende Zusammenhänge

Zur Frage, ob eine optimale Lösung unseres Problems existiert, sei der Leser auf [1] und [38] verwiesen. Weiterhin ist jedoch, die Eindeutigkeit der optimalen Lösung und das Stabilitätsverhalten der Ruhelage eines im Sinne von (3) optimalen Regelkreises zu untersuchen.

Im ersten Satz wollen wir das optimale Problem auf die Lösung einer algebraischen Matrixgleichung zurückführen.

Satz 1: Es sei $\underline{Q} = \underline{l}\,\underline{l}'$ und das System $\Sigma(\underline{A},\underline{b},\underline{l}')$ eine Minimalrealisierung. Dann nimmt das Funktional (3) mit dem Reglergesetz

$$u^*(t) = -\underline{b}'\,\underline{P}\,\underline{x}(t) \qquad \underline{P} : \mathbb{R}^n \to \mathbb{R}^n \qquad (4)$$

ein Minimum mit dem Wert

$$J^*\{u^*(\cdot)\} = <\underline{x}_o, \underline{P}\,\underline{x}_o> \qquad (5)$$

an, wenn die symmetrische (nxn)-Matrix $\underline{P} = \underline{P}'$ eine positiv definite und eindeutige Lösung der algebraischen Matrixgleichung , genannt Riccati-Gleichung ,

$$\underline{A}'\underline{P} + \underline{P}\,\underline{A} - \underline{P}\,\underline{b}\,\underline{b}'\underline{P} = -\underline{l}\,\underline{l}' \qquad (6)$$

ist. Der Regelkreis mit dem Zustandsregler (4) hat eine asymptotisch stabile Ruhelage.

Beweis: Zuerst stellen wir fest, daß das Funktional

$$J\big(u(\cdot)\big) = \int_0^\infty \{<\underline{x}(t), \underline{l}\ \underline{l}'\underline{x}(t)> + u^2(t)\}dt$$

keinen endlichen Wert annimmt, wenn die Ruhelage des Regelkreises mit dem Zustandsregler (4) nicht asymptotisch stabil ist, $\lim_{t\to\infty} ||\underline{x}(t)|| \neq 0$. Denn nach Voraussetzung ist das Paar $(\underline{A},\underline{l}')$ vollständig beobachtbar, so daß $\underline{l}'\underline{x}(t) = 0$ für alle t aus einem beliebig kleinen Intervall nur für $\underline{x}(t) = \underline{0}$ gelten kann, hierzu Abschn.6.3.1; Begründung zum Ansatz des Beobachters Gl.(42).

Das Funktional läßt sich unter Berücksichtigung von (4) in der Form schreiben

$$J = \int_0^\infty <\underline{x}(t),(\underline{l}\ \underline{l}' + \underline{P}\ \underline{b}\ \underline{b}'\underline{P})\underline{x}(t)>dt \tag{7}$$

Es sei nun die (nxn)-Matrix $\underline{P}$ Lösung der Matrixgleichung (6), dann gilt folgende Umformung

$$-\underline{F} := \underline{l}\ \underline{l}' + \underline{P}\ \underline{b}\ \underline{b}'\underline{P} = 2\ \underline{P}\ \underline{b}\ \underline{b}'\underline{P} - \underline{A}'\underline{P} - \underline{P}\ \underline{A}$$

$$= -(\underline{A} - \underline{b}\ \underline{b}'\underline{P})'\underline{P} - \underline{P}(\underline{A} - \underline{b}\ \underline{b}'\underline{P}) \tag{8}$$

$(\underline{A} - \underline{b}\ \underline{b}'\underline{P})$ ist die Systemmatrix des Regelkreises mit dem Zustandsregler $u^*(t) = - \underline{b}'\underline{P}\ \underline{x}(t)$. Nach dem Satz von Ljapunov (Abschnitt 4.4.2, Satz 12) haben genau dann alle Eigenwerte der Systemmatrix des Regelkreises einen negativen Realteil, wenn zu einer negativ semidefiniten skalaren Funktion

$$\frac{dV}{dt} = <\underline{x}(t), \underline{F}\ \underline{x}(t)>$$

eine positiv definite Matrix $\underline{P}$ als Lösung gehört, wobei der Zusammenhang zwischen $\underline{F}$ und $\underline{P}$ hier durch Gl.(8) gegeben ist.

Der Integrand in (7)

$$\frac{dJ}{dt} := - <\underline{x}(t),\underline{F}\ \underline{x}(t)> \tag{9}$$

ist mindestens positiv semidefinit, da aus der vollständigen Beobachtbarkeit schon folgt, daß $\langle \underline{x}(t), \underline{l}\ \underline{l}'\ \underline{x}(t)\rangle$ auf einem Zeitintervall für $\underline{x}(t) \not\equiv \underline{0}$ nicht verschwinden kann.
Andererseits gilt mit

$$\dot{\underline{x}}(t) = (\underline{A} - \underline{b}\ \underline{b}'\underline{P})\underline{x}(t)$$

unter Berücksichtigung der Gln.(7) und (8)

$$\begin{aligned} J &= -\int_0^\infty \left(\langle \underline{x}(t), (\underline{A}-\underline{b}\ \underline{b}'\underline{P})'\underline{P}\ \underline{x}(t)\rangle + \langle \underline{x}(t), \underline{P}(\underline{A}-\underline{b}\ \underline{b}'\underline{P})\underline{x}(t)\rangle\right)dt \\ &= -\int_0^\infty \left(\langle \dot{\underline{x}}(t), \underline{P}\ \underline{x}(t)\rangle + \langle \underline{x}(t), \underline{P}\ \dot{\underline{x}}(t)\rangle\right)dt \\ &= -\int_0^\infty \frac{d}{dt}\left(\langle \underline{x}(t), \underline{P}\ \underline{x}(t)\rangle\right)dt = -\langle \underline{x}_\infty, \underline{P}\ \underline{x}_\infty\rangle + \langle \underline{x}_0, \underline{P}\ \underline{x}_0\rangle > 0 \end{aligned} \tag{10}$$

Nach Voraussetzung ist die Regelstrecke vollständig steuerbar und das bedeutet, daß es eine Matrix $\underline{P}$ im Zustandsregler (4) gibt, mit der der Regelkreis eine asymptotisch stabile Ruhelage besitzt. Aus den Gleichungen (8) und (9) folgt, daß eine solche Matrix $\underline{P}$ positiv definit sein muß und der Matrixgleichung (6) genügt. Die Beziehung (10) liefert uns dann als Wert des Gütekriteriums

$$J = \langle \underline{x}_0, \underline{P}\ \underline{x}_0\rangle \quad .$$

Es muß nun noch gezeigt werden, daß das Reglergesetz (4) das Gütekriterium auf ein Minimum mit dem Wert (5) bringt.

Nehmen wir an,

$$u(\cdot) = v(\cdot) - \underline{b}'\underline{P}\ \underline{x}(\cdot) \tag{11}$$

sei eine optimale Steuerfunktion unseres Problems, dann erhält man nach Einsetzen von (11) für das Gütekriterium

$$\begin{aligned} J\{v(\cdot)\} &= \int_0^\infty \left((v(t) - \underline{b}'\underline{P}\ \underline{x}(t))^2 + \langle \underline{x}(t), \underline{l}\ \underline{l}'\ \underline{x}(t)\rangle\right)dt \\ &= \int_0^\infty \left(v^2(t) - 2v(t)\underline{b}'\underline{P}\ \underline{x}(t) + \langle \underline{x}(t), \underline{P}\ \underline{b}\ \underline{b}'\underline{P}\ \underline{x}(t)\rangle \right. \\ &\qquad \left. + \langle \underline{x}(t), \underline{l}\ \underline{l}'\ \underline{x}(t)\rangle\right)dt \quad . \end{aligned}$$

Mit der Steuerfunktion (11) geht die Regelstrecke (1) in die Form

$$\dot{\underline{x}}(t) = (\underline{A} - \underline{b}\ \underline{b}'\underline{P})\underline{x}(t) + \underline{b}\ v(t)$$

über und unser Gütekriterium nimmt unter Berücksichtigung von (8) die Form

$$J\big(v(\cdot)\big) = \int_0^\infty \{v^2(t) - \langle\dot{\underline{x}}(t),\underline{P}\ \underline{x}(t)\rangle - \langle\underline{x}(t),\underline{P}\ \dot{\underline{x}}(t)\rangle\}dt$$

$$= \langle\underline{x}_o,\ \underline{P}\ \underline{x}_o\rangle + \int_0^\infty v^2(t)dt$$

an. Aus dem letzten Ausdruck folgt, daß für v(t) = 0 das Minimum des Gütekriteriums erreicht wird.

∇∇

Der optimale Regelkreis nach Bild 1 hat mit $\underline{k} = \underline{P}\ \underline{b}$ das charakteristische Polynom

$$\Delta_R(s) = \det\{\underline{E}s - \underline{A} + \underline{b}\ \underline{b}'\underline{P}\}\ . \tag{12}$$

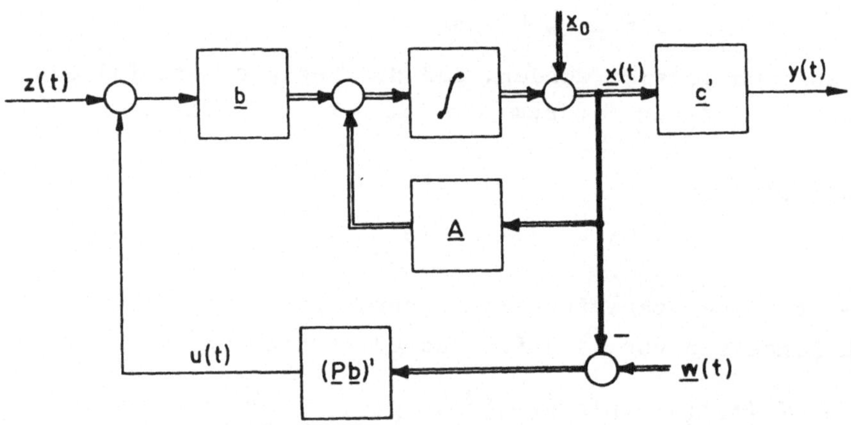

Bild 1: Optimaler Regelkreis nach Satz 1

Aus dem Hilfssatz und der Bemerkung 1 des Abschnittes 6.2.1 entnehmen wir, daß $\Delta_R(s)$ sich auch in der Form

$$\Delta_R(s) = \Delta_n(s) \{1 + \underline{b}'\underline{P}\ \underline{\phi}(s)\underline{b}\}$$

darstellen läßt, wobei $\underline{\phi}(s) = (s\underline{E} - \underline{A})^{-1}$ und $\Delta_n(s)$ das charakteristische Polynom der Strecke ist. Die Kreisübertragungsfunktion unseres optimalen Regelkreises lautet (Gl.(6.30))

$$L(s) = \underline{b}'\underline{P}\ \underline{\phi}(s)\underline{b}\ , \tag{13}$$

so daß das Verhältnis der beiden Polynome (Regelkreis/Strecke) übergeht in

$$\frac{\Delta_R(s)}{\Delta_n(s)} = 1 + L(s)\quad . \tag{14}$$

Das Störübertragungsverhalten des optimalen Regelkreises folgt aus der Gleichung (6.70) , Abschnitt 6.4.2, wenn der vom Beobachter stammende Anteil unberücksichtigt bleibt.

$$\tilde{T}_z(s) = \frac{Y(s)}{Z(s)} = \frac{\sum\limits_{\nu=o}^{n-1} s^\nu \left[\sum\limits_{\mu=1}^{n-\nu} \gamma_{\mu+\nu}\underline{c}'(\underline{A}-\underline{b}\ \underline{b}'\underline{P})^{\mu-1}\underline{b}\right]}{\Delta_R(s)} \tag{15}$$

Aus dem Bild 1 leitet man dann für die Führungsübertragungsfunktion den Ausdruck ($Z(s) \rightarrow \underline{b}'\underline{P}\ \underline{W}(s)$)

$$\begin{aligned} Y(s) &= \{\tilde{T}_z(s)\underline{b}'\underline{P}\}\ \underline{W}(s) \\ &= \underline{c}'\underline{\Phi}_R(s)\underline{b}\ k_1 W(s) \qquad \text{vgl. Gl.(6.65)} \end{aligned}$$

ab.

Die Übertragung der Aussagen des Satzes 1 in den Frequenzbereich wurde zuerst von KALMAN {38} 1964 gezeigt.

<u>Satz 2:</u> Es sei $(\underline{A},\underline{1}')$ ein vollständig beobachtbares Paar. Dann sind die Aussagen des Satzes 1 äquivalent mit den Bedingungen, daß das Reglergesetz $u(t) = -\underline{k}'\underline{x}(t)$ zu einem asymptotisch stabilen Regelkreis führt und die Beziehung

$$|1 + \underline{k}'\underline{\phi}(j\omega)\underline{b}|^2 = 1 + |\underline{1}'\underline{\phi}(j\omega)\underline{b}|^2 \qquad (16)$$

für alle reellen ω erfüllt ist.

Beweis: Die Matrixgleichung (6) mit s $\underline{P}$ erweitert, lautet

$$(-s\underline{E} - \underline{A}')\ \underline{P} + \underline{P}(s\underline{E} - \underline{A}) = \underline{1}\ \underline{1}' - \underline{P}\ \underline{b}\ \underline{b}'\underline{P}$$

$$\underline{\phi}'^{-1}(-s)\underline{P} + \underline{P}\ \underline{\phi}^{-1}(s) \qquad =$$

Die Multiplikation von rechts mit $\underline{\phi}(s)\underline{b}$ und von links mit $\underline{b}'\underline{\phi}'(-s)$ ergibt

$$\underline{b}'\underline{P}\ \underline{\phi}(s)\underline{b} + \underline{b}'\underline{\phi}'(-s)\underline{P}\ \underline{b} = \underline{b}'\underline{\phi}'(-s)\left(\underline{1}\ \underline{1}' - \underline{P}\ \underline{b}\ \underline{b}'\underline{P}\right)\underline{\phi}(s)\underline{b}\ .$$

Unter Berücksichtigung von (13) erhalten wir

$$\left(1 + L(s)\right)\ \left(1 + L(-s)\right) = 1 + \underline{b}'\underline{\phi}'(-s)\underline{1}\ \underline{1}'\underline{\phi}(s)\underline{b}\ .$$

Wird in der letzten Gleichung s = jω und $\underline{k} = \underline{P}\ \underline{b}$ gesetzt, dann folgt daraus die Bedingung (16).
Umgekehrt leiten wir für s = jω aus (16) ab:

$$\left(1 + \underline{k}'\underline{\phi}(s)\underline{b}\right)\ \left(1 + \underline{k}'\underline{\phi}(-s)\underline{b}\right) = 1 + \underline{b}'\underline{\phi}'(-s)\underline{1}\ \underline{1}'\ \underline{\phi}(s)\underline{b} \qquad (17)$$

Wird eine Matrix $\underline{P}$ gewählt, so daß

$$\underline{k} = \underline{P}\ \underline{b}$$

gilt und beachtet man, daß ($\underline{A}$,$\underline{1}'$) ein vollständig beobachtbares Paar ist, dann folgt aus (17) nach entsprechender Umformung die Matrixgleichung (6). Da $\underline{k}$ laut Aussage des Satzes 2 zu einem asymptotisch stabilen Regelkreis gehören soll, muß es eine eindeutige positive definite Lösung $\underline{P}$ von (6) geben , Beweis zum Satz 1.

∇∇

Bemerkung 1: Ist $L(j\omega) = \underline{k}'\underline{\phi}(j\omega)\underline{b}$ der Frequenzgang der Kreisübertragungsfunktion, dann folgt aus Satz 2, daß für den optimalen Regelkreis

$$|1 + L(j\omega)|^2 > 1 \qquad -\infty<\omega<+\infty \tag{18}$$

gelten muß. Der Ausdruck $\underline{l}'\underline{\phi}(s)\underline{b}$ in (16) läßt sich als Quotient zweier Polynome darstellen , $\underline{l} \in \mathbb{R}^n$:

$$\underline{l}'\underline{\phi}(s)\underline{b} = \frac{l(s)}{\Delta_n(s)} \tag{19}$$

Die Beziehung (17) nimmt dann die Form

$$[1 + L(s)]\,[1 + L(-s)] = 1 + \frac{l(-s)\,l(s)}{\Delta_n(-s)\Delta_n(s)} \tag{20}$$

an. Unter Verwendung der Gleichung (14) geht (20) in

$$\frac{\Delta_R(s)\,\Delta_R(-s)}{\Delta_n(s)\,\Delta_n(-s)} = 1 + \frac{l(-s)\,l(s)}{\Delta_n(-s)\,\Delta_n(s)}$$

oder

$$\Delta_R(s)\;\Delta_R(-s) = \Delta_n(s)\,\Delta_n(-s) + l(-s)\,l(s) \tag{21}$$

über. Die Diskussion und Auswertung dieser Beziehung wird auf den nächsten Abschnitt verschoben. Erwähnt sei hier nur, daß die Forderung der vollständigen Beobachtbarkeit des Paares $(\underline{A},\underline{l}')$ in Gl.(19) garantiert, daß die Polynome keine gemeinsamen Nullstellen haben. Bei einer Verletzung dieser Bedingung hätte die Übertragungsfunktion der Regelstrecke und des Regelkreises gemeinsame Polstellen. Das würde bedeuten, daß mit einem solchen Gütekriterium (festgelegt durch $\underline{l}$) eine Verbesserung des dynamischen Verhaltens im Regelkreis nicht allgemein möglich ist.

Gleichwertigkeit der Gütekriterien

In der Praxis werden häufig Gütekriterien verwendet, die die Zeit explizit enthalten. Als Beispiele seien die ITA-Kriterien erwähnt.

$$J = \int_0^\infty t^j \{< \underline{x}(t), \underline{Q}\, \underline{x}(t)> + u^2(t)\} dt \qquad j = \frac{1}{2}, 1, 2$$

Stellt nun ein solches Gütekriterium eine Verbesserung gegenüber dem Kriterium (3) in einem linearen zeitinvarianten Regelkreis dar ?

Satz 3: Gegeben sei eine Minimalrealisierung $\Sigma(\underline{A},\underline{b},\underline{l}')$ und $\underline{Q} = \underline{l}\,\underline{l}'$ mit

$$\dot{\underline{x}}(t) = \underline{A}\,\underline{x}(t) + \underline{b}\,u(t)$$

und dem Gütekriterium

$$J\{u(\cdot)\} = \int_0^\infty f^2(t)\{<\underline{x}(t), \underline{Q}\,\underline{x}(t)> + u^2(t)\} dt \;, \qquad (22)$$

wobei $f(\cdot)$ eine beliebige differenzierbare Funktion sei. Diese Optimierungsaufgabe ist dann der folgenden äquivalent:

$$\dot{\tilde{\underline{x}}}(t) = (\underline{A} + \frac{\dot{f}(t)}{f(t)}\underline{E})\tilde{\underline{x}}(t) + \underline{b}\,\tilde{u}(t) \qquad (23)$$

mit dem Gütekriterium

$$J\{\tilde{u}(\cdot)\} = \int_0^\infty \{<\tilde{\underline{x}}(t), \underline{Q}\,\tilde{\underline{x}}(t)> + \tilde{u}^2(t)\} dt \;.$$

Beweis: Wir zeigen, daß durch die Transformation

$$\begin{aligned} \tilde{\underline{x}}(t) &= f(t)\underline{x}(t) \\ \tilde{u}(t) &= f(t)u(t) \end{aligned} \qquad (24)$$

der Zustände und des Eingangs die Optimierungsaufgaben ineinander überführt werden können.

Die differenzierte erste Gleichung in (24) geht nach Berücksichtigung der ursprünglichen Zustandsgleichung über in (23).

$$\dot{\tilde{\underline{x}}}(t) = \dot{f}(t)\underline{x}(t) + f(t)\dot{\underline{x}}(t)$$

$$= \dot{f}(t)\underline{x}(t) + f(t)\underline{A}\ \underline{x}(t) + f(t)\underline{b}\ u(t)$$

$$\dot{\tilde{\underline{x}}}(t) = (\underline{A} + \frac{\dot{f}(t)}{f(t)}\ \underline{E})\tilde{\underline{x}}(t) + \underline{b}\ \tilde{u}(t)$$

Unter Verwendung der Transformationen (24) lassen sich auch die Gütekriterien ineinander überführen.

∇∇

Diskutieren wir nun die verschiedenen Möglichkeiten einer Wahl von f(t).

Fall 1: Es sei

$$\frac{\dot{f}(t)}{f(t)} = \delta = \text{const.}$$

Die Lösung dieser Differentialgleichung lautet mit f(o) = 1

$$f(t) = e^{\delta t} \tag{25}$$

Die Zustandsgleichung (23)

$$\dot{\tilde{\underline{x}}}(t) = (\underline{A} + \delta\ \underline{E})\tilde{\underline{x}}(t) + \underline{b}\ \tilde{u}(t)$$

hat damit eine konstante Systemmatrix $(\underline{A} + \delta\underline{E})$. Die Eigenwerte $\lambda_\nu(\underline{A})$ der Regelstrecke werden um den Realteil δ verschoben, so daß $(\underline{A} + \delta\ \underline{E})$ die Eigenwerte

$$\lambda_\nu(\underline{A}) + \delta$$

besitzt. Da die Zustandsgleichung (23) in diesem Fall zeitinvariant ist, kann ein optimaler Zustandsregler nach Satz (1) mit $\underline{Q} = \underline{1}\ \underline{1}'$ entworfen werden.

$$\tilde{u}(t) = -\underline{b}'\ \tilde{\underline{P}}\ \tilde{\underline{x}}(t) \tag{26}$$

Zu der gegebenen Regelstrecke mit dem Gütekriterium (22) ergibt sich dasselbe optimale Reglergesetz. Bei Verwendung der Transformation (24) läßt sich (26) in

$$u(t) = -\underline{b}' \, \underline{\tilde{P}} \, \underline{x}(t) \quad , \qquad (27)$$

überführen. Der Regelkreis mit dem Gütekriterium (22) wäre dann auch zeitinvariant.

$\underline{\tilde{P}}$ ist eine positiv definite Lösung der Matrixgleichung (6) mit der Systemmatrix $(\underline{A} + \delta\underline{E})$.

Die Zustände und die Eingangsgröße der Regelstrecke unterscheiden sich von den transformierten Systemgrößen um den Faktor $e^{-\delta t}$:

$$\underline{x}(t) = e^{-\delta t} \, \underline{\tilde{x}}(t)$$

$$u(t) = e^{-\delta t} \, \tilde{u}(t)$$

Nach Satz (1) hat der transformierte Regelkreis , Gl.(23) und (26) , eine asymptotisch stabile Ruhelage. Die Zustände $\underline{\tilde{x}}(t)$ des Regelkreises klingen nach einer Anfangsänderung $\underline{\tilde{x}}_o$ exponentiell ab. Wenn $\delta > 0$ ist, so hat der Regelkreis mit dem Zustandsregler (27) und dem Gütekriterium (22) eine um den Faktor δ verbesserte exponentielle Stabilität. Die Zustände $\underline{x}(t)$ klingen bei einer Anfangsänderung $\underline{\tilde{x}}_o$ um den Faktor $e^{-\delta t}$ schneller ab als gegenüber den Zuständen $\underline{\tilde{x}}(t)$.

Die Funktion $f(t) = e^{\delta t}$ $(\delta > 0)$ im Gütekriterium (22) erzwingt also ein schnelleres Abklingen der dynamischen Vorgänge im Regelkreis gegenüber dem Fall $f(t) = 1$.

Fall 2: Es sei

$$\frac{\dot{f}(t)}{f(t)} = \frac{\alpha}{t} \qquad \alpha \in \mathbb{R} \; .$$

Als Lösung erhalten wir hier

$$f(t) = t^{\alpha} \; .$$

Die Systemmatrix im Zustandsmodell (23) hängt nun explizit von der Zeit ab.

$$\dot{\underline{\tilde{x}}}(t) = (\underline{A} + \frac{\alpha}{t}\,\underline{E})\underline{\tilde{x}}(t) + \underline{b}\,\tilde{u}(t) \tag{28}$$

Die Systemmatrix besitzt für $\alpha > 0$ die Eigenwerte ($\nu = 1\ldots n$)

$$\lambda_\nu(\underline{A}) + \frac{\alpha}{t} = \begin{cases} +\infty & \text{für } t = 0 \\ \lambda_\nu(\underline{A}) + \delta & \text{" } t = \frac{\alpha}{\delta} \\ \lambda_\nu(\underline{A}) & \text{" } t = +\infty \end{cases}$$

und bei Verwendung der Beziehungen (24) folgt der Zustand $\underline{x}(t)$ aus dem transformierten Zustand $\underline{\tilde{x}}(t)$.

$$\underline{x}(t) = t^{-\alpha}\,\underline{\tilde{x}}(t)$$

Einen optimalen Zustandsregler nach Satz 1 können wir nicht entwerfen, da in diesem Fall unser Zustandsmodell zeitvariabel ist. Die Verwendung des Zustandsreglers (26) aus Fall 1 läßt jedoch eine Interpretation zu.

Bis zum Zeitpunkt $t = \frac{\alpha}{\delta}$ würde der Regler (26) die transformierte Strecke (28) schlechter regeln als die aus Fall 1, da für die vorgetäuschten größeren Eigenwerte gilt:

$$\lambda_\nu(\underline{A}) + \frac{\alpha}{t} \geq \lambda_\nu(\underline{A}) + \delta \qquad \nu = 1\ldots n$$

Für $t > \frac{\alpha}{\delta}$ liegt eine bessere exponentielle Stabilität des Regelkreises (28) mit (26) gegenüber Fall 1 vor. Durch die Wahl von α haben wir es in der Hand, ab welchem Zeitpunkt ein besseres dynamisches Verhalten mit dem Zustandsregler (26) gegenüber Fall 1 erzielt werden kann.

7.3 Entwurf optimaler Zustandsregler im Frequenzbereich

Ausgangspunkt unserer Optimierungsaufgabe im Frequenzbereich sind die Gleichungen (14) , $L(s) = \underline{k}'\,\underline{\phi}(s)\underline{b}$,

$$1 + \underline{k}'\underline{\phi}(s)\underline{b} = \frac{\Delta_R(s)}{\Delta_n(s)} \tag{14}$$

und (21)

$$\Delta_R(s)\Delta_R(-s) = \Delta_n(s)\Delta_n(-s) + l(s)l(-s) \quad . \tag{21}$$

Bevor wir zu einer allgemeinen Betrachtung der Beziehungen (14) und (21) übergehen, soll in einem einfachen Beispiel der optimale Zustandsregler bestimmt und Zusammenhänge mit der Güte und dem Wurzelortskurvenverfahren diskutiert werden.

Beispiel 1: Gesucht ist der optimale Zustandsregler zu der Strecke (Bild 2)

$$\dot{\underline{x}}(t) = \begin{bmatrix} 0 & 1 \\ -1 & 0 \end{bmatrix} \underline{x}(t) + \begin{bmatrix} 0 \\ 1 \end{bmatrix} u(t)$$

Das Gütekriterium laute:

$$J\{u(\cdot)\} = \int_0^\infty \{|\underline{l}'\underline{x}(t)|^2 + u^2(t)\}dt \quad ; \quad \underline{l} = \begin{bmatrix} l_1 \\ 0 \end{bmatrix} .$$

Das System $\Sigma(\underline{A},\underline{b},\underline{l}')$ ist eine Minimalrealisierung für $l_1 \neq 0$ und damit sind die Voraussetzungen des Satzes 1 erfüllt.

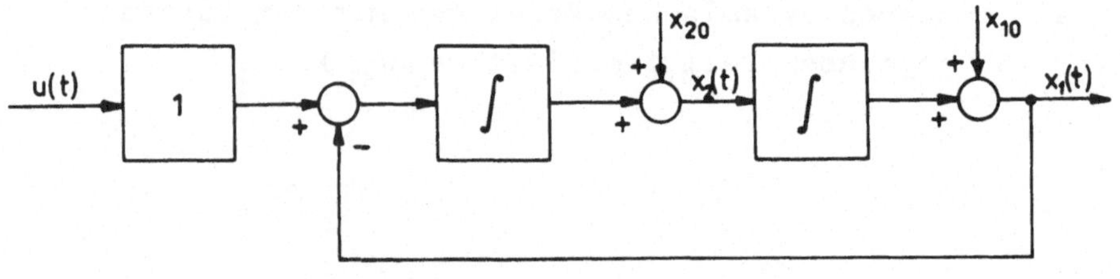

Bild 2: Strukturbild der Regelstrecke

Die Berechnung der Polynome ergibt:

Charakteristisches Polynom der Strecke $\Delta_2(s) = \det\{s\underline{E}-\underline{A}\} = s^2+1$ ($\underline{A}$ hat ein imaginäres Eigenwertpaar; Bild 3).

Das Zählerpolynom von (19) hängt in diesem Beispiel nicht von s ab.

$$l(s) = \Delta_n(s)\,\underline{l}'\,\underline{\phi}(s)\underline{b} = l_1$$

Das charakteristische Polynom des Regelkreises nach (21) wäre dann

$$\Delta_R(s)\Delta_R(-s) = (s^2+1)(s^2+1) + l_1^2$$
$$= \left[s^2 + \alpha s + \sqrt{1+l_1^2}\right]\left[s^2 - \alpha s + \sqrt{1+l_1^2}\right]$$

mit $\alpha^2 = 2\left[\sqrt{1+l_1^2} - 1\right]$.

Die Nullstellen von $\Delta_R(s)$ sind

$$s_{1,2} = \frac{-\sqrt{\sqrt{1+l_1^2}-1} \mp j\sqrt{1+\sqrt{1+l_1^2}}}{\sqrt{2}} .$$

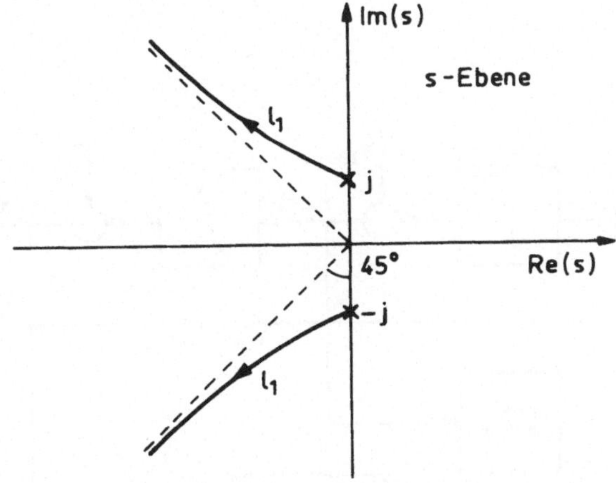

Bild 3: Systemeigenwerte der Strecke und des Regelkreises

Aus Bild 3 entnehmen wir, daß mit zunehmenden l_1-Werten der Regelkreis stärker gedämpftes Verhalten zeigt und die exponentielle Stabilität verbessert wird. Im Gütekriterium

$$J\big(u(\cdot)\big) = \int_0^\infty \big(l_1^2\, x_1^2(t) + u^2(t)\big)dt$$

nimmt mit l_1 die Bewertung der Zustandskomponente $x_1(t)$ gegenüber der Eingangsgröße $u(t)$ zu.
Die Kennwerte k_1, k_2 des Zustandsreglers werden mit Hilfe der Beziehung (14) berechnet.

$$\Delta_n(s)\big(1 + \underline{k}'\underline{\phi}(s)\underline{b}\big) = \Delta_R(s)$$

$$s^2 + k_2 s + k_1 + 1 = s^2 + \sqrt{2\left[\sqrt{1 + l_1^2} - 1\right]}\; s + \sqrt{1 + l_1^2}$$

Der Koeffizientenvergleich ergibt:

$$k_1 = -1 + \sqrt{1 + l_1^2} > 0$$

$$k_2 = \sqrt{2\left[\sqrt{1 + l_1^2} - 1\right]} = \sqrt{2\,k_1} > 0$$

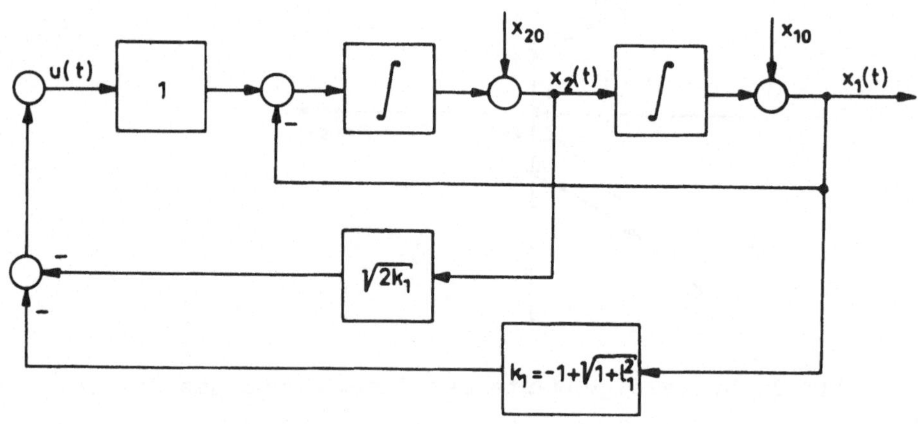

Bild 4: Optimaler Regelkreis des Beispiels 1

Zur Berechnung der Güte des Regelkreises benötigen wir die Lösung $\underline{P}$ der Matrixgleichung (6).

$$\underline{A}'\underline{P} + \underline{P}\,\underline{A} - \underline{P}\,\underline{b}\,\underline{b}'\underline{P} = -\underline{l}\,\underline{l}'$$

Nach Ausführungen der Matrixmultiplikationen erhält man

$$\begin{bmatrix} -2p_{12} & ; p_{11}-p_{22} \\ p_{11}-p_{22}; & 2p_{12} \end{bmatrix} - \begin{bmatrix} p_{12}^2 & ; p_{12}p_{22} \\ p_{12}p_{22} & ; p_{22}^2 \end{bmatrix} = \begin{bmatrix} -l_1^2 & ; & 0 \\ 0 & ; & 0 \end{bmatrix} .$$

Als Lösung für p_{12}, p_{22}, p_{11} bekommen wir

$$p_{12} = k_1 = -1 + \sqrt{1 + l_1^2}$$

$$p_{22} = \sqrt{2k_1} = k_2$$

$$p_{11} = k_2\sqrt{1 + l_1^2} \; .$$

Aus dem Satz 1 , Gl.(5) , folgt für den optimalen Wert des Gütekriteriums

$$J^* = \langle \underline{x}_o, \underline{P}\,\underline{x}_o \rangle = k_2\sqrt{1+l_1^2}\, x_{1o}^2 + 2k_1\, x_{1o}x_{2o} + k_2 x_{2o}^2 \; .$$

Mit steigendem l_1 wächst J^* bei festem Anfangszustand $\underline{x}_o$. Für große l_1-Werte gilt

$$J^* \approx \sqrt{2l_1}\; l_1\, x_{1o}^2 + 2l_1 x_{1o}x_{2o} + \sqrt{2l_1}\, x_{2o}^2$$

Die Kreisübertragungsfunktion des Regelkreises ist (Gl.(14))

$$L(s) = \frac{\Delta_R(s) - \Delta_2(s)}{\Delta_2(s)} \; .$$

Für unseren optimalen Regelkreis erhalten wir

$$L(s) = k_2 \frac{s + \frac{k_2}{2}}{s^2 + 1}$$

Die Ortskurve von L(s) zeigt Bild 5, die die Beziehung (18)

$$|1 + L(j\omega)| > 1$$

für optimale Regelkreise erfüllt.

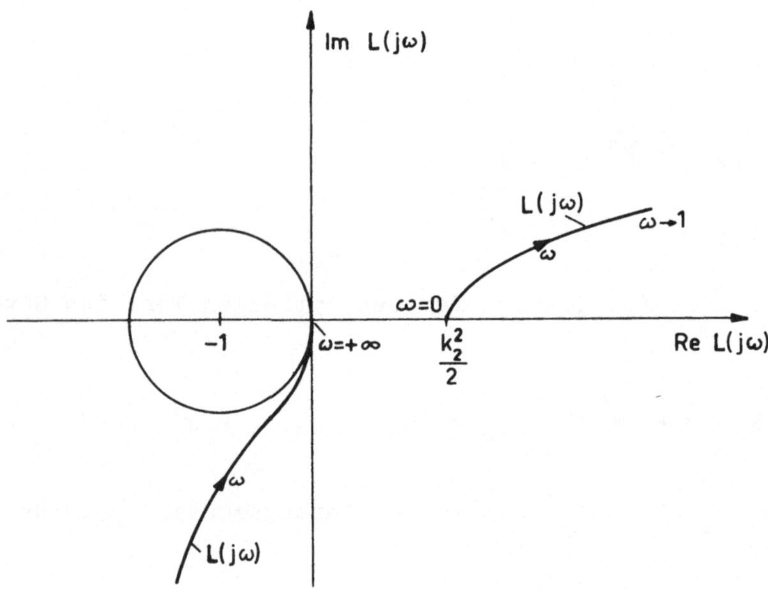

Bild 5: Ortskurve der Kreisübertragungsfunktion L(s)

Wollte man diese Aufgabe mit Hilfe der Wurzelort- oder Frequenzkennlinienmethode lösen, so muß ein äquivalenter Regelkreis mit der Strecke $G_s(s) = \underline{c}'\underline{\phi}(s)\underline{b}$ erklärt werden. Für die Reglerübertragungsfunktion $G_k(s)$ folgt dann aus $L(s) = \underline{k}'\underline{\phi}(s)\underline{b} = G_k(s)G_s(s)$:

$$G_k(s) = \frac{\underline{k}'\underline{\phi}(s)\underline{b}}{\underline{c}'\underline{\phi}(s)\underline{b}}$$

Die Zerlegung von L(s) mit $\underline{c}' = (1,0)$ lautet:

$$G_s(s) = (1,0)\underline{\Phi}(s)\underline{b} = \frac{1}{s^2+1}$$

$$G_k(s) = k_2(s + \frac{k_2}{2})$$

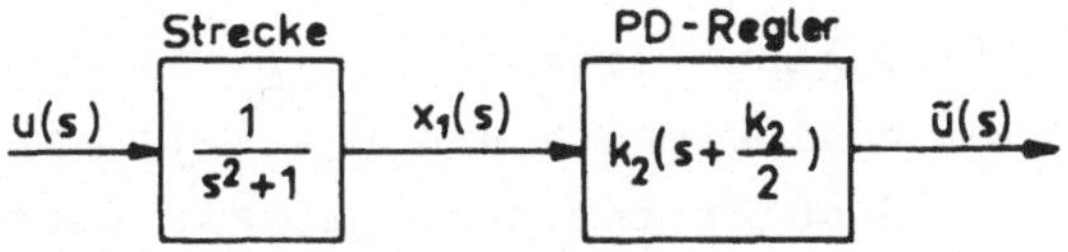

$$L(s) = G_k(s)G_s(s)$$

Bild 6: Kreisübertragungsfunktion des Beispiels 1

In unserem Beispiel würde die äquivalente Strecke durch einen PD-Regler mit dem Verstärkungsfaktor k_2 und der Nullstelle $-0{,}5\ k_2$ geregelt werden , Bild 6.

Bei den Verfahren im s-Bereich legt man den Verstärkungsfaktor und die Nullstelle des PD-Reglers unabhängig voneinander fest. Im Allgemeinen führt dann der Entwurf zu keinem optimalen Regler mit einem quadratischen Gütekriterium.

In unserem Beispiel wurde die Eingangs- und Ausgangsenergie mit der Gewichtung l_1^2 zu einem Minimum gemacht.

Mit den Verfahren im s-Bereich lassen sich , ohne weitere Erfahrung, nur die exponentielle Stabilität und die Dämpfung eines Regelkreises näherungsweise festlegen. Die Methoden, die im Zustandsraum begründet sind, erlauben die Festlegung aller physikalischen und technischen Eigenschaften des beschriebenen Prozesses. Bei einer groben Beschreibung eines Prozesses sind die Verfahren im s-Bereich wegen ihrer einfacheren Handhabung den Methoden im Zustandsraum überlegen; denn in diesen Fällen würde das berechnete Güteminimum des Regelkreises nicht mit dem realen Minimum des Prozesses übereinstimmen.

Durch die Übertragung der Methoden des Zustandsraums auf den s-Bereich erhalten wir jedoch Hinweise für den Entwurf eines Reglers nach dem Wurzelortskurven- oder Frequenzkennlinienverfahren, die die Festlegung der Parameter des Reglers besser begründen.

Unsere Optimierungsaufgabe läßt die folgenden beiden Fragestellungen zu:

(I) Gegeben seien $\underline{A}$, $\underline{b}$, $\underline{l}$, so daß $\Sigma(\underline{A},\underline{b},\underline{l}')$ eine Minimalrealisierung und $\underline{Q} = \underline{l}\;\underline{l}'$ sind.
Gesucht ist der optimale Zustandsregler nach Satz 1.

(II) Gegeben sei das vollständig steuerbare Zustandsmodell $\Sigma(\underline{A},\underline{b})$.
Gesucht ist die Menge aller optimalen Zustandsregler nach Satz 1, die zu den Minimalrealisierungen $\Sigma(\underline{A},\underline{b},\underline{l}')$ mit $\underline{Q} = \underline{l}\;\underline{l}'$ gehören.

Die Fragestellung(II)wird durch den Satz 2 beantwortet. Wir wollen jedoch mit Hilfe der Beziehung (14) die Bedingung (16) des Satzes 2 umformulieren, um mit den charakteristischen Polynomen der Systeme arbeiten zu können.

Satz 2a: Ein Zustandsregler ist genau dann im Sinne von Satz 1 optimal, wenn gilt

a) $\Delta_R(s)$ hat nur Nullstellen mit negativem Realteil - d.h. der Regelkreis hat eine asymptotisch stabile Ruhelage ,

b) $|\Delta_R(j\omega)|^2 - |\Delta_n(j\omega)|^2 > 0$ für alle endlichen reellen ω .

Beweis: Es ist hier nur noch zu zeigen, daß die Bedingung b) aus der Gleichung (16) im Satz 2 folgt. Die linke Seite von (16) geht unter Verwendung von (14) in

$$\frac{|\Delta_R(j\omega)|^2}{|\Delta_n(j\omega)|^2} > 1$$

über und hieraus folgt die Aussage b) des Satzes.

∇∇

<u>Beispiel 2:</u> Es sind die Bereiche für die Koeffizienten des charakteristischen Polynoms $\Delta_R(s)$ zweiter und dritter Ordnung im Sinne von Satz 2a festzulegen.

Wir haben für die zweite Ordnung die Polynome

$$\Delta_2(s) = \det\{s\underline{E} - \underline{A}\} = s^2 + a_1 s + a_o$$
$$\Delta_R(s) = \det\{s\underline{E} - \underline{A} + \underline{b}\,\underline{k}'\} = s^2 + \gamma_1 s + \gamma_o \quad .$$

Notwendig und hinreichend für einen optimalen Zustandsregler wäre dann

$$\text{a)} \quad \gamma_o,\ \gamma_1 > 0 \tag{29}$$

$$\text{b)} \quad \omega^2(-2\gamma_o + \gamma_1^2 + 2a_o - a_1^2) + (\gamma_o^2 - a_o^2) \geq 0$$

$$\text{d.h.} \quad (\gamma_o^2 - a_o^2) > 0 \tag{30}$$

$$\gamma_1^2 - a_1^2 > 2(\gamma_o - a_o) \quad .$$

Im Falle des Regelkreises dritter Ordnung gilt:

$$\Delta_3(s) = s^3 + a_2 s^2 + a_1 s + a_o$$
$$\Delta_R(s) = s^3 + \gamma_2 s^2 + \gamma_1 s + \gamma_o \quad .$$

Die Bedingungen hierfür sind:

$$\text{a)} \quad \gamma_o,\ \gamma_2 > 0 \ ; \qquad \gamma_2\gamma_1 - \gamma_o > 0 \tag{31}$$

$$\text{b)} \quad \omega^4(\gamma_2^2 - 2\gamma_1 - a_2^2 + 2a_1) + \omega^2(-2\gamma_o\gamma_2 + \gamma_1^2 + 2a_o a_2 - a_1^2) + (\gamma_o^2 - a_o^2) > 0 \ ,$$

d.h.

$$\gamma_o^2 - a_o^2 > 0$$

$$\gamma_1^2 - a_1^2 > 2(\gamma_o\gamma_2 - a_o a_2) \tag{32}$$

[illegible]

Entwurf des Zustandsreglers mit dem Wurzelortskurvenverfahren

Sind die Bedingungen (29) und (30) bzw. (31) und (32) in einem Regelkreis erfüllt, so gibt es immer einen zugehörigen Vektor $\underline{l}$, so daß das Gütekriterium (3) mit $\underline{Q} = \underline{l}\ \underline{l}'$ zum Minimum wird und $\Sigma(\underline{A},\underline{b},\underline{l}')$ eine Minimalrealisierung ist. Der Vektor $\underline{l}$ wird aus den Gleichungen (21) und (19) bestimmt.

Bei der Fragestellung (I) muß das Zustandsmodell der Strecke und die $\underline{Q}$-Matrix im Gütekriterium bekannt sein. Da durch die Matrix $\underline{Q}$ bzw. den Vektor $\underline{l}$ ein dynamisches Verhalten des Regelkreises festgelegt werden kann, muß zuerst einmal dieser Zusammenhang diskutiert werden.
Die Beziehung (21), die aus Satz 2 folgt, legt die Nullstellen des charakteristischen Polynoms des optimalen Regelkreises fest.
Ersetzen wir

$$\underline{Q} = \underline{l}\ \underline{l}' \qquad \text{durch} \qquad \underline{Q} = \rho\ \underline{l}\ \underline{l}' \text{ mit } \rho > 0,$$

so geht (21) über in

$$\Delta_R(-s)\Delta_R(s) = \Delta_n(-s)\Delta_n(s) + \rho\ l(-s)l(s) \qquad (33)$$

Hierbei gilt:

$\text{Grad}\{\Delta_n(s)\} = n$

$\text{Grad}\{l(s)\} = m < n$, folgt aus Gl.(19).

Wenn s_ν eine Nullstelle des Polynoms (33) ist, so ist es auch $-s_\nu$.
Es gibt in (33) aufgrund von Satz 1 bzw. 2 n Nullstellen mit $Re(s_\nu) < 0$.

Die Wurzelorte des Polynoms (33) lassen sich in Abhängigkeit von ρ durch das bekannte Wurzelortskurvenverfahren darstellen. Der mit diesem Verfahren nicht vertraute Leser findet es z.B. bei LANDGRAF/SCHNEIDER (13) ausführlich dargestellt.

Es seien $\alpha_\nu (\nu = 1...n)$ und $\beta_\nu (\nu = 1...m)$ die Nullstellen von $\Delta_n(s)$ und $l(s)$. Der Wurzelort beginnt für $\rho = 0$ in den 2n Nullstellen α_ν und $-\alpha_\nu$ und endet für $\rho = +\infty$ in den 2m Nullstellen β_ν und $-\beta_\nu$ sowie in den 2(n-m) nach unendlich gehenden Wurzelortszweigen. Da $\Delta_R(s)$ nur Nullstellen in der linken offenen s-Halbebene besitzt, müssen (n-m) Asymptoten der Wurzelorte einen Winkel zwischen 90° und 270° haben.
Die Nullstellen von $\Delta_R(s)$ sind für große ρ-Werte annähernd durch

a) die m Nullstellen von $l(s)$ festgelegt, die bei vorgegebener Strecke der Vektor $\underline{l}$ bestimmt (Gl.(19))

und

b) die (n-m) Nullstellen, die in der linken Halbebene liegen und einen großen Abstand von der imaginären Achse der s-Ebene haben.

Die m Nullstellen von $l(s)$ werden als dominierend bezeichnet. Um das Wurzelortskurvenverfahren in der üblichen Form anwenden zu können, muß in der Beziehung (33) die höchste Potenz der Polynome $\Delta_n(-s)\Delta_n(s)$ und $l(-s)l(s)$ den Koeffizienten 1 besitzen. Mit

$$l(s) = \tilde{l}_m s^m + \ldots + \tilde{l}_1 s + \tilde{l}_o = \tilde{l}_m (s^m + \ldots \frac{\tilde{l}_o}{\tilde{l}_m}) = \tilde{l}_m \tilde{l}(s)$$

geht die rechte Seite von (33) über in

$$(-1)^n \Delta_n(s)\Delta_n(-s) + (-1)^{n-m} \rho \tilde{l}_m^2 (s^{2m} \ldots) = 0$$

oder mit $V := (-1)^{n-m} \rho \tilde{l}_m^2$ erhalten wir

$$(-1)^n \Delta_n(s)\Delta_n(-s) + V \tilde{l}(s)\tilde{l}(-s) = 0 \quad . \tag{34}$$

Für große V Werte (ρ groß) sind die Wurzelorte von $\Delta_R(s)\Delta_R(-s)$ annähernd gegeben durch

$$s^{2n} + V s^{2m} \approx 0 \quad \rightarrow \quad s^{2(n-m)} \approx -V \ .$$

Die Wurzeln liegen ungefähr auf einem Kreis mit dem Radius ($|V| = \rho \tilde{l}_m^2$)

$$\left[\rho \tilde{l}_m^2 \right]^{\frac{1}{2(n-m)}} .$$

Aus der Tabelle 1 können die (n-m) Winkel und Beträge der Nullstellen von $\Delta_R(s)$ abgelesen werden.

n-m	Winkel	Betrag
1	180°	$\sqrt[2]{\rho \cdot \tilde{l}_m^2}$
2	$\pm 135^\circ$	$\sqrt[4]{\rho \cdot \tilde{l}_m^2}$
3	$\pm 120^\circ$; 180°	$\sqrt[6]{\rho \cdot \tilde{l}_m^2}$
4	$\pm 112{,}5^\circ$; $\mp 157{,}5^\circ$	$\sqrt[8]{\rho \cdot \tilde{l}_m^2}$

Tabelle 1: Genäherte Lage der (n-m) Nullstellen von $\Delta_R(s)$

Ein möglicher Entwurf eines optimalen Regelkreises nach dem Gütekriterium (3) mit $Q = \rho \, \underline{l} \, \underline{l}'$ und der vollständig steuerbaren Strecke (A,b).

1. Die m-Nullstellen $ß_1 \ldots ß_m$ von

   $$l(s) = \Delta_n(s)\{\underline{l}' \, \underline{\phi}(s)\underline{b}\}$$

   legen annähernd die m dominanten Nullstellen des charakteristischen Polynoms des Regelkreises fest.
   Bei Vorgabe von m Nullstellen liegt der Vektor $\underline{l}$ fest oder durch Festlegung von $\underline{l}$ ergeben sich die dominanten Nullstellen von $\Delta_R(s)$.

2. Der ρ-Wert der (n-m) Nullstellen von $\Delta_R(s)$ wird annähernd durch die Bedingung

   $$\sqrt[2(n-m)]{\rho \cdot \tilde{l}_m^2} \geq 10 \, \hat{ß}$$

   mit $\hat{ß} = \max\limits_{\nu=1 \ldots m} |ß_\nu|$

   festgelegt.

3. Die Nullstellen von $\Delta_R(s)$ ergeben sich aus der Beziehung

   $$\Delta_R(-s)\Delta_R(s) = \Delta_n(-s)\Delta_n(s)+\rho \, l(-s)l(s) \quad .$$

4. Das optimale Reglergesetz kann unter Verwendung der Beziehung (14) ermittelt werden, da durch (3) die Nullstellen von $\Delta_R(s)$ festliegen.

   Es gilt

$$\Delta_n(s)\ \underline{k}'\ \underline{\phi}(s)\underline{b} = \Delta_R(s) - \Delta_n(s) \quad .$$

   Die Komponenten von $\underline{k}$ werden durch Koeffizientenvergleich bestimmt.

Ein Nachteil dieses Entwurfs ist, daß durch zu hohe ρ-Werte im Gütekriterium die Zustände gegenüber der Stellgröße u(t) zu stark bewertet werden. Hieraus ergibt sich häufig ein nicht vertretbarer Stellgrößenaufwand ,d.h. der Betrag $|u(t)|$ kann die durch die Praxis gegebenen Grenzen überschreiten. In diesem Fall muß ρ entsprechend verkleinert werden, d.h. $10\ \hat{ß}$ im Punkt (2) ist so zu verkleinern, daß der zur Verfügung stehende Stellgrößenaufwand ausgenutzt wird.

Im folgenden Beispiel wird die Anpassung des Parameters ρ an den maximalen Stellgrößenwert behandelt.

Beispiel 3: Zu der Lageregelstrecke

$$\dot{\underline{x}}(t) = \begin{bmatrix} 0 & 1 & 0 \\ 0 & 0 & 1 \\ 0 & 0 & -1 \end{bmatrix} \underline{x}(t) + \begin{bmatrix} 0 \\ 0 \\ 1 \end{bmatrix} u(t)$$

$$y(t) = \begin{bmatrix} 1, & 0, & 0 \end{bmatrix} \underline{x}(t)$$

für die im Kapitel 6 ein reduzierter Beobachter und mehrere Zustandsregler mit verschiedenen Stabilitätsgüten entworfen wurde, ist jetzt ein optimaler Zustandsregler zu bestimmen, mit dem im Regelkreis das Gütefunktional

$$J\big(u(\cdot)\big) = \int_0^\infty \{\rho|\underline{1}'\underline{x}(t)^2 + u^2(t)\}dt$$

zu einem Minimum wird.

Zuerst wollen wir den allgemeinen Zusammenhang zwischen dem Vektor $\sqrt{\rho}\,\underline{l}$ im Gütekriterium und der vorgegebenen Strecke diskutieren.

Die Ausgangsbeziehung zur Bestimmung der Reglerparameter $\underline{k}$ lautet

$$\Delta_R(s)\Delta_R(-s) = \Delta_n(s)\Delta_n(-s) + \rho\; l(s)l(-s) \;,$$

wobei in unserem Beispiel die Polynome

$$\Delta_3(s) = s^3 + s^2 \quad , \quad \text{d.h.} \quad a_o = a_1 = 0 \;,\quad a_2 = 1$$

(charakteristisches Polynom der Strecke) und

$$\begin{aligned} l(s) &= \Delta_3(s)\; \underline{l}'\underline{\phi}(s)\underline{b} \qquad \text{vgl.Gl.(19)} \\ &= \sum_{\nu=o}^{n-1} s^{\nu}\Big(\sum_{\mu=1}^{n-\nu} a_{\mu+\nu}\underline{l}'\underline{A}^{\mu-1}\underline{b}\Big) \qquad \text{vgl.Gl.(3.60)} \\ &= l_3 s^2 + l_2 s + l_1 \qquad ; \quad \underline{l}' = (l_1, l_2, l_3) \end{aligned}$$

vorliegen. Der Wurzelort (Nullstellen) von $\Delta_R(s)$ entspricht der linken Hälfte des Wurzelortes von $\Delta_R(s)\Delta_R(-s)$. Dem Verfahren zur Konstruktion des Wurzelortes liegt die Gleichung (34) zugrunde, die in unserem Beispiel lautet:

$$s^6 - s^4 + V\left[s^4 + s^2\,\frac{2l_3l_1 - l_2^2}{l_3^2} + \frac{l_1^2}{l_3^2}\right] = 0 \tag{35}$$

mit $V = -\rho l_3^2$. Die dominierenden Nullstellen des charakteristischen Polynoms $\Delta_R(s)$ können sich den Nullstellen des Polynoms

$$s^2 + \frac{l_2}{l_3}\,s + \frac{l_1}{l_3}$$

soweit nähern, wie es der zulässige Stellgrößenaufwand zuläßt. Für $V \to -\infty$ $(\rho \to \infty)$ streben zwei Nullstellen von $\Delta_R(s)$ gegen die von $l(s)$. Durch die Optimierung nach dem oben angegebenen Gütekriterium legt $\sqrt{\rho}\;\underline{l}$ nicht nur den Energieaufwand im Regelkreis sondern auch das Einschwingverhalten und den erforderlichen Stellgrößenaufwand fest.

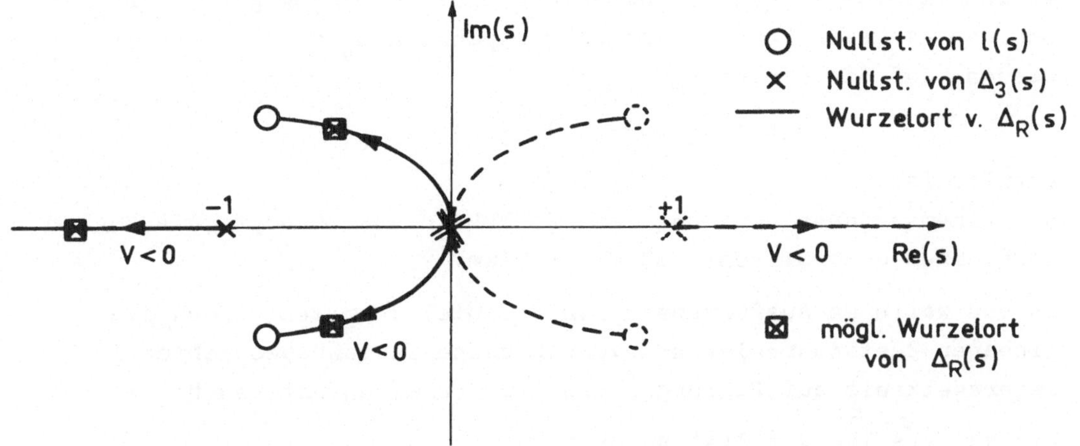

Bild 7: Wurzelort von Gl.(35) in Abhängigkeit von $V<0$, (Nullstellen von l(s) wurden angenommen).

Aus dem Bild 7 ist abzulesen, daß die Vorgabe des Gütekriteriums nur dann sinnvoll ist, wenn man sich vorher einen qualitativen Überblick über den Wurzelort von $\Delta_R(s)$ verschafft hat. Das Einschwingverhalten wird weitgehend durch die Nullstellen von l(s) und die maximale Stellamplitude durch V bestimmt. Der Leser vergleiche Bild 7 mit den Wurzelorten aus Bild 6.10 ; Abschn.6.2.3, Beispiel 6.2 und 6.3.
Die dominierenden Eigenwerte des Regelkreises (Nullstellen von $\Delta_R(s)$) haben wir entsprechend den Forderungen an das Einschwingverhalten schon im Beispiel 6.2 ermittelt. Im optimalen Regelkreis werden jedoch alle Eigenwerte in einem Verhältnis gegenüber denen der Strecke aufgrund der Beziehung (33) verschoben, so daß zum Regeln der Strecke nur ein minimaler Energieaufwand erforderlich ist. Dieser Vorteil macht sich bei Systemen höherer Ordnung ($n>3$) bemerkbar, nämlich dann, wenn die Anzahl der Nullstellen von l(s) größer als zwei ist und mehr als ein Zweig des Wurzelortes ($(n-m) > 1$) ins Unendliche strebt.

Eine hinreichend gute Ausnutzung des zulässigen Stellgrößenbereiches läßt sich beim optimalen Zustandsregler durch Veränderung des Parameters ρ erreichen , ähnlich dem Algorithmus im Bild 6.7. Hierzu müssen die Parameter des Zustandsreglers in Abhängigkeit von ρ und den vorgegebenen Berechnungszeitpunkten t_ν so eingestellt werden, daß die Bedingung

$$0{,}8 \leq |\underline{k}'(\rho)\underline{x}(t_\nu)| \leq 1$$

erfüllt ist.
Auf einem anderen Wege bestimmt KIENDL in [39] suboptimale Regler nach einem quadratischen Gütekriterium.

In den weiteren Ausführungen zum Beispiel 3 sollen jedoch die linearen Zustandsregler und verschiedene Zustandsbeobachter im Lageregelkreis auf Führungs- und Störverhalten untersucht werden.

Die Nullstellen von l(s) seien mit

$$s_{1,2}(\underline{l}) = -5 \mp j5$$

angenommen, wodurch eine Dämpfung $\zeta = 0{,}707$ des optimalen Regelkreises angestrebt wird. Für die Komponenten von $\underline{l}$ folgt aus

$$l(s_\nu) = 0 \rightarrow l_1 = 5l_2 = 50l_3 .$$

Die Beziehung (35), die den Zusammenhang zwischen den γ_ν und l_ν festlegt, lautet mit $l_3 = 1$

$$-s^6 + s^4(\gamma_2^2 - 2\gamma_1) + s^2(2\gamma_o\gamma_2 - \gamma_1^2) + \gamma_o^2 = -s^6 + s^4 - V(s^4 + 2500).$$

Der Wurzelort für V<0 ist dem Bild 7 zu entnehmen, wobei dieser aus dem Ursprung jeweils unter 45° zu den Koordinatenachsen austritt. Der Koeffizientenvergleich in der letzten Gleichung ergibt mit $V = -\rho$

$$\gamma_o^2 = \rho 2500$$
$$2\gamma_o\gamma_2 - \gamma_1^2 = 0$$
$$\gamma_2^2 - 2\gamma_1 = 1 + \rho .$$

Da die Regelstrecke in der ersten Standardform vorliegt, lassen sich die Parameter des Zustandsreglers in der einfachen Form der Gl.(6.26) ($\underline{D}\ \underline{W}_n' = \underline{E}$) berechnen. Es gilt

$$k_1 = \gamma_o , \quad k_2 = \gamma_1 , \quad k_3 = \gamma_2 - 1 .$$

In den Bildern 8-10 wurden für $\rho = 10^{-2}$ bzw. 10^{-3} die Antwort der Systemgrößen auf einen Führungs- und Störgrößensprung $\sigma(t)$ gezeichnet. Während in den Bildern 8 und 9 reduzierte Beobachter zweiter Ordnung mit den Eigenwerten -3 verwendet wurden, ist im Bild 10 das dynamische System des Beobachters (6.53) in der Ordnung um 1 erhöht worden. Dadurch erhält man einen freien Parameter, der im Zählerpolynom der Störübertragungsfunktion (6.70) so gewählt werden kann, daß in diesem Polynom eine Nullstelle im Ursprung liegt, so daß der stationäre Regelfehler bezüglich Störung ebenfalls verschwindet.

Die Erhöhung der Ordnung des reduzierten Beobachters hat somit das Störverhalten erheblich verbessert. Im Vergleich mit dem Einschwingverhalten des Lageregelkreises aus dem Kapitel 6 (Bild 21 und 22) haben die Systemgrößen geringere Abweichungen von der Ruhelage des Regelkreises. Die Systemeigenwerte sind für

$$\rho = 0{,}001 \quad : \quad s_{1,2} = -\,0{,}65 \mp j0{,}85 \; , \quad s_3 = -\,1{,}35$$

und

$$\rho = 0{,}01 \quad : \quad s_{1,2} = -\,0{,}9 + j1{,}4 \; , \quad s_3 = -\,1{,}8 \; .$$

In diesem Entwurf kann die Minimisierung der Energie in den Systemgrößen, das Einschwingverhalten und die Beschränkung der Stellgrößen mit Hilfe des Wurzelortskurvenverfahren im Rahmen der linearen Theorie berücksichtigt werden.

Die physikalische und mathematische nützliche Denkweise im Zustandsraum harmoniert hier mit den einfachen Methoden im Laplace-Bereich.

Zu Kapitel 7 vgl. Literatur [38-42, sowie 1, 22, 32].

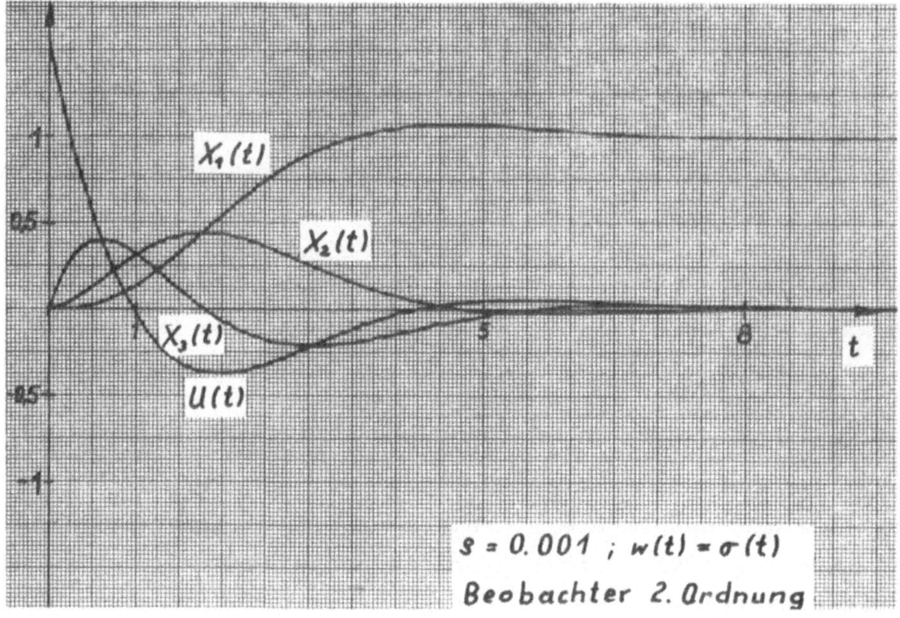

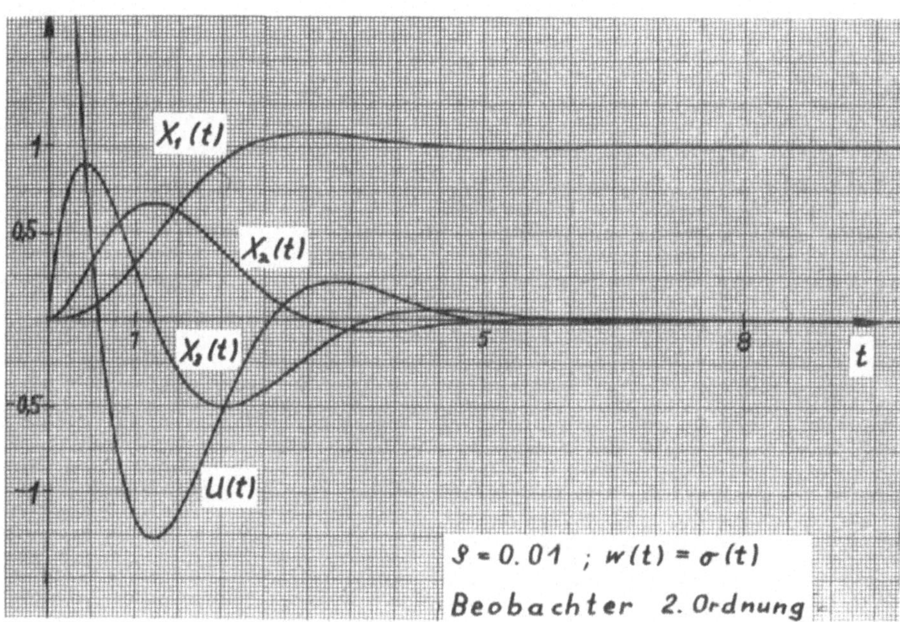

Bild 8: Führungsübergangsfunktion für ρ = 0,001 bzw. 0,01 und mit reduziertem Beobachter zweiter Ordnung

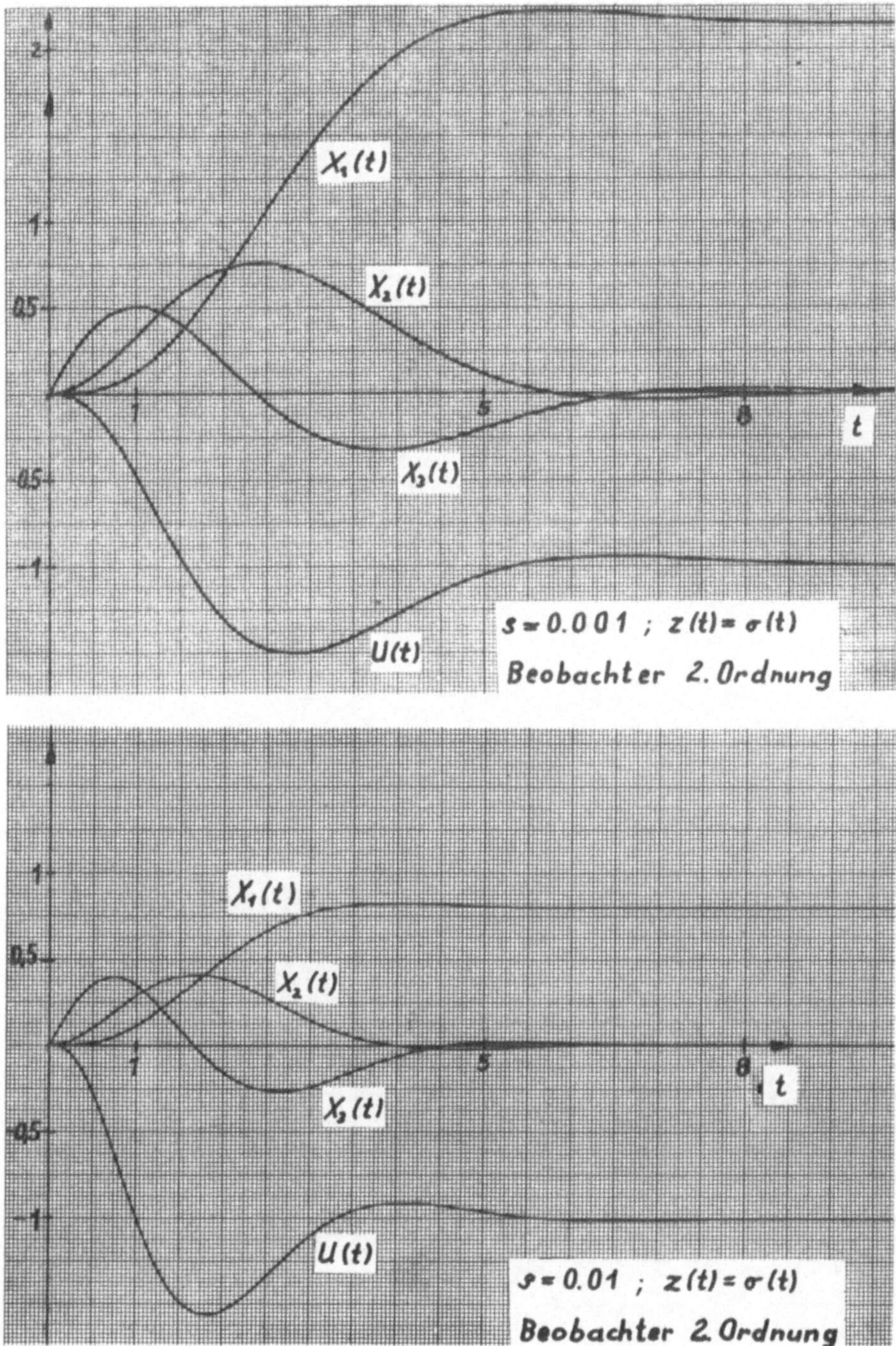

Bild 9: Störübergangsfunktion für ρ = 0,001 bzw. 0,01 und mit reduziertem Beobachter zweiter Ordnung.

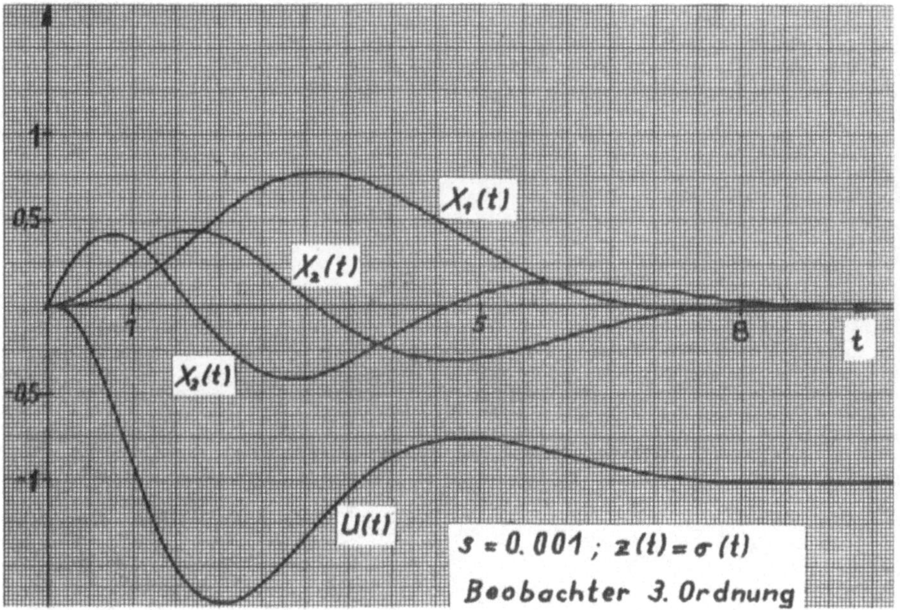

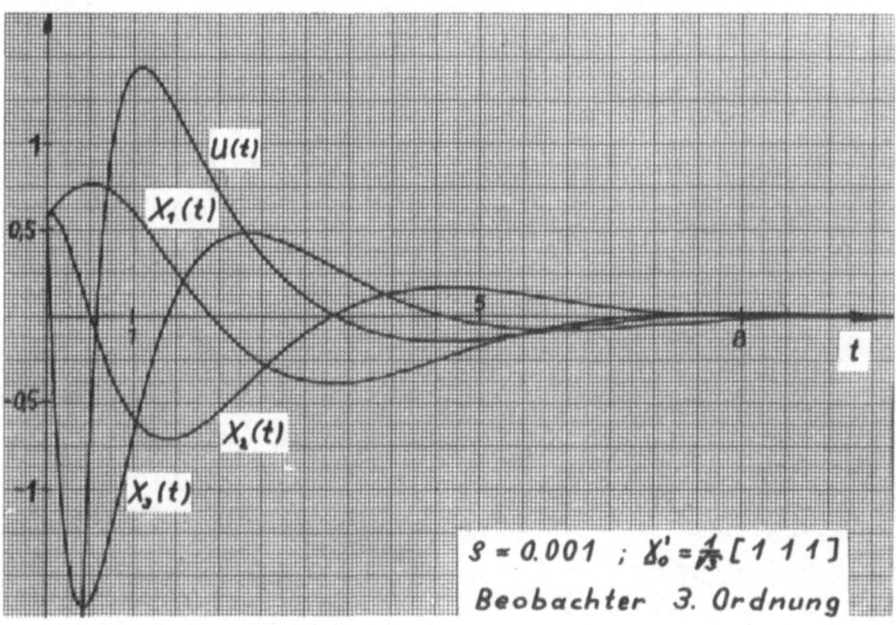

Bild 10: Störübergangsfunktion und Verhalten auf Anfangsstörungen mit einem Beobachter dritter Ordnung.

Literaturverzeichnis

Zu Kapitel 2

1 Kalman, R.E., Falb, P.L., Arbib, M.A.: Topics in Mathematical System Theory. New York: McGraw-Hill 1969

2 Zadeh, L.A., Desoer, Ch.A.: Linear System Theory. New York: McGraw-Hill 1963

3 Seinfeld,J.H.: Optimal control of distributed-parameter systems. Ph. D. Thesis, Princeton Univ.1967

4 Dodd, K.: An approximate method for optimal control of distributed systems. Ind. Eng. Chem. Fundam.7 (1968) 410-413

5 Butkovsky, A.G.: Some approximate methods for solving problems of optimal control of distributed parameter systems.Autom. Remote Control (USSR) 22 (1962) 1429-1438

6 Cohen, V. : Friedland, B.: Quasi-optimum control of a flexible booster. Trans.ASME, Series D, J. Basis. Eng.89 (1967) 273-282

7 Thoma, M.: Theorie linearer Regelsysteme. Braunschweig: Vieweg 1973

8 Pfaff, G.: Regelung elektrischer Antriebe I.München,Wien: Oldenbourg 1971

9 Gardner, F.M.: Phaselock Techniques. New York: Wiley 1966

10 Gilles, E.D.: Systeme mit verteilten Parametern. München,Wien: Oldenbourg 1973

11 Meyer, E., Guicking, D.: Schwingungslehre. Braunschweig: Vieweg 1974

12 Gilles, E.D.: Simulation verfahrenstechnischer Systeme. Kurs am Brennpunkt Kybernetik der Techn.Universität Berlin 1968

13 Landgraf, Ch., Schneider, G.: Elemente der Regelungstechnik. Berlin, Heidelberg, New York: Springer 1970

Zu Kapitel 3

14 Boseck, H.: Einführung in die Theorie der linearen Vektorräume. 2.Aufl. Deutscher Verlag der Wissenschaften, Berlin 1967

15 Halmos, P.: Finite Dimensional Vectorspaces. 2.Ed.Princeton: van Nostrand 1958

16 Grotemeyer, K.P.: Lineare Algebra. Mannheim: Bibliogr. Inst.1970

17 Gantmacher, F.R.: Matrizenrechnung (Teile I,II).Berlin: Deutscher Verlag der Wissenschaften 1958

18 Dieudonné, J.: Grundzüge der modernen Analysis, Band I. Braunschweig: Vieweg 1971

19 Bögel, K., Tasche, M.: Analysis in normierten Räumen. Berlin: Akademie-Verlag 1974

20 Knobloch, W.H., Kappel, F.: Gewöhnliche Differentialgleichungen. Stuttgart: Teubner 1974

21 Gröbner, D.: Matrizenrechnung. Mannheim: Bibliogr.Inst.19

<u>Zu Kapitel 4</u>

22 Brockett, R.: Finite Dimensional Linear Systems. New York: Wiley 1970

23 Willems, J.C., Mitter, S.K.: Controllability,observability, pole allocation and state reconstruction. IEEE Trans.Autom. Control 16 (1971) 582-595

24 Hackbarth, K.D.: Untersuchungen v.Steuerbarkeitsgüten. Diplomarb.Inst.Meß-und Regelungstechnik, Techn.Univ. Berlin 1974

25 Föllinger, O.: Lineare Abtastsysteme. München,Wien: Oldenbourg 1974

26 Hartmann, I., Delf, V.: Lineare zeitdiskrete Systeme. Kurs am "Brennpunkt Kybernetik" a.d.Techn.Univ.Berlin 1974 (Manuskript)

Zu Kapitel 5

27 Ho. B.L., Kalman, R.E.: Effective construction of linear-state-variable model from input-output functions. Regelungstech.12 (1966) 545-548

28 Silverman, L.M.: Realization of linear dynamical systems. IEEE Trans.Autom.Control 16 (1971) 554-567

29 Rissanen, J.: Recursive identification of linear systems. SIAM J. Control 9 (1971) 420-430

30 Youla,D.C.: The synthesis of linear dynamical systems from prescribed weighting patterns. SIAM J. Appl.Math. 14 (1966) 527-549

31 Godbole, S.S.: Construction of minimal linear state-variable models from finite input-output data. IEEE Trans. Autom. Control 17 (1972) 173-175

Zu Kapitel 6

32 Anderson, B.:, Moore, J.: Linear Optimal Control. Jersey: Prentice-Hall 1971

33 Luenberger, D.G.: Observers for multivariable systems. IEEE Trans. Autom. Control 11 (1966) 190-197

34 Fortmann, T.E., Williamson, D.: Design of low-order observers for linear feedback control laws. IEEE Trans. Autom. Control 17 (1972) 301-307

35 Wonham, W.M.: On pole assigment in multi-input controllable linear systems. IEEE Trans. Autom. Control 12 (1967) 660-665

36 Cremer, M.: Festlegen der Pole und Nullstellen bei der Synthese linearer entkoppelter Mehrgrößenregelkreise. Regelungstechn.Prozeß-Datenverarb.21 (1973) 144-150, 195-199

37 Falb, P.L., Wolovich, A.: Decoupling in the design and synthesis of multivariable control systems. IEEE Trans. Autom. Control 12 (1967) 651-659

Zu Kapitel 7

38 Kalman, R.E.: When is a linear control system optimal ? Trans. ASME, J. Basic Eng.86 (1964) 51-60

39 Kiendl., H.: Suboptimale Regler mit abschnittweise linearer Struktur. Berlin,Heidelberg, New York: Springer 1972

40 Poltmann, R.: Untersuchung von reduzierten Beobachtern in Regelkreisen. Diplomarb.Inst.f.Meß- und Regelungstechn., Techn.Univ.Berlin 1976

41 Bryson, A.E., Ho. Y.C.: Applied Optimal Control. Waltham,Massachusetts: Blaisdell Publishing Company 1969

42 Luenberger, D.G.: Optimization by Vector Space Methods. New York: John Wiley 1969

Sachverzeichnis